Die Bonus-Seite

Ihr Vorteil als Käufer dieses Buches

Auf der Bonus-Webseite zu diesem Buch finden Sie zusätzliche Informationen und Services. Dazu gehört auch ein kostenloser **Testzugang** zur Online-Fassung Ihres Buches. Und der besondere Vorteil: Wenn Sie Ihr **Online-Buch** auch weiterhin nutzen wollen, erhalten Sie den vollen Zugang zum **Vorzugspreis**.

So nutzen Sie Ihren Vorteil

Halten Sie den unten abgedruckten Zugangscode bereit und gehen Sie auf **www.galileocomputing.de**. Dort finden Sie den Kasten **Die Bonus-Seite für Buchkäufer**. Klicken Sie auf **Zur Bonus-Seite / Buch registrieren**, und geben Sie Ihren **Zugangs-code** ein. Schon stehen Ihnen die Bonus-Angebote zur Verfügung.

Ihr persönlicher
Zugangscode

urby-ni2v-5w9t-4mps

Stefanie Aßmann, Stephan Röbbeln

Social Media für Unternehmen

Das Praxisbuch für KMU

Galileo Press

Liebe Leserin, lieber Leser,

Social Media Marketing entwickelt sich in Deutschland rasant weiter und ist den Kinderschuhen längst entwachsen. Die meisten Unternehmen sind inzwischen davon überzeugt, dass kein Weg mehr am Social Web und der direkten Kundenkommunikation vorbeiführt. Häufig fehlt es aber an einer zielstrebigen und strukturierten Vorgehensweise.

Sie erfahren in diesem Buch von Stefanie Aßmann und Stephan Röbbeln wie Sie Social Media in Ihrem Unternehmen sinnvoll implementieren können. Erfolgreiche Maßnahmen sind nicht nur für große Unternehmen wie Dell & Co. möglich. Auch kleine und mittlere Unternehmen sowie Selbstständige können von den verlockenden Möglichkeiten profitieren. So lassen sich z. B. Produktentwicklung, Employer Branding, Maßnahmen zur Kundenbindung und eine Optimierung der Kundenzufriedenheit mithilfe des Social Webs steuern. Nach der Lektüre wissen Sie, in welchen Bereichen Ihnen Facebook, Twitter und Co. in Ihrem Unternehmen weiterhelfen können.

Dieses Buch wurde mit großer Sorgfalt lektoriert und produziert. Sollten Sie dennoch Fehler finden oder inhaltliche Anregungen haben, scheuen Sie sich nicht, mit uns Kontakt aufzunehmen. Ihre Fragen und Änderungswünsche sind uns jederzeit willkommen. Auch die Autoren stellen unter der URL *www.social-media-im-unternehmen.de* eine Website zur Verfügung, auf der Sie weitere Informationen zu diesem Thema finden. Wir freuen uns auf den Dialog mit Ihnen.

Ihr Stephan Mattescheck
Lektorat Galileo Computing

stephan.mattescheck@galileo-press.de
www.galileocomputing.de
Galileo Press · Rheinwerkallee 4 · 53227 Bonn

Auf einen Blick

Wir hoffen sehr, dass Ihnen dieses Buch gefallen hat. Bitte teilen Sie uns doch Ihre Meinung mit. Eine E-Mail mit Ihrem Lob oder Tadel senden Sie direkt an den Lektor des Buches: *stephan.mattescheck@galileo-press.de*. Im Falle einer Reklamation steht Ihnen gerne unser Leserservice zur Verfügung: *service@galileo-press.de*. Informationen über Rezensions- und Schulungsexemplare erhalten Sie von: *britta.behrens@galileo-press.de*.

Informationen zum Verlag und weitere Kontaktmöglichkeiten finden Sie auf unserer Verlagswebsite *www.galileo-press.de*. Dort können Sie sich auch umfassend und aus erster Hand über unser aktuelles Verlagsprogramm informieren und alle unsere Bücher versandkostenfrei bestellen.

An diesem Buch haben viele mitgewirkt, insbesondere:

Lektorat Stephan Mattescheck, Erik Lipperts
Korrektorat Friederike Daenecke
Fachgutachten Stephan Kochs, Aachen
Einbandgestaltung Nils Schlösser, Siegburg
Coverfoto iStock: 17637889, 17233756, 17233724 © Taras Livyy
Typografie und Layout Vera Brauner, Maxi Beithe
Herstellung Maxi Beithe
Satz SatzPro, Krefeld
Druck und Bindung Himmer, Augsburg

Dieses Buch wurde gesetzt aus der Linotype Syntax Serif (9,25/13,25 pt) in FrameMaker. Gedruckt wurde es auf chlorfrei gebleichtem Offsetpapier.

Der Name Galileo Press geht auf den italienischen Mathematiker und Philosophen Galileo Galilei (1564–1642) zurück. Er gilt als Gründungsfigur der neuzeitlichen Wissenschaft und wurde berühmt als Verfechter des modernen, heliozentrischen Weltbilds. Legendär ist sein Ausspruch *Eppur si muove* (Und sie bewegt sich doch). Das Emblem von Galileo Press ist der Jupiter, umkreist von den vier Galileischen Monden. Galilei entdeckte die nach ihm benannten Monde 1610.

Bibliografische Information der Deutschen Nationalbibliothek
Die Deutsche Nationalbibliothek verzeichnet diese Publikation in der Deutschen Nationalbibliografie; detaillierte bibliografische Daten sind im Internet über *http://dnb.d-nb.de* abrufbar.

ISBN 978-3-8362-1977-8
© Galileo Press, Bonn 2013
1. Auflage 2013

Inhalt

3   Analyse – die richtigen Fragen stellen 89

4   Konzeption – die Entwicklung der relevanten Strategie 113

5   Durchführung – aller Anfang ist schwer 141

6   Brand Awareness – steigern Sie Ihre Markenbekanntheit im Social Web 157

10   Sales – steigern Sie Ihren Umsatz mit Social Commerce 275

11   Social Media Monitoring – hören Sie Ihren Kunden zu 295

Über dieses Buch

Wir haben uns bei *VICO Research & Consulting*, einem Social-Media-Monitoring-Dienstleister, kennengelernt. Die Arbeit bei einem Social-Media-Monitoring-Anbieter hat uns einen anderen Einblick in das Thema digitale Kommunikation und Social Media Monitoring ermöglicht, als wir in unserer Rolle als bloße User von Social Media zuvor hatten. Bei der praktischen Umsetzung und Integration von Social Media in das Unternehmen ist das Thema »Analyse und Monitoring« daher für uns sehr wichtig. Sowohl privat als auch beruflich haben wir uns bereits während dieser Zeit sehr intensiv mit der praktischen Umsetzung von Social Media in Unternehmen auseinandergesetzt. Die Möglichkeiten und der Einsatz von Social Media in Unternehmen führte sehr oft zu ausführlichen kontroversen Diskussionen.

Wir sind uns jedoch beide einig, dass Social Media wichtig ist und dass sich die digitale Kommunikation auf lange Sicht verändern wird. Unternehmen werden durch den Wandel, der durch die Möglichkeiten der digitalen Kommunikation herbeigeführt wird, vor neue Herausforderungen gestellt.

Viele Unternehmen betrachten Social Media jedoch weiterhin als Fremdkörper oder als separate Disziplin, die man nebenbei erfüllen muss. Dabei ist es sehr wichtig, dass ein Unternehmen die verschiedenen digitalen Kanäle nicht nur als einen weiteren Marketingkanal einsetzt, sondern die digitale Kommunikation ganzheitlich betrachtet. Social Media erfordert den Dialog, und zwar mit dem Kunden und auch mit den eigenen Mitarbeitern.

Wir möchten Sie mit diesem Buch an die Hand nehmen und Ihnen zeigen, wie Sie sich Social Media strategisch am besten nähern. Das Buch soll kein Grundlagenwerk darstellen, da hierzu bereits sehr viele gute Werke auf dem Markt sind. Vielmehr möchten wir mit diesem Buch die Personen ansprechen, die sich mit den Grundlagen bereits auseinandergesetzt haben und nun die Integration von Social Media in das Unternehmen gezielt angehen möchten.

Wir zeigen daher Schritt für Schritt auf, welche Punkte Sie bei der Einführung von Social Media beachten müssen, für welche Unternehmensbereiche Social Media Sinn macht und wie Sie Ihre Maßnahmen messen können und sollten.

Aufbau des Buches

Kapitel 1, »Social Media – gekommen, um zu bleiben«, vermittelt Ihnen die Bedeutung von Social Media, zeigt verschiedene Plattformen auf und verdeutlicht Ihnen mögliche Ziele der digitalen Kommunikation.

Kapitel 2, »Vorbereitung – was müssen Sie bei der Einführung von Social Media beachten?«, zeigt Ihnen die verschiedenen Schritte, die Sie vor dem Einsatz von Social Media berücksichtigen sollten.

Kapitel 3, »Analyse – die richtigen Fragen stellen«, stellt Ihnen die verschiedenen Analysetypen der Social-Media-Kommunikation vor.

Kapitel 4, »Konzeption – die Entwicklung der relevanten Strategie«; hier erfahren Sie, wieso eine Strategie wichtig ist, wie Sie diese erstellen können und was Sie dabei beachten müssen.

Kapitel 5, »Durchführung – aller Anfang ist schwer«, macht Sie mit den ersten Schritten der digitalen Kommunikation vertraut.

Kapitel 6, »Brand Awareness – steigern Sie Ihre Markenbekanntheit im Social Web«, zeigt Ihnen verschiedene Möglichkeiten, um die Wahrnehmung Ihrer Marke im Netz zu verbessern.

Kapitel 7, »Kundenzufriedenheit – mit Social Media wird der Kunde zum König«, erklärt Ihnen, wie Sie mit Social Media erfolgreich Kundenservice umsetzen können.

Kapitel 8, »Employer Branding – wappnen Sie sich für den Arbeitsmarkt der Zukunft«, zeigt Ihnen Möglichkeiten auf, wie Sie sich im Social Web als Arbeitgeber positionieren können.

Kapitel 9, »Innovation Management – arbeiten Sie mit Ihren Kunden Hand in Hand«, hier erfahren Sie, wie Sie Ihre Kunden in einzelne Prozesse im Unternehmen integrieren können.

Kapitel 10, »Sales – steigern Sie Ihren Umsatz mit Social Commerce«, zeigt Ihnen, wie Sie mit Social Media Umsatz generieren können.

Kapitel 11, »Social Media Monitoring – hören Sie Ihren Kunden zu«, zeigt Ihnen die verschiedenen Herangehensweisen, Möglichkeiten und Analysewerkzeuge auf.

Kapitel 12, »Ausblick«, dort wagen wir einen kleinen Ausblick auf das, was im Themenumfeld »Social Media« in den kommenden Monaten wichtig werden könnte.

Mit diesem Buch richten wir uns an Social-Media-Einsteiger, aber auch an bereits Social-Media-affine Nutzer, an Unternehmer, kleine und mittelständische Unternehmen (KMU), Selbstständige und an alle anderen Nutzer, die sich für Social Media interessieren. Wir haben versucht, die Kapitel mit möglichst vielen erfolgreichen Beispielen von Unternehmen aus dem deutschsprachigen und internationalen Umfeld anzureichern. Dabei haben wir, so oft es möglich war, auf die bereits bekannten Beispiele verzichtet, um Ihnen auch viele Beispiele aus dem Bereich der KMU aufzuzeigen.

Weitere Hinweise

Die Inhalte der Best-Practice-Abschnitte basieren auf den Interviews, die wir mit Vertretern der jeweiligen Unternehmen geführt haben. Sie können die Interviews in ganzer Länge auf *www.social-media-im-unternehmen.de* lesen.

Danksagungen

Wir möchten uns als Erstes bei den Menschen bedanken, für die wir in den letzten Monaten wenig Zeit hatten. Das sind unsere Familien und Freunde, die nicht nur auf uns verzichtet haben, sondern die uns auch immer wieder unterstützt und motiviert haben. Ein besonderer Dank geht auch an die Unternehmen, die uns für unsere Best-Practice-Abschnitte in Interviews Rede und Antwort gestanden haben. Ein großes Dankeschön geht an den Verlag Galileo Press, ohne den dieses Buch nicht zustande gekommen wäre. Ganz besonders möchten wir uns bei Stephan Mattescheck und Erik Lipperts bedanken. Die beiden hatten immer ein offenes Ohr für unsere Fragen und Anliegen und haben uns stets mit konstruktiven Antworten geholfen.

Und nun wünschen wir Ihnen viel Freude und Spaß beim Lesen!

Stefanie Aßmann und **Stephan Röbbeln**

1 Social Media – gekommen, um zu bleiben

Social Media ist im Alltag der Gesellschaft angekommen. Die Nutzer teilen Inhalte, bewerten Produkte, diskutieren über Themen und Unternehmen und integrieren Social Media ganz selbstverständlich in ihren Alltag. Aufgrund der stetig steigenden Verbreitung von mobilen Endgeräten passiert dies immer und überall.

Der Hype um Social Media ist vorbei. Diese schlichte Erkenntnis mag Sie zunächst überraschen. Jedoch bedeutet dies nicht, dass Sie dieses Buch gleich wieder aus der Hand legen können. Vielmehr haben der technische Fortschritt und das damit verbundene Nutzungsverhalten das Internet zum Social Web gewandelt. Es gibt kaum noch Websites oder Applikationen, die keine »sozialen« Elemente enthalten. Von einem flüchtigen Trend kann demnach nicht die Rede sein. Die Art und Weise, wie die Nutzer im Internet kommunizieren und interagieren, wird sich so schnell nicht wieder ändern. Auch die Unternehmen haben das Potenzial des Social Webs erkannt und in ihre Unternehmenskommunikation integriert. Noch nie war es so einfach, zu Kunden, zu Stakeholdern und auch zu möglichen Arbeitnehmern Kontakt aufzunehmen. Die Chance für Unternehmen besteht darin, den Kunden und Nutzer als Individuum zu verstehen und mit ihm in Kontakt zu treten. Dabei ist die Art und Weise der Kommunikation mit den unterschiedlichen Zielgruppen nicht nur einfacher, sondern auch direkter und interaktiver als zuvor. Durch eine sinnvolle Nutzung von Social Media verändert sich auch die Wahrnehmung Ihrer Marke. Sie können so die Reputation Ihres Unternehmens verbessern und ein nachhaltiges Vertrauen zu Ihren Kunden aufbauen. Es gilt, die eigenen Kompetenzen zu zeigen und mit einer positiven Kommunikation den Kunden entgegenzutreten.

1.1 Aber Social Media birgt doch auch Gefahren oder nicht?

Es wäre gelogen, wenn wir auf diese Frage mit Nein antworten würden. Aber diese Gefahren lassen sich mit einer gut ausgearbeiteten Strategie und einem sicheren Umgang mit Social Media minimieren. Natürlich haben durch das Social Web einzelne Nutzer die Chance, sich Gehör zu verschaffen. Diese Nutzer haben somit die Möglichkeit, negative Beiträge über Ihr Unternehmen zu veröffentlichen oder durch das Teilen der Beiträge für ihre Verbreitung zu sorgen. Aber jeder negative Beitrag ist auch eine Chance für das betroffene Unternehmen.

Stellen Sie sich vor, Sie sind in der Stadt einkaufen und wurden Ihrer Meinung nach sehr unhöflich bedient. Beim Verlassen des Geschäfts teilen Sie dieses Erlebnis via Twitter dem Netz mit und lassen damit Ihrem Frust freien Lauf. Keine fünf Minuten später bekommen sie eine @*Mention* bei Twitter (eine Benachrichtigung, in der Sie erwähnt werden). Sie öffnen Ihre Twitter-App und sehen, dass der offizielle Account des Geschäftes, das Sie gerade verlassen haben, Sie angeschrieben hat. Ein Mitarbeiter fragt freundlich nach, was denn passiert sei, und entschuldigt sich bei Ihnen. Er teilt Ihnen mit, dass das Unternehmen stetig versucht, die Mitarbeiter bestmöglich zu schulen, und dass, falls für den Vorfall doch noch Gesprächsbedarf besteht, Sie ihn gerne kontaktieren können.

Was ist passiert? Der Kunde hat ein negatives Erlebnis gehabt – und das wird mit diesem Tweet auch nicht rückgängig gemacht –, aber der Kunde bekommt durch diese Aktion Aufmerksamkeit und Wertschätzung. Aus dem negativen Erlebnis kann so mit relativ einfachen Mitteln ein positives Beispiel gemacht werden. Dabei lag diesem Tweet kein ausgefeiltes Social Media Monitoring-System zugrunde, sondern einfach nur bestimmte Wörter, die durch die Twitter-Suche oder durch die Suche in einem Twitter-Client beobachtet werden.

Abbildung 1.1   Kundenservice auf Twitter

In Abbildung 1.1 sehen Sie, wie der Twitter-Nutzer Christian Händel einen Tweet ohne Hashtag oder @Mention (direkte Ansprache des Mittwald-Twitter-Accounts) geschrieben hat. Mittwald hat den Tweet im Netz gefunden und am selben Tag reagiert. So lässt sich mit einfachen Mitteln der direkte Dialog mit Ihren Kunden herstellen – und damit auch eine Steigerung der Kundenzufriedenheit.

1.2   Social Media im Unternehmenseinsatz

Bei den großen Unternehmen ist die Zeit des Ausprobierens bereits vorbei, und die Nutzung von Social Media ist zu einem gewissen Grad professionalisiert worden. *Twitter*, *Facebook*, *YouTube* und *Google*+ gehören zu den am meisten genutzten Netzwerken, aber auch neue, aufsteigende Plattformen wie *Pinterest* oder *Instagram* werden von den Unternehmen wahrgenommen und in ihre Social-Media-Maßnahmen integriert. Während viele Unternehmen zu Beginn ihrer Social-Media-Aktivitäten noch unsicher und vorsichtig in den sozialen Netzwerken auftraten, zeigen sie sich inzwischen immer sicherer und steigern ihr Engagement in diesen Netzwerken stetig. Unternehmen reagieren deutlich öfter auf die Beiträge auf der Facebook-Chronik oder retweeten und antworten auf Twitter. Auch die Art und Weise, wie die unterschiedlichen Netzwerke mit Inhalten gefüllt werden, hat sich in den letzten Jahren gewandelt. Die Unternehmen entscheiden sich immer öfter dafür, mehrere Auftritte pro Netzwerk einzurichten, um den unterschiedlichen Zielgruppen gerecht zu werden, und es wird auch deutlich mehr qualitativ hochwertiger Content produziert, der auf die unterschiedlichen Plattformen abgestimmt ist.

Die Unternehmen haben verstanden, dass Social Media einen wichtigen Faktor in der Markenkommunikation darstellt, und auch in Deutschland steigt das Verständnis für den Einsatz von Social Media stetig an. Dabei spielt es keine Rolle, welche Größe das Unternehmen hat. Immer mehr Unternehmen setzen Social Media bereits ein oder sind dabei, den Einsatz konkret zu planen. In Deutschland befinden sich die großen Unternehmen zwischen dem experimentellen und dem strukturierten Einsatz von Social Media. Überwiegend werden die Maßnahmen in der externen Kommunikation (wie z. B. Werbung, Marketing und PR/Öffentlichkeitsarbeit) umgesetzt. Der nächste Schritt muss die Integration in die internen Prozesse der Unternehmen sein, um Social Media als Wertschöpfungsfaktor zu integrieren und damit den Einsatz von Social Media zu professionalisieren.

1.3   Unterschiedliche Länder – unterschiedliche Netzwerke

In Amerika setzen die Unternehmen für ihre Social-Media-Aktivitäten am häufigsten Facebook, Twitter, Google+ und YouTube ein. Facebook und YouTube sind Netzwerke, die auch in Deutschland sehr beliebt sind und deswegen auch von deutschen Unternehmen sehr oft eingesetzt werden. Einen größeren Unterschied gibt es bei der Twitter-Nutzung, da Twitter in Deutschland immer noch nicht die breite Masse erreicht hat. Dafür spielen Corporate-Blogs, Foren und XING in Deutschland eine wichtige Rolle. Eine weitere Besonderheit liegt bei den *Location Based Services* (LBS). Diese werden in Deutschland häufig nur von einer sehr Social-

Media-affinen Zielgruppe eingesetzt, sodass LBS in Deutschland bisher nur eine untergeordnete Rolle spielen.

Für Unternehmen können natürlich auch Bewertungsplattformen eine große Rolle spielen. Trotzdem kommt es natürlich immer darauf an, wen Sie mit Ihren Maßnahmen erreichen wollen. Als Unternehmen sollten Sie da sein, wo sich Ihre definierte Zielgruppe aufhält. Es kann also gut sein, dass für Sie ein Forum viel wichtiger ist als Facebook oder dass gerade für Sie die Nutzer von Location Based Services die höchste Relevanz haben. Dies trifft auch auf neuere Netzwerke wie Pinterest und Instagram zu. Seien Sie da, wo sich Ihre Zielgruppe aufhält, und seien Sie offen und flexibel für neue Netzwerke.

Analysieren Sie Ihre Zielgruppe

In Abschnitt 3.2.2, »Was interessiert meine Zielgruppe, und wo hält sie sich auf?«, werden wir Ihnen erklären, wie Sie Ihre Zielgruppe analysieren können. Es ist sehr wichtig, dass Sie sich nach Ihrer Zielgruppe richten und nicht nach dem Netzwerk. Falls Sie eine sehr spezielle Zielgruppe haben und diese z. B. zum größten Teil in einem Fachforum aktiv ist, dann sollten Sie auch bei Ihren Social-Media-Aktivitäten genau auf dieses Forum konzentrieren.

1.4   Für wen lohnt sich die Teilnahme?

Wie Sie zu Beginn des Kapitels gelesen haben, gibt es bereits eine breite Akzeptanz für den Einsatz von Social Media im Unternehmen. Der Einsatz der sozialen Netzwerke nimmt stetig zu. Es geben auch immer mehr Unternehmen an, in Social Media aktiv zu sein. Allerdings sagt dies noch nichts über die Ernsthaftigkeit aus, mit der Social Media betrieben wird. Viele der großen Unternehmen setzen bereits eigene Mitarbeiter für die Umsetzung der Social-Media-Aktivitäten ein und schaffen dafür die Voraussetzungen, wie z. B. Social Media Guidelines und den Einsatz eines Social-Media-Monitoring-Systems im Unternehmen. Im Verlauf des Buches werden wir Ihnen erklären, was es damit auf sich hat und wozu man dies benötigt. Bei den mittleren und kleinen Unternehmen sieht dies schon wieder anders aus. Dies bestätigt der aktuelle Social-Media-Leitfaden der BITKOM.[1] Laut diesem setzen zwar bereits 41 % der kleineren Unternehmen Mitarbeiter für die Umsetzung der Maßnahmen ein, aber nur 19 % stellen den Mitarbeitern zur Unterstützung Social Media Guidelines zur Verfügung. Ein Social-Media-Monitoring wird nur von 10 % der kleineren Unternehmen eingesetzt. Sicher fragen Sie sich jetzt, ist ob sich die Teilnahme an Social Media für Sie lohnt. Dazu wollen wir mit Ihnen einen Blick auf unterschiedliche Social-Media-Plattformen werfen.

---

1   Quelle: *http://www.bitkom.org/de/publikationen/38337_73802.aspx*

1.4.1 Twitter

Twitter ist der erfolgreichste Microblogging-Dienst, und damit Sie ein Gespür dafür bekommen, wie mächtig Twitter ist, möchten wir Ihnen ein paar Zahlen dieses Dienstes präsentieren. Laut dem französischen Marktforschungsinstitut Semiocast wurde im Juli 2012 die Marke von 500 Millionen Accounts überschritten, und im Dezember 2012 gab Twitter bekannt, dass der Dienst weltweit nun 200 Millionen monatliche aktive Nutzer hat, die Twitter wenigstens einmal im Monat nutzen.

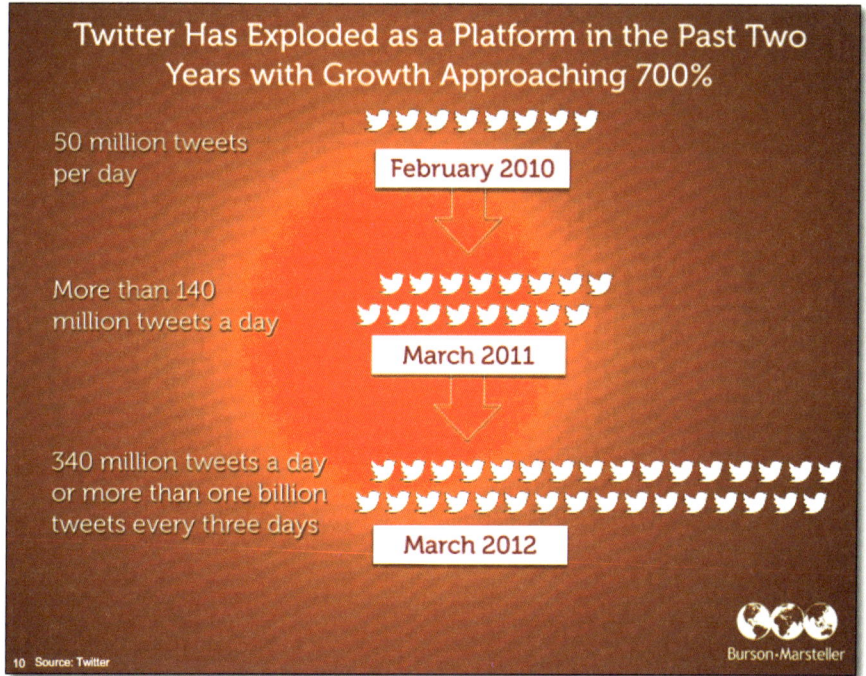

Abbildung 1.2 Das Wachstum von Twitter weltweit (Quelle: http://bit.ly/Q1r8v4)

In Abbildung 1.2 sehen Sie das rasante Wachstum von verschickten Tweets. Zum Jahresende gab 2012 gab Twitter bekannt, dass jeden Tag über 350 Millionen Tweets verschickt werden.

Abbildung 1.3 zeigt den erfolgreichsten (d. h. den am meisten geteilten) Tweet aller Zeiten. In kürzester Zeit wurde er eine halbe Million Mal geteilt.

Auch der Papst war seit Ende 2012 in sechs Sprachen auf Twitter.

Dies bedeutet natürlich nicht, dass Sie unbedingt Twitter einsetzen müssen. Gerade in Deutschland ist Twitter der Durchbruch noch nicht gelungen.

Abbildung 1.3   Obamas Tweet nach der Entscheidung zur US-Wahl

Abbildung 1.4   Der erste Tweet von Papst Benedikt XVI.

Mit unter zehn Millionen Accounts bewegt sich Deutschland im weltweiten Vergleich um den 20. Platz. Die aktiven Twitterer in Deutschland (aktive Nutzer versenden mindestens einen deutschsprachigen Tweet pro Woche) sind noch weitaus weniger. Thomas Pfeiffer vom Blog *webevangelisten.de* führt seit 2009 mit einem gleich bleibenden Zählverfahren die Analysen für die aktiven Twitter-Accounts durch. Im November 2012 hat er 825.000 aktive Accounts gezählt. Diese Zahl ist aber nur als Schätzung anzusehen, da man nicht genau analysieren kann, wie viele aktive Accounts es wirklich sind. Fakt ist: Twitter wächst auch in Deutschland.

1.4.2   Facebook

Facebook ist immer noch mit Abstand das größte soziale Netzwerk und zählt seit Oktober 2012 weltweit über 1 Milliarde Nutzer. Auch in Deutschland steigt die

Nutzerzahl stetig an. In Deutschland verzeichnet Facebook im Oktober 2012 fast 25 Millionen aktive Nutzer.

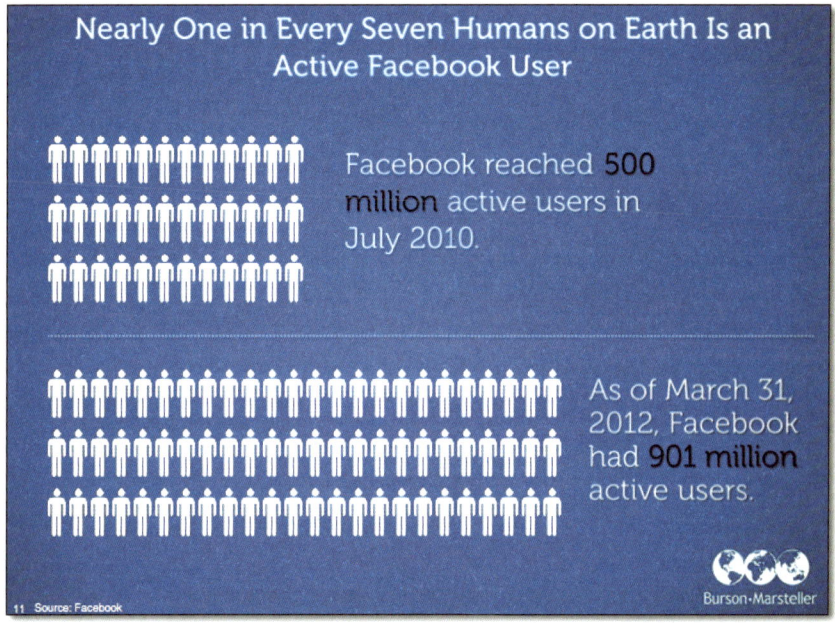

Abbildung 1.5 Die Nutzung von Facebook steigt kontinuierlich (http://bit.ly/Q1r8v4).

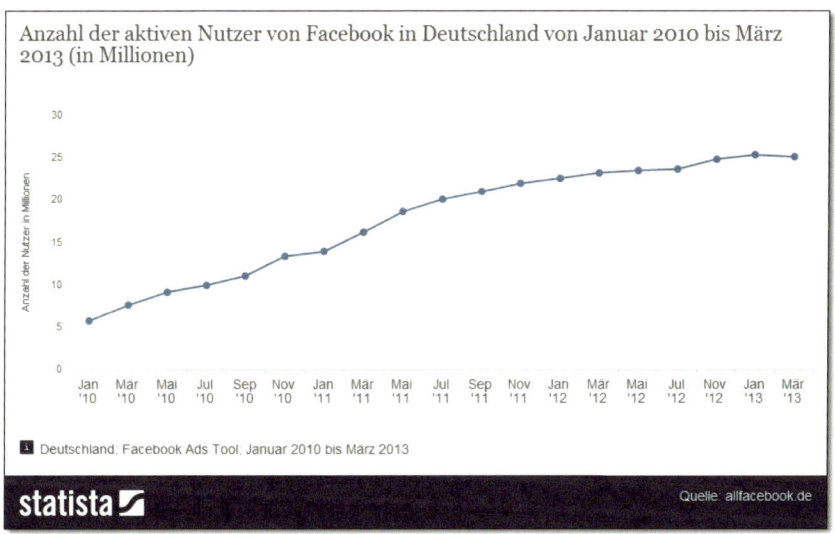

Abbildung 1.6 Entwicklung der Facebook-Nutzer in Deutschland (Quelle: http://bit.ly/Q1r8v4)

Welche Personen zählen zu den aktiven Nutzern?

Als aktive Facebook-Nutzer werden diejenigen Nutzer bezeichnet, die sich innerhalb der letzten 30 Tage mindestens einmal eingeloggt haben. Diese Werte sollten Sie aber nur als Schätzung verstehen, da diese Daten nicht auf einer wissenschaftlichen Datenerfassung beruhen. Trotzdem geben sie Ihnen einen guten Überblick über die Nutzerentwicklung auf Facebook.

1.4.3   YouTube

Da die Internetnutzer immer mehr Bewegtbilder konsumieren, ist es nicht verwunderlich, dass auch YouTube ständig neue beeindruckende Zahlen präsentieren kann. Jeden Monat besuchen über 1 Milliarde eindeutige Besucher YouTube und schauen sich über vier Milliarden Stunden Videomaterial an (siehe Abbildung 1.7). In jeder Minute werden 72 Stunden Videomaterial hochgeladen, und im Oktober 2012 hat YouTube über 20 Milliarden Views generiert. Gerade die Jugendlichen wachsen mit YouTube auf. Dabei nutzen diese den Dienst nicht nur, um sich die Videos anzuschauen, sondern auch, um Videos zu verwalten, zu archivieren oder um eigene Inhalte einzustellen.

Abbildung 1.7   Die Nutzungsdauer auf YouTube steigt stetig an (Quelle: http://bit.ly/Q1r8v4).

Y-Titty ist einer der beliebtesten YouTube Channels bei Jugendlichen, und auf solchen Kanälen ist der Kommentarbereich auch oft der Ort, an dem die Jugendlichen kommunizieren (siehe Abbildung 1.8). So ist es keine Seltenheit, dass Videos von Y-Titty auf über 20.000 Kommentare kommen. Dies bedeutet, dass je nach Zielgruppe YouTube nicht nur eine Video-Plattform ist, sondern auch eine Kommunikationsplattform. Die Nutzer kommunizieren über die Kommentare, Direktnachrichten und häufig auch mit neuen Video-Clips als Antwort oder Reaktion auf ein anderes Video.

Abbildung 1.8 Der erfolgreichste Kanal in Deutschland

1.4.4 Blogs

Das Blog ist tot, lang lebe das Blog! Blogs gibt es schon sehr lange, und als sich die sozialen Netzwerke rasant verbreiteten, dachten viele, dass Blogs diese Entwicklung nicht überstehen würden. Dies ist allerdings nicht eingetreten, und Blogs sind nach wie vor sehr beliebt.

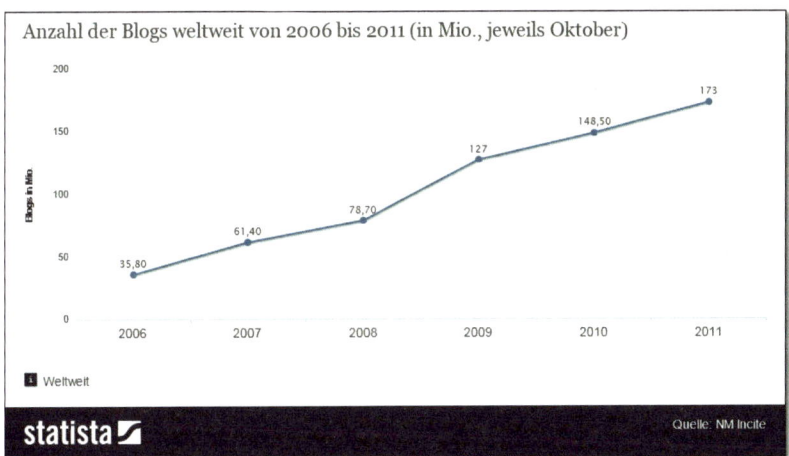

Abbildung 1.9 Anzahl der Blogs weltweit im Verlauf (Quelle: http://bit.ly/HysjL1)

2012 wurde geschätzt, dass die 200-Millionen-Marke überschritten wurde, und jeden Monat entstehen weitere 3 Millionen neue Blogs (siehe Abbildung 1.9). Für Sie kann das Blog Ihre eigene Social-Media-Zentrale sein. Wenn Sie sich für ein Corporate-Blog (Unternehmensblog) entscheiden, dann gibt es eine Vielzahl von möglichen Inhalten, mit denen Sie das Blog füllen können. Wenn Sie das Blog z. B. für das Employer Branding einsetzen wollen, dann bieten sich Videos an, um die Arbeitsatmosphäre einzufangen. Sie können auch Ihre Mitarbeiter einbinden: So bekommen die Leser Einblicke in den Arbeitsalltag. Aktuelle Entwicklungen aus der Branche können für Artikel aufgegriffen werden, oder Sie begleiten die Einführung neuer Produkte auf Ihrem Blog. Für eine strukturierte Einteilung Ihrer Inhalte bietet sich ein Redaktionsplan an. Welche Vorteile ein Redaktionsplan hat und wie dieser aufgebaut sein sollte, zeigen wir Ihnen in Abschnitt 4.6.4. In Ihrer Zentrale können Sie Ihre gesamten Social-Media-Aktivitäten zusammenführen. Verlinken Sie Ihre anderen Social-Media-Kanäle, und verbreiten Sie Ihre Beiträge auf den anderen Plattformen. Wenn Sie ein Corporate-Blog für Ihr Unternehmen aufsetzen wollen, dann lohnt sich ein Blick auf bereits bestehende Blogs. Darunter gibt es viele erfolgreiche und bekannte Blogs, wie z. B. von Jack Wolfskin, Yello Strom, Daimler, Ritter Sport oder Tchibo. Es gibt aber auch gute Beispiele von KMU.

Abbildung 1.10   Das Corporate Blog des Unternehmens Juchem Food Ingredients

Das Blog »Die Backschwestern« ist ein Angebot der *Juchem Food Ingredients* (siehe Abbildung 1.10). Auf dem Blog erhalten die Leser Informationen rund um das Thema Backen und bekommen Tipps und Tricks. Des Weiteren stellt das Unternehmen seine Produkte vor und bindet auch Rezeptvorschläge der Leser mit ein. Ein weiteres Beispiel ist »Der Reiseblog« des Reiseanbieters *Globetrotter* (siehe Abbildung 1.11). Das Reisebüro besitzt 12 Büros in und um Hamburg und berichtet auf seinem Blog über alles, was mit Reisen zu tun hat. Ein Schwerpunkt liegt auf den Reiseberichten, die die Mitarbeiter verfassen. Angereichert mit vielen Bildern und Videos bekommen die Leser so einen guten Eindruck von möglichen Reisezielen.

Abbildung 1.11   »Der Reiseblog« von Globetrotter

Um ein Blog zu betreiben, gibt es unterschiedliche technologische Plattformen. *WordPress* ist sehr beliebt, aber auch *tumblr* wächst stetig. tumblr wurde erst im Februar 2007 gegründet, und Ende Dezember 2012 gab es bereits über 86 Millionen tumblr-Blogs. Im September 2012 hat *DIE ZEIT* tumblr für sich entdeckt und nutzt ihren tumblr-Blog, um interessante Bilder, Zitate oder Infografiken zu teilen (siehe Abbildung 1.12).

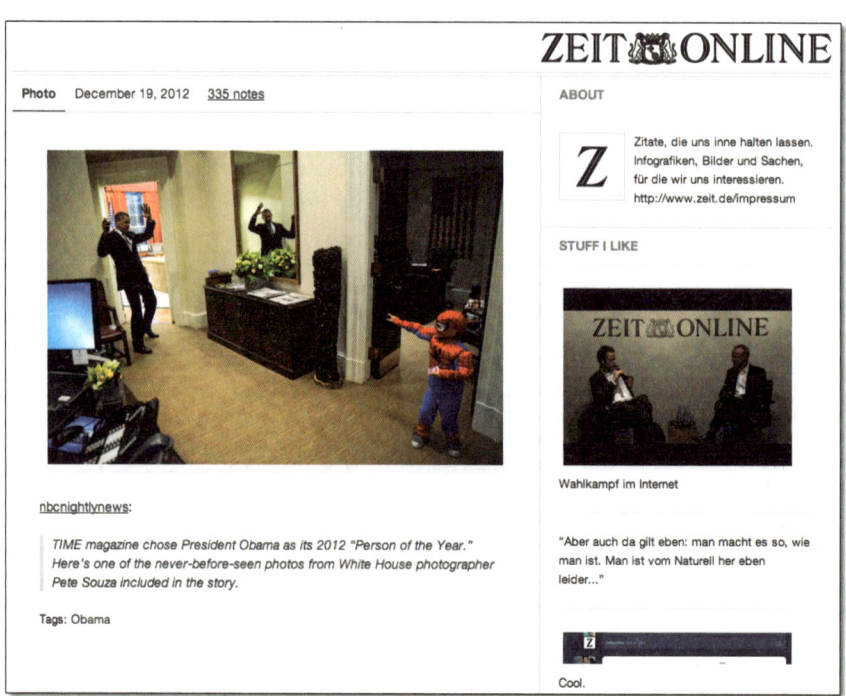

Abbildung 1.12 Das tumblr-Blog der ZEIT

1.4.5 Instagram und Pinterest

Mit der zunehmenden Smartphone-Nutzung erlebt auch die visuelle Markenkommunikation einen Boom. Zwei der Netzwerke, die diesen Hype unterstützen bzw. mit ausgelöst haben, sind Instagram und Pinterest. Instagram ist eine Anwendung für Smartphones, in der Sie Ihre Fotos schnell mit Filtern bearbeiten und diese im Anschluss teilen können. Im Oktober 2010 startete Instagram auf dem iPhone. Eine Android-Version kam erst im April 2012 hinzu. Im selben Monat gab Facebook bekannt, dass man Instagram übernehmen werde. Das schnelle Wachstum von Instagram stellt selbst das Wachstum von Facebook und Twitter in den Schatten. Anfang 2012 hatte Instagram über 15 Millionen Nutzer, und im Februar 2013 gab man bekannt, dass die 100-Millionen-Nutzer-Marke durchbrochen wurde. Auch Unternehmen nutzen Instagram für ihre Markenkommunikation. Zu den bekannten Marken zählen hier Starbucks, Nike und Red Bull (siehe Abbildung 1.13).

Wir gehen davon aus, dass in Zukunft noch viel mehr Unternehmen Instagram einsetzen werden. Ein wichtiger Schritt dazu war Ende 2012 die Einführung von Benutzerprofilen für das Web. Während Sie vorher die Fotos der Nutzer nur in der jeweiligen App auf dem Smartphone sehen konnten, so sind sie nun für alle im Netz sichtbar. Dies ermöglicht Ihnen einen komplett anderen Ansatz, um Instagram in Ihre Social-Media-Maßnahmen zu integrieren.

Abbildung 1.13   Das Instagram-Profil von Red Bull

Ein weiteres Phänomen ist der Dienst *Pinterest*. Auch Pinterest basiert auf visuellen Inhalten. Hier haben Sie die Möglichkeit, alles (es sei denn, die Seite unterbindet diese Möglichkeit), was Sie im Netz finden, in Boards (ähnlich einer Pinnwand) abzulegen. Die Nutzer zeigen und empfehlen damit die Dinge, die sie mögen. Dabei ist der Ursprung des Bildes in Pinterest verlinkt. Laut Zahlen von Shareholic ist Pinterest bereits der viertgrößte organische Traffic-Lieferant der Welt. Wie bei jedem Netzwerk kommt es auf Ihre Zielgruppe an. Weltweit betrachtet, wird Pinterest überwiegend von Frauen genutzt. In Deutschland überwiegt allerdings noch der Männeranteil. Es gibt bereits eine Vielzahl von Unternehmen, die Pinterest nutzen.

Das Hotelportal HRS (siehe Abbildung 1.14) nutzt Pinterest nicht nur, um Bilder der verschiedenen Hotels darzustellen, sondern bietet den Nutzern auch Eindrücke von Urlaubszielen. Manche Boards sind auch für die Nutzer freigeschaltet, sodass diese ihre Eindrücke in diesen Boards festhalten können.

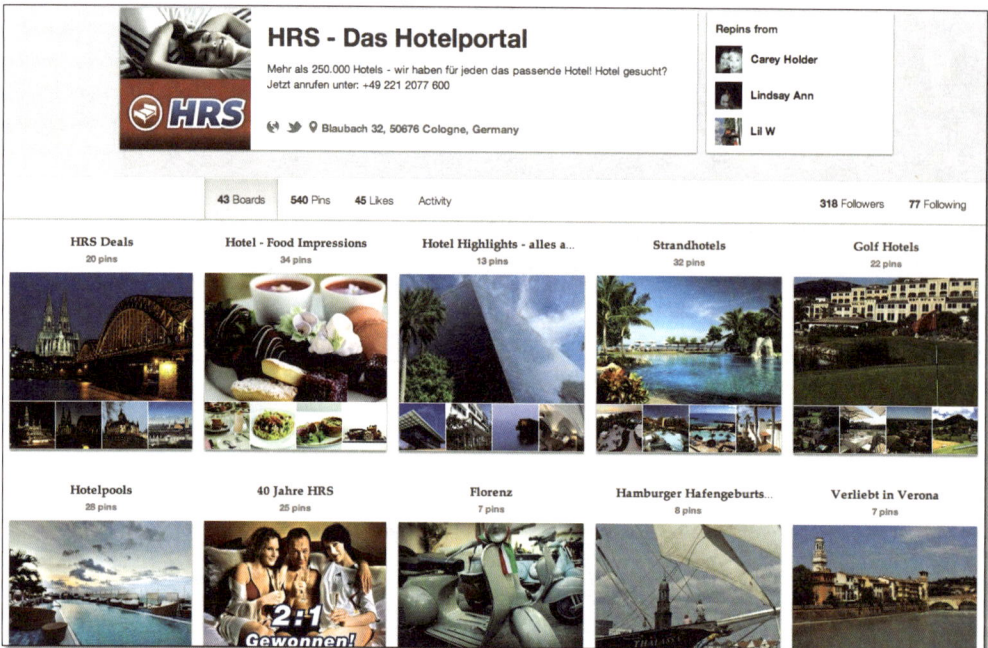

Abbildung 1.14   Das Pinterest-Profil von HRS

Sie werden im Netz noch auf viele weitere beeindruckende Statistiken stoßen. Wie bei allen Netzwerken sollten Sie aber genau schauen, inwieweit das Netzwerk Potenziale für Ihr Unternehmen und für Ihre Ziele bietet.

1.4.6   Google+

Ende Juni 2011 hat Google sein soziales Netzwerk Google+ veröffentlicht, und seitdem wachsen die Nutzerzahlen stetig an. Im Dezember 2012 verzeichnete Google+ bereits über 500 Millionen Nutzer, wobei davon 135 Millionen aktive Nutzer sind.

> **Was sind aktive Nutzer bei Google+?**
>
> Aktive Nutzer bei Google+ sind Nutzer, die mindestens einmal im Monat mit dem Netzwerk interagieren.

2012 war ein gutes Jahr für Google+, und man merkt auch, wie wichtig diese Plattform für Google ist. Nach und nach werden die Google-Dienste immer enger mit Google+ verknüpft, und es gibt regelmäßige Updates, die das Netzwerk noch attraktiver für die Nutzer machen sollen. Langfristig sollen alle Aktivitäten außerhalb der Websuche auf Google+ gebündelt werden.

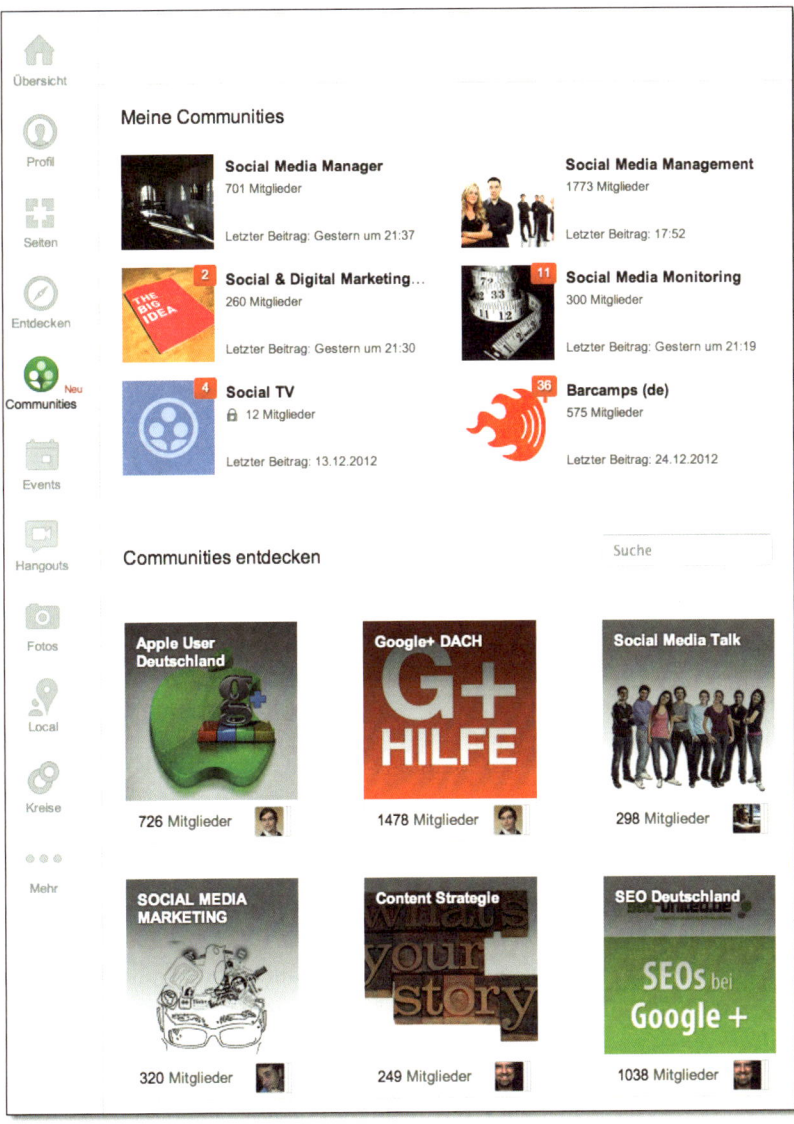

Abbildung 1.15   Die Communities bei Google+ fördern den Austausch unter den Nutzern.

Ende 2012 hat Google+ die Communities integriert. Das Community-Feature soll Nutzer mit ähnlichen Interessen zusammenbringen. Sie kennen diese Funktion auch von Facebook. Dort sind es die Facebook-Gruppen. Der Vorteil der Communities besteht darin, dass Sie sich mit interessierten Nutzern über Themen, die zum Unternehmen passen, austauschen können, ohne dass das Unternehmen im Vordergrund steht. H&M ist eines der Unternehmen, die schon sehr früh bei Google+ ihre Markenpräsenz aufgebaut haben. Zum jetzigen Zeitpunkt ist die H&M-Seite die erfolgreichste Google+-Seite (siehe Abbildung 1.16).

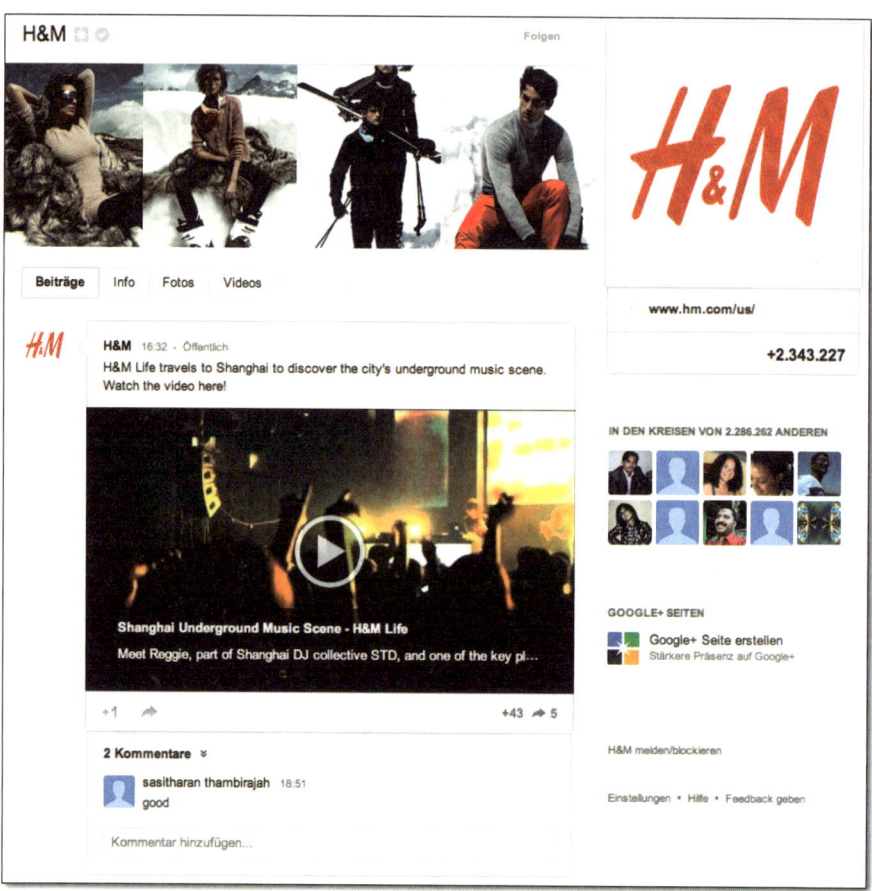

Abbildung 1.16   Die Google+-Seite von H&M

Auf der H&M-Seite gibt es jeden Tag neue Inhalte zu sehen. Dabei nutzt H&M den Umstand, dass Google+ Bilder und Videos sehr prominent darstellt. So kann die Mode in ansprechender Art und Weise präsentiert werden. Links verweisen auf die jeweilige Angebote im H&M-Shop. Zusätzlich zu den modischen Inhalten gibt es regelmäßig interaktive Inhalte, wie z. B. Fotowettbewerbe oder Gewinnspiele. H&M nutzt aber auch exklusives Material, wie Einblicke in neue Kollektionen oder »Behind the Scenes«-Material.

Google+ mag für viele immer noch ein »Nischennetzwerk« sein, aber behalten Sie es trotzdem im Auge. Wir sind gespannt, wie sich Google+ im Jahr 2013 weiterentwickeln wird und wie Google immer mehr Dienste in das Netzwerk integriert.

1.4.7 XING und LinkedIn

XING und LinkedIn gehören zu den Business-Netzwerken. In diesen Netzwerken geht es primär darum, sich beruflich zu vernetzen, also um das Suchen und Finden von Jobs, Mitarbeitern, Aufträgen und Kooperationspartnern. Diese Netzwerke bieten sich besonders für die Suche nach potenziellen Arbeitnehmern an (siehe Abbildung 1.17).

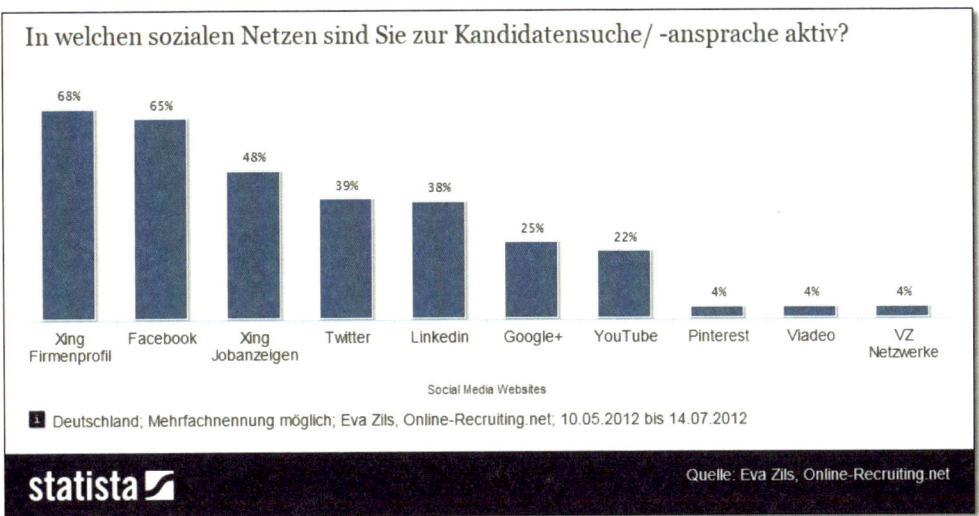

Abbildung 1.17 Mögliche Arbeitnehmer werden verstärkt auf XING gesucht und angesprochen (Quelle: http://bit.ly/11LGmaL).

XING liegt in Deutschland »noch« vor LinkedIn. Erst im November 2012 gab XING bekannt, dass man 6 Millionen Mitglieder in der D-A-CH-Region überschritten habe. Weltweit hat XING bereits über 12 Millionen Nutzer. LinkedIn hat Ende 2012 weltweit die 200-Millionen-Marke überschritten, und auch in der D-A-CH-Region hat LinkedIn aufgeholt. Ende 2012 wurde die Marke von 3 Millionen Mitgliedern geknackt.

Gerade in der heutigen Zeit nutzen immer mehr Menschen soziale Netzwerke, um nach neuen Jobs bzw. Herausforderungen zu suchen. Dafür werden auch immer öfter XING und LinkedIn eingesetzt. Wenn Sie als Unternehmen für Ihre potenziellen Arbeitnehmer auffindbar sein wollen, dann bieten sich Unternehmensprofile an (siehe Abbildung 1.18 und Abbildung 1.19). Diese sind allerdings nicht kostenfrei.

LinkedIn ist ein US-Unternehmen und deswegen auch internationaler ausgerichtet. Da LinkedIn aber auch in der D-A-CH-Region kontinuierlich wächst, sollten Sie dieses Netzwerk definitiv im Auge behalten.

Abbildung 1.18 Unternehmensprofil von Sewerin auf XING

Abbildung 1.19 Unternehmensprofil von Sewerin auf LinkedIn

1.4.8   Weitere Netzwerke

Natürlich gibt es noch viele weitere Plattformen, und auch diese sollten Sie immer im Auge behalten. Wie Sie an den Zahlen sehen können, wachsen die Nutzerzahlen in den sozialen Plattformen weiterhin stetig an. In der heutigen Zeit sollten Sie mit Ihrem Unternehmen dort präsent sein, wo sich Ihre (potenziellen) Kunden aufhalten. Denn Kunden verlassen sich nicht mehr allein auf die Werbeaussagen von Unternehmen, sondern prüfen diese Aussagen durch Suchen im Social Web oder indem sie ihre digitalen Kontakte bzw. Freunde fragen. Langfristig wird der größte Teil der Menschen in sozialen Netzen aktiv sein. Dies bedeutet aber nicht, dass es auch leicht ist, diese Menschen zu erreichen und zur Interaktion mit Ihnen zu bewegen.

Sollte Ihr Unternehmen jetzt zwingend »in Social Media machen«? Natürlich müssen Sie nicht zwingend Social Media für Ihr Unternehmen nutzen. Es gibt verschiedene Faktoren, die sogar gegen eine Social-Media-Präsenz sprechen. Unter anderem sind das:

▸ Sie erreichen Ihre Zielgruppe nicht über die sozialen Plattformen.

▸ Sie haben keine Ressourcen, um Social Media erfolgreich umzusetzen.

▸ Sie werden mit negativen Beiträgen und Kritik konfrontiert.

Es gibt aber auch viele gute Gründe, um in Social Media aktiv zu sein/werden:

▸ Im Web gibt es immer mehr Social-Media-Angebote.

▸ Im Social Web halten sich auch Ihre zukünftigen Kunden auf.

▸ Im Social Web wird bereits über Sie gesprochen. Nur mit einer aktiven Teilnahme können Sie diese Kommunikation verfolgen und beeinflussen.

▸ Durch eine gute Social-Media-Präsenz können Sie die Wahrnehmung Ihrer Marke positiv steigern.

▸ Sie können Kontakt zu potenziellen Kunden und Arbeitnehmern herstellen.

▸ Sie können Erkenntnisse für die Marktforschung gewinnen.

▸ Sie können als Unternehmen als modern, persönlich, menschlich, offen und transparent wahrgenommen werden.

▸ Sie können Ihre Zielgruppe viel leichter und besser kennenlernen.

Es gibt also viele Punkte, die für, aber auch gegen eine Nutzung der sozialen Netzwerke sprechen. Wie bereits erwähnt wurde, bringt das Social Web auch Gefahren mit sich, und der Begriff *Shitstorm* wurde 2012 extrem überstrapaziert. Ja, wer in das Social Web geht, macht sich auch angreifbar, aber man sollte nicht ängstlich sein. Viele sogenannte Shitstorms wurden durch Fehlverhalten ausgelöst, und Sie dürfen nicht vergessen, dass diese in Wirklichkeit oft eher ein laues Lüftchen waren.

Im weiteren Verlauf des Buches erfahren Sie, wie Sie optimal auf einen sogenannten Shitstorm reagieren und diesen von vornherein vermeiden können.

Die Entscheidung, ob Sie Social Media im Unternehmen einsetzen, müssen Sie letztlich allein treffen. In den nächsten Abschnitten und Kapiteln zeigen wir Ihnen, was Sie beachten sollten, wenn Sie sich dafür entscheiden, Social Media im Unternehmen einzusetzen.

1.5   Was können Unternehmen mit Social Media erreichen?

Mit Social Media lassen sich viele verschiedene Ziele erreichen. Aber bedenken Sie, dass Social Media nicht der »Stein der Weisen« für Ihre Absatzsteigerung ist. Social Media ist in erster Linie ein Dialoginstrument, das Ihnen dabei helfen kann, Ihre Kundenbeziehungen zu stärken und auszubauen. Diese Kundenbeziehungen benötigen Sie als Grundlage, um Ihre Produkte oder Dienstleistungen in oder durch Social Media zu verkaufen. Wenn Sie die Stärken von Social Media geschickt einsetzen, dann erhalten Sie dadurch einen klaren Wettbewerbsvorteil gegenüber Unternehmen, die noch nicht im Social Web vertreten sind. Da Sie von den Kunden ein direktes Feedback erhalten, ist die Nutzung von Social Media häufig effektiver als die Werbung in den klassischen Medien. In vielen Fällen ist sie auch günstiger. Ende 2012 hat der Lebensmittelkonzern Nestlé Zahlen zu einer Crossmedia-Kampagne für Maggi bekannt gegeben, in der der ROI für Facebook den von TV-Werbung übertroffen hat.

Abbildung 1.20   Facebook-Seite des Maggi Kochstudios

Die Ziele der Kampagne waren die Reichweite von »Maggi fix & frisch Gemüse Pfanne mit Hähnchen« zu steigern, die Markenwahrnehmung auszubauen, die Kundenbasis um jüngere Zielgruppen zu erweitern und »Maggi fix« als Fertigprodukt für die frische Küche zu positionieren (siehe Abbildung 1.20). Für die Crossmedia-Kampagne wurden Videos produziert, Printanzeigen in der BILD-Zeitungsgruppe geschaltet, TV-Spots liefen, und Facebook wurde durch verschiedene Facebook-Anzeigen integriert. Zur Analyse der Kampagne arbeitete Nestlé mit dem Marktforschungsinstitut GfK zusammen. Über das *Media Efficiency Panel* wurden die Reichweite, die Umsatzsteigerung und der ROI ermittelt. 19 % der von der Kampagne ausgelösten Umsätze kamen über Facebook. Dabei wurde für Facebook nur 8 % des gesamten Kampagnen-Budgets ausgegeben.

Weiterführende Informationen zur Kampagne von Maggi

Viele weitere Zahlen und Fakten zu dieser Kampagne finden Sie in diesem Artikel der *LEAD digital*: bit.ly/ROI-von-Maggi

Das bedeutet aber nicht, dass für Sie keine Kosten entstehen, wenn Sie Social Media nutzen. Je nachdem, wie Ihre Strategie und die darin enthaltenen Maßnahmen aussehen, wird auch das Budget unterschiedlich ausfallen. Selbst wenn Sie keine großen Kampagnen usw. durchführen, müssen Sie mindestens mit der Ressource Zeit rechnen. Social Media ist Kommunikation. Social Media ist Dialog, und Dialoge kosten Zeit. Es werden also personelle Ressourcen gebunden, und für diese entstehen Ihnen Kosten.

1.5.1   Brand Awareness

Die Steigerung der Markenbekanntheit (*Brand Awareness*) ist eines der am häufigsten genannten Ziele, wenn Unternehmen sich in Social Media engagieren. Und wenn wir mal ehrlich sind, dann passiert das zu einem gewissen Grad auch immer, wenn Sie in Social Media aktiv sind. Durch einen erfolgreichen Social-Media-Auftritt können Sie sich vom Wettbewerb abheben, und Sie verhelfen damit Ihrer Marke zu einer größeren Bekanntheit.

Ein sehr gutes Beispiel dafür, wie man die Markenbekanntheit in Social Media steigern kann, kommt von »Hans Freitag – der Verdener Keks- und Waffelfabrik«. Hans Freitag ist ein modernes Traditionsunternehmen mit ca. 330 Mitarbeitern. Für die Kommunikation in Social Media hat das Unternehmen einen YouTube-Kanal, einen Twitter-Account, eine Facebook-Seite und als Herzstück – das Keksblog (siehe Abbildung 1.21).

Abbildung 1.21   Das Keksblog vom Unternehmen Hans Freitag

Das Keksblog wurde im Mai 2012 beim deutschen Preis für Onlinekommunikation zum besten Blog des Jahres gewählt. Das Blog wird von den Mitarbeitern und der Chefin der Keksfabrik Freitag gemacht. In ihm wird über die Marke, die Produkte und den Alltag in der Fabrik berichtet. Die Art und Weise, wie die Artikel geschrieben sind, ist dabei sehr authentisch, da die Mitarbeiter die Artikel »frei raus« schreiben. Seit März 2011 ist das Blog online, und mit der Zeit ist auch die Themenvielfalt gestiegen. Es kommt auch vor, dass über Bücher oder Apps geschrieben wird; es werden Kundenstimmen im Blog verarbeitet, es wird von Reisen berichtet und über

Frauen aus anderen Unternehmen. Facebook und Twitter werden nicht nur zur Verbreitung der Inhalte vom Keksblog genutzt, sondern auch zur aktiven Kommunikation mit den Fans und Followern (siehe Abbildung 1.22).

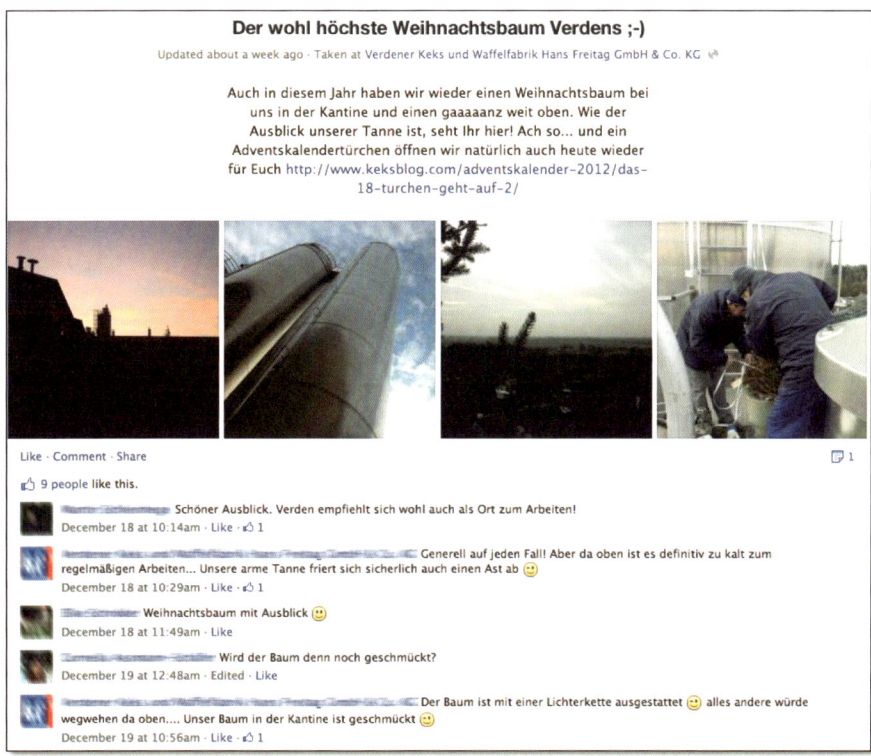

Abbildung 1.22   Authentische Kommunikation mit den Fans durch das Unternehmen

Die offene und sehr sympathische Art und Weise, wie die Mitarbeiter der »Verdener Keks- und Waffelfabrik Hans Freitag« auf den Plattformen kommunizieren, macht diesen Auftritt so erfolgreich. Bei Social Media geht es um Authentizität und den Dialog auf Augenhöhe. Wenn Sie dies bei Ihren Social-Media-Auftritten umsetzen können, dann sind Sie auch einen großen Schritt Ihrem Ziel näher gekommen, Ihre Markenbekanntheit zu steigern. Mit dem Thema »Brand Awareness« werden wir uns ausführlich in Kapitel 6 beschäftigen.

1.5.2   Innovation Management

Das Social Web bietet aufgrund der starken Vernetzung der Nutzer und der Einfachheit zur Partizipation ein hohes Potenzial für Unternehmen, um vom kollektiven Wissen der Gemeinschaft zu profitieren. Es geht darum, vom Wissen oder von den spezifischen Fähigkeiten der unterschiedlichen Nutzer zu profitieren und zusammen Probleme zu lösen oder neue Ideen zu entwickeln. Durch eine große

Menge von Nutzern können mehr und teilweise auch bessere Ideen generiert werden, als das mit einigen wenigen möglich ist.

Migros (ein Handelsunternehmen aus der Schweiz) hat bereits einige Produkte durch die Community entwickelt und auf den Markt gebracht. Dazu hat Migros eine eigene Community entwickelt – die *Migipedia* (siehe Abbildung 1.23).

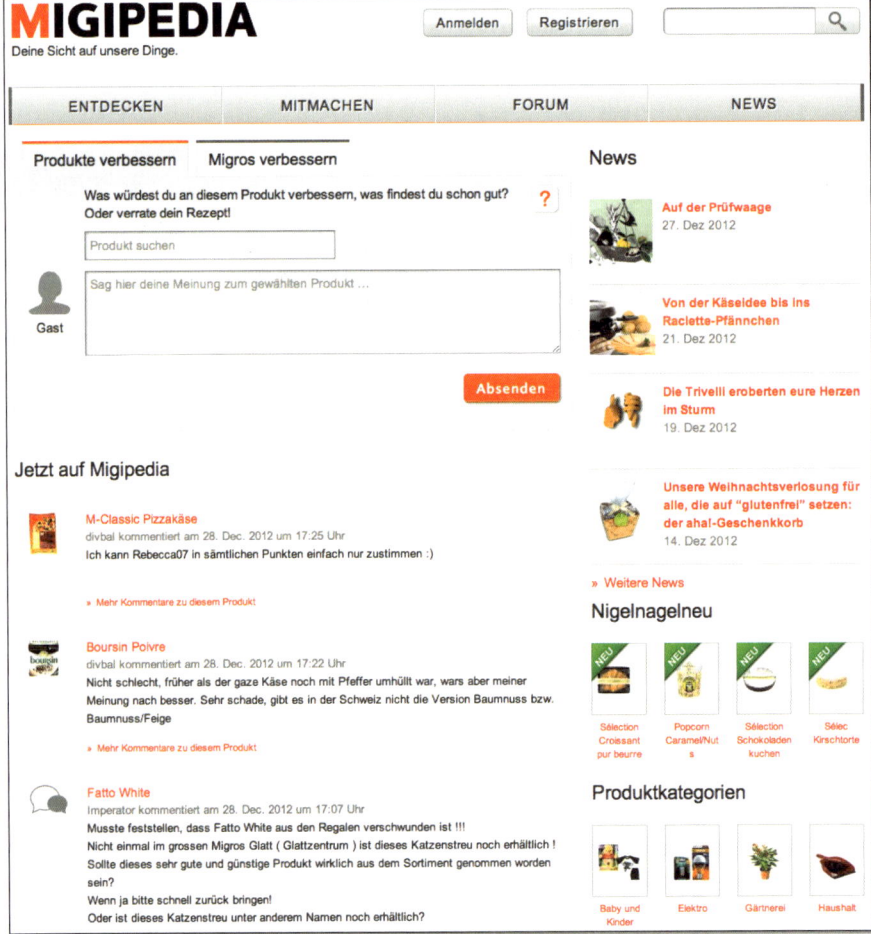

Abbildung 1.23   Die Crowdsourcing-Plattform von Migros

In der Migipedia haben die Nutzer mehrere Möglichkeiten, um bei der Gestaltung bzw. Entwicklung von Migros-Produkten teilzuhaben. Die Nutzer können eigene Ideen für neue Produkte oder Produktverbesserungen einreichen. Des Weiteren werden beliebte Ideen zur Abstimmung in die Community gegeben.

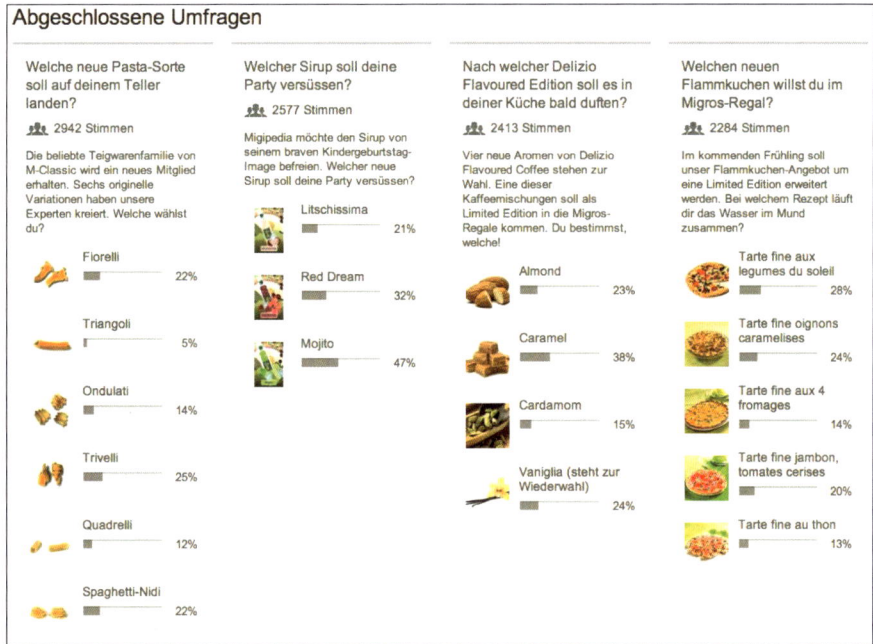

Abbildung 1.24 Einblick in die abgeschlossenen Projekte

Das Ergebnis mit den meisten Stimmen findet dann seinen Weg in das Migros-Sortiment. Migros hat es verstanden, die Community in die Entwicklungsschritte mit einzubeziehen. Die Nutzer kreieren Produkte und unterstützen Migros bei der Entscheidung durch Abstimmung (siehe Abbildung 1.24). Abgerundet wird das Ganze durch das Angebot von Produkttests, die Migros regelmäßig in die Community stellt.

Es gibt natürlich noch deutlich mehr Möglichkeiten, wie Sie die Nutzer partizipieren lassen können. Welche Möglichkeiten es gibt, und welche Gefahren so ein Prozess eventuell mit sich bringen kann, zeigen wir Ihnen in Kapitel 9, »Innovation Management – arbeiten Sie mit Ihren Kunden Hand in Hand«.

1.5.3   Kundenzufriedenheit steigern

Kundenservice ist die Kontakt-Schnittstelle zwischen Ihrem Unternehmen und Ihren Kunden. Dabei beinhaltet der Kundenservice viele Funktionen, wie z. B.:

▸ Kundenbetreuung

▸ Interessenten- und Lead-Management

▸ Beschwerdemanagement

▸ Feedback-Management

▸ Loyalitätsmanagement

Dabei ist der Dialog zwischen dem Unternehmen und den Kunden durch die starke Vernetzung im Social Web so sichtbar wie nie zuvor. Schlechter Service oder das Ignorieren von Kundenanfragen fällt schneller auf und wird weiter verbreitet. Das wirkt sich negativ auf Ihr Image und die Kundenzufriedenheit aus. Wie man auf unterschiedlichen Kanälen auf seine Kunden eingehen kann, zeigt *notebooksbilliger.de* (siehe Abbildung 1.25).

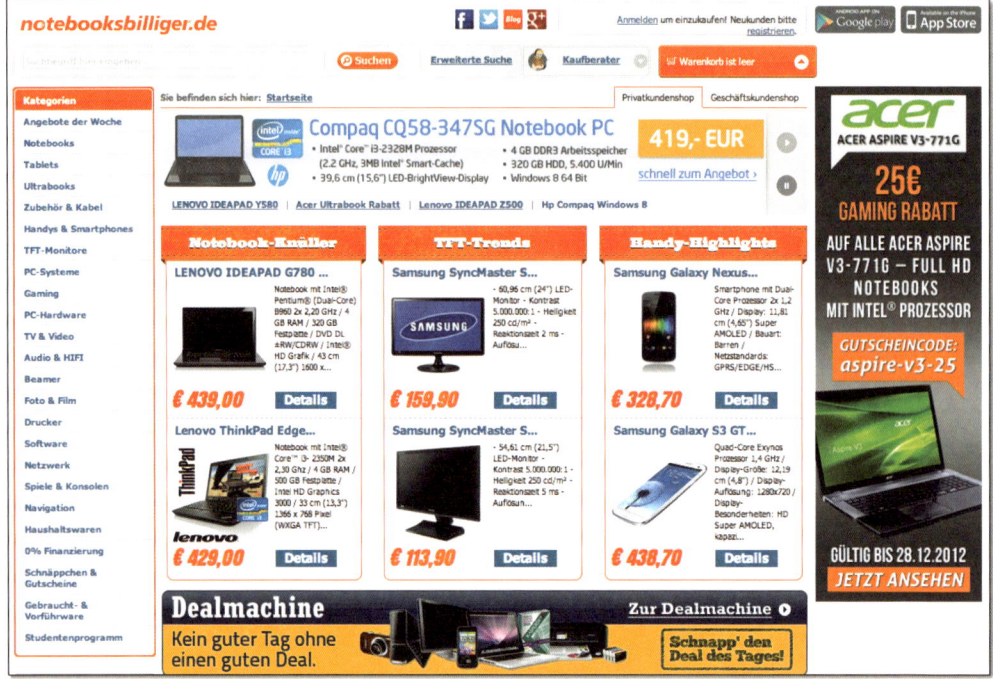

Abbildung 1.25   Der Online-Shop von notebooksbilliger.de

Der Online-Shop für Consumer-Elektronik steht seinen Kunden gleich auf einer Vielzahl von Plattformen zur Verfügung. Klassisch integriert sind ein großer Service- und-Support-Bereich, der die Bereiche der Bestellungen, Zahlungen, Lieferungen etc. abdeckt. Des Weiteren gibt es die Möglichkeit, telefonischen Support in Anspruch zu nehmen, und es ist ein Forum integriert, in dem sich die Nutzer und Mitarbeiter zu bestimmten Themen austauschen. Im dazugehörigen Blog werden die Nutzer mit allen Neuigkeiten aus der Technikwelt versorgt. Als weitere Kanäle, um die Kunden mit Neuigkeiten zu versorgen, aber auch, um Fragen bei Problemen zu beantworten oder den Dialog zu den Kunden zu suchen, nutzt notebooksbilliger.de Twitter, Facebook und Google+ (siehe Abbildung 1.26).

Abbildung 1.26   Kundenservice bei notebooksbilliger.de auf Twitter

Notebooksbilliger.de bietet eine Vielzahl von Kanälen an und bedient diese auch, das heißt, die Mitarbeiter antworten und reagieren zeitnah auf allen Kanälen. Denken Sie bei der Auswahl der Kanäle immer daran, dass Sie diese auch beobachten und bedienen müssen. Wenn Sie das mit Ihren Ressourcen nicht können, dann sollten Sie sich für weniger Kanäle entscheiden oder offen kommunizieren, für was Sie den Kanal einsetzen. Worauf man achten muss und wie andere Unternehmen Kundenservice umsetzen, zeigen wir Ihnen in Kapitel 7, »Kundenzufriedenheit – mit Social Media wird der Kunde zum König«.

1.5.4   Employer Branding

Beim Employer Branding werden Konzepte aus dem Marketing – insbesondere der Markenbildung – angewendet, um ein Unternehmen als attraktiven Arbeitgeber darzustellen und sich damit von Wettbewerbern im Arbeitsmarkt abzuheben. Wenn Sie Employer-Branding-Maßnahmen gezielt einsetzen, dann können Sie dauerhaft die Qualität der Bewerber steigern und die Personalrekrutierung effizienter gestalten. Durch den Aufbau einer emotionalen Bindung zu den Mitarbeitern identifizieren diese sich mehr mit Ihrem Unternehmen und können langfristig gebunden werden. Immer mehr Unternehmen entdecken das Potenzial für Employer Branding im Social Web. Es gibt bereits sehr viele Karriereseiten auf Facebook, und auch Karriere-Blogs werden immer öfter als Kommunikationskanal eingesetzt, um potenzielle Arbeitnehmer zu erreichen.

Die Salzgitter AG nutzt für ihre Employer-Branding-Maßnahmen einen Blog und einen Twitter-Kanal (siehe Abbildung 1.27).

Abbildung 1.27   Der Karriere-Blog der Salzgitter AG

Die Salzgitter AG nutzt das Blog, um in Artikeln über die Themen Bewerbung, Berufseinstieg und Entwicklungsmöglichkeiten zu informieren. Zu Wort kommen nicht nur die Personaler, sondern auch Mitarbeiter und Auszubildende. Dadurch bekommen die Interessierten einen sehr guten Eindruck von den Tätigkeiten und vom Arbeitsumfeld. Zusätzlich wird von Messen und Events berichtet.

Auf dem Twitter-Account (siehe Abbildung 1.28) werden offene Stellen bekannt gegeben, und die Mitarbeiter berichten von Messen. Durch das Verwenden von Bildern bekommen die Tweets eine noch größere Authentizität (siehe Abbildung 1.29).

Abbildung 1.28   Der Twitter-Account der Salzgitter AG

Abbildung 1.29   Live-Berichterstattung von Veranstaltungen

Social Media bietet ein enormes Potenzial für Employer-Branding-Maßnahmen. Welche Möglichkeiten es gibt und wie Sie davon profitieren können, zeigen wir Ihnen in Kapitel 8, »Employer Branding – wappnen Sie sich für den Arbeitsmarkt der Zukunft«.

1.5.5 Sales

Wir sagen Ihnen an vielen Stellen im Buch, dass es bei Social Media in erster Linie um den Dialog geht und nicht um das Verkaufen. Das ändert aber nichts daran, dass der Verkauf in oder über Social Media ein völlig legitimes Ziel ist. Zu Sales gehört nicht nur der direkte Verkauf. Zeigen Sie als Unternehmen, dass Sie Expertise in Ihrem Bereich haben, ohne direkt ein Verkaufsgespräch zu starten. Die Nutzer werden durch die Wahrnehmung Ihrer Expertise im Entscheidungsprozess beeinflusst – und vielleicht ist genau das der ausschlaggebende Faktor, der dem potenziellen Käufer im Gedächtnis bleibt. Es gibt aber auch genug Beispiele für den direkten Verkauf in Social Media. Dies kann eine Kampagne sein oder z. B. die Integration eines Shops oder eines Ticketsystems in die Social-Media-Präsenz.

Das *Alte Theater Magdeburg* wollte durch Social Media seinen Umsatz steigern.

Abbildung 1.30 Die Facebook-Seite des Alten Theaters in Magdeburg

Um dieses Ziel zu erreichen, wurden die Fans der Facebook-Seite (siehe Abbildung 1.30) als Erste über neue Veranstaltungen und Konzerte informiert. Um den Bekanntheitsgrad der Seite zu steigern und um exklusive Inhalte darzustellen, verknüpfte sich die Seite mit den Künstlern, die im Alten Theater ihre Auftritte haben. Einzelne Veranstaltungen wurden durch Facebook-Anzeigen zielgruppengerecht beworben. Um es den Nutzern so einfach wie möglich zu machen, wurde ein Ticket-Shop in die Fanseite integriert, sodass die Nutzer direkt auf der Facebook-Seite die Karten kaufen und ausdrucken können.

Die Ergebnisse waren eine Umsatzsteigerung über Facebook von 50 % und eine Steigerung der Besucherzahl des Alten Theaters. 70 % der Besucher wurden über Facebook auf die Veranstaltungen aufmerksam. Dies ist nur ein Beispiel dafür, wie Sie in Social Media Sales betreiben können. In Kapitel 10, »Sales – steigern Sie Ihren Umsatz mit Social Commerce«, zeigen wir Ihnen, wie Sie Sales in Social Media betreiben können und worauf Sie achten müssen.

Nebeneffekte von Social Media

Mal abgesehen von den eben genannten Möglichkeiten erreichen Sie durch Ihre Social-Media-Aktivitäten auch weitere Nebeneffekte, wie z. B.:

- Sie erhöhen den Traffic auf Ihrer Website.
- Sie verbessern dadurch Ihr Suchmaschinen-Ranking.
- Sie haben die Chance, Ihr Publikum in Echtzeit mit Informationen zu versorgen.
- Sie können auch die Freunde Ihrer Kunden und Interessierte mit Ihrer Nachricht erreichen.
- Sie verbessern Ihren Online-Einfluss.
- Sie steigern die Kommunikation mit Ihren Kunden.

1.6 Was müssen Unternehmen beachten?

Als Erstes sollten Sie sich immer vor Augen halten, dass jedes Unternehmen Social Media anders nutzt. Wie, das hängt von der Unternehmenskultur und -struktur ab, von den definierten Zielen, aber auch von den zur Verfügung stehenden Ressourcen. Wie Sie bereits am Anfang des Kapitels gelesen haben, sollten Sie Social Media nicht mehr konzeptlos ausprobieren. Brian Solis gab in einem in 2012 geführten Interview zu bedenken, dass viele Unternehmen Social Media nicht wirklich integriert und dadurch ihr Wesen nicht verstanden haben. Vielmehr würde Social Media als eine mediale Abteilung (z. B. im Marketing) angesiedelt. Als Beispiel nennt er Folgendes:

>*»Eine Beschwerde z. B. via Twitter wird zwar von den Unternehmen erkannt/ gesehen, aber man hat nicht die Kompetenz, diese angemessen zu bearbeiten, das macht ganz woanders die Beschwerdeabteilung. Das konnte man 100 Jahre lang so machen, aber nun ist es anders. Social Media verlangt, dass die ganze Marke zum Kunden als einer, mit einer Stimme, mit einem Gesicht spricht.«*[2]

---

[2] Quelle: *http://www.jeffbullas.com/2012/05/30/the-state-of-social-media-in-2012-brian-solis-video-interview/#*

llung hat Brian Solis in erster Linie auf den amerikanischen Markt be-
eobachten dieses Problem aber auch auf dem deutschen Markt. In
A-Studie von 2012 gaben immer noch 66 % der befragten Unterneh-
keine konkreten Ziele definiert wurden.[3] Wie wichtig es für den Erfolg
dia ist, konkrete Ziele mit dafür festgelegten Kennzahlen zu definieren, werden wir Ihnen in den kommenden Kapiteln aufzeigen.

1.6.1 Nicht die Tools, sondern die Strategie ist wichtig

Social Media ist nicht neu, und die Nutzer halten sich schon seit Jahren in sozialen
Netzwerken, Blogs, Foren usw. auf. Es gibt unzählige Plattformen, auf denen Nutzer aktiv sein können (siehe Abbildung 1.31).

Websites und Blogs zum Thema Social Media

National:

- Allfacebook – *http://www.allfacebook.de*
- Etailment.de – *http://www.etailment.de*
- Futurebiz – *http://www.futurebiz.de/*
- Karrierebibel – *http://karrierebibel.de/*
- Lead Digital – *http://www.lead-digital.de/*
- Netzwertig – *http://www.netzwertig.de*
- Social Media Statistiken – *http://www.socialmediastatistik.de/*
- t3n – *http://www.t3n.de*
- Wollmilchsau – *http://www.wollmilchsau.de/*

International:

- Mashable – *http://www.mashable.com*
- Techcrunch – *http://www.techcrunch.com*
- tnw – *http://thenextweb.com/*
- readwrite – *http://readwrite.com/*
- Venturebeat – *http://venturebeat.com/*

Das Social-Media-Prisma[4] zeigt bereits in der aktualisierten Version 5.0 die verschiedenen Social-Media-Plattformen. Dabei ist es noch längst nicht vollständig.
Natürlich müssen Sie nicht alle Plattformen kennen, aber Sie sollten hin und wieder
schauen, welche neuen Netzwerke es gibt. Nur so können Sie abschätzen, ob diese
für Ihr Unternehmen und Ihre Strategie wichtig sein könnten. Sie brauchen keine
Angst vor neuen Plattformen zu haben. Erstellen Sie sich einfach einen Account (es

---

3 Quelle: *http://www.bitkom.org/files/documents/Social_Media_in_deutschen_Unternehmen.pdf*
4 Quelle: *http://www.ethority.de/weblog/social-media-prisma/*

hilft am Anfang, einfach einen Test-Account anzulegen), und schauen Sie sich die Plattform in Ruhe an. Analysieren Sie, ob sich Ihre (potenziellen) Kunden auf dieser Plattform aufhalten. Erst dann sollten Sie überlegen, wie Sie diese Plattform in Ihre Strategie einbinden können. Um einen Überblick über neue oder wachsende Plattformen zu bekommen, ist es hilfreich, dass Sie regelmäßig Webseiten und Blogs besuchen, die sich mit dem Thema Social Media beschäftigen. Social Media und insbesondere die Technologien und Plattformen ändern sich und entstehen sehr schnell. Deswegen ist der Besuch dieser Webseiten und Blogs so hilfreich.

Abbildung 1.31   Das Social-Media-Prisma von ethority

1.6.2   Welche Fehler werden von Unternehmen in Social Media gemacht?

Es gibt immer wieder Beispiele, wie Unternehmen im Social Web etwas falsch angehen oder umsetzen. Wir haben ein paar gängige Fehler für Sie zusammengefasst:

Angst vor Kontrollverlust

Immer wieder stößt man auf Aussagen wie »Angst vor Kontrollverlust« oder »Ich verliere die Kontrolle über die Marke«. Das stimmt natürlich nicht (siehe Abbildung 1.32).

Abbildung 1.32   Hatten Sie jemals Kontrolle über Ihre Marke?

Noch nie war alles steuerbar, aber in Social Media können Sie in einem gewissen Maße Einfluss nehmen. Deswegen eignet sich Social Media sehr gut für die Markenführung, und schon immer haben die Kunden das Bild der Marke geprägt. Noch nie gab es für Sie die Möglichkeit, mit Ihren Kunden so direkt und offen zu kommunizieren oder auf kritische Anmerkungen zu reagieren. Dadurch können Sie mit den »Fans« Ihrer Marke in Verbindung treten, und wenn Sie es geschickt machen, können diese dann zu Markenbotschaftern werden.

Unvollständige Profile

Wenn Ihre Kunden und Interessenten im Social Web nach Ihnen suchen, ist der erste Eindruck, den sie erhalten, Ihre Webseite, Ihr Blog, Ihr Twitter-Profil oder Ihre Facebook-Fanpage. Wie im richtigen Leben zählt auch im Social Web der erste Eindruck. Wie geht denn der Nutzer vor, wenn er sich für etwas interessiert? Er wird Ihre Marke oder Ihr Produkt in die Google-Suche eingeben. Sollten Sie Social-Media-Profile besitzen, dann werden diese mit einer hohen Wahrscheinlichkeit sehr weit oben in der Google-Trefferliste angezeigt – und das bedeutet, dass sich der Nutzer diese wahrscheinlich auch anschauen wird. Das heißt wiederum, dass Ihre Präsenzen im Social Web vollständig sein sollten, also mit aktuellen Informationen zu Ihrem Unternehmen, und es schadet auch nicht, wenn Ihre Präsenz optisch einladend ist. Sie würden ja auch nicht in einem Laden einkaufen gehen, der dreckig ist und in dem kaum Ware vorhanden ist.

Ziellos und unstrukturiert mit Social Media starten

Es wird Ihnen kein Erfolg beschieden sein, wenn Sie sich nicht sicher sind, was Sie im Social Web erreichen wollen und wie Sie dies umsetzen möchten. Es ist auch nicht hilfreich, wenn Sie auf verschiedenen Social-Media-Plattformen Unternehmens-Accounts einrichten, aber diese dann nicht mehr pflegen. Wenn Sie sich dafür entscheiden, auf einer Plattform aktiv zu werden, dann sollten Sie dort auch konsequent aktiv sein, da die Kunden dies sonst als negativ bewerten.

Social Media als weitere Werbeplattform behandeln

Sollten Sie Social Media als weiteren Push-Kanal für Ihre Werbebotschaften benutzen, dann werden Sie mittel- und langfristig keinen Erfolg haben, denn Ihre potenziellen Kunden werden das auch schlecht bewerten. Bei Social Media geht es um Kommunikation, um den Dialog, um das Interagieren mit Ihren Kunden und darum, diese partizipieren zu lassen. Markenkommunikation sollte sympathisch, direkt und persönlich sein (siehe Abbildung 1.33).

Abbildung 1.33   Jedes Produkt kann Emotionen auslösen.

Jede Marke ist einzigartig. Zeigen Sie dies in Ihren Beiträgen.

Abbildung 1.34   Gute Postings müssen nicht teuer sein.

Wenn Sie dies nicht verstanden haben oder nicht umsetzen können, dann sollten Sie den Schritt, sich in Social Media zu engagieren, noch einmal überdenken.

Unregelmäßiges Antworten und emotionale Diskussionen

Wenn Sie sich für Social Media entscheiden, dann sollte Ihnen auch bewusst sein, dass das Internet rund um die Uhr (»24/7«) geöffnet hat und dass sich Ihre Kunden auch 24/7 über Sie unterhalten. Sie sollten nach Möglichkeit dafür sorgen, dass auch außerhalb der Geschäftszeiten die Kommunikation auf Ihren Social-Media-Präsenzen beobachtet wird und auch darauf reagiert wird. Niemand erwartet, dass Sie innerhalb von fünf Minuten antworten, aber wenn am Freitagabend ein negativer Beitrag auf Ihrer Facebook-Seite erscheint und von Ihnen nicht bemerkt wird, dann kann dieser bis Montagmorgen schon ein viel größeres Problem geworden sein.

Bei dem Beispiel aus Abbildung 1.35 beschwert sich die Kundin auf der Facebook-Seite von Vodafone über zwei fehlerhafte Mobilfunkrechnungen. Dass man bei solchen Beiträgen mit Zustimmung von anderen Nutzern rechnen muss, davon kann man ausgehen. Überraschend war das Ausmaß mit fast 150.000 »Gefällt mir«-Angaben und über 15.000 Kommentaren. Vodafone hat zunächst auch vorbildlich reagiert und innerhalb von einer knappen Stunde auf diesen Beitrag geantwortet.

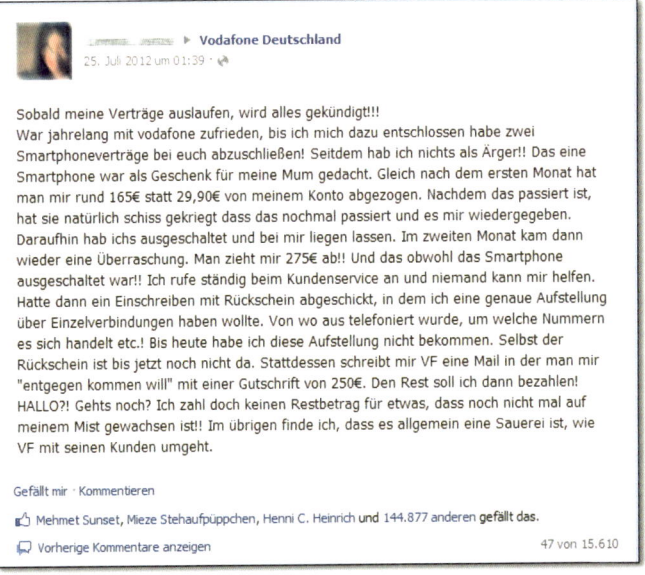

Abbildung 1.35   Eine Kundenbeschwerde verbreitet sich rasant.

Doch dann tauchte Vodafone erst einmal ab, und die nächste Reaktion von Vodafone kam erst am Montag. Am Wochenende jedoch kommentierten Tausende Nutzer den Beitrag. Vodafone erklärte im Nachhinein, dass es keine Angestellten habe, die die Pinnwand am Wochenende betreuen. Das Problem der Kundin wurde hinterher gelöst, und Vodafone hat auch versucht, auf die anderen unzufriedenen Kommentare einzugehen. Wir wollen an diesem Beispiel jedoch zeigen, wie wichtig es ist, dass Sie Ihre Social-Media-Kanäle im Blick haben sollten.

Achten Sie also auf regelmäßige Kommunikation! Seien Sie auf Ihren Kanälen aktiv. Niemand bleibt gerne auf einer Seite, deren letzter Eintrag sechs Monate alt ist. Sorgen Sie dafür, dass Sie die Kanäle, für die Sie sich entscheiden, ständig mit Beiträgen versorgen.

In manchen Fällen sind die Kommentare oder Beiträge der Kunden unangebracht und oft auch sehr emotional. Versuchen Sie, in solchen Situationen ruhig zu bleiben und sachlich und höflich zu kommunizieren. Dass dies nicht immer leichtfällt, ist uns bewusst, aber Community-Management bedeutet auch, einfach mal etwas aushalten zu müssen. Denken Sie immer daran, dass das Löschen von Beiträgen nur die allerletzte Maßnahme sein kann und nach Möglichkeit immer ausgeschlossen werden sollte.

Unüberlegtes Antworten und keinen Mehrwert bieten

Nicht nur das unregelmäßige Antworten ist falsch, sondern auch das unüberlegte Antworten. Wenn jemand Ihnen eine Frage stellt, die Sie im Moment nicht beantworten können, dann ist es immer noch besser, nach ein, zwei Stunden eine sinnvolle und richtige Antwort zu geben als nach fünf Minuten eine fehlerhafte, die hinterher revidiert werden muss. Sie können auch einfach auf die Frage reagieren, indem Sie dem Nutzer sagen, dass Sie den Beitrag wahrgenommen haben, aber die Details noch prüfen müssen, und dass der Nutzer sofort eine Antwort bekommt, wenn Sie die benötigten Informationen eingeholt haben. Durch schnelles, aber fehlerhaftes Antworten werden Sie es nicht schaffen, Vertrauen aufzubauen.

Des Weiteren sollten Sie nicht nur regelmäßig neuen Content anbieten, sondern auch darauf Wert legen, dass dieser Inhalt Ihrer Zielgruppe einen Mehrwert bietet. Dies gilt auch für Inhalte, die Sie teilen. Wenn Sie bei Twitter Links zu fremden Beiträgen retweeten, dann sollten Sie diesen Beitrag vorher lesen und anschließend entscheiden, ob er zu Ihrer Zielgruppe passt.

Wie Trending Topics falsch interpretiert werden können

Da Twitter ein wichtiges Tool zum Aufspüren von aktuellen Ereignissen ist, hat Twitter relativ schnell die *Trending Topics* eingeführt. Mit ihnen werden weltweite und lokale Trends aufgezeigt. Man kann sie auch für die eigene Kommunikation nutzen, aber man sollte vorher prüfen, warum ein bestimmter Begriff ein Trending Topic ist. Im Juli 2012 ereignete sich das »Aurora-Massaker« in Colorado, bei dem 19 Menschen getötet wurden. Das Wort »Aurora« wurde ziemlich schnell zum Trending Topic, und der Modeshop »Celeb Boutique« twitterte:

#Aurora is trending, clearly about our Kim K inspired #Aurora dress ;) Shop: celebboutique.com/aurora-white-pleated-v-neck-strong-shoulder-dress-en.html.

Dies geschah, weil das Unternehmen sich nicht informiert hatte, warum das Wort »Aurora« zum Trending Topic wurde. Die Twitter-Gemeinde reagierte zum Teil sehr böse auf den Tweet. Nachdem das Unternehmen informiert war, wurde der Tweet gelöscht, und Celeb Boutique hat sich mehrfach dafür entschuldigt. Prüfen Sie also vorher die Dinge, über die Sie schreiben wollen.

Es gibt natürlich noch viel mehr Dinge, auf die Sie achten müssen. Aber wir hoffen, dass wir Ihnen mit den eben genannten Punkten etwas mehr Sicherheit geben konnten.

1.7   Den richtigen Weg finden und einschlagen

Ein wichtiger Faktor in Social Media ist es, mit den Kunden bzw. Nutzern zu kommunizieren und zu interagieren. Die Nutzer sind in sozialen Netzwerken aktiv, um mit anderen Menschen und den Unternehmen zu kommunizieren, sich zu informieren und zu interagieren. Natürlich können Sie die sozialen Netzwerke auch nutzen, um auf Ihre Produkte/Dienstleistungen hinzuweisen, aber Sie sollten dies nicht ausschließlich machen.

Warum ist das Engagement ein so wichtiger Erfolgsfaktor für Social Media? Viele Kunden treten heutzutage nicht mehr nur über das Telefon oder via E-Mail mit den Unternehmen in Kontakt, sondern nutzen auch den Unternehmens-Twitter-Account oder die Facebook-Seite Ihres Unternehmens, um mit Ihnen zu kommunizieren. Sollten die Kunden dann auf den sozialen Netzwerken keine Antwort auf ihre Anfrage bekommen, dann wäre das so, als wenn Sie nicht auf eine E-Mail antworten würden oder nicht auf die telefonischen Anfragen reagieren. Engagement bedeutet nicht automatisch, dass Sie alle Support-Anfragen via Twitter und Facebook beantworten sollen. Aber wenn Anfragen kommen, dann verweisen Sie zumindest darauf, wo dem Nutzer geholfen werden kann. Im selben Atemzug lohnt sich auch eine proaktive Interaktion. Mit allen Twitter-Clients und auch direkt auf *twitter.com* lassen sich Suchbegriffe beobachten. Geben Sie dort einfach den Namen Ihres Unternehmens oder Ihrer Produkte ein, und reagieren Sie auch auf Beiträge, die zwar nicht direkt an Ihren Account gerichtet sind, aber in denen Sie genannt werden (siehe Abbildung 1.36).

Abbildung 1.36 Kundenservice von Rossmann auf Twitter

Kunden folgen Ihnen, weil sie entweder Ihre Marke mögen, ein Interesse an Ihrer Marke haben oder weil es für den Nutzer interessant ist, was Sie schreiben und teilen. Deswegen sollten Sie versuchen, mit Ihren Beiträgen in Ihrem »Themenbereich« zu bleiben und den Nutzern einen Mehrwert zu bieten. Natürlich kann Social Media auch als Werbekanal genutzt werden, um Ihre Produkte bzw. Dienstleistungen anzubieten. Wichtig dabei ist, dass Sie die Balance finden zwischen Ihren »normalen« Beiträgen und Ihren Werbenachrichten. Nehmen Sie die klassischen Medien wie Radio, Fernsehen oder Zeitung als Vergleich. Dort muss auch Werbung geschaltet werden, damit diese sich finanzieren können. Würde die Werbung aber den Großteil des jeweiligen Formats belegen, dann würde das auch niemand mehr hören, schauen oder lesen. In den sozialen Netzwerken funktioniert das ähnlich. Sollten Sie keinen Mehrwert bieten, sondern nur als Werbeplattform wahrgenommen werden, so werden Sie mit einer hohen Wahrscheinlichkeit keinen Erfolg erzielen. Es gibt hier keine exakte Zahl, nach der Sie sich richten können, da diese unter anderem von Ihrem Aktivitätsverhalten und Ihrer Zielgruppe abhängig ist. Als grobe Orientierungshilfe würden wir Ihnen empfehlen, dass maximal 5 bis 10 % Ihrer Beiträge auch als Werbenachrichten eingesetzt werden können. Dies sollten Sie aber je nach Plattform und Zielgruppe in kleinen Schritten ausprobieren und sich an die Werte herantasten. Wenn Sie natürlich ein Anbieter für Gutscheine sind, dann ist es wahrscheinlich, dass dieser Wert um ein Vielfaches höher ist. Dies ist dann auch in Ordnung, da Ihre Zielgruppe genau das von Ihnen erwartet.

1.8   Funktioniert Social Media auch im B2B-Umfeld?

Der Begriff *B2B* (business-to-business) wird allgemein für Beziehungen zwischen zwei Unternehmen benutzt. *B2C* (business-to-consumer) wird für die Beziehung zwischen Unternehmen und Konsumenten benutzt. Der große Unterschied liegt also in der Zielgruppe, die Sie erreichen wollen.

Grundsätzlich ist Social Media sowohl für B2C als auch für B2B tauglich, und da sich Social Media sehr gut für die Kommunikation einsetzen lässt, eignet es sich u. a. für die Bereiche PR, HR und Sales. Auch die Markenwahrnehmung von B2B-Unternehmen lässt sich durch Social Media ausbauen. Wie im Bereich B2C sollten sich die B2B-Unternehmen fragen:

▶ Warum möchten Sie Social Media machen?

▶ Welche Zielgruppe wollen Sie erreichen?

▶ Wo liegen die Stärken und Schwächen der Produkte?

Der Prozess, um zu entscheiden, ob man Social Media einsetzen sollte, unterscheidet sich demnach nicht zwischen B2C- und B2B-Unternehmen.

Doch was sind die Unterschiede zwischen B2B- und B2C-Marketing? In Tabelle 1.1 sehen Sie einige Unterschiede zwischen dem B2B- und dem B2C-Marketing. Oft ist es so, dass B2B-Unternehmen in der Bevölkerung weniger bekannt sind und dass ihre Produkte bzw. Dienstleistungen im Vergleich zum B2C-Markt erklärungsbedürftiger sind. Allein diese beiden Punkte zeigen, dass sich Social Media sehr gut für B2B-Unternehmen eignet. Social Media ist Kommunikation, und nun haben Sie die Chance, nicht nur Ihr Unternehmen bekannter zu machen, sondern auch Ihre Produkte. Ein weiterer Faktor, der zu diesem Bereich zählt, ist der *War of Talent*: Wenn Sie als Unternehmen in Social Media gefunden werden, machen Sie auch Ihre möglichen zukünftigen Mitarbeiter auf sich aufmerksam, die bis jetzt vielleicht gar nicht wissen, dass es Sie gibt bzw. dass es sehr interessant wäre, Sie als Arbeitgeber zu haben.

B2B-Marketing	B2C-Marketing
Neigt eher zu kleineren, spezialisierten Zielmärkten und wenigen Marktteilnehmern	Neigt eher zu größeren Zielmärkten und vielen Marktteilnehmern
Komplexere Produkte, »beratend« verkaufen	Produktorientiert, weniger beratend
Generell eher niedrige Marketing-Budgets – weniger bekannte Marken in der Bevölkerung	Höhere Marketing-Budgets – viele bekannte Marken in der Bevölkerung
Längerer Verkaufszyklus	Kürzerer Verkaufszyklus
Kann sehr beziehungsorientiert sein – langjährige Vertriebsbeziehungen	Beziehung wird eher zum Produkt aufgebaut und nicht zum Verkäufer
Weniger persönlich, mehr wertgetrieben	Sehr persönlich, knüpft an persönliche Vorstellungen vom Selbstbild usw. an

Tabelle 1.1   Unterschiede zwischen B2B- und B2C-Marketing

Der Entscheidungszyklus/Verkaufszyklus ist im B2B-Segment aufgrund von höheren und langfristigen Investitionen in der Regel länger als im B2C-Segment. Machen Sie sich auch hier das Social Web zunutze, und diskutieren Sie mit den Entscheidern, oder profilieren Sie sich mit Fachwissen in Foren und Blogs. Strategisch gesehen gibt es keinen Unterschied zwischen dem B2B- und dem B2C-Markt, da sich die Social-Media-Strategie nach den Unternehmenszielen richtet und sich diese häufig ähneln. Taktisch gesehen (also bei der Umsetzung) gibt es sehr wohl Unterschiede zwischen dem B2B- und dem B2C-Segment. B2B-Unternehmen setzen z. B. häufiger Recruiting-Plattformen wie XING oder LinkedIn ein. Auch Foren, Q&A-Seiten und Blogs rangieren im B2B-Bereich vor Plattformen wie Facebook oder YouTube. Dass Facebook aber trotzdem eine Rolle bei B2B-Unternehmen spielt, können Sie z. B. an dem sich täglich aktualisierenden *Facebook B2B Ranking* von *Lingner Consulting* erkennen (siehe Abbildung 1.37).

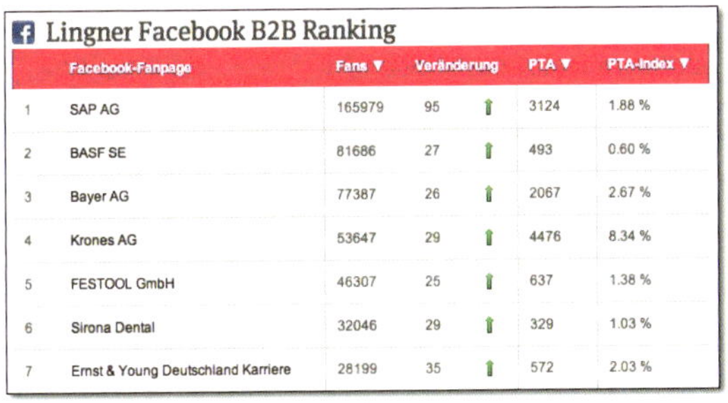

Lingner Facebook B2B Ranking				
Facebook-Fanpage	Fans ▼	Veränderung	PTA ▼	PTA-Index ▼
1 SAP AG	165979	95 ⇑	3124	1.88 %
2 BASF SE	81686	27 ⇑	493	0.60 %
3 Bayer AG	77387	26 ⇑	2067	2.67 %
4 Krones AG	53647	29 ⇑	4476	8.34 %
5 FESTOOL GmbH	46307	25 ⇑	637	1.38 %
6 Sirona Dental	32046	29 ⇑	329	1.03 %
7 Ernst & Young Deutschland Karriere	28199	35 ⇑	572	2.03 %

Abbildung 1.37   Das »Lingner Facebook B2B Ranking«

Das Ranking liefert tagesaktuell die Fan-Zahlen von zahlreichen B2B-Unternehmen und stellt diese in einem Ranking dar. Zusätzlich zu den Fan-Zahlen liefert das Ranking auch noch den *PTA-Wert* (*People Talking About*) und einen PTA-Index mit. (Der PTA-Index berechnet sich aus dem PTA-Wert im Verhältnis zu der Anzahl der Fans.) Durch den PTA-Index ist ein Vergleich mit anderen Unternehmen möglich, jenseits von reinen Fan-Zahlen.

1.9   Fazit

Wir haben Ihnen in diesem Kapitel gezeigt, wie Sie Social Media nutzen können, um das Erreichen Ihrer Unternehmensziele zu unterstützen. Das Internet ist das Social Web, und wenn wir ehrlich sind, dann bedeutet eine Nichtteilnahme an Social Media eine Nichtteilnahme am Internet.

Es gibt unzählige Plattformen, auf denen Sie mit Ihrer Zielgruppe in Dialog treten können. Social Media bedeutet Kommunikation, und Kommunikation kostet Zeit, aber diese Zeit zahlt sich für Sie aus. Erhöhen Sie Ihre Markenbekanntheit, positionieren Sie sich als serviceorientiertes Unternehmen, und steigern Sie die Kundenzufriedenheit bei Ihrer Zielgruppe. Nutzen Sie einen Karriere-Blog oder eine Karriere-Seite auf Facebook, um Ihre potenziellen Arbeitnehmer zu erreichen und sich selbst als attraktiven Arbeitgeber zu positionieren. Dies sind nur einige der Möglichkeiten, die wir Ihnen gezeigt haben oder im weiteren Verlauf noch zeigen werden. Social Media bietet für jedes Unternehmen ausreichend Potenzial – auch für Sie!

Sollten Sie sich unsicher sein oder stehen Ihnen weniger Ressourcen zur Verfügung, dann fangen Sie klein an. Niemand zwingt Sie, mit einer kompletten Strategie auf allen Kanälen durchzustarten. Machen Sie sich aber Gedanken darüber, was Sie in Social Media erreichen wollen, und beginnen Sie dann einfach mit einem Kanal. Wenn Sie damit gut zurechtkommen und sich bald sicherer beim Umgang mit dem Social Web fühlen, können Sie die Kanäle nach und nach weiter ausbauen. Vergessen Sie dabei bitte nicht, dass sich die Kanäle nach der Zielgruppe richten: Es muss nicht immer Facebook oder Twitter sein. Seien Sie da, wo sich Ihre Zielgruppe aufhält.

Im nächsten Kapitel zeigen wir Ihnen, worauf Sie achten müssen, bevor Sie mit Social Media beginnen.

2 Vorbereitung – was müssen Sie bei der Einführung von Social Media beachten?

Bei Social Media müssen viele organisatorische und operative Maß-nahmen umgesetzt werden. Diese zu identifizieren und koordinieren ist nicht einfach. Social Media ist Kommunikation und Kommunikation war noch nie einfach.

Hat ein Unternehmen die Entscheidung gefällt, in Social Media aktiv zu werden, müssen verschiedene Vorbereitungen getroffen werden. Auch wenn Ihr Wettbe-werb bereits auf den verschiedenen Social-Media-Plattformen vertreten ist und Sie gerne direkt starten möchten, ist ein durchdachter Eintritt in diese neue Welt der Kommunikation sinnvoller als ein übereilter Aufbau der Präsenzen. Haben Sie mit dem Dialog auf den Social-Media-Kanälen begonnen, können Sie diese nicht ein-fach wieder schließen. Entschließt sich ein Unternehmen, auf den Social-Media-Ka-nälen aktiv zu werden, sollte dies auch konstant durchgeführt werden. Ein Engage-ment in Social Media ohne Konzept oder Zielsetzung ist nur bedingt sinnvoll. Sie sollten aus diesem Grund vorab folgende Fragen klären:

▶ Wer ist im Unternehmen für diesen Bereich zuständig?

▶ Liegt die Social–Media-Verantwortung bei einem Mitarbeiter, einer Abteilung, oder soll das Thema global von allen Abteilungen eingesetzt werden?

▶ Was versprechen Sie sich durch Ihr Engagement im Social Web?

▶ Welche Zielgruppe möchten Sie erreichen? Ist diese Gruppe auf den Kanälen vertreten, auf denen Sie aktiv werden möchten?

▶ Kennen Sie die Bedürfnisse Ihrer Kunden?

▶ Welche Themen werden in Zusammenhang mit Ihrer Marke online diskutiert?

▶ Welche Inhalte finden sich in Ihrer Unternehmensstrategie, und wie kann man diese Punkte ins Social Web übertragen?

▶ Haben Sie eine Social-Media-Strategie erstellt und Ziele definiert?

▶ Welche rechtlichen Aspekte müssen Sie beachten?

▶ Wie müssen Sie auf kritische Beiträge reagieren?

Sie sehen, der Aufbau der eigenen Social-Media-Kanäle ist mit zahlreichen Vorbe-reitungen verbunden. Social Media betrifft jedoch nicht nur Ihre Mitarbeiter, die sich beruflich mit dieser Thematik auseinandersetzen sollen. Das Internet wird von allen Mitarbeitern bereits privat genutzt. Vielen ist dabei nicht bewusst, wie sie sich optimal im Social Web bewegen und verhalten sollen. Vor allem, wenn sich Ihre Mitarbeiter an Diskussionen auf den verschiedenen Social-Media-Plattformen beteiligen und klar als Mitarbeiter Ihres Unternehmens zu identifizieren sind, ist es notwendig und sinnvoll, ihnen gewisse Rahmenbedingungen an die Hand zu geben. Wie diese Richtlinien aussehen können, erfahren Sie in Abschnitt 2.4, »Erstellen Sie Social Media Guidelines und Kommunikationsrichtlinien«.

Wann und in welchem Umfang Sie Ihre Mitarbeiter in das eigene Engagement einbeziehen, hängt davon ab, welchen Ansatz Sie verfolgen. Jeremiah Owyang von der Altimeter Group hat eine Systematik von Organisationsmodellen entwickelt.[1] Sie unterscheidet zwischen fünf Formen der unternehmensinternen Zusammenarbeit in Bezug auf das Social Web.

1. Bei der *dezentralen (engl. »organic«) Struktur* (siehe Abbildung 2.1) ist keine Abteilung zentral für das Thema Social Media verantwortlich. Konzepte und Ideen entstehen aus einem individuellen Interesse einer Abteilung.

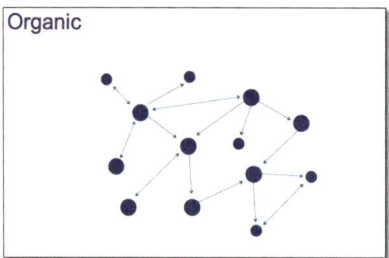

Abbildung 2.1   Dezentrale Organisationsstruktur

2. Das Thema Social Media liegt bei einer *zentralisierten Struktur* (siehe Abbildung 2.2) bei einer bestimmten Abteilung (beispielsweise der Unternehmenskommunikation), die den nachgeordneten Bereichen die Inhalte und Spielregeln vorgibt.

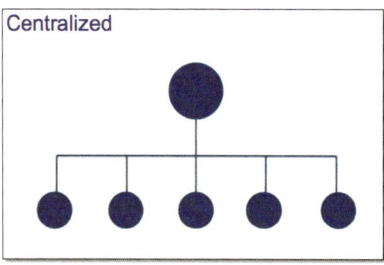

Abbildung 2.2   Zentralisierte Organisationsstruktur

---

1 Quelle: *http://www.web-strategist.com/blog/2010/04/15/framework-and-matrix-the-five-ways-companies-organize-for-social-business/*

3. Bei einer *koordinierten Struktur* (siehe Abbildung 2.3) versammeln sich verantwortliche Mitarbeiter aus verschiedenen Abteilungen und bilden eine Art Gremium, das von einer oder mehreren Personen koordiniert werden kann. Durch den Austausch von Informationen und Erfahrungen können ganzheitliche Ideen und Konzepte erstellt werden.

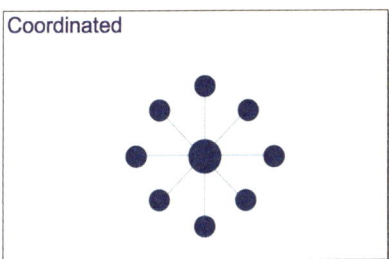

Abbildung 2.3   Koordinierte Organisationsstruktur

4. Eine *verteilte Struktur* (siehe Abbildung 2.4) findet sich vor allem bei internationalen Unternehmen oder Firmen, deren Abteilungen auf verschiedene Standorte verteilt sind. Die einzelnen Hubs stimmen sich untereinander ab und agieren autonom. Ziele und Vorgehensweisen werden jedoch gemeinsam diskutiert.

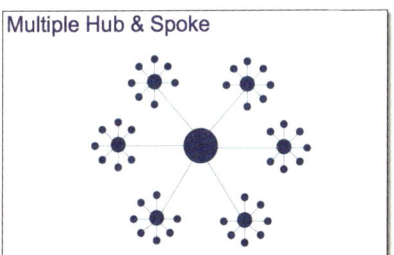

Abbildung 2.4   Verteilte Organisationsstruktur

5. Bei der *holistischen Struktur* (siehe Abbildung 2.5) ist die Kommunikation im Social Web in der Unternehmenskultur verankert. Jeder Mitarbeiter agiert im Social Web und geht souverän mit den Kommunikationsmöglichkeiten um.

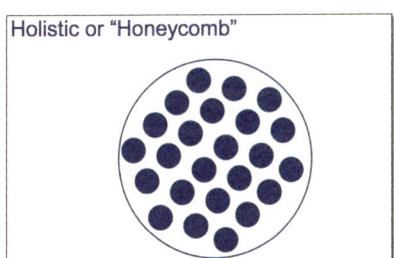

Abbildung 2.5   Holistische Organisationsstruktur

In Deutschland wird bei der Hälfte der Unternehmen der zentralistische Ansatz verwendet. Dies bestätigt nicht nur die Studie *Social Media Governance*.[2] Auch unsere Interviews mit ausgewählten Unternehmen haben gezeigt, dass am häufigsten der zentralisierte Ansatz zum Einsatz kommt.

Abbildung 2.6 Zuständigkeiten für Social Media im Unternehmen (Quelle: http://bit.ly/OIAPWg)

Bei jeweils einem Drittel der Unternehmen erfolgt die Zusammenarbeit spontan und experimentell, und die Zuständigkeiten sind oftmals nicht expliziert geklärt.

2.1 Das Berufsfeld des Social Media Managers

Im ersten Schritt müssen Sie sich die Frage stellen, wer das Thema Social Media in Ihrem Unternehmen zukünftig betreut. Gibt es eine Person im Unternehmen, die bereits auf den digitalen Kanälen aktiv ist und den Aufbau der Kanäle federführend in die Hand nehmen kann? Ob Social Media von einer Person als zusätzliches Aufgabengebiet betreut wird oder ob eine zusätzliche Stelle für einen Social Media Manager geschaffen wird, hängt von Ihrer Unternehmensgröße und auch von der Zielsetzung ab. Gerade bei kleinen Unternehmen eignet sich zu Beginn die zentralisierte Form in enger Zusammenarbeit mit den anderen Abteilungen.

Bei mittelständischen Unternehmen lohnt es sich, über den Einsatz eines Social Media Managers nachzudenken. Dies ist in den meisten Fällen auch notwendig, denn Social Media kann ein Mitarbeiter oft nicht »nebenbei« erledigen. Bei großen

---

2 Quelle: *http://www.ffpr.de/newsroom/2012/11/15/studie-social-media-delphi-2012-endergebnisse/*

Unternehmen beschäftigen sich in den meisten Fällen mehrere Mitarbeiter mit der Integration von Social Media in das Unternehmen. Das Budget und die Notwendigkeit für einen eigenen Social Media Manager sind bei kleineren Unternehmen nicht unbedingt gegeben. Ein gutes Beispiel für den Einsatz von Social Media in kleinen Unternehmen ist die Kelterei Walther. Kirstin Walther hat 2006 den Saftblog ins Leben gerufen und twittert unter dem Account @*safttante*. Sie investiert täglich etwa 1 bis 2 Stunden in die Betreuung der Social-Media-Kanäle.

Abbildung 2.7   Das Twitter-Profil der SaftTante

Wenn Sie Social Media als ganzheitlichen holistischen Ansatz einsetzen möchten, reichen 1 bis 2 Stunden pro Tag oft nicht mehr aus. Der Aufbau und die Betreuung verschiedener Social-Media-Kanäle sowie die interne Absprache mit den einzelnen Abteilungen erfordern einiges an Zeit. Einige Unternehmen setzen beim Social Media Management auf die Kooperation mit Agenturen. Dies geschieht oftmals, weil interne Ressourcen nicht vorhanden sind und man als Unternehmen das Thema und die Entwicklung betrachten möchte, bevor man auf einen Schlag mehrere Mitarbeiter einstellt. Zudem legen viele Unternehmen Wert auf die Expertise und die externe Sichtweise, die Agenturen mitbringen. Es spricht daher nichts dagegen, in Bezug auf das Social Media Management an eine Agentur heranzutreten.

Falls Sie einen Social Media Manager einstellen möchten, stellt sich die Frage, wo dieser strukturell einzuordnen ist.

2.1.1   Wo ist der Social Media Manager strukturell einzuordnen?

In vielen Fällen wird der Social Media Manager in den Kommunikationsabteilungen des Unternehmens (PR, Unternehmenskommunikation, Marketing) angesiedelt. Social Media betrifft mehrere Bereiche eines Unternehmens, daher müssen neben den genannten Abteilungen das Produktmanagement, der Vertrieb, der Support und die Geschäftsführung in die Prozesse integriert werden. Der Social Media Manager übernimmt daher die Funktion als Schnittstelle innerhalb Ihres Unternehmens. Er ist dafür zuständig, die verschiedenen Abteilungen zu involvieren und gleichzeitig Ziele und Anforderungen zu definieren. Um dies zu ermöglichen, schafft er die Prozesse, um Social Media in die unterschiedlichen Abteilungen einzubeziehen. Darüber hinaus steuert und betreut er die operative Umsetzung interner Mitarbeiter und externer Partner. Das alles ist ein Fulltime-Job und funktioniert bei größeren Unternehmen nicht nebenbei. Bei sehr kleinen Unternehmen stellt sich diese Frage natürlich nicht.

2.1.2   Was muss ein Social Media Manager mitbringen?

Für das Berufsbild des Social Media Managers existieren verschiedene Berufsbezeichnungen. Wenn Sie sich die Stellenanzeigen der Unternehmen zu diesem Berufsbild anschauen, werden Sie feststellen, dass dort teilweise von *Community Managern*, *Online Marketing Managern* oder *Social Media Managern* gesprochen wird. Die Anforderungen und Arbeitsgebiete unterschieden sich oftmals. Das alles zeigt, dass das Berufsfeld noch nicht etabliert ist und es noch keine klaren Vorgaben für die Ausbildung und die Tätigkeitsbereiche gibt.

Derzeit existieren bereits zahlreiche Fortbildungen und Lehrgänge für Social Media Manager (siehe Abbildung 2.8). Die wirklich essenziellen Dinge lernen Sie jedoch am besten in der Praxis, indem Sie Erfahrungen sammeln. Betrachten Sie Weiterbildungsangebote daher immer mit einer gewissen Vorsicht bzw. sehen Sie diese nicht als Allheilmittel an.

Unsere Erfahrung hat gezeigt, dass gute Social Media Manager eine hohe Affinität zu Social Media haben, die verschiedenen Plattformen auch privat nutzen, neue Netzwerke ausprobieren und somit die Werkzeuge der digitalen Kommunikation beherrschen. Neben der aktiven Nutzung ist eine kontinuierliche Weiterbildung zu aktuellen Trends und Entwicklungen unumgänglich. Auf diese Weise können Sie die Herausforderungen des Social Web besser beurteilen, um schließlich eine geeignete Kommunikationsstrategie erstellen zu können. Kommunikationsstärke, ein gewisses Maß an Kreativität für die strategische Ausrichtung und die Gestaltung von Redaktionsplänen sind ebenfalls wichtige Voraussetzungen für den Job als Social Media Manager.

Abbildung 2.8 Die »Social Media Akademie« bietet Weiterbildungsangebote im Bereich Social Media an.

Darüber hinaus ist Teamgeist sehr wichtig. Der Social Media Manager sollte sehr offen im Umgang mit anderen Menschen sein, sowohl intern als auch extern. Der Social Media Manager muss wissen, wie das eigene Unternehmen »tickt«, wie die Unternehmensstrukturen aussehen, wie Prozesse ablaufen. Da ist es sehr hilfreich, im eigenen Unternehmen gut vernetzt zu sein. Eigenständiges Arbeiten und der Mut, intern neue Projekte anzustoßen und diese auch zu vermitteln und mit Argumenten zu begründen, spielen bei diesem Beruf ebenfalls eine wichtige Rolle. Aus diesem Grund eignet sich der eigene Mitarbeiter, der die eben genannten Fähigkeiten mitbringt, ggf. für die Stelle des Social Media Managers.

2.2   Welche Aufgaben erwarten einen Social Media Manager?

Bevor ein Unternehmen in Social Media aktiv wird, ist die wichtigste Aufgabe das Zuhören und Beobachten. Was sagen die Online-User über das Unternehmen und die seine Produkte, und welche Bereiche der Firma beschäftigen die User? In Kapitel 3, »Analyse – die richtigen Fragen stellen«, erfahren Sie, welche Analysemethoden Sie anwenden können, um zu erfahren, welche Bedürfnisse und Wünsche Ihre Zielgruppe hat. Social Media Monitoring ist jedoch ein kontinuierlicher Prozess. Auch wenn Sie eigene Social-Media-Profile aufgebaut haben, sollten Sie die Wahrnehmung Ihrer Marke in den sozialen Netzwerken weiter beobachten. Darüber hinaus sollten Sie Ihre eigenen Plattformen und die Inhalte auf Kundenseite sehr gut kennen. Das Zuhören und der Austausch mit den Kunden sind sehr wichtig. Das sieht auch Charles Schmidt, Social Media Manager von Krones, so:

> »Die Kunden über sich und seine Produkte zu informieren ist bestenfalls die halbe Miete. Viel wichtiger ist es, seinen Kunden genau zuzuhören, von ihnen zu lernen und gemeinsam Lösungen zu finden.«[3]

Aus diesem Grund gehören Social Media Monitoring und der Dialog mit dem Kunden fest zum Aufgabengebiet des Social Media Managers. Darüber hinaus hat unsere Erfahrung gezeigt, dass die Aufgaben von Unternehmen zu Unternehmen unterschiedlich definiert werden. Um Ihnen einen besseren Überblick zu geben, haben wir im Folgenden einmal die häufigsten organisatorischen und operativen Aufgaben aufgelistet. Diese unterscheiden sich von Unternehmen zu Unternehmen, und natürlich variieren diese Aufgaben, auch wenn der Social Media Manager diese Position alleine besetzt oder er die Aufgaben mit einem Team umsetzt. Wenn Sie mit einer Agentur zusammenarbeiten möchten, müssen Sie ebenfalls definieren, bei wem die Zuständigkeiten für die einzelnen Aufgaben liegen.

Organisatorische Aufgaben eines Social Media Managers

- ▶ Konzeption und Entwicklung einer Social-Media-Strategie
- ▶ Planung und Steuerung der Ressourcen und Maßnahmen
- ▶ Erstellung von Social Media Guidelines
- ▶ Auswahl und Einrichtung eines Social Media Monitoring-Tools
- ▶ Schulung der eigenen Mitarbeiter
- ▶ Planung und Durchführung von Kampagnen
- ▶ Austausch und Beziehungspflege mit Bloggern und Journalisten
- ▶ Teilnahme an und Halten von Vorträgen auf Konferenzen

---

3   Quelle: *http://pr-blogger.de/2011/01/26/charles-schmidt-5-social-media-management-by-krones-ag/*

Operative Aufgaben eines Social Media Managers

▸ Einrichtung der Social-Media-Kanäle

▸ Betreuung der Social-Media-Kanäle (Community Management)

▸ Erstellung von Redaktionsplänen

▸ Erstellung der Inhalte

▸ Erstellung von regelmäßigen Reports

▸ Austausch mit den Fachabteilungen zur Beantwortung von User-Fragen

Bevor Sie, Ihr Social Media Manager oder die betreuende Agentur auf Ihren Social-Media-Plattformen aktiv mit Ihren Kunden in den Dialog treten, muss einiges an Vorarbeit geleistet werden. Hierzu gehören u. a. die Erstellung von Kommunikationsrichtlinien sowie die Schulung der Personen, die die Betreuung der Social-Media-Profile des Unternehmens übernehmen sollen. In der täglichen Arbeit nach dem Aufbau der Kanäle übernimmt der Social Media Manager bzw. der Community Manager die Rolle des Online-Redakteurs. Sowohl interne als auch aktuelle Themen müssen für die Kanäle aufbereitet werden. Der Social Media Manager hat die Aufgabe, den Dialog auf den eigenen Kanälen zu moderieren, Fragen der einzelnen User zu beantworten und in regelmäßigen Abständen Reports zur Erfolgsmessung zu erstellen. Ob die Einrichtung und Betreuung der Kanäle vom Social Media Manager, dem Community Manager oder einer Agentur durchgeführt wird, hängt von der personellen Besetzung in Ihrem Unternehmen ab. Die Erstellung von Redaktionsplänen und die Festlegung der Themen sollten in enger Absprache mit Ihren Kollegen und ggf. externen Partnern erfolgen. Dazu gehört auch der crossmediale Einsatz der Inhalte bei der Planung und Umsetzung von klassischen Kampagnen. Auch wenn sich der Social Media Manager oftmals eher mit der strategischen Ausrichtung des Unternehmens beschäftigt, ist es wichtig, dass er auch Erfahrung in der operativen Umsetzung hat.

Neben der »normalen« redaktionellen Betreuung sollten immer wieder Aktionen durchgeführt werden, um die Markenfans zu unterhalten. Dabei sollten sich die zuständigen Personen immer folgende Fragen stellen:

▸ Wie groß ist der Aufwand?

▸ Welche Auswirkungen hat diese Maßnahme?

▸ Welchen Mehrwert haben die Fans dadurch?

Die Kommunikation und der Austausch mit Bloggern und relevanten Meinungsführern gehört ebenso zu den Aufgaben des Social Media Managers wie die Teilnahme an Messen und Events, um neues Wissen zu erhalten und das eigene Unternehmen und die Aktivitäten in Vorträgen vorzustellen. Darüber hinaus sensibilisiert der Social Media Manager seine Mitarbeiter im Umgang mit dem Social Web und fördert das unternehmenseigene Social-Media-Engagement. Er berät seine Kollegen bei Fragen rund um Social Media, und er ist dafür verantwortlich, neue Impulse ins Unternehmen zu bringen, Denkprozesse anzustoßen und Unternehmensstrukturen zu verändern.

- 7.00 – 10 Uhr:

- Scannen diverser Newsfeeds, Google Alerts, Blogs nach interessanten Artikeln, Blogbeiträgen, Videos
- Verfassen von Twitter, Facebook, G+ Updates
- Beantwortung von online Nutzerfragen
- Veröffentlichen von Blogbeiträgen, Videos auf den Kodak Kanälen
- Beantwortung von Emails

- 10.00 – 17.00 Uhr:

- Erarbeitung von Social Media-Konzepten für verschiedene Produktgruppen und Länder in Abstimmung mit lokalen Kodak PR- und Marketingmanagern sowie den externen Agenturteams
- Planungs-/Abstimmungsmeetings/Telefonkonferenzen mit Projekt-Teams zu aktuellen Projekten, Events und Kampagnen
- Verfassen von Blogbeiträgen, Interviews, Artikeln für Kodaks eigene oder externe Blogs
- Regelmäßiger Check der diversen online Kanäle nach Kodak Nennungen, Nutzerfragen, Kommentaren – Beantwortung oder Weiterleitung and interne Experten
- Auswertung, Analyse von Projekten/Kampagnen und interne Kommunikation der Ergebnisse/Erfolge
- Erarbeitung oder Durchführung von internen Schulungen/Trainings/Webinars zu neuesten Social Media Themen
- Vorbereitung von Vorträgen und Präsentationen für Social Media Konferenzen
- Beantwortung von Emails

- 17.00+:

- Telefonkonferenzen/Abstimmungsmeetings mit Kollegen in den USA zu weltweiten Strategien und Kampagnen
- Erneutes Scannen von Newsfeeds, Google Alerts, Blogs nach interessanten Artikeln, Blogbeiträgen, Videos
- Verfassen von Twitter, Facebook, G+ Updates, Beantwortung von Nutzerfragen
- Letzte Emailchecks

Abbildung 2.9   Typischer Tagesablauf der ehemaligen Social Media Managerin von Kodak (Quelle: http://bit.ly/oLuXVs)

Der Tagesablauf sieht von Unternehmen zu Unternehmen natürlich anders aus. Gerade bei kleinen Unternehmen fällt z. B. die Abstimmung mit anderen Fachabteilungen und Ländern weg. Auch die Konzeption und Besprechung von Social-Media-Kampagnen fällt hier natürlich nicht in dem Umfang an. Die Beantwortung von User-Fragen und eine regelmäßige aktive Kommunikation auf den eigenen Social-Media-Kanälen sollte aber in jedem Fall durchgeführt werden.

2.3   Wie integrieren Sie Ihre Mitarbeiter?

Die Integration der Mitarbeiter fördert die Identifikation mit dem eigenen Unternehmen sowie mit dem Social-Media-Konzept und macht das Engagement erfolgreicher. Das heißt, Sie sollten bei der Einführung von Social Media nicht nur die Mitarbeiter mit einbeziehen, die für die Betreuung der Social-Media-Kanäle zuständig sind.

Vergleichen Sie die Einführung von Social Media mit der Einführung eines neuen Customer-Relationship-Management-Systems. Wenn Sie das fertige Produkt den Mitarbeitern als neues Arbeitsinstrument an die Hand geben, werden Sie sicher Kritik ernten. Anders sieht es aus, wenn Sie die Mitarbeiter in die Entscheidung und Einführung eines CRM-Systems mit einbeziehen. Genauso verhält es sich auch mit der Einführung von Social Media. Wenn alle Mitarbeiter wissen, welche Social-Media-Maßnahmen geplant sind, welche Ziele verfolgt werden, was genau gemacht wird und was nicht, können sie sich eine Meinung dazu bilden. Eine gute interne Kommunikation ist das A und O. Informieren Sie Ihre Mitarbeiter über Ihre Idee, und diskutieren Sie mit den Kollegen. Wo sehen die einzelnen Abteilungen Berührungspunkte mit Social Media? Sprechen Sie gleichermaßen mit dem Service, dem Marketing, dem Vertrieb, der Produktentwicklung, der Personalabteilung und der PR. Welche Formen der Kommunikation der verschiedenen Abteilungen können ebenfalls über Social Media abgedeckt werde? Möchte Ihre Serviceabteilung zukünftig Kundenanfragen online beantworten, oder möchte die Personalabteilung durch Social Media neue Mitarbeiter für das Unternehmen gewinnen? Beziehen Sie die Mitarbeiter in die Konzeption der Strategie mit ein.

Ein Unternehmen, in dem die Einführung von Social Media von der Unternehmensführung angestoßen wurde, ist die Walter AG, ein Tübinger Hersteller von Präzisionswerkzeugen (siehe Abbildung 2.10). Das B2B-Unternehmen erhält durch authentische Beiträge aus den Reihen der Mitarbeiter ein positives Markenimage. Interessierte Mitarbeiter wurden vom Social Media Officer Boris Turalija geschult.

Nicht in jedem Unternehmen wird das Thema von der Unternehmensführung vorgegeben. In vielen Fällen ist die Bereitschaft, Social Media zu nutzen, erst bei der Unternehmensführung vorhanden, wenn das Kind bereits in den Brunnen gefallen ist. Viele Unternehmen haben durch die Erfahrungen in Krisensituationen ihren Auftritt in Social Media verbessert, eine relevante Stelle geschaffen, die eigenen Mitarbeiter geschult oder prinzipiell angefangen, sich überhaupt erst einmal mit Social Media zu befassen.

Auch bei *Jack Wolfskin*, einem Hersteller von Outdoor-Bekleidung und -Ausrüstung, war dies der Fall. Jack Wolfskin hatte Bastler abgemahnt, die beim Handarbeits-Portal *Dawanda* selbst genähte Kirschkernkissen, Strampler etc. mit einer Pfote darauf verkauft haben. Der Outdoor-Hersteller sah hier seine Markenrechte verletzt. Im Anschluss musste sich das Unternehmen mit zahlreichen Beschwerden auf den verschiedenen Social-Media-Kanälen auseinandersetzen. Bis zu diesem Zeitpunkt war das Unternehmen selbst nicht in Social Media aktiv.

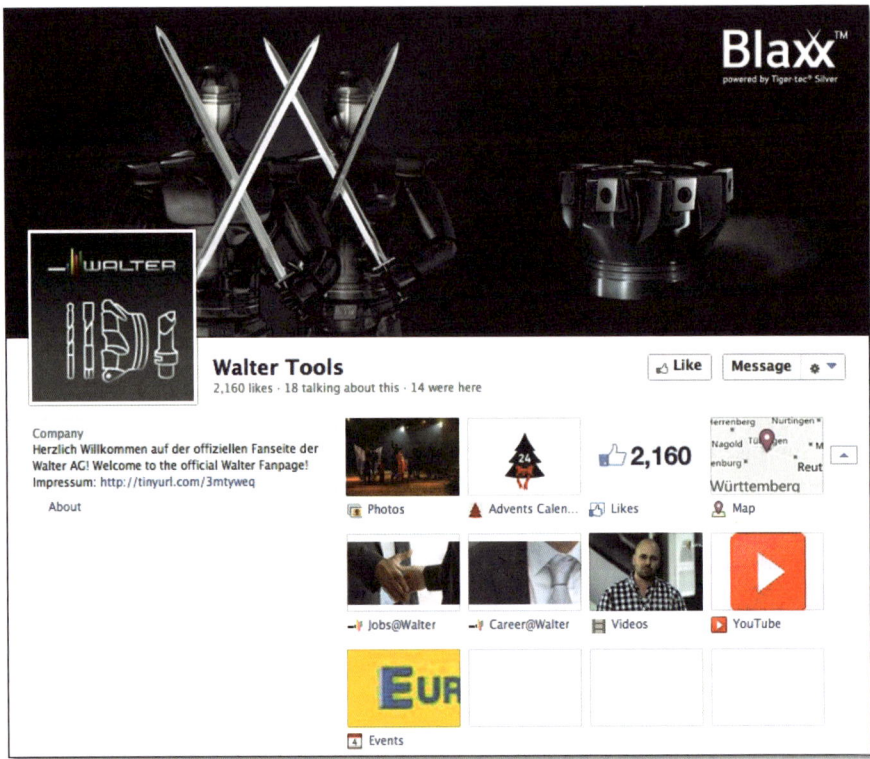

Abbildung 2.10   Fanpage von Walter Tools

Die Erfahrungen, die Jack Wolfskin im Verlauf dieser Krisensituation gesammelt hatte, führten dazu, dass das Unternehmen seine Vorgehensweise bei Markenrechtsverletzungen überarbeitet hat. Darüber hinaus wurden ein Monitoring und Social Media Guidelines etabliert. Insgesamt führte diese Krise zu einem Wandel der Unternehmenskultur: Die interessierten Mitarbeiter wurden geschult, und das Thema Social Media wurde schließlich in der Unternehmenskommunikation angesiedelt. Krisensituationen werden seitdem kontinuierlich simuliert und durchgesprochen.

Jack Wolfskin hat seitdem, neben dem *Outdoor Blog* (siehe Abbildung 2.11) Profile des Unternehmens auf Twitter, YouTube und Flickr etabliert. Auf ein Facebook-Profil verzichtet der Outdoor-Hersteller weiterhin bewusst. Jack Wolfskin arbeitet jedoch sehr eng mit dem Betreiber einer Fanpage zu dem Unternehmen zusammen (siehe Abbildung 2.12).

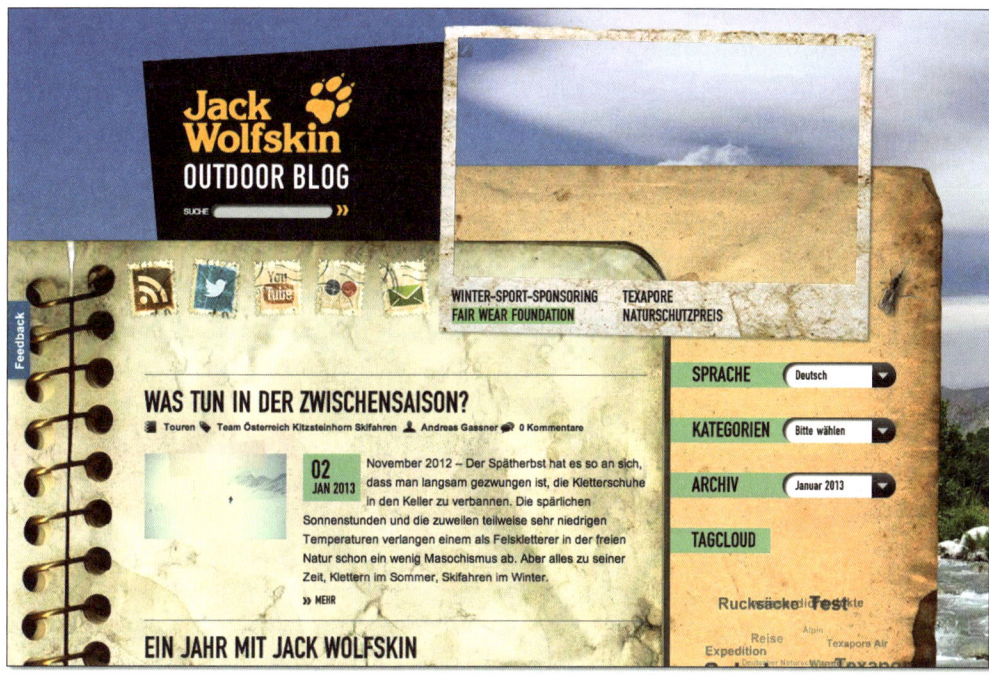

Abbildung 2.11   Das »Outdoor Blog« von Jack Wolfskin

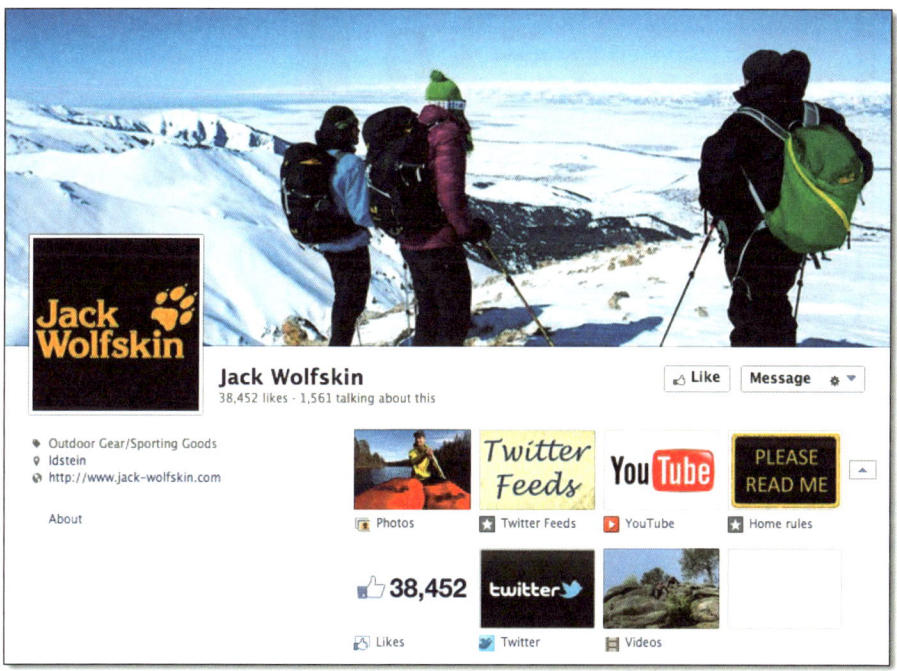

Abbildung 2.12   Fanpage zu Jack Wolfskin

Social Media kann einem Unternehmen ein menschliches Antlitz verleihen. Aus diesem Grund ist die Einbindung der Mitarbeiter sehr wichtig. Kunden kaufen nicht bei Unternehmen, sondern oftmals bei Menschen. Viele Kunden suchen auf den verschiedenen Social-Media-Kanälen den Dialog mit Ihren Mitarbeitern, wie sie es vielleicht auch mit der Bäckereifachverkäuferin um die Ecke gewohnt sind. Wenn Sie auf den Social-Media-Kanälen klar und deutlich darauf hinweisen, welche Mitarbeiter sich hinter den verschiedenen Accounts verbergen, geben Sie Ihrem Unternehmen ein menschliches Gesicht. Bei einem Servicekanal oder der Facebook-Seite der Human-Resources-Abteilung ist dieser Aspekt sehr wichtig. Wenn Sie bei einer Service-Hotline anrufen, sprechen Sie ebenfalls mit einer bestimmten Person und notieren sich ggf. den Namen, um bei zukünftigen Gesprächen einen Anknüpfungspunkt zu haben. Für potenzielle Bewerber kann die Information, mit welchem Mitarbeiter sie sprechen, ebenfalls sehr hilfreich sein. Auf einem Unternehmensprofil bei Facebook ist das Aufzeigen des Teams – im Gegensatz zur Präsentation der Autoren eines Corporate-Blogs – nicht zwingend, schafft aber Sympathie (siehe Abbildung 2.13).

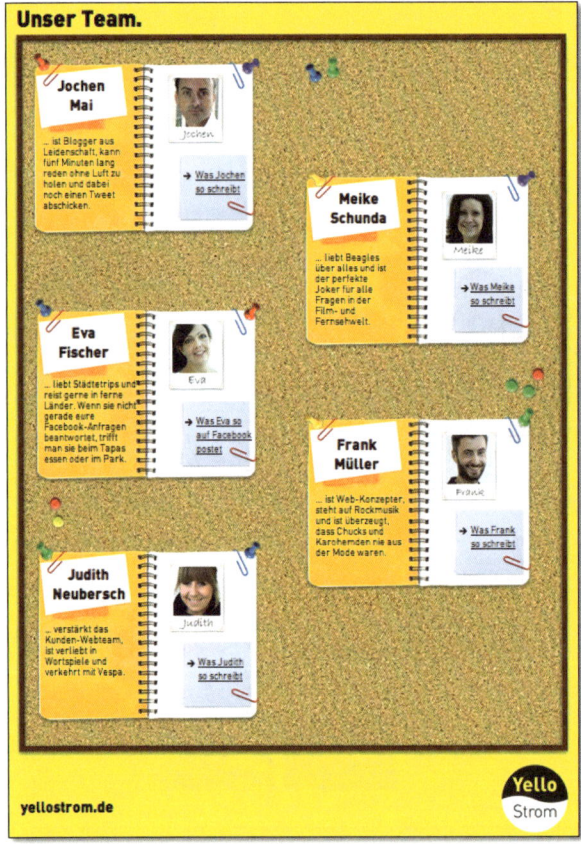

Abbildung 2.13   Teamvorstellung von Yello Strom bei Facebook

Der Screenshot von Yello sieht natürlich sehr professionell aus. Sie müssen allerdings keinen Programmierer beauftragen. Mit dem Tool *Drap it* kön sehr einfach Ihren eigenen Tab bei Facebook gestalten (siehe Abbildung 2.

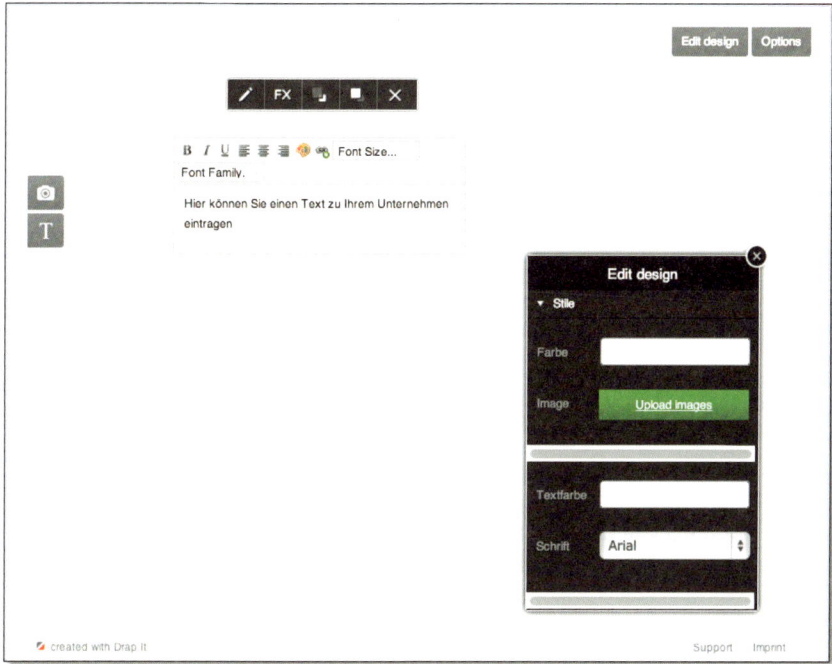

Abbildung 2.14   Gestalten Sie Ihren Tab bei Facebook mit Drap it.

Damit Social Media auch bei Ihnen gut funktioniert und etabliert wird, sollten Sie dafür sorgen, dass Sie im Idealfall Rückendeckung von der Geschäftsführung und von den Mitarbeitern haben.

2.4   Erstellen Sie Social Media Guidelines und Kommunikationsrichtlinien

Während sich der Social Media Manager beruflich mit Social Media auseinandersetzt, ist für viele Mitarbeiter die private Nutzung der verschiedenen Social-Media-Plattformen auch bereits eine Selbstverständlichkeit. Da sie oftmals klar als Mitarbeiter Ihres Unternehmens zu identifizieren sind, ist es notwendig, gewisse Rahmenbedingungen – sogenannte Social Media Guidelines – zu erstellen. Teilweise wird auch von *Social Media Policy* oder *Leitsätzen für die Social-Media-Kommunikation* gesprochen. Diese Richtlinien sollen Ihren Mitarbeitern aufzeigen, was sie beachten müssen, ihnen Orientierung geben und gleichzeitig mögliche Ängste vor Social Media nehmen.

Schließlich ist jeder Mitarbeiter für die eigenen Inhalte im Social Web selbst verantwortlich. In den Guidelines sollten Sie Ihre Mitarbeiter über Chancen und Risiken aufklären und Informationen zu Datenschutz, Urheberrecht und Sicherheit bereitstellen. Erklären Sie Ihren Mitarbeitern, welche rechtlichen Konsequenzen sie bei der Nichteinhaltung dieser Punkte erwarten. Das respektvolle Verhalten gegenüber Kunden und dem Wettbewerb sowie der Umgang mit vertraulichen Informationen sind ebenfalls oft Bestandteil dieser Rahmenbedingungen. Falls darüber hinaus Fragen auftauchen, sollten Sie bei den Guidelines die Kontaktdaten zu einem Ansprechpartner hinterlegen.

Die nachfolgenden Guidelines stammen von 1&1 und enthalten alle wichtigen Informationen.[4]

Die Social Media Guidelines von 1&1

Immer mehr Kolleginnen und Kollegen bewegen sich privat, wie auch geschäftlich auf Social-Media-Plattformen wie Twitter, Facebook oder XING, schreiben eigene Blogs, beteiligen sich an Foren-Diskussionen und nutzen weitere Web-2.0-Plattformen.

Auch 1&1 ist aktiv im Web 2.0 unterwegs. Das Mitmach-Web ist für uns ein wichtiger neuer Kanal für die Kommunikation mit Kunden, Multiplikatoren und der Öffentlichkeit allgemein. Für die Steuerung und Koordinierung aller Web-2.0-Aktivitäten des Unternehmens ist das Team Social Media Communications (PR SMC) innerhalb der Pressestelle verantwortlich.

Mit den folgenden Social Media Guidelines wollen wir euch einige Verhaltensrichtlinien für die richtige Kommunikation im Web 2.0 an die Hand geben. Für Äußerungen im Web 2.0, in denen es um eure Arbeit oder euer Unternehmen geht, sind diese Richtlinien bindend:

Das Unternehmen begrüßt ausdrücklich, wenn ihr euch im Web 2.0 engagiert. Insbesondere sind alle Mitarbeiter eingeladen, sich aktiv als Autoren an unseren eigenen Plattformen wie dem 1&1 Blog zu beteiligen. Wenn Fachabteilungen eigene Web-2.0-Angebote planen, werden diese mit dem Social Media Communications Team abgestimmt.

Gegenüber der Öffentlichkeit sprechen ausschließlich Vorstände, Mitarbeiter der Pressestellen oder anderweitig autorisierte Mitarbeiter im Namen des Unternehmens. Dies gilt insbesondere für den Bereich Customer Care, dessen Kernaufgabe die direkte Kommunikation mit unseren Kunden ist. Support-Mitarbeiter, die das Unternehmen in Web-2.0-Angeboten vertreten (z. B. Blog, Support-Forum), werden separat benannt. Für alle offiziellen Verlautbarungen gelten auch im Web 2.0 die Richtlinien zur Unternehmenskommunikation.

Offizielle Web-2.0-Angebote des Unternehmens (z. B. abteilungsbezogene Twitter-Accounts, Blogs, Facebook-Fan-Seiten etc.) müssen mit dem Social-Media-Team abgestimmt werden.

---

4   Quelle: *http://blog.1und1.de/2010/04/16/die-social-media-guidelines-von-11/*

Wenn ihr euch ohne einen dienstlichen Auftrag in sozialen Medien äußert, macht stets deutlich, dass ihr eure persönliche Meinung vertretet und nicht für das Unternehmen sprecht. Verwendet daher Formulierungen wie »ich«, statt »wir«.

Weder Firmengeheimnisse noch urheberrechtlich geschütztes Material dürfen nach außen kommuniziert werden. Es gelten die arbeitsrechtlichen Bestimmungen. Die Veröffentlichung von Insider-Informationen kann den Aktienkurs beeinflussen und gegen börsenrechtliche Vorschriften verstoßen. Fragt im Zweifelsfall euren Vorgesetzten, die Presseabteilung oder die Abteilung Investor Relations in der United Internet AG.

Wenn ihr euch zu eurem direkten Arbeitsgebiet äußern wollt, stimmt dies im Vorfeld mit eurem direkten Vorgesetzten ab.

Seid ehrlich und transparent. Wenn ihr euch privat zu einem Thema rund um eure Arbeit oder euren Arbeitgeber äußert, müsst ihr, z. B. in einem Disclaimer, deutlich offenlegen, dass ihr bei 1&1 bzw. der entsprechenden Marke arbeitet. Dies gilt insbesondere für Antworten in Foren oder Blog-Kommentaren. Postet ihr als autorisierter Mitarbeiter im Firmenauftrag, ist dies ebenfalls zu kennzeichnen, z. B. durch eine entsprechende Unterschrift »Vorname Nachname, 1&1 Internet AG«.

Wenn ihr im Netz auf sachliche Kritik am Unternehmen oder konkrete Probleme von Kunden stoßt, ist das zentrale Beschwerdemanagement oder das Social Media Team in der Presseabteilung der richtige Ansprechpartner für euch. Wenn ihr eine Kundenfrage selbst beantworten könnt, solltet ihr dem Kunden selbstverständlich helfen.

Beachtet bei sämtlichen Veröffentlichungen die möglichen Folgen, argumentiert sachlich, beleidigt niemanden und zeigt Respekt im Umgang mit Dritten. Die beste Richtschnur hierfür sind noch immer die Regeln der »Netiquette«.

Diskreditiert keine Mitbewerber oder deren Produkte – und natürlich auch nicht das eigene Unternehmen.

Antwortet nicht im Affekt, sondern denkt über eure Kommentare gründlich nach. Und denkt immer daran: Das Netz vergisst nichts.

Bei Fragen hat das Social Media Team oder eure Pressestelle immer ein offenes Ohr.

Diese Richtlinien werden kontinuierlich weiter entwickelt.

Bei 1&1 wird genau festgelegt, wer im Auftrag des Unternehmens im Social Web aktiv ist. Sie können sich an diese Richtlinie halten, da sie alle relevanten Punkte enthält. Wenn Sie einen Eindruck davon erhalten möchten, wie andere Unternehmen diese Guidelines gestalten, recherchieren Sie im Web. Viele Unternehmen veröffentlichen ihre Guidelines auf der eigenen Webseite. Die meisten Unternehmen halten die Social Media Guidelines bewusst kurz. Falls Ihre Richtlinien zu ausführlich sind, besteht – wie bei den meisten AGBs – die Gefahr, dass Ihre Mitarbeiter sie nicht lesen. Wenn Sie die einzelnen Punkte kurz halten oder interessant verpacken, erhöhen Sie die Chance, dass sich Ihre Mitarbeiter auch mit diesen Inhalten auseinandersetzen. Tchibo hat aus diesem Grund die Inhalte der Guidelines in einem Video verpackt (siehe Abbildung 2.15).

Abbildung 2.15   Herr Bohne geht ins Netz – die Social Media Guidelines von Tchibo

Durch die Social Media Guidelines haben Sie nun festgelegt, wie sich Ihre Mitarbeiter im Web verhalten sollten. Was machen Sie nun mit den Mitarbeitern, die sich aktiv für Ihr Unternehmen in Social Media bewegen? Wenn mehrere Mitarbeiter in Ihrem Unternehmen Ihre Social-Media-Kanäle betreuen, sollten Sie zudem Kommunikationsrichtlinien festlegen. Wie der Name bereits vermuten lässt, erläutern diese Regeln, worauf Ihre Mitarbeiter bei der Social-Media-Kommunikation achten sollen. Teilweise sind diese Richtlinien zur Kommunikation auch Bestandteil der Social Media Guidelines.

In den Kommunikationsrichtlinien sollten Sie beispielsweise festlegen, ob Sie Ihre Kunden generell siezen oder duzen möchten. Viele Unternehmen setzen bei der Social-Media-Kommunikation auf das Du. Passt das zu Ihrer Unternehmenskommunikation oder der Zielgruppe, die Sie erreichen möchten?

Die Deutsche Telekom setzt beim offiziellen Markenauftritt auf Facebook und der Seite »Telekom erleben« auf das Du, siezt die Kunden allerdings auf dem Servicekanal »Telekom hilft«. Bei Vodafone ist der Markenauftritt mit dem Servicekanal verbunden, und die Kunden werden per se mit Du angesprochen (siehe Abbildung 2.16).

Vodafone möchte auf der Fanpage eine junge Zielgruppe erreichen. Das zeigt sich nicht nur in der Ansprache, sondern auch an der inhaltlichen Gestaltung des Markenauftritts. Auf dem Corporate-Blog zeigt sich das Unternehmen hingegen distanzierter. Sie sehen also, dass innerhalb einer Branche oder sogar auf den unterschiedlichen Profilen eines Unternehmens diese Thematik unterschiedlich gehandhabt wird.

Abbildung 2.16 Beispiele für die Ansprache der Community auf Facebook

Hier gibt es kein Richtig oder Falsch. Sprechen Sie Ihre Zielgruppe so an, wie Sie es für richtig halten und wie es zu Ihrem Unternehmen passt. Auch hier ist das Thema Glaubwürdigkeit und Authentizität wieder relevant. Werden Sie in Social Media von Ihren Kunden angesprochen, sollten Sie die angewandte Kommunikationsform übernehmen.

In den Kommunikationsrichtlinien sollten Sie darüber hinaus festlegen, welche Inhalte veröffentlicht werden sollen, welche Bilder und Videos verwendet werden dürfen und welcher Turnus für die Veröffentlichung auf den verschiedenen Social-Media-Kanälen angedacht ist.

Für das Blog ist eine gewisse Kontinuität bei der Veröffentlichung von Artikeln sinnvoll und wichtig. Idealerweise können Sie hier 1 bis 2 Artikel pro Woche publizieren. Auf Facebook gibt es ebenfalls keine ideale Empfehlung für die Veröffentlichung der richtigen Anzahl an Beiträgen pro Tag bzw. Woche. Fangen Sie hier klein an, und posten Sie zu Beginn 2 bis 3 Beiträge pro Woche. Wenn Sie merken, dass Ihre Zielgruppe an mehr Inhalten interessiert ist, können Sie die Frequenz erhöhen. Ein Beispiel, wo auch mehrere Inhalte von der Community gefordert werden, ist

»Berlin – Tag & Nacht«. Hier werden mehrfach täglich Inhalte zur Reality Soap sendungsbegleitend veröffentlicht (siehe Abbildung 2.17).

Abbildung 2.17   Posting auf der Fanpage von »Berlin – Tag & Nacht«

Dabei ist die Wahl der Inhalte sehr intelligent, da man hier inhaltlich viel mit Hintergrundmaterial arbeitet und dem Zuschauer damit zusätzlich einen Blick hinter die Kulissen ermöglicht.

Für eine Fanpage auf Facebook sollten die Kommunikationsrichtlinien ebenfalls beinhalten, ob und welche Namenskürzel Ihre Mitarbeiter einsetzen sollten und wie die Postings gestaltet werden sollen.

Abbildung 2.18 zeigt, wie der Müslihersteller *My Muesli* ein Link-Posting verwendet. Die Inhalte und den Veröffentlichungszeitpunkt für die verschiedenen Kanäle sollten Sie im Rahmen eines Redaktionsplans festhalten.

Für die Kommunikation mit den Kunden ist es im Normalfall nicht notwendig Regeln, festzulegen. Das Unternehmen und die Zielgruppe sollten an einem respektvollen Umgang miteinander interessiert sein. Auf Facebook werden diese einfachen Regeln der Kommunikation jedoch nicht immer angewandt. Aus diesem Grund haben einige Unternehmen auf Facebook eine Netiquette veröffentlicht, die festlegt, wie sich die Fans auf der Seite verhalten sollen (siehe Abbildung 2.19).

Abbildung 2.18   Möglichkeiten, wie Sie ein Link-Posting gestalten können

Abbildung 2.19   Netiquette von »ASTOR Cosmetics«

Auch auf verschiedenen Corporate-Blogs existiert ein öffentliches Dokument, das festlegt, wie sich die Autoren verhalten sollen. Die sogenannte Blogging Policy ist vor allem dann sinnvoll, wenn Sie beabsichtigen, Gastautoren einzusetzen. Sie kann aber auch Ihren Mitarbeitern beim Erstellen der Blog-Artikel helfen. Sie dokumentiert meist diese Regeln:

- Jeder Verfasser schreibt für sich und aus freien Stücken.

- Jeder Verfasser vertritt seine eigene Meinung.

- Die Argumentation erfolgt sachlich, Konkurrenzprodukte werden nicht negativ genannt.

- Betriebsgeheimnisse werden nicht nach außen kommuniziert.

- Urheberrechtlich geschütztes Material wird nicht verwendet.

Abbildung 2.20   Informationsbereich zum Corporate-Blog von Daimler

Die inhaltlichen Themen für das Blog können Sie ebenfalls in der Blogging Policy festlegen. Falls Sie sich für ein Corporate-Blog entscheiden, raten wir Ihnen aber vor allem, einen »Über das Blog«-Bereich einzurichten (siehe Abbildung 2.20). Hier sollten Sie den Leser informieren, welches inhaltliche Spektrum auf dem Blog geplant ist.

In welchem Umfang Sie diese Richtlinien in Ihrem Unternehmen einführen, hängt auch wieder von der Unternehmensgröße ab. Wir empfehlen, dass Sie zumindest Social Media Guidelines erstellen und mit den Mitarbeitern, die Ihre Social-Media-Kanäle betreuen, Richtlinien zur Kommunikation abstimmen und festlegen. Wenn

Sie mit einer Agentur zusammenarbeiten und diese mit dem Community Management Ihrer Profile beauftragen, sollten Sie in jedem Fall Richtlinien definieren, was bei der Kommunikation im Social Web beachtet werden muss. In diesem Fall bietet es sich an, dass Sie die Inhalte der Guidelines gemeinsam mit dem externen Partner erarbeiten und abstimmen.

2.5   Schulen Sie Ihre Mitarbeiter

Wenn das Social-Media-Know-how in Ihrem Unternehmen noch nicht vorhanden ist, reicht das Erstellen von Guidelines nicht aus. In diesem Fall ist es notwendig, die Mitarbeiter, die im Namen des Unternehmens auf den Social-Media-Kanälen aktiv werden sollen, durch Schulungen und Workshops auf diese Aufgabe vorzubereiten. Auch wenn in Ihrem Unternehmen nur einzelne Personen für das Social Media Management verantwortlich sind, sollten im Idealfall auch die restlichen Mitarbeiter in diesem Bereich geschult werden.

Mit den Social-Media-Beauftragten sollten Sie die Kommunikationsrichtlinien besprechen und gemeinschaftlich die ersten Beiträge und einen Redaktionsplan erarbeiten. Zudem sollten Sie diese Kollegen auch mit den Themen Social Media Monitoring, Erfolgsmessung und Krisenmanagement vertraut machen.

Ein Grundkurs über Social Media kann für alle interessierten Kollegen angeboten werden. Sie können in einem Workshop die Social Media Guidelines durchsprechen und erklären, wie Social Media die Gesellschaft und auch die Unternehmensstruktur verändern kann. Aber auch die Funktionsweise von Facebook oder Twitter und was man bei der Anmeldung bei diesen Plattformen beachten muss, kann Inhalt eines Workshops sein. Anhand von konkreten Beispielen kann die private und berufliche Nutzung von Social Media aufgezeigt werden. Ob Sie zu Beginn nur bestimmten Mitarbeitern oder Abteilungen ermöglichen, an diesen internen Weiterbildungen teilzunehmen, hängt von der Anzahl der Mitarbeiter und Ihren Ressourcen ab. Wenn ein Unternehmen sehr groß ist und nicht alle Mitarbeiter geschult werden können, macht es Sinn, mit Abteilungsleitern und Multiplikatoren im Unternehmen zusammenzuarbeiten.

Bei größeren Unternehmen werden solche Workshops oft vom Social Media Manager durchgeführt. Kann er diese Aufgabe nicht übernehmen, kann diese Kompetenz von außerhalb eingekauft werden. Allerdings sollten Sie sich vorab Referenzen des externen Beraters zeigen lassen. Wir empfehlen Ihnen jedoch, die Kompetenzen langfristig intern aufzubauen.

Darüber hinaus macht es durchaus Sinn, auch die Unternehmensführung in Workshops mit einzubinden. Wenn Ihr Geschäftsführer die Hintergründe und Zusammenhänge von Social Media kennt, kann er die Aktivitäten und Maßnahmen auch

itung – was müssen Sie bei der Einführung von Social Media beachten?

2.5

einschätzen. Über die Workshops hinaus sollten Sie Ihre Mitarbeiter über ⟩etter oder interne Social-Media-Kanäle von Neuerungen informieren.

⟩enden Betrieb sollten vom Social Media Manager bzw. dem für Social-Media-Zuständigen in Workshops Inhalte und Themen für die Social-Media-Kanäle erarbeitet werden und diskutiert werden, was die bisherigen Erfahrungen und Ergebnisse sind. Sie sollten in jedem Fall Ihre Kollegen bzw. die verschiedenen Abteilungen mit einbeziehen. Bei der Kooperation mit einem externen Partner ist es ebenfalls sinnvoll, regelmäßige Meetings zur Abstimmung festzulegen.

Mögliche Themen von Workshops lauten:

▸ Basisworkshop für die verschiedenen Netzwerke

▸ Was bedeutet Social Media für die Kommunikation zwischen Kunde und Unternehmen?

▸ Was muss ich beim Community Management beachten?

▸ Welche rechtlichen Aspekte muss ich beachten?

▸ Wie reagiere ich auf negative Beiträge?

▸ Spezifische Workshops zu aufkommenden oder relevanten Themen, wie z. B. bei neuen Netzwerken oder veränderten Richtlinien

2.6 Welche rechtlichen Aspekte müssen Sie beachten?

Damit Sie in Social Media aktiv werden können, müssen Sie auf den verschiedenen Social-Media-Kanälen Profile anlegen. Bei vielen Plattformen gilt »First come, first served«. Bei beliebten Marken haben oft bereits die Fans eine Fanpage oder einen Twitter-Account erstellt. Um zu überprüfen, wo unter Ihrem Namen bereits Profile bestehen, können Sie das Tool *NameChk* einsetzen (siehe Abbildung 2.21).

Ist der Name Ihres Unternehmens bereits vergeben, haben Sie die Möglichkeit, Ihr Markenrecht bei Facebook und anderen Plattformen geltend zu machen. Bevor Sie dies tun, sollten Sie jedoch mit dem Seitenbetreiber Kontakt aufnehmen und versuchen, eine Einigung zu erzielen. Ist eine friedliche Lösung nicht möglich, sollten die Rechte mit Nachweisen (z. B. Hinweis auf die Webseite) bei der jeweiligen Plattform geltend gemacht werden.

Ihr Unternehmensname ist bei Twitter bereits vergeben. Was tun?

Wenn Sie Glück haben, ist der Account inaktiv. Bei Twitter können Sie z. B. einen Account übernehmen, wenn er mehr als sechs Monate nicht genutzt wurde. Das Support-formular finden Sie unter: *http://support.twitter.com/forms*.

Sollte der Account aktiv verwendet werden, dann hilft meistens auch ein normales Gespräch mit dem Account-Inhaber.

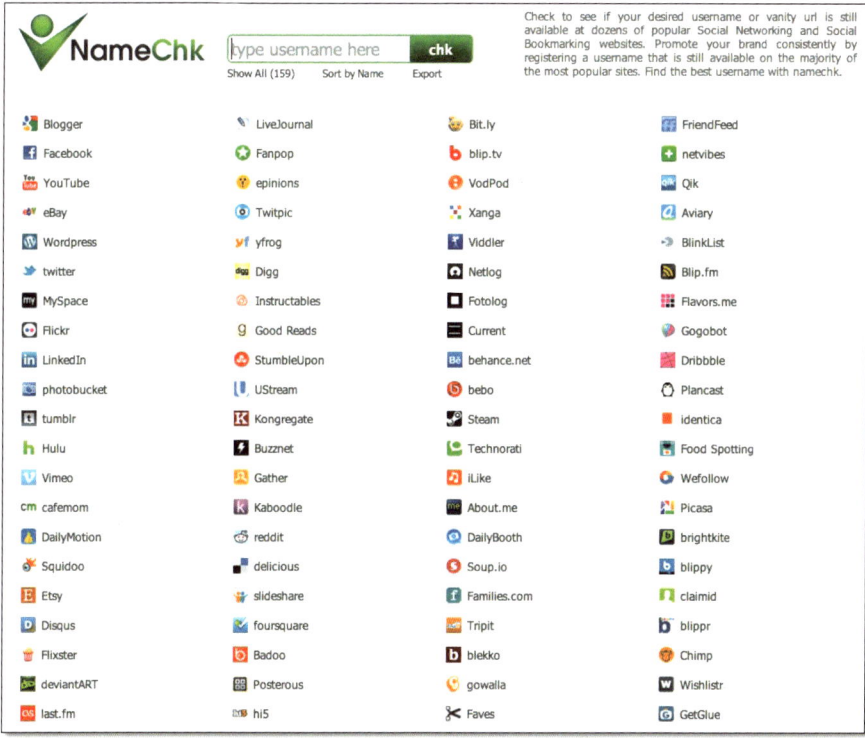

Abbildung 2.21   Nutzen Sie NameChk, um Verfügbarkeiten auf den verschiedenen Social-Media-Plattformen zu überprüfen.

Im Normalfall können Sie einfach den gewünschten Unternehmensnamen auf den verschiedenen Plattformen verwenden. Da bei Facebook der Name der Seite nur einmal verändert werden kann, sollten Sie diesen bewusst auswählen. Im Idealfall verwenden Sie den Namen Ihres Unternehmens bei Titel und der URL. Sie haben bei Facebook die Möglichkeit, Ihren Unternehmensnamen in Kombination mit der Facebook-URL zu verwenden. Diese Webadresse wird als VanityURL bezeichnet: *http://facebook.com/IhrUnternehmensname* (siehe Abbildung 2.22).

Abbildung 2.22   Wählen Sie den Namen Ihrer Fanpage mit Bedacht.

In Deutschland herrscht Impressumspflicht

Nach dem Namen ist das Impressum der nächste wichtige Schritt bei der Erstellung eines Unternehmensprofils. Auch auf einer Facebook-Seite, einem Twitter-Account oder einem Blog ist das Impressum Pflicht. Der Hintergrund ist folgender:

Sobald ein Seitenbetreiber die Kontrollmöglichkeit über die Inhalte hat und die Fanpage innerhalb der Plattform als eigener Bereich erkennbar ist, muss ein Impressum vorhanden sein. Da bei einer Fanpage die Möglichkeit besteht, beispielsweise Beiträge zu löschen, ist das gegeben. Bei Facebook sollten Sie das Impressum beispielsweise im Informationsbereich eintragen. Sie finden diesen Bereich unter SEITE BEARBEITEN und dem Menüpunkt INFORMATIONEN BEARBEITEN. Unter ALLGEMEINE INFORMATIONEN müssen Sie das Impressum bzw. den Link zum Impressum nun in das Feld KURZE BESCHREIBUNG eintragen. Beim Impressum gilt die Zwei-Klick-Regel, d. h., das Impressum muss über zwei Klicks erreichbar sein.

Abbildung 2.23   Parship verweist in einen Impressums-Tab und durch einen Link im Informationsbereich auf das Impressum.

Auf der Seite aus Abbildung 2.23 gelangen Sie bei einem Klick auf den Link zum Impressum auf die Unternehmensseite von Parship. Viele Unternehmen verweisen lediglich in einem Facebook-Tab (App) auf das Impressum. Die Darstellung des Impressums in einer App ist allerdings nicht ausreichend, da diese mobil nicht abgerufen werden kann (siehe Abbildung 2.24).

Welche Angaben muss das Impressum enthalten?

▸ Vorname, Name, Anschrift

▸ Rechtsform, Vertretungsberechtigte und Niederlassung

▸ Grund- und Stammkapital und Liquidationsvermerk

▸ Kontaktangaben (E-Mail und weitere effiziente Kontaktmöglichkeit)

▸ Aufsichtsbehörde

▸ Registerangaben

▸ Umsatzsteuer- und Wirtschaftsidentifikationsnummer

▸ Berufsrechtliche Angaben

▸ Berufshaftpflichtversicherung

▸ Inhaltlich verantwortliche Person

Abbildung 2.24   Mobile Seite der Fanpage von Parship

Wenn Sie in Ihrem Blog eine Verlinkung zu einer Social-Media-Plattform und Google Analytics einsetzen, müssen Sie auch hierauf hinweisen. Einen Text für den Facebook-Like-Button, den Sie frei verwenden können, finden Sie bei Thomas Schwenke auf dem Blog.

'tung – was müssen Sie bei der Einführung von Social Media beachten?

2.6

die Datenschutzerklärung

...age für eine Datenschutzerklärung für den Like-Button finden Sie auf dem Blog
...Thomas Schwenke: *http://bit.ly/FB-Like-Button*

Thomas Schwenke hat auch einen Text für Google Analytics für Unternehmen zur kostenfreien Nutzung auf sein Blog eingestellt: *http://bit.ly/GoogleAnalyticsAnleitung*

Wenn Sie darüber hinaus bestimmte Tools oder eine Tracking-Software einsetzen, sollten Sie immer prüfen, ob die Verwendung rechtlich erlaubt ist und Sie darauf hinweisen müssen.

2.7 Bereiten Sie sich auf kritische Beiträge vor

Im Netz existieren viele kritische Beiträge zu Unternehmen, aber nicht jede Kritik ist als potenzielle Gefahr für Ihr Unternehmen einzustufen. Sie können und Sie sollten daher nicht auf jede negative Meldung der User reagieren. Wichtig ist nur, dass Sie die kritischen Beiträge frühzeitig identifizieren, analysieren und alle weiteren Schritte abwägen.

▶ Auf welcher Plattform wurde die Kritik geäußert?

▶ Wurde Ihr Unternehmen beispielsweise in einem Blog-Artikel, einem wichtigen Fachforum, auf Ihrer Fanpage oder in einem Tweet negativ erwähnt?

▶ Wer ist die kritisierende Person?

▶ Ist der Beitrag leicht über Google auffindbar?

Das alles sind Fragen, die Sie sich vor einer Reaktion auf die Kritik stellen sollten.

Beiträge, die für Ihre Zielgruppe sichtbar sind oder sich leicht verbreiten können, wenn sie durch Personen mit einer hohen Reichweite aufgegriffen werden, sollten Sie auf jeden Fall mit einer höheren Priorität behandeln. Artikel, die auf Nischen-Blogs verfasst worden sind, die auch über die Google-Suche nicht auffindbar sind, können Sie hingegen vernachlässigen.

Ob und wie Sie Kritik im Social Web handhaben sollten, hängt ebenfalls vom Inhalt der Kritik ab. Ist sie begründet oder nicht? Hat die kritisierende Person ein konkretes Problem mit einem Produkt oder der Dienstleistung Ihres Unternehmens? Wenn Ihre Kunden ihre Unzufriedenheit äußern und Sie die Möglichkeit sehen, dem User bei der Problemlösung zu helfen, sollten Sie dies auch tun. Wenn der Kunde konstruktive Kritik äußert und Ihnen neben der Schilderung des Problems auch einen Lösungsvorschlag liefert, bietet es sich ebenfalls an, mit dem Kunden in Kontakt zu treten.

Problematischer wird es, wenn die User über Ihr Verhalten oder eine Handlung Ihres Unternehmens verärgert sind und ihren Unmut im Social Web oder direkt auf Ihrer Fanpage äußern. Diese Art von Kritik wird häufig sehr emotional kommuniziert.

Die Pinnwände von Unternehmen werden immer häufiger für sogenannte »Shitstorms« verwendet, um den Unternehmen mal gehörig die Meinung zu sagen. Nicht jede Kritik ist allerdings gleich ein Shitstorm. Der Begriff wird in Deutschland häufig benutzt, wenn ein Unternehmen kritische Beiträge auf der Pinnwand erhält. Durch ein vernünftiges Community Management und eine gute Vorbereitung können Sie solche Situationen schnell in den Griff bekommen.

Was ist eigentlich ein Shitstorm?

Als *Shitstorm* wird eine Anhäufung von kritischen Kommentaren bezeichnet, die zum Teil mit beleidigenden Äußerungen einhergehen. Vor allem die Fanpages von Unternehmen werden immer häufiger zur zentralen Anlaufstelle von Kritikern. In den meisten Fällen ziehen die negativen Beiträge zahlreiche Mitläufer an, die keinen direkten Bezug zum eigentlichen Problem haben. So schnell, wie es entsteht, verschwindet das Phänomen Shitstorm jedoch auch wieder.

Wenn also die negativen Kommentare im Minutentakt auf Ihrer Seite auftauchen, sollten Sie trotz allem Ruhe bewahren und nicht unüberlegt agieren. Um auf eine Krise vorbereitet zu sein, sollten Sie einen Abstimmungsprozess im Unternehmen etabliert haben, der festlegt, in welchen Situationen welche Mitarbeiter mit einbezogen werden sollen. Absehbare Krisen, wie beispielsweise eine Preiserhöhung oder Rückrufaktionen etc. können Sie sehr gut vorbereiten. Schwieriger wird es bei Krisensituationen, die vorher nicht absehbar waren.

In solchen Krisensituationen sollten Sie immer Folgendes beachten: Der normale Facebook-Nutzer sieht die Postings nur, wenn er Ihre Fanpage besucht und sich dort die User-Beiträge anzeigen lässt oder wenn ein Freund einen Beitrag auf Ihrer Seite veröffentlicht, kommentiert, liked oder teilt. Ihre Fans bekommen oftmals von der Debatte nichts mit. Eine breite Aufmerksamkeit erreicht eine solche Kritikwelle auf Facebook nur, wenn verschiedene Social-Media-Berater und Personen mit einer hohen Reichweite darüber berichten. Dann kann es passieren, dass auch die Online-Medien das Thema aufgreifen. Die Inhalte auf Facebook sind über die Google-Suche allerdings nicht zu finden. Nach dem Ende der Diskussion auf Facebook verschwinden die Inhalte somit wieder aus dem Sichtfeld Ihrer Nutzer.

Prinzipiell besteht bei kritischen Beiträgen immer die Möglichkeit, sie in ein Positivbeispiel umzuwandeln. Nach einer erfolgreichen Problemlösung kommunizieren viele Kritiker im Anschluss auch positive Beiträge zum Unternehmen.

Wie schnell sollten Sie auf kritische Beiträge reagieren? Auf Probleme mit dem Produkt oder der Dienstleistung sollten Sie innerhalb von 2 bis 3 Stunden antworten; an Wochenenden und Feiertagen kann es auch ein bisschen länger dauern. Im Krisenfall eine Antwort abzustimmen dauert natürlich in den meisten Fällen länger als 2 bis 3 Stunden. Auch die Beantwortung »normaler« Fragen kann teilweise eine längere Zeit in Anspruch nehmen. Geben Sie dem Fragesteller hier zumindest ein kurzes Feedback, dass Sie die Frage gesehen haben und er in absehbarer Zeit mit einer Antwort rechnen kann.

Die Bank *ING-Diba* musste sich Anfang 2012 aufgrund eines Werbespots auf der eigenen Facebook-Seite mit Veganern auseinandersetzen (siehe Abbildung 2.25).

Abbildung 2.25   Die ING-Diba äußert sich zu den kritischen Beiträgen auf der eigenen Seite.

In Situationen, in denen es nicht um das eigene Produkt geht, sondern wie im Fall der ING-Diba zu Grundsatzdiskussion über den Fleischkonsum kommt, sollten Sie überlegt reagieren. Textbausteine sollten Sie in jedem Fall vermeiden. Passen Sie die Antwort und die Tonalität der aktuellen Situation an.

Die ING-Diba hat sich nach zwei Wochen mit kritischen Beiträgen für die Diskussion bedankt, sie aber auch beendet. Sie müssen nicht zwei Wochen lang das negative Feedback der User über sich ergehen lassen, aber Sie müssen Kritik aushalten können. Prüfen Sie nach den ersten kritischen Beiträgen, ob die Kritik der User berechtigt ist und Sie auf das Feedback der Community eingehen können. Sollten Sie, wie es auch bei der ING-Diba der Fall war, keine Möglichkeit sehen, der Forderung der Kritiker nachzukommen, sollten Sie dies auf Ihrer Seite verkünden. Sie sollten jedoch in jedem Fall kommunizieren, dass Sie die Kritik ernst nehmen, auch wenn sie nicht umgesetzt werden kann. Während sich die ING-Diba zum eigentlichen Kritikpunkt nicht äußert, zeigt ein Posting des Biomarktes *AlnaturA* eine weitere Möglichkeit, wie Sie auf kritische Beiträge reagieren können (siehe Abbildung 2.26).

Im Gegensatz zu ING-Diba bezieht AlnaturA konkret Stellung zu der Kritik. Der Bio-Supermarkt kommuniziert klar und deutlich, warum er auch zukünftig kein rein veganes Sortiment anbieten wird.

Abbildung 2.26 Äußerung von AlnaturA zur Kritik der Veganer auf der eigenen Fanpage

Wenn Sie einen Krisenplan erstellen möchten, schauen Sie, wie andere Unternehmen auf Kritik reagiert haben. So erhalten Sie einen Eindruck davon, wie Kritiker in anderen Fällen das Statement eines Unternehmens aufgenommen haben. Aber Vorsicht: Was bei einem Unternehmen funktioniert, muss nicht auch bei dem anderen Unternehmen klappen. Verwenden Sie daher nicht Lösung A für das Problem B. Betrachten Sie die Beispiele der ING-Diba und von AlnaturA als Möglichkeiten für eine Antwort. Im Krisenfall ist es wichtig, dass Sie ehrlich sind. Kunden verzeihen einem Unternehmen Fehler, haben aber kein Verständnis für Lügen. Seien Sie transparent, geben Sie Fehler offen zu, und zeigen Sie, welche Lehren Sie aus den Krisen ziehen.

2.8   Social Media erfordert Zeit und Geld

Ein Profil auf den verschiedenen Social-Media-Plattformen ist schnell erstellt und in den meisten Fällen kostenfrei. Dies bedeutet aber nicht, dass Social Media kostenlos ist. Ob Sie Social-Media-Kanäle an Ihr Corporate Design anpassen und so vorab personelle und finanzielle Ressourcen investieren, bleibt Ihnen überlassen. Wir empfehlen Ihnen aber, wenn Sie Social Media ernsthaft betreiben möchten, die Kanäle an das Corporate Design anzupassen, um einen Wiedererkennungswert der Marke zu ermöglichen. Die verschiedenen Social-Media-Plattformen bieten in jedem Fall zahlreiche Möglichkeiten, das eigene Profil zu personalisieren. Facebook bietet beispielsweise mit der Timeline die Möglichkeit, die Historie des Unternehmens darzustellen. Ein professionelles Corporate-Blog erfordert durch die technische Implementierung Kosten, die einkalkuliert werden müssen.

Für die anschließende Betreuung der eigenen Kanäle müssen Sie in jedem Fall personelle Ressourcen einplanen. Der Dialog auf Facebook und Twitter erfordert Zeit, genau wie das Schreiben eines Blog-Artikels oder das Erstellen eines YouTube-Videos. Bei Ihrem Engagement in Social Media fallen nicht nur personelle Ressourcen an. Für den Einsatz von Werbemitteln müssen Sie darüber hinaus finanzielle Ressourcen einplanen, denn auch die Durchführung einer Kampagne ist nicht kostenfrei möglich. Prüfen Sie daher zu Beginn, ob Ihnen die entsprechenden Ressourcen zur Verfügung stehen.

2.9   Fazit

Bevor Sie mit Social Media richtig loslegen, gibt es einige organisatorische und operative Maßnahmen, die Sie vorher umsetzen sollten. Prüfen Sie, wie Sie sich die benötigten Kompetenzen aneignen können. Gibt es in Ihrem Unternehmen vielleicht schon Mitarbeiter, die sich schon seit Jahren mit Social Media beschäftigen und dort sehr aktiv sind? Falls ja, dann holen Sie diese mit ins Boot. Sollte es in Ihrem Unternehmen keine Kompetenzen in diesem Bereich geben, dann holen Sie sich diese extern in Ihr Unternehmen. Ob Sie dafür zur Unterstützung erst einmal die Hilfe einer Agentur in Anspruch nehmen oder ob Sie einen Social Media Manager einstellen, ist Ihre Entscheidung. Denken Sie aber daran, dass Sie langfristig die Kompetenzen im Unternehmen aufbauen sollten.

Wenn Sie eine neue Stelle für den Social Media Manager im Unternehmen schaffen, dann machen Sie sich vorher ausreichend Gedanken, welche Aufgaben dieser erfüllen soll. Vergleichen Sie dazu auch die Jobangebote zu diesem Berufsfeld. Diese unterscheiden sich teilweise erheblich von Unternehmen zu Unternehmen. Es kommt natürlich auch immer darauf an, ob dafür nur eine Person zuständig ist oder ob diese Person Ihre Strategie mit einem Team gemeinsam umsetzen kann. Geben Sie Ihren Angestellten Hilfsmittel in Form von Richtlinien oder Social Media Guidelines an die Hand. Damit schaffen Sie mehr Sicherheit beim Umgang mit Social Media. Unterschätzen Sie nicht, für wie viele Menschen die Kommunikation und Interaktion in Social Media etwas völlig Neues ist.

Rechnen Sie auch mit negativen Beiträgen. Das ist völlig normal, und jeder negative Beitrag ist auch eine Chance für Sie. Nicht jeder negative Beitrag führt gleich zu einem »Shitstorm« und nicht jeder »Shitstorm« zu einer Krise. Legen Sie vorher fest, welche Personen aus Ihrem Unternehmen benachrichtigt werden sollen, wenn es dazu kommt, und bleiben Sie vor allem eins – ruhig!

Im folgenden Kapitel zeigen wir Ihnen, welche Analysen Sie durchführen können, um Ihre Strategie zu definieren.

3   Analyse – die richtigen Fragen stellen

Märkte sind Gespräche. Ihre Kunden unterhalten sich offline und online über Sie und Ihre Produkte. Das war schon immer so, aber jetzt haben Sie die Möglichkeit, diese Gespräche zu analysieren.

Bevor Sie auf den verschiedenen Social-Media-Kanälen aktiv werden, sollten Sie sich mit den Bedürfnissen und Wünschen Ihrer Zielgruppe beschäftigen und sich mit den folgenden Fragestellungen auseinandersetzen:

▸ Bewegen sich Ihre Kunden bereits im Netz – und wenn ja, wo?

▸ Sprechen die Nutzer bereits über Ihre Marke?

▸ Wo finden diese Gespräche statt, und in welchem Kontext werden Ihre Produkte erwähnt?

▸ Wie hoch ist das Kommunikationsvolumen (also der Anteil der Beiträge zu Ihrem Unternehmen), und wie ist die Tonalität (das heißt, sind die Beiträge positiv oder negativ)?

Zudem sollten Sie die Wahrnehmung Ihres Unternehmens im Vergleich zum Wettbewerb betrachten.

Haben Sie einen Dienstleister, der Sie über Pressemeldungen zu Ihrem Unternehmen informiert, oder haben Sie für Ihr Unternehmen bereits eine Marktforschung durchgeführt? Viele dieser Fragen können Sie auch durch die Analyse der Social-Media-Kommunikation beantworten. Sie sollten sich diese Fragen allerdings nicht nur *vor* Ihrem Engagement in Social Media stellen. Die Kommunikation zu Ihrer Marke im Social Web sollten Sie kontinuierlich beobachten.

3.1   Verschaffen Sie sich einen Einblick mit kostenlosen Tools

Wenn Sie sich bisher noch nicht mit der Thematik Social Media Monitoring beschäftigt haben, sollten Sie im ersten Schritt kostenfreie Tools heranziehen. So erhalten Sie ein Gefühl für die oben genannten Fragestellungen.

Im ersten Schritt sollten Sie die für Sie relevanten Begriffe mithilfe der Google-Suche recherchieren. Am Anfang sollten Sie ausschließlich den Namen Ihres Unternehmens oder den einzelner Produkte eingeben, denn das machen Ihre (potenziellen) Kunden auch.

Natürlich gibt es hier Abweichungen, da bei der Google-Suche zu viele verschiedene Faktoren einfließen und den verschiedenen Anwendern somit in den seltensten Fällen identische Suchergebnisse angezeigt werden. Nichtsdestotrotz sollten Sie wissen, ob und an welcher Stelle Beiträge über Ihr Unternehmen über die Suche bei Google zu finden und damit auch potenzielle Suchergebnisse bei Ihren Kunden sind (siehe Abbildung 3.1).

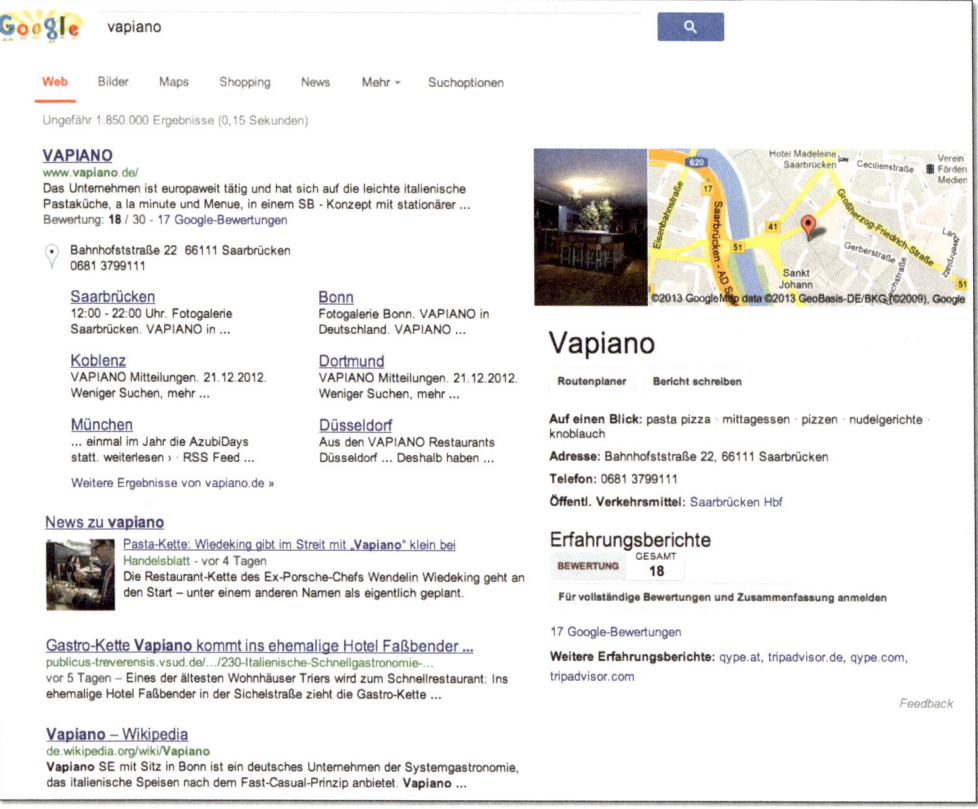

Abbildung 3.1   Google-Suche nach Vapiano

Im Anschluss sollten Sie die Suchergebnisse verfeinern. Sie haben durch sogenannte boolesche Operatoren die Möglichkeit, die Treffer weiter einzuschränken.

Was sind boolesche Operatoren?

Mithilfe der booleschen Operatoren AND, OR und NOT haben Sie die Möglichkeit, die Treffermenge einzuschränken oder zu erweitern. Diese Operatoren werden oft bei der Recherche in Datenbanken und zur Verfeinerung der Suchbegriffe in Social Media Monitoring-Tools eingesetzt. Der boolesche Operator AND gibt vor, dass auf der Zielseite beide Suchbegriffe enthalten sind. Bei der Google-Suche müssen Sie diesen Operator nicht verwenden, da Google automatisch mehrere Suchbegriffe mit dem UND-Operator verknüpft. Wenn Sie den Operator OR einsetzen, enthalten die Treffer einen der beiden Begriffe.

Durch den Operator NOT können Sie bestimmte Begriffe ausschließen. Bei Ihrer Recherche in Google müssen Sie jedoch mit dem Minus-Zeichen arbeiten. Die Suche »Pelikan -Vogel« schränkt die Suchergebnisse zum Unternehmen beispielsweise schon erheblich ein.

Darüber hinaus ermöglicht es Google, den Quellentyp (Videos, News, Blogs oder Diskussionen) und den Zeitraum einzugrenzen. Sie haben hier die Möglichkeit, sogar einen bestimmten Zeitraum einzutragen. Betrachten Sie ganz gezielt die User-Kommunikation, die auch User-Generated-Content genannt wird. Über die Einschränkung auf Blogs und Diskussionen sehen Sie, worüber sich Ihre Kunden in Zusammenhang mit Ihrem Unternehmen unterhalten (siehe Abbildung 3.2).

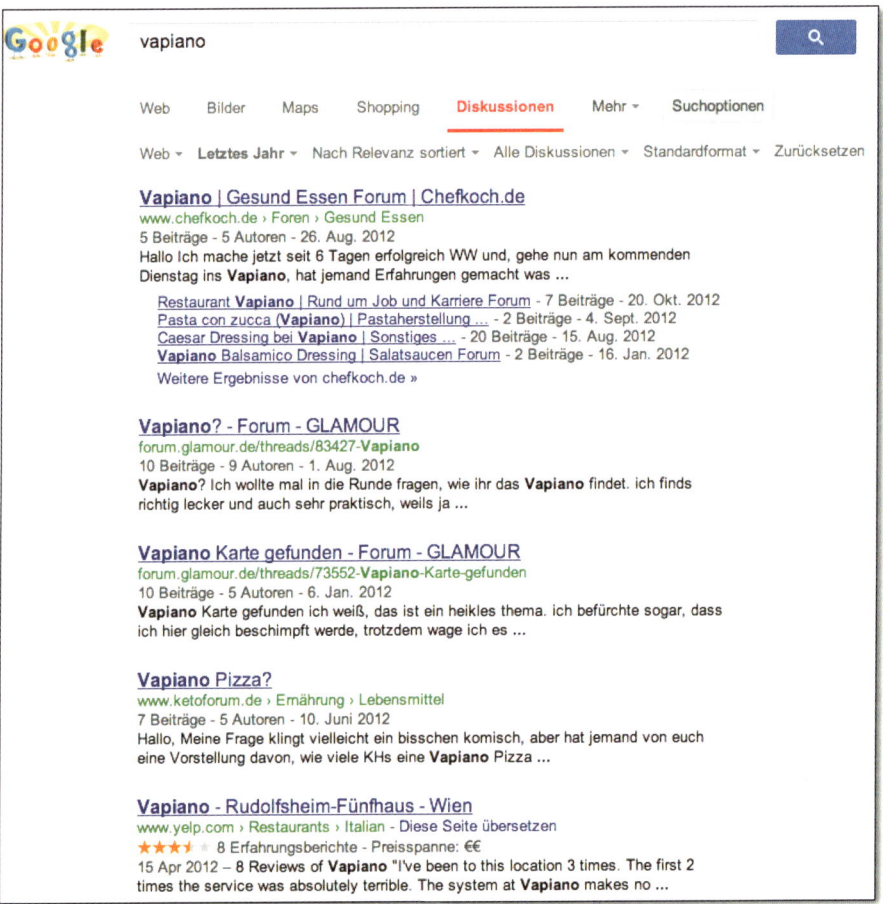

Abbildung 3.2   Google-Suche nach Forenbeiträgen zu Vapiano

Es existieren jedoch verschiedene Gründe, warum Sie die Ergebnisse der Google-Suche nicht als die Anzahl der Beiträge betrachten dürfen. Manche Beiträge werden von Google doppelt gezählt. Oftmals sind auch Treffer enthalten, die keinen direkten Social-Media-Bezug haben. Neben der Google-Suche stehen Ihnen zahlreiche kostenlose Tools zur Verfügung. In Kapitel 11, »Social Media Monitoring – hören Sie Ihren Kunden zu« stellen wir Ihnen zahlreiche Tools für die verschiedenen Plattformen vor.

Das manuelle Recherchieren der Treffer zum eigenen Unternehmen ist, wie Sie sehen, mit sehr viel Aufwand verbunden. Die relevanten Beiträge sollten Sie lesen und in Kategorien verteilt abspeichern. Betrifft der Beitrag eher den Kundenservice, den Ihr Unternehmen bietet, oder werden andere Aspekte zu Ihrem Unternehmen diskutiert. Durch das Lesen der Beiträge erhalten Sie auch einen Eindruck davon, ob eher positiv oder negativ über Ihre Produkte diskutiert wird (siehe Abbildung 3.3).

	Vapiano	Wettbewerb 1	Wettbewerb 2	Positiv	Negativ	Neutral	Essen	Service	Öffnungszeiten
Beitrag 1	1				1			1	
Beitrag 2		1					1		1
Beitrag 3	1					1		1	
Beitrag 4	1		1				1	1	
Beitrag 5		1			1				1
	3	2	1	2	1	2	2	1	2

Abbildung 3.3   Kodieren Sie die einzelnen Beiträge zu Ihrem Unternehmen und dem Wettbewerb.

Sie können den Bereich »Essen« natürlich in die Kategorien »Nudelgerichte«, »Salate« etc. noch weiter untergliedern. Je nach Unternehmen und Produkten gestaltet sich diese Tabelle unterschiedlich.

Die Zahl der Nennungen sagt jedoch nichts darüber aus, wie viele Nutzer sich mit Ihrem Unternehmen bzw. Ihren Produkten auseinandersetzen. Die 90-9-1-Regel nach Jakob Nielsen besagt, dass in einer Online-Community, z. B. bei Facebook, folgende Aktivitäten herrschen:

▸ 90 % der User konsumieren die Inhalte rein passiv.

▸ 9 % kommentieren oder liken Ihre Beiträge.

▸ 1 % verfasst eigene Beiträge auf Ihrer Seite.

Sie erreichen durch die Analyse der Social-Media-Kommunikation Hinweise, womit sich etwa 1 bis 10 Prozent der Konsumenten auseinandersetzten. Auch wenn die Regel von Nielsen bereits aus dem Jahr 2006 stammt und die User inzwischen oft mehr Engagement in Social Media zeigen, ist diese Regel weiterhin gültig.

Mithilfe des *Google Keyword-Tools* können Sie sich hingegen einen Eindruck davon verschaffen, wie viele Suchanfragen zu Ihrem Unternehmen abgesetzt werden.

Darüber hinaus können Sie auch ermitteln, wie viele Suchanfragen zu relevanten Themen durchgeführt werden (siehe Abbildung 3.4).

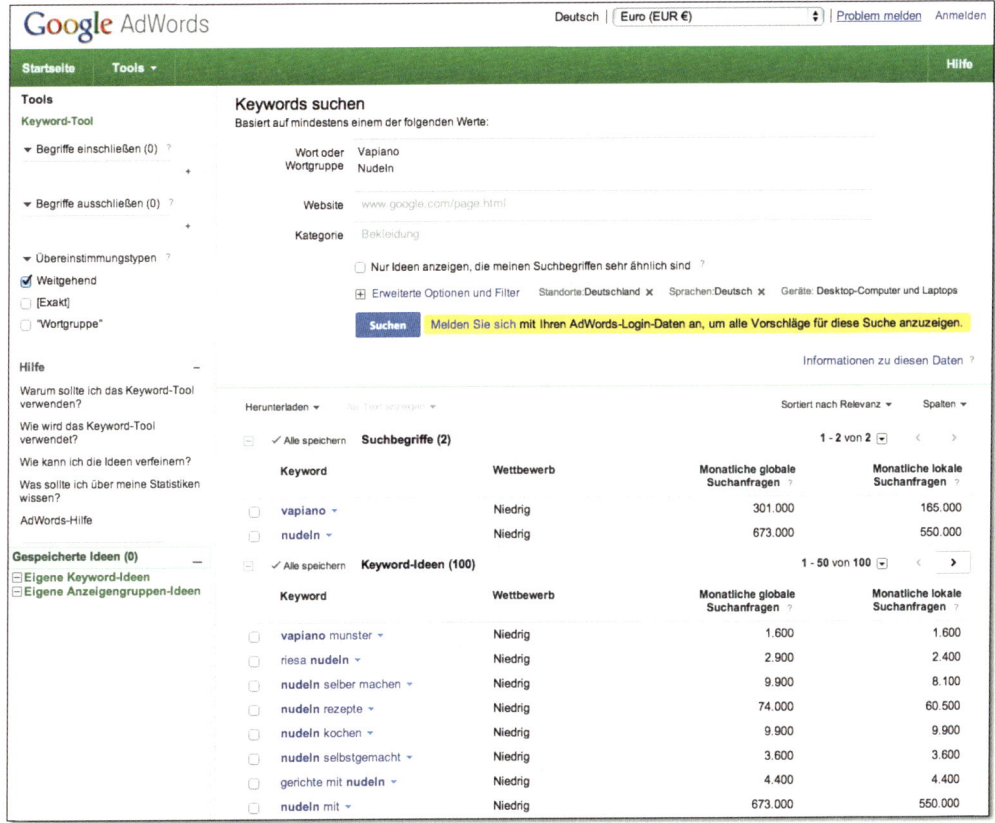

Abbildung 3.4   Anzahl der Suchabfragen zu Vapiano und Nudeln

Im Google Keyword-Tool sehen Sie, wie viele Anfragen pro Monat zu den genannten Suchbegriffen abgesetzt werden und welche artverwandten Begriffe recherchiert werden.

Um die Kommunikation im Social Web schließlich zu analysieren, gibt es verschiedene Analysemethoden. In Deutschland existieren zahlreiche Anbieter, die Social-Media-Analysen professionell durchführen. Dazu zählen beispielsweise *complexium*, *Landau Media* oder *VICO Research & Consulting*. Weitere Dienstleister bieten ihren Kunden Social Media Monitoring-Tools zur eigenständigen Analyse der Social-Media-Kommunikation an. Für eine Durchführung einer solchen Analyse entstehen natürlich teils erhebliche Kosten.

> **Tipps, wie Sie sich einen ersten Eindruck von Ihrem Unternehmen verschaffen**
>
> Versetzen Sie sich in die Lage Ihrer Kunden. Benutzen Sie am Anfang die Google-Suche, und analysieren Sie die Treffer zu Ihrem Unternehmen. Nutzen Sie im Anschluss die kostenlosen Tools, die wir Ihnen in Kapitel 11, »Social Media Monitoring – hören Sie Ihren Kunden zu«, vorstellen.
>
> Analysieren Sie im Anschluss zudem die Suchanfragen, um festzustellen, was die Konsumenten in Zusammenhang mit Ihrem Unternehmen recherchieren.

3.2   Was können Sie analysieren?

Eine ausführliche Einführung zu den einzelnen Social Media Monitoring-Tools erhalten Sie in Kapitel 11, »Social Media Monitoring – hören Sie Ihren Kunden zu«. In diesem Kapitel erfahren Sie, welche Erkenntnisse Sie aus der Social-Media-Kommunikation ziehen können.

3.2.1   Wie nehmen Ihre Kunden Ihr Unternehmen wahr?

Für Unternehmen ist es schwierig, die Fremdwahrnehmung der eigenen Firma einzuschätzen. Wenn man eine bestimmte Zeit in einem Unternehmen gearbeitet hat, setzt die sogenannte Betriebsblindheit ein. Da ist es schwierig, selbst Aussagen über das Image des eigenen Unternehmens zu treffen. Aus diesem Grund haben Sie vielleicht auch selbst schon Unternehmensberater eingesetzt, um einen externen Blick auf das eigene Geschäft zu erhalten. Die Analyse der Social-Media-Kommunikation hilft Ihnen festzustellen, wie das eigene Unternehmen von den Kunden wahrgenommen wird und welche Stärken und Schwächen vorhanden sind.

Die Anzahl der Nennungen gibt Ihnen in jedem Fall einen Hinweis auf die Markenbekanntheit im Social Web. Wenn Sie die Kommunikation genauer analysieren und Sie die Tonalität betrachten, können Sie den Beiträgen entnehmen, ob Ihr Unternehmen eher positiv oder negativ erwähnt wird. Die Analyse der unterschiedlichen Themen in Zusammenhang mit Ihrem Unternehmen zeigt, in welchem Kontext Ihre Produkte genannt werden.

Beiträge zum Markenimage von Mobilfunkanbietern lassen sich beispielsweise in folgende Kategorien unterteilen:

- Netzabdeckung bzw. -qualität
- Kosten
- Service

Anhand positiver und negativer Nennungen zu diesen Themen kann ein Stärken/Schwächen-Profil erstellt werden. Wo sehen die Kunden das Unternehmen bereits im gewünschten Bereich, und wo besteht noch Verbesserungsbedarf? Während Discountanbieter wie *simyo*, *congstar* oder *klarmobil* erfahrungsgemäß beim Preis punkten können, werden bei den Anbietern *Telekom*, *Vodafone* und O_2 oftmals die Netzabdeckung sowie Vertragskosten diskutiert.

Abbildung 3.5 zeigt ein Beispiel einer SWOT-Analyse zur Marke *Bionade* (die Analyse wurde im Rahmen der Masterarbeit von Stefanie Aßmann von *AUSSCHNITT Medienbeobachtung* erstellt). Die Themen werden nach Tonalität und Häufigkeit der Nennung aufgelistet.

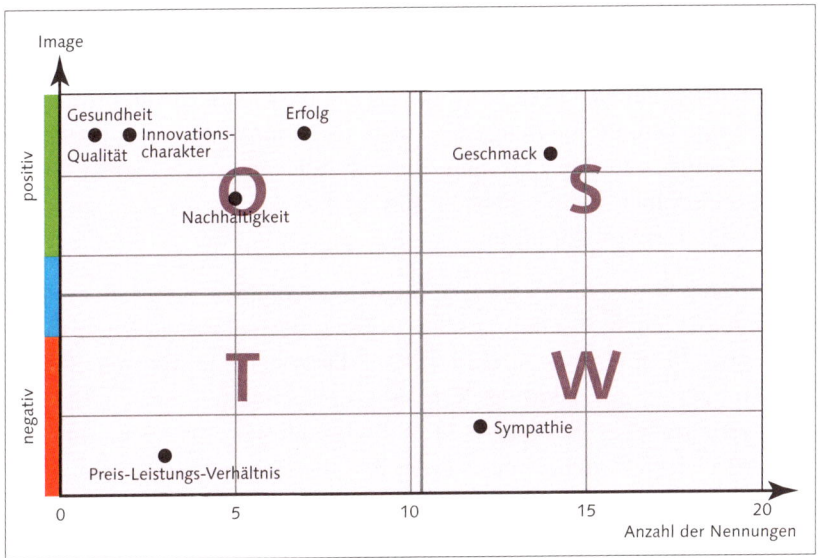

Abbildung 3.5   SWOT-Analyse zu Bionade

Während der Geschmack sehr häufig in einem positiven Kontext genannt wird, existieren zahlreiche Beiträge mit negativen Stimmen zu Bionade. Die positiv besetzten Themen Qualität, Nachhaltigkeit und Innovationscharakter werden in den Social Media kaum diskutiert.

Sehr häufig und in einem positiven Kontext wird der Geschmack von Bionade genannt. Das Preis-Leistungs-Verhältnis und der Sympathie-Faktor der Marke werden in diesem Beispiel jedoch negativ bewertet. Um eine solche Analyse durchführen zu können, müssen Sie zumindest eine bestimmte Anzahl an Social-Media-Beiträgen manuell kodieren. Wir empfehlen, über einen Zeitraum von mindestens einem halben Jahr etwa 500 bis 1.000 Beiträge zu kodieren. Nur so können Sie sich ein Bild von der Social-Media-Kommunikation machen. Die Betrachtung eines längeren Zeitraums ist notwendig, um aufzuzeigen, ob Ihre Marke beispielsweise in einem bestimmten Zeitraum bzw. einer bestimmten Saison häufiger diskutiert wird. Notieren Sie zu den einzelnen Treffern Tonalität und Thema.

Im Hinblick auf das Image als Arbeitgeber sollten Unternehmen das eigene Profil bei *Kununu* kennen. Bewertungen zum Unternehmen, Produkt oder Service sind beispielsweise auf den Portalen *Dooyoo*, *Ciao* oder *ReclaBox* zu finden.

Überprüfen Sie Ihr Image als Arbeitgeber

Um das Image Ihres Unternehmens als Arbeitgeber zu überprüfen, sollten Sie sich die Plattformen *kununu*, *JOBvoting* und *bizzWatch.de* genauer anschauen. Kununu ist die bekannteste und wichtigste Plattform zur Bewertung der Arbeitgeber.

3.2.2   Was interessiert meine Zielgruppe, und wo hält sie sich auf?

Jedes Unternehmen hat eine bestimmte Zielgruppe, die es erreichen möchte. Eine Zielgruppe ist eine Gruppe von Menschen mit gemeinsamen Interessen, Bedürfnissen oder Problemen. Zu den Personen, die sich auf den verschiedenen Social-Media-Plattformen über Ihr Unternehmen austauschen, können Sie in vielen Fällen keine demografischen Daten ermitteln.

Im Impressum von Blogs erfahren Sie zwar meist den Wohnort des Autors, erhalten aber keine Informationen über dessen Alter. In den Kommentaren zu Blog-Artikeln oder News-Artikeln ist noch nicht einmal das sichergestellt. An vielen Stellen im Netz haben die User die Möglichkeit, sich anonym zu bewegen. Auch bei Twitter verwenden viele User ein Pseudonym für den eigenen Benutzernamen, und der Wohnort wird auch nicht immer eingetragen. Wie soll es da möglich sein, auf allen Plattformen demografische Daten zu erfassen?

Das heißt aber nicht, dass Sie für die verschiedenen Plattformen keine Informationen über die Benutzer erhalten. In regelmäßigen Abständen werden Studien und Statistiken zu den verschiedenen Social-Media-Netzwerken veröffentlicht, die Ihnen Aufschluss über die Nutzertypen geben.

Statistiken zu Social Media

Auf dem Blog *Social Media Statistiken* (*www.socialmediastatistik.de*) werden Studien und Zahlen zu den relevanten Plattformen vorgestellt.

Die Firma *INPROMO* hat mit dem *Social Media Planner* verschiedene Social-Media-Plattformen nach demografischen Daten und Themen kategorisiert (siehe Abbildung 3.6). Setzen Sie den Social Media Planner ein, um einen Einblick zu erhalten, wo sich Ihre Zielgruppe aufhält. Dieses Tool ist natürlich nicht perfekt, und Sie sollten sich nicht ausschließlich auf dieses Werkzeug verlassen; es bietet jedoch erste Hinweise.

Abbildung 3.6   Der »Social Media Planner« von INPROMO

Auf Basis einer Social-Media-Analyse ist es zudem möglich, psychografische Zielgruppen zu identifizieren. Was sind psychografische Zielgruppen? Meist gruppieren
sich User mit gemeinsamen Interessen in einer spezifischen Community oder einem
Fachforum. Haben Sie schon einmal recherchiert, ob zu Ihrem Themenbereich ein
bestimmtes Forum oder eine Community existiert? Falls nicht, sollten Sie das z. B.
mithilfe von *Boardreader* tun.

Oftmals beschäftigen sich auch Blogger mit einem für Sie relevanten Thema. Die entsprechenden Blogger sollten Sie kennen. Denken Sie nicht ausschließlich an Facebook, sondern haben Sie einen Blick auf weitere Plattformen. Bei Facebook und
Twitter finden oftmals nur sehr oberflächliche Diskussionen statt. Der größte Austausch zu Produkten und Themen findet derzeit noch immer in Foren statt.

Auf Basis der Kommunikation können Sie die einzelnen Nutzer bestimmten Zielgruppen zuordnen. Bleiben wir beim Mobilfunkmarkt. Hier kann man die Konsumenten z. B. in folgende Nutzertypen unterteilen:

- ▶ Innovative
- ▶ Tariforientierte
- ▶ Treue Kunden
- ▶ Bequeme

Innovative sind beispielsweise an neuen Produkten und technischen Neuerungen interessiert und informieren sich regelmäßig über Neuheiten am Mobilfunkmarkt. Tariforientierte kennen sich auf dem Mobilfunkmarkt gut aus und schließen vor allem Verträge ab, die ihren Bedürfnissen gerecht werden. Eine geringe Wechselbereitschaft und geringe Kenntnis auf dem Mobilfunkmarkt zeigen hingegen treue Kunden und Bequeme. Beide Zielgruppen sind mit ihrem Anbieter zufrieden und bleiben ihm treu. Bei den Bequemen ist die geringe Wechselbereitschaft jedoch nicht der Zufriedenheit, sondern der Bequemlichkeit zuzuschreiben.

Sie können vorab ein festes Cluster an potenziellen Zielgruppen erstellen oder auf Basis der Kommunikation die ermittelten Nutzer nach den verschiedenen Eigenschaften kategorisieren. Da Sie in den meisten Fällen nicht wissen, in welche psychografischen Nutzergruppen sich Ihre Kunden unterteilen, empfehlen wir, vorab keine Zielgruppen zu definieren.

3.2.3   Wie ist Ihre Positionierung im Vergleich zum Wettbewerb?

Es ist immer wichtig, den Wettbewerb im Blick zu haben. Nur so können Sie auch Ihre eigenen Aktivitäten gut einschätzen. Wie hoch ist das Kommunikationsvolumen zu Ihrem Unternehmen im Gegensatz zum Wettbewerb, und wie hoch ist der Anteil der negativen bzw. positiven Beiträge bei beiden Firmen? Es macht einen Unterschied, ob Ihr Unternehmen 10 % kritische Beiträge hat, wenn die Zahl beim Wettbewerber bei 20 % liegt oder umgekehrt.

Das Kommunikationsvolumen allein hat im Vergleich mit dem Wettbewerb jedoch nicht zwangsläufig eine Aussagekraft. Stammt die Anzahl der Beiträge von einem bestimmten Tag oder aus einem bestimmten Zeitraum? Wird Ihr Unternehmen in einem Beitrag nur erwähnt, oder thematisiert der ganze Inhalt Ihr Unternehmen? Betrachten Sie das Kommunikationsvolumen im Zeitverlauf, und analysieren Sie vor allem die Tage, an denen besonders viele Beiträge zu Ihrem Unternehmen veröffentlicht worden sind. Gerade bei der Wettbewerbsanalyse ist es sehr wichtig, auf historische Daten zugreifen zu können. Bei der Anzeige des Kommunikationsverlaufs und bei der Bewertung der Beiträge auf die Tonalität stoßen vor allem die kostenfreien Tools schnell an ihre Grenzen.

Abbildung 3.7 und Abbildung 3.8 zeigen das Kommunikationsvolumen sowie den Kommunikationsverlauf verschiedener Mobilfunkanbieter.

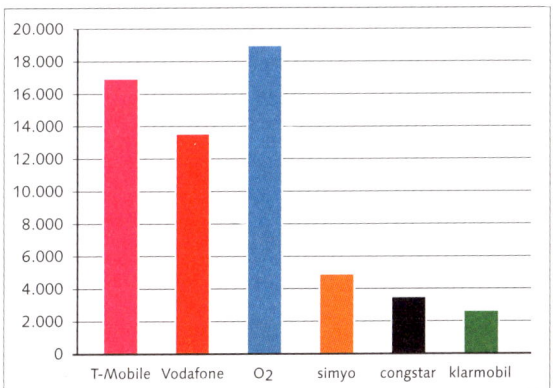

Abbildung 3.7 Kommunikationsvolumen Mobilfunkanbieter

In Abbildung 3.8 sehen Sie, dass zu den großen Mobilfunkanbietern deutlich mehr kommuniziert wird als zu den Prepaid-Anbietern.

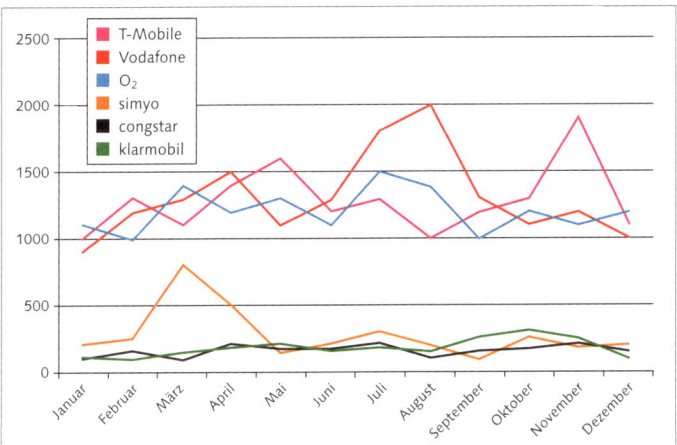

Abbildung 3.8 Kommunikationsverlauf der Mobilfunkanbieter

Gründe für die Peaks (hohe Zahl an Beiträgen) können z. B. die Markteinführung eines Produkts oder die Durchführung einer Kampagne sein. Sie sehen: Auf Basis solcher Grafiken und Analysen ist es durchaus möglich, relevante Erkenntnisse zu gewinnen.

Was sollten Sie sich bei der Konkurrenz auf jeden Fall anschauen?
▶ Anzahl der Beiträge zum Unternehmen und den Produkten im Vergleich zum eigenen Unternehmen
▶ Wahrnehmung der Konkurrenzmarke im Social Web im Vergleich zum eigenen Unternehmen
▶ Welche Kampagnen und Aktionen führt der Wettbewerb durch?

3.2.4   Mit welchen Themen beschäftigt sich Ihre Zielgruppe?

Für das Unternehmen ist es essenziell zu wissen, in welchem Kontext die eigenen Produkte genannt werden. Aus diesem Grund ist es wichtig, die verschiedenen Beiträge auf den Social-Media-Plattformen nach Themen zu kategorisieren. Das Unternehmen *Schwarzkopf* hat die eigene Website danach gestaltet, welche Inhalte für den Kunden relevant sind (siehe Abbildung 3.9). Anstatt auf der eigenen Website die verschiedenen Produkte vorzustellen, werden dem Besucher z. B. die Themen Trendlooks, Haarstyling oder Haarfarbe präsentiert.

Abbildung 3.9   Website von Schwarzkopf

Im Vorfeld hat Schwarzkopf sicherlich eine Analyse zu den Interessen und Bedürfnissen der eigenen Zielgruppe durchgeführt. Diesen Ansatz können aber auch kleine Unternehmen aufgreifen. Wenn Sie durch die Analyse die Wünsche Ihrer Zielgruppe identifiziert haben, dann können Sie aufgrund dieser die Inhalte für Ihre Webseite erstellen oder in einem Blog über relevante Ereignisse berichten. Sie können diese Themen natürlich auch in Ihren Beiträgen auf den eigenen Social-Media-Kanälen aufgreifen. Ein Frisör kann ähnliche Themen wie Schwarzkopf präsentieren. Wenn Sie einen Frisörsalon haben, recherchieren Sie bei Google einfach mal nach »Haarpflege« oder »Haarfarbe«, und schauen Sie, worüber sich die User auf den Social-Media-Plattformen zu diesen Themen austauschen. Als Arzt können Sie relevante Themen im Gesundheitsbereich aufzeigen. Dies macht z. B. der Landarzt Günter Schütte, der auf seinem Blog »Nachrichten vom anderen Ende der Medizin« über medizinische Themen berichtet.

Erfahrungsgemäß kennen die Unternehmen etwa 80 % der Inhalte bereits. Durch Social-Media-Analysen entdecken Unternehmen aber immer wieder Inhalte, die ihnen so noch nicht bewusst gewesen sind.

Wie bereits in den vorherigen Abschnitten werfen wir wieder einen Blick auf die Telekommunikationsanbieter und die Themen, in deren Zusammenhang die verschiedenen Marken diskutiert werden (siehe Abbildung 3.10).

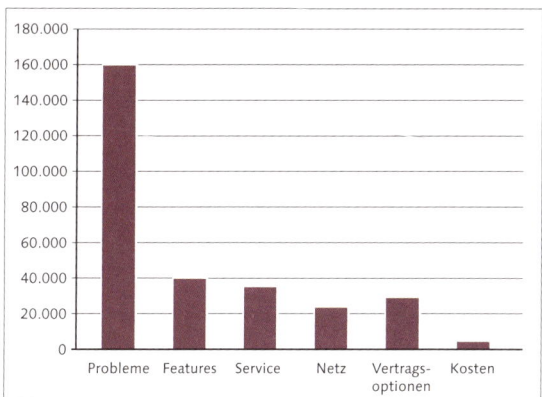

Abbildung 3.10   Themen, die in Zusammenhang mit Mobilfunkanbietern diskutiert werden

Es ist nicht weiter verwunderlich, dass die Nutzer am häufigsten über Probleme diskutieren. Wenn ein Kunde eines Telekommunikationsanbieters zufrieden ist, ist das Bedürfnis, einen Beitrag zum Unternehmen zu verfassen, deutlich geringer. Die Kommunikation zu Problemen können Sie in weitere Unterthemen kategorisieren. Dazu zählen u. a. Softwareprobleme, defekte Akkus, Verbindungsprobleme etc. Die Beispiele zeigen Ihnen wieder, wie Sie eine Kategorisierung der Social-Media-Beiträge durchführen können.

Die hohe Zahl an Beiträgen zum Thema Service spricht dafür, dass die Nutzer online Hilfe zu ihren Problemen suchen. Immer mehr Kunden entdecken Facebook als Plattform, um Ihre Probleme beim Unternehmen zu kommunizieren. Viele Mobilfunkanbieter bieten daher Kundenservice auf ihren Social-Media-Plattformen an.

3.3   Welche Kanäle sind für Ihr Unternehmen relevant?

Bevor Sie ein Konzept für Ihre Strategie erstellen, ist es daher zwingend erforderlich, die verschiedenen Social-Media-Kanäle einmal genauer zu betrachten. Ist Ihr Wettbewerb schon in Social Media vertreten? Welche Plattformen werden von Unternehmen der gleichen Branche genutzt? Verschaffen Sie sich einen Eindruck davon, wie andere Firmen ihren Auftritt in Social Media gestalten, welche Themen behandelt und welche Fragen von den Nutzern gestellt werden. Sie erhalten auf diese Weise einen guten Eindruck, was Ihre Nutzer von Ihnen in Social Media erwarten.

Zalando ist einer der größten E-Commerce-Anbieter im Bereich Mode. Schauen wir uns die Social-Media-Profile des Unternehmens einmal genauer an.

Wie präsentiert sich der Online-Händler Zalando im Social Web?

- Facebook – *https://www.facebook.com/zalando*
- Google+ – *http://gplus.to/zalando*
- Twitter – *http://twitter.com/zalando*
- Corporate-Blog – *http://blog.zalando.de/*
- Modenews-Blog – *http://modenews.zalando.de/*
- YouTube – *http://www.youtube.com/user/ZalandoTV*
- Pinterest – *http://pinterest.com/zalandode/*

Das Unternehmen veröffentlicht auf Facebook (siehe Abbildung 3.11) mehrere Statusmeldungen pro Tag und arbeitet bei den Postings sehr stark mit Bildern. Auf den Fotos werden in den meisten Fällen die Produkte des Unternehmens gezeigt – mit einem direkten Link zum Shop. Zalando nutzt die Fanpage damit auch gezielt für den Bereich Sales, und das sicherlich auch sehr erfolgreich. Falls Sie einen Online-Shop haben, können Sie diese Möglichkeit ebenfalls nutzen. Denken Sie aber daran, dass Sie keine reinen Werbepostings veröffentlichen. Prüfen Sie, wie Ihre Fans auf diese Beiträge reagieren, und passen Sie Ihre Postings ggf. an. Darüber hinaus positioniert Zalando immer wieder Beiträge der Fans und der Seite *Zalando Pro-Fashionals* auf der eigenen Pinnwand. Insgesamt ist die Beteiligung der Community sehr hoch. Das können Sie auch der Zahl der »People talking about« kurz PTA entnehmen.

Auf den ersten Blick werden von Zalando auf Google+ dieselben Beiträge wie bei Facebook eingesetzt (siehe Abbildung 3.12). Das Unternehmen hat sich die Kanäle und deren Zielgruppe allerdings genau angeschaut. Während Zalando auf Facebook die weibliche Zielgruppe anspricht, enthalten die Beiträge auf Google+ hauptsächlich Kleidung für Männer. Da die Nutzer von Google+ größtenteils männlich sind, hat sich Zalando der Zusammensetzung der Community angepasst. Auch wenn die Anzahl der Interaktionen auf Google+ noch nicht so hoch ist wie bei Facebook, ist das ein geschickter Schachzug von Zalando. Auf den Plattformen hat das Unternehmen so die Möglichkeit, auf die Bedürfnisse der einzelnen Zielgruppe detaillierter einzugehen.

Twitter bietet zu wenige Zeichen, um komplexe Themen zu erörtern. Zalando informiert aus diesem Grund auf diesem Social-Media-Kanal über Neuigkeiten und setzt diese Plattform auch ein, um Support-Anfragen der Kunden zu beantworten.

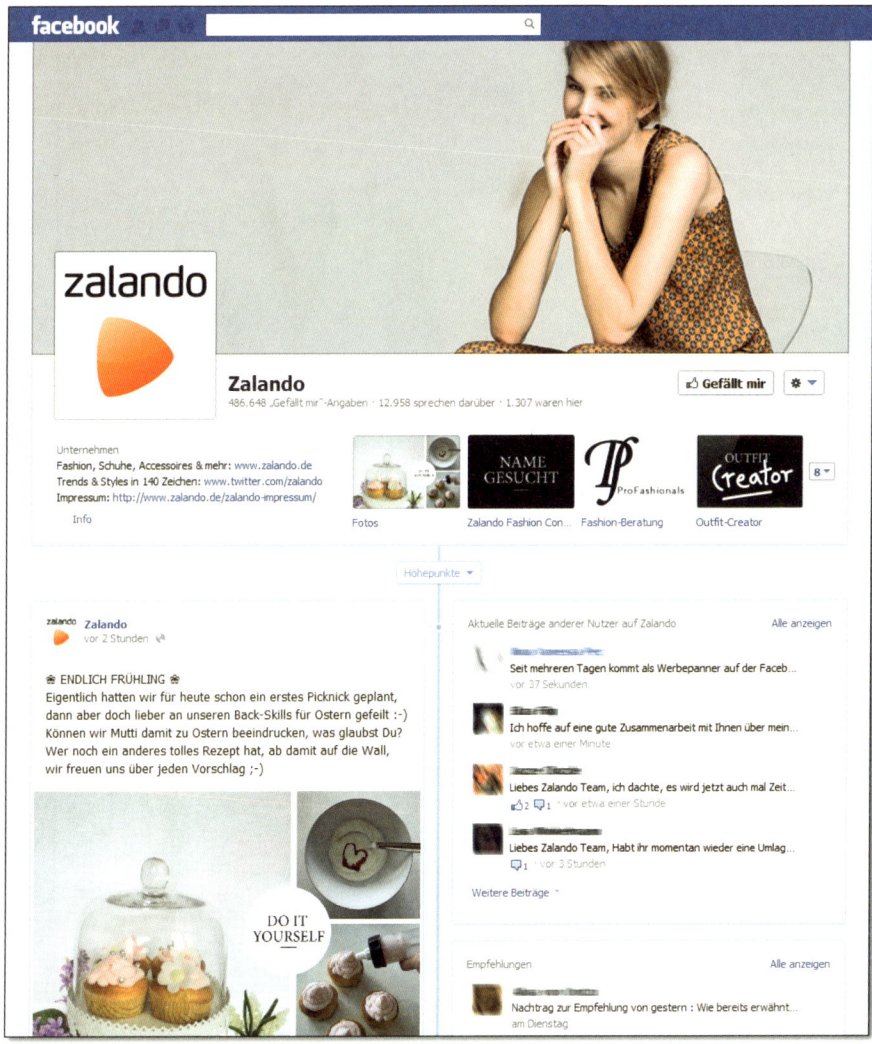

Abbildung 3.11   Die Facebook-Seite von Zalando

Im Unternehmensblog erscheinen zwischen einem und 15 Beiträge pro Monat. Hier finden die Leser vor allem Beiträge zum Unternehmen; die neuen Werbemaßnahmen werden vorgestellt, und Events werden thematisiert, an denen Zalando teilgenommen hat. Zalando nutzt den Blog somit vor allem als Sprachrohr zur Kommunikation mit den Kunden.

Als im August 2012 in einem ZDF-Fernsehbericht ein kritischer Beitrag über Zalando gesendet wurde, hat das Unternehmen das Corporate-Blog genutzt, um dort in einem Blog-Artikel auf die Kritik zu reagieren (siehe Abbildung 3.13).

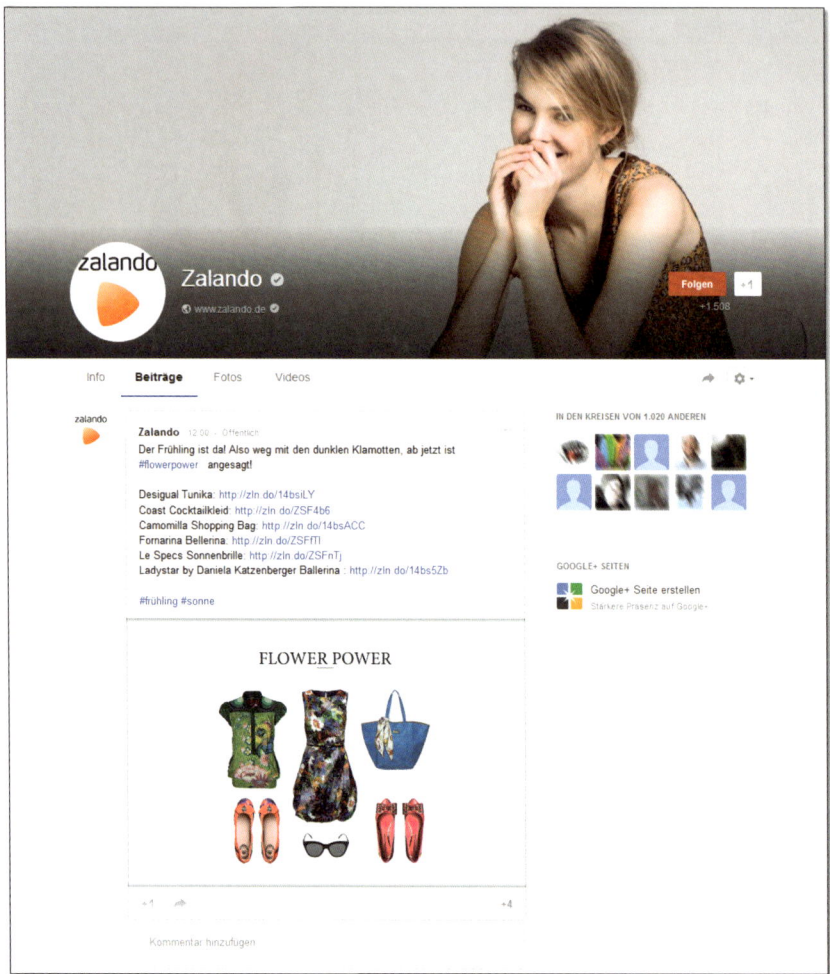

Abbildung 3.12   Die Google+-Seite von Zalando

Neben dem Unternehmensblog hat Zalando darüber hinaus auch einen Modeblog, auf dem die Blogger Marie und Adrian über die neuesten Trends aus den Bereichen Fashion, Lifestyle und Beauty berichten.

Für einen Online-Shop bietet es sich natürlich an, auch auf Pinterest vertreten zu sein. Auf dieser Seite hat Zalando verschiedene Kategorien erstellt (siehe Abbildung 3.14).

Es gibt zum einen bestimmte Boards (thematisch zusammenhängende Bildergalerien) zu einzelnen Farben, aber auch das Thema Spitze wird in einer Bildergalerie behandelt. In dem Board »Wohin mit meinen vielen Schuhen« wird das Thema Aufbewahrung der Schuhe sehr sympathisch aufbereitet. So hat die Community die Möglichkeit, sich durch die für sie interessanten Bilder zu klicken.

Abbildung 3.13   Stellungnahme von Zalando zum ZDF-Bericht

Der YouTube-Kanal von Zalando wird global verwendet. Jedes einzelne Land hat einen eigenen Channel, auf dem die eigenen Inhalte aufgeführt sind. Im deutschen Channel findet der Zuschauer vor allem die verschiedenen Werbespots und das zugehörige Making-of von Zalando. Mit dem Kanal »News & Style« – dem Online-Magazin von Zalando – bietet der Online-Händler die Inhalte des Modeblogs in Form von Bewegtbild.

Wenn Sie sich die verschiedenen Kanäle angeschaut haben, werden Sie feststellen, dass Zalando auf den einzelnen Plattformen unterschiedliche Inhalte anbietet. Das sollten Sie auch tun. Identifizieren Sie durch eine Analyse der verschiedenen Social-Media-Plattformen die Kanäle, die von Ihrer Zielgruppe genutzt werden, und passen Sie Ihre Inhalte den Bedürfnissen der Konsumenten pro Kanal an.

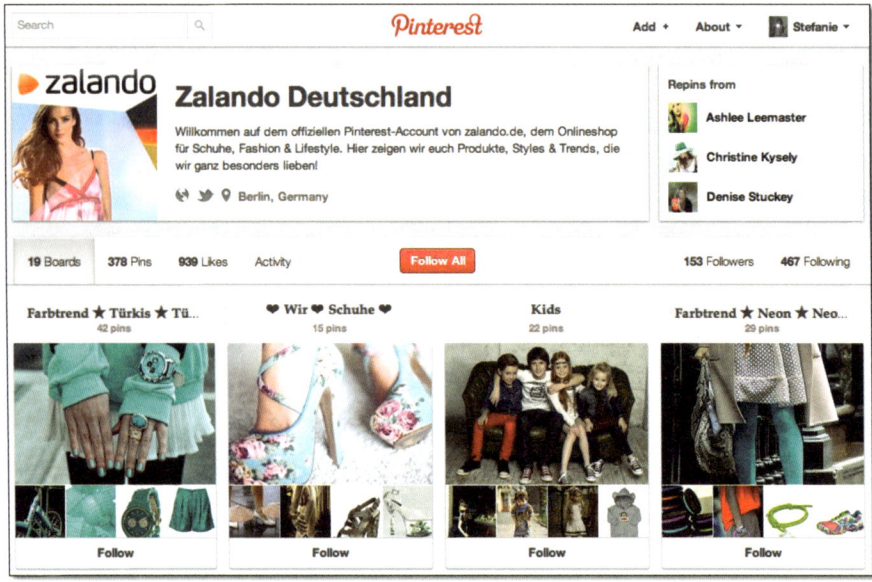

Abbildung 3.14   Der Pinterest-Kanal von Zalando

Außer auf Facebook, Twitter & Co. sollten Sie auch einen Blick auf Bewertungsportale und Foren werfen. Auch wenn die Kommunikation in Facebook oder Twitter in den letzten Jahren und Monaten zugenommen hat, wird in Deutschland immer noch zu einem großen Teil in Foren diskutiert. Sie sollten die Foren kennen, in denen sich Ihre Kunden über Ihre Produkte austauschen. Darüber hinaus sollten Sie Blogger kennen, die sich mit thematisch relevanten Inhalten befassen. Hier können Sie sich wieder an Zalando orientieren. In der Modebranche arbeiten sehr viele Unternehmen mit Bloggern zusammen. Die Inhalte der Blogs können Sie mithilfe von RSS-Feeds ganz einfach abonnieren. So bleiben Sie thematisch auf dem Laufenden und wissen, was Ihre Zielgruppe bewegt.

Auch nachdem Sie bereits die eigenen Kanäle aufgebaut haben, sollten Sie in einer gewissen Kontinuität Ihre Kanäle und die eigene Performance kritisch hinterfragen. Treffen Sie noch die Interessen der Zielgruppe? Haben sich die verschiedenen Plattformen in Bezug auf die Funktionalität verändert?

Besonderheiten einzelner Social-Media-Plattformen

▶ **Facebook**

Facebook ist die aktuelle Nr. 1 der Social-Media-Plattformen und daher für die meisten Unternehmen ein Muss. Auch wenn sich die private von der unternehmerischen Nutzung unterscheidet, können Unternehmen hier eine Community von Markenenthusiasten aufbauen und an sich binden.

▸ **Google+**

Google+ ist derzeit noch ein Nischennetzwerk, gewinnt aber durch die Möglichkeit der Hangouts immer mehr an Bedeutung. Im Gegensatz zu Facebook steht hier der thematische Austausch anstatt der Verknüpfung mit dem Freundeskreis im Vordergrund.

▸ **Twitter**

Twitter ist ähnlich wie Google+ eine Plattform für thematische Informationen und den Austausch untereinander. Der Aufbau eines Netzwerkes bei dieser Plattform erfordert Zeit und Durchhaltevermögen. Aus diesem Grund wird Twitter größtenteils von einer Nische verwendet. Durch Social TV gewinnt Twitter auch in der breiteren Masse an Bedeutung.

▸ **Corporate-Blog**

Ein Corporate-Blog bietet Unternehmen die Möglichkeit, den Kunden eine zentrale Anlaufstelle zu bieten und das eigene Know-how zu vermitteln. Zudem ist das Blog die einzige Möglichkeit, Herr über die eigenen Inhalte zu sein und sich nicht an die Richtlinien anderer Plattformen halten zu müssen.

▸ **YouTube**

YouTube ist das größte und beliebteste Video-Netzwerk. Die junge Generation nutzt diese Plattform bereits als Ersatz zum klassischen Fernsehen. Über die Inhalte findet ein reger Austausch statt. Zudem ist YouTube die zweitgrößte Suchmaschine der Welt.

▸ **Pinterest und Instagram**

Pinterest und Instagram setzen auf die Macht der Bilder. Während Pinterest die Funktion eines Bookmarking-Dienstes in Form von Bildern übernimmt, ist Instagram vor allem für den mobilen Gebrauch geeignet, um den aktuellen Moment in Form von Emotionen durch die Bilder zu transportieren.

3.4   Was müssen Sie bei der Analyse Ihrer Kampagne beachten?

Die Konsumenten möchten auf den verschiedenen Social-Media-Plattformen unterhalten werden. Aus diesem Grund führen viele Unternehmen Aktionen auf Facebook & Co. durch. Außerdem werden immer mehr Kampagnen in Social Media verlängert. Allerdings ist nicht jeder Inhalt, der in den klassischen Medien eingesetzt wird, auch für die Social-Media-Kanäle geeignet. Der Werbespot der *Rügenwalder Mühle* (siehe Abbildung 3.15) spricht z. B. nicht vorrangig die Zielgruppe an, die sich im Social Web bewegt.

Aus diesem Grund wird für die verschiedenen Social-Media-Plattformen eigener Inhalt erstellt. Das heißt aber nicht, dass Sie Ihre Social-Media-Aktionen und -Kampagnen nicht crossmedial einsetzen können. Die Social-Media-Kampagnen und

-Aktivitäten der Rügenwalder Mühle spiegeln sich auch offline wider. Die Fans hatten u. a. bereits die Möglichkeit, an der Entstehung eines Produkts mitzuwirken. Auf der Verpackung des Produkts findet sich wiederum der Link zum Facebook-Kanal.

Abbildung 3.15   Werbespot der Rügenwalder Mühle mit Jörg Pilawa

Die Werbespots von Zalando eignen sich hingegen sehr gut für eine Verlängerung ins Social Web. Prüfen Sie hier also genau, was für Inhalte Ihnen zur Verfügung stehen und für welchen Content sich Ihre Zielgruppe interessiert.

Während bei den klassischen Medien bereits verschiedene Messmethoden etabliert sind, besteht bei den Analysemethoden von Social Media noch Optimierungsbedarf. Den Erfolg oder Misserfolg Ihrer (Social-Media-)Kampagne sollten Sie in jedem Fall analysieren. Um den Erfolg einer Kampagne nachvollziehen könnten, ist es entscheidend, vorab die Zielsetzung der Aktion zu definieren.

Den Analyseprozess sollten Sie nicht erst zu Beginn Ihrer Kampagne starten. Das Feedback der Konsumenten sollten Sie vor, während und nach der Kampagne messen und kontinuierlich auswerten (siehe Abbildung 3.16). Zudem haben Sie so die Möglichkeit, ggf. auf Anmerkungen von User-Seite zu reagieren.

Was sollten Sie nun messen, um den Erfolg Ihrer Kampagne festhalten zu können? Neben dem Kommunikationsverlauf und dem Kommunikationsaufkommen sollten die Tonalität sowie die im Rahmen der Kampagne diskutierten Themen analysiert werden.

Weitere Merkmale zur Messung des Erfolgs einer Kampagne sind beispielsweise der Zuwachs an Fans bei Facebook sowie die Interaktionsrate in diesem Zeitraum: Wie viele Gespräche hat Ihre Kampagne erzeugt? Falls Sie ein Video erstellt haben oder Informationen dazu in Ihrem Blog veröffentlicht haben, können Sie zudem die Abrufe des Videos bzw. des Blog-Artikels betrachten: Wie haben sich die Informationen zu Ihrer Kampagne im Web verbreitet, welche Personen haben auf ihren Seiten das Thema aufgegriffen oder darüber getwittert etc.?

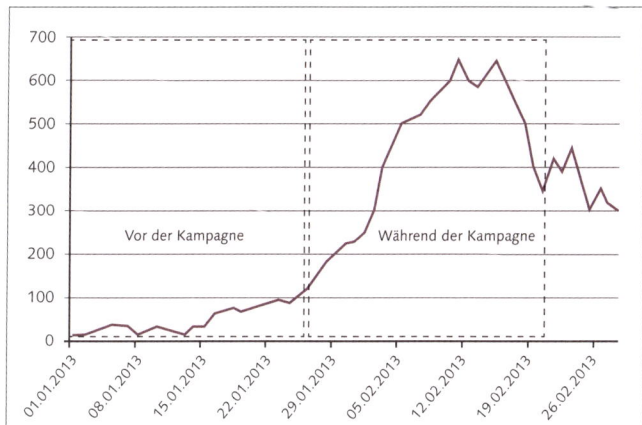

Abbildung 3.16   Kommunikationsvolumen vor, während und nach einer Kampagne

Sie sehen, es gibt verschiedene Merkmale, um den Erfolg einer Kampagne zu messen. Die meisten Kampagnen haben jedoch individuelle Zielsetzungen, die erreicht werden sollen. Definieren Sie daher Ihre Kennzahlen auf Basis Ihrer Ziele.

3.5   Wie können Sie Meinungsführer identifizieren?

Für Unternehmen spielen sogenannte Meinungsführer eine immer größer werdende Rolle. Meinungsführer sind Personen, die einen gewissen Einfluss auf die Entscheidungen ihrer Mitmenschen ausüben können. In den meisten Fällen beschäftigt sich diese Personengruppe sehr intensiv mit einem Thema. Aufgrund ihrer Expertise werden sie von Dritten oft um ihre Meinung gebeten und verfügen bei der Zielgruppe über eine hohe Reichweite. Wenn Ihre Produkte beispielsweise in einem Nischenforum besprochen werden, sollten Sie mit den Personen kooperieren, die dort sehr aktiv sind und auf deren Meinung die Community Wert legt.

Wenn Sie als Unternehmen mit Meinungsführern zusammenarbeiten – sei es durch langfristige Kooperationen, im Rahmen von Kampagnen oder durch Produkttests –, können Sie unterschiedliche Vorteile erreichen. Dazu zählen die Steigerung Ihrer Markenbekanntheit oder die Bindung Ihrer Kunden an Ihr Unternehmen.

Aber wie können Sie diese Personengruppe identifizieren? Es gibt mittlerweile zahlreiche Tools, die Personen mit einer gewissen Reichweite automatisiert ermitteln. Das wohl bekannteste Tool ist *Klout* (siehe Abbildung 3.17).

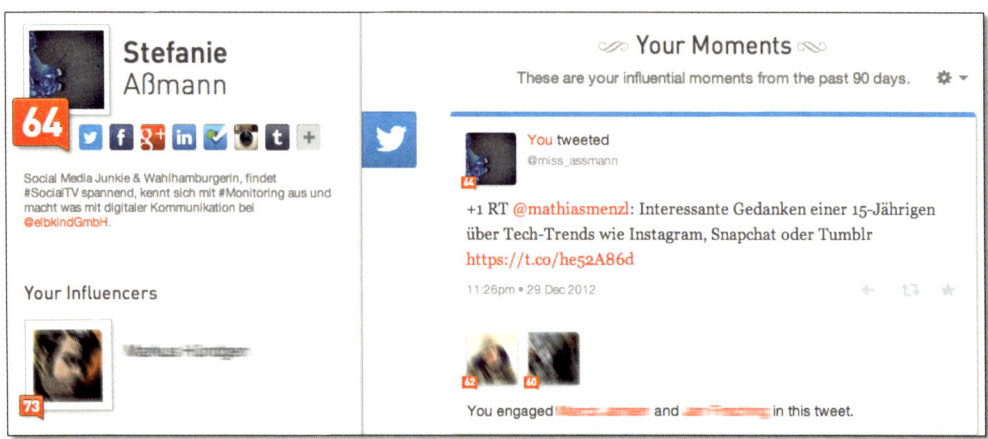

Abbildung 3.17   Ausschnitt eines Profils von Klout

Darüber hinaus ermitteln auch *PeerIndex* und *Kred* den Einfluss von Personen. Auch wenn diese Tools oftmals als ideale Plattformen zur Identifizierung von Meinungsführern präsentiert werden, müssen diese Werte mit Vorsicht betrachtet werden. Diese Tools werten nur aus, welche Personen eine hohe Reichweite haben und wie hoch der Grad der Interaktion ist. Die genaue Berechnung wird allerdings nicht transparent dargestellt, und der Wert lässt sich relativ einfach manipulieren. Wenn Sie viele Inhalte teilen, die Ihre Kontakte zur Interaktion animieren, steigt auch Ihr Klout-Score. Die Themenrelevanz wird bei diesen Werkzeugen ebenfalls nicht korrekt angezeigt. Für den Bereich »Technik« oder »Automobil« zeigen Klout & Co. ggf. sogar relevante Personen an. Wenn Sie aber der Hersteller von einem Waschmittel sind, werden Sie bei den Tools nicht fündig.

Eine rein automatisierte Identifizierung von Meinungsführern ist daher noch nicht möglich. Falls Sie mit Meinungsführern zusammenarbeiten möchten, sollten Sie eine manuelle Recherche durchführen. Schauen Sie, welche Personen zu relevanten Themen bloggen oder twittern. Was sind für Sie wichtige Fachforen, und welche User sind dort relevant?

Wenn Sie mit den Meinungsführern langfristig kooperieren möchten, sollten Sie sich zudem die Artikel des Bloggers oder die Forenbeiträge des Users genau anschauen. Passt diese Person zu Ihrer Marke, Ihrem Unternehmen? Sprechen Sie die Person an, zeigen Sie Ihr Interesse, und prüfen Sie beispielsweise in einem Telefonat, ob Ihr Gesprächspartner sympathisch ist. Nur so kann eine langfristige Kooperation funktionieren. Diese Eigenschaft wird Ihnen jedoch auch in absehbarer Zeit kein Tool ausgeben können.

Welche Schritte sind bei einer Analyse für die Social-Media-Strategie erforderlich?

1. Analysieren Sie zu Beginn die Kommunikation zu Ihrem Unternehmen. Was wird über Ihre Marke oder Ihre Produkte diskutiert, und in welchem thematischen Zusammenhang werden die Inhalte besprochen?

2. Auf welchen Kanälen werden diese Themen diskutiert, und wo hält sich Ihre Zielgruppe auf? Was sind die Interessen diese Konsumentengruppe?

3. Nachdem Sie Ihre Zielgruppe kennen, sollten Sie die Kanäle, die Ihre Zielgruppe nutzt, genauer betrachten. Was sind die Eigenheiten dieser Kanäle? Wie können Sie als Unternehmen auf diesen Plattformen aktiv werden?

Diese Schritte sollten Sie in regelmäßen Zeiträumen wiederholen, da sich die Bedürfnisse und Gegebenheiten Ihrer Zielgruppe und der Kanäle verändern können.

3.6   Fazit

Sie haben sich entschieden, in Social Media aktiv zu werden, und wollen endlich loslegen? Das ist gut, aber bevor Sie die Strategie definieren, müssen Sie die Kommunikation zu Ihrem Unternehmen analysieren. Was wird über Sie gesprochen? Wo finden diese Gespräche statt, und welche Bedürfnisse oder Wünsche hat Ihre Zielgruppe? Diese Fragen sollten Sie vor der aktiven Teilnahme an Social Media beantworten können. In diesem Kapitel haben wir Ihnen gezeigt, was Sie alles analysieren können und warum dies wichtig ist. Es stehen Ihnen dafür eine Vielzahl von Tools zur Verfügung. In Kapitel 10, »Social Media Monitoring – hören Sie Ihren Kunden zu«, werden wir Ihnen diese Werkzeuge genauer vorstellen. Falls Ihnen nicht so viele Ressourcen zur Verfügung stehen, dann nutzen Sie erst einmal die kostenlosen Tools, damit Sie sich einen Überblick verschaffen können. Dadurch erfahren Sie auch, welche Kanäle für Sie wichtig sind. All diese Informationen benötigen Sie, damit Sie Ihre Strategie entwickeln können.

Im nächsten Kapitel zeigen wir Ihnen, wie Sie Ihre Strategie entwickeln können und worauf Sie dabei achten sollten.

4 Konzeption – die Entwicklung der relevanten Strategie

»Der Langsamste, der sein Ziel nicht aus den Augen verliert, geht immer noch schneller als der, der ohne Ziel herumirrt.«
– Gotthold Ephraim Lessing

Das Social Web bzw. das Internet bietet einem Unternehmen gute Möglichkeiten, seine Kommunikation im Netz und die Wahrnehmung seiner Marke zu verbessern. Dabei waren Medien jeglicher Art schon immer dafür da, Inhalte zu transportieren und die Menschen zu verbinden. Es ist also nicht alles neu, sondern im Laufe der Zeit verändern sich die dafür zur Verfügung stehenden Mittel. Deswegen sollten Sie auch nicht auf die Auswahl der technologischen Werkzeuge fokussieren, sondern auf die Definition der Strategie, die zu Ihrem Unternehmen passt. Ein Bestandteil dieser Strategie ist dann die Auswahl der technologischen Werkzeuge und Plattformen.

4.1 Was war noch mal Strategie?

▶ »Strategien sind Maßnahmen zur Sicherung des langfristigen Erfolgs eines Unternehmens.«[1]

▶ »Strategie kann als die Festlegung grundsätzlicher, langfristig festgelegter Ziele eines Unternehmens, die Definition entsprechender Aktivitäten und Allokation der zur Umsetzung notwendigen Ressourcen verstanden werden.«[2]

Es gibt noch viele weitere Definitionen des Begriffs »Strategie«, aber in fast allen geht es um Ziele, um den damit in Verbindung stehenden Erfolg für das Unternehmen und um das »Wie«: Mit welchen zur Verfügung stehenden Mitteln und unter welchen Bedingungen können die geplanten Maßnahmen umgesetzt werden? Eine Strategie sollte dabei auch immer eine gewisse Flexibilität enthalten, um auf bestimmte Entwicklungen reagieren zu können.

»Strategy formation walks on two feet, one deliberate, the other emergent.«[3]

---

1 Bea, Haas, Strategisches Management, 2012.
2 Chandler, Strategy and Structure. Chapters in the History of Industrial Enterprise, 1962. S. 13.
3 Mintzberg, Waters, Of strategies, deliberate and emergent. In: Strategic Management Journal 6 (1985). S. 271.

4.2   Erfolgsfaktoren für eine Social-Media-Strategie

Wir verwenden in diesem Buch sehr häufig den Begriff Social-Media-Strategie, aber es sollte Ihnen bewusst sein, das die Social-Media-Strategie ein Bestandteil der Kommunikationsstrategie ist. Die Kommunikationsstrategie richtet sich nach Ihrer Unternehmensstrategie, und deswegen kommt es auch häufig vor, dass die definierten Ziele für die »Social-Media-Strategie« bereits in Ihrem Marketingplan, Ihrer Kommunikationsstrategie oder in der Unternehmensstrategie definiert sind.

Eine Social-Media-Strategie unterstützt Sie dabei, Ihre Unternehmensziele zu erreichen, und in dieser Strategie sind unter anderem die Maßnahmen definiert, die Sie benötigen, um diese Ziele zu erreichen. Bedenken Sie aber, dass die Ziele allein nicht ausreichen, um zum erwünschten Ergebnis zu kommen. Wenn Sie z. B. als Ziel definieren: »Wir wollen unsere Sales steigern«, dann ist dies zwar eine Ziel-Formulierung, aber ihr fehlen die Vorgaben, wie z. B. Termin- und Leistungsvorgaben, um dieses Ziel konkret und umsetzbar zu machen. Besser wäre eine Formulierung wie: »Wir wollen unseren Online-Absatz bis zum Ende des Jahres um 15 Prozent steigern.« Erst danach folgen die geplanten Maßnahmen, um dieses Ziel zu erreichen. Mit den Vorgaben machen Sie die Ziele erfüllbar. Merken Sie sich: Je unkonkreter ein Ziel definiert wurde, umso geringer ist die Wahrscheinlichkeit, dass dieses Ziel erreicht wird.

4.2.1   Kennen Sie Ihre Marke – Ziele definieren mit der SWOT-Analyse

In Abschnitt 3.2.1, »Wie nehmen Ihre Kunden Ihr Unternehmen wahr?«, haben wir Ihnen im Bionade-Beispiel schon einmal eine Grafik für eine SWOT-Analyse gezeigt. SWOT-Analysen können Sie auch erstellen, um Ihre Ziele für eine Social-Media-Strategie zu definieren.

SWOT (siehe Abbildung 4.1) steht für:

▸ S = strenghts (Stärken)
▸ W = weaknesses (Schwächen)
▸ O = opportunities (Chancen)
▸ T = threats (Risiken)

Eine SWOT-Analyse ermittelt die Stärken und Schwächen Ihres Unternehmens bzw. Ihrer Marke, aber auch die Chancen und Risiken. Sie zeigt Ihnen die strategischen internen und externen Herausforderungen auf, die es zu meistern gilt.

Abbildung 4.1   Aufbau einer SWOT-Analyse

4.2.2   Definieren Sie Ihre Ziele SMART

Ziele sollten immer konkret definiert werden. Dies gilt nicht nur für Social Media, sondern für alle Ziele, die man definiert. SMART kann Sie dabei unterstützen, die Ziele so zu definieren, dass Sie hinterher konkrete, überprüfbare und messbare Ziele haben. SMART (Specific Measurable Accepted Realistic Timely) dient im Projektmanagement als Kriterium zur eindeutigen Definition von Zielen im Rahmen einer Zielvereinbarung.

SMART steht für:

► S = spezifisch
   Die Ziele müssen eindeutig definiert und so präzise wie möglich sein.

► M = messbar
   Die Ziele müssen messbar sein.

► A = akzeptiert
   Die Ziele müssen von den Empfängern akzeptiert bzw. ausführbar sein.

► R = realistisch
   Die Ziele müssen erreichbar und umsetzbar sein.

► T = terminierbar
   Zu jedem Ziel gehört eine konkrete Terminvorgabe, bis wann dieses Ziel erfüllt sein muss.

Beispiele für SMART definierte Ziele

▸ Für unseren Reichweitenaufbau soll sich die Fanzahl auf unserer Facebook-Seite bis Ende des Quartals um 5.000 Fans erhöhen.

▸ Wir wollen die Interaktion (@mentions, Retweets) in den nächsten zwei Monaten um 15 % steigern.

▸ Durch unsere Facebook-Coupon-Kampagne wollen wir die Sales über Facebook bis zum Ende der Kampagne um 30 % steigern.

▸ Über die Employer-Branding-Maßnahmen auf unserem Karriere-Blog sollen in den kommenden sechs Monaten x Bewerbungen eingehen.

4.2.3   Kennen Sie Ihre Zielgrupppe?

In Abschnitt 3.2.2 haben wir Ihnen gezeigt, wie Sie eine Zielgruppenanalyse durchführen können. Ihre Zielgruppe zu kennen ist ein entscheidender Faktor für die Strategieentwicklung und um diese dann umzusetzen. Sind Ihre Kunden bereits im Netz aktiv? Worüber sprechen Ihre Kunden? Auf welchen Plattformen halten sie sich auf? Es gibt sehr viele unterschiedliche Nutzertypen im Social Web. *Lil* und *Bernoff* haben die unterschiedlichen Nutzertypen in sieben verschiedene *Social Technographics Profiles* unterteilt.[4]

▸ *Creators (Kreative) – beteiligen sich aktiv an der Gestaltung des Webs*, indem sie Inhalte selbst erstellen und veröffentlichen. Sie verfassen z. B. Blog-Artikel oder erstellen Videos für YouTube.

▸ *Critics (Kritiker) – handeln partizipativ und reaktiv*, indem sie Rezensionen zu Produkten verfassen und bewerten. Sie kommentieren, nehmen an Diskussionen in Foren teil oder editieren Wikipedia-Artikel.

▸ *Conversationalists (Diskutanten)* – schreiben Beiträge auf Twitter und Status-Updates in den unterschiedlichen sozialen Netzwerken.

▸ *Collectors (Sammler)* – abonnieren RSS-Feeds und Newsletter, sammeln Inhalte und bewerten diese.

▸ *Joiners (Teilnehmer)* – besitzen und pflegen Ihre Profile in den sozialen Netzwerken, besuchen soziale Netzwerke.

▸ *Spectators (Zuschauer)* – lesen Blogs, Foren, Kundenbewertungen, Twitter-Nachrichten usw., hören Podcasts oder schauen Videos. Sie sind reine Konsumenten und keine Produzenten.

▸ *Inactives (Inaktive)* – besitzen zwar einen Internetzugang, aber keiner der anderen oben genannten Punkte trifft auf sie zu.

---

4   Quelle: *http://forrester.typepad.com/groundswell/2007/04/forresters_new_.html*

Eine weitere Nutzertypologie wurde in einer Studie von *MTV, VW und Nielsen* 2010 erstellt. Sie betrachtet die Nutzergruppe der 14- bis 29-Jährigen. In dieser internationalen Studie[5] wurden die folgenden Nutzerguppen definiert:

▶ *Mediacs* – sind anspruchsvolle Vorreiter in sozialen Netzwerken. Sie sind technisch kompetent, zeigen starkes Engagement und sind immer auf der Suche nach Neuem.

▶ *Crewsers* – sind begeistert von sozialen Netzwerken und verstehen diese als neue Treffpunkte, um sich mit Freunden und Bekannten auszutauschen.

▶ *Funatics* – mögen den Entertainment-Aspekt der sozialen Netzwerke, beobachten aber lieber, statt selber aktiv zu sein.

▶ *Tagtics* – nutzen die funktionalen Facetten sozialer Netzwerke. Sie sind wenig aktiv, aber nutzen soziale Netzwerke als Wissensspeicher.

▶ *Skipits* – stehen sozialen Netzwerken distanziert gegenüber.

▶ *Nobuddies* – einige waren schon in sozialen Netzwerken und haben diese wieder verlassen, die anderen haben sie noch nie ausprobiert.

Wie Sie sehen, unterscheiden sich die Nutzertypologien zwar von den Bezeichnungen her, aber Sie werden festgestellt haben, dass sie sich inhaltlich ähneln. Um einen Einblick in die Verteilung der Social-Media-Nutzertypen zu bekommen, stellt *Forrester Research* ein *Social Technographics Tool* zur Verfügung. Bei diesem Tool haben Sie die Möglichkeit, zwischen Altersgruppen, Geschlecht und Land zu unterscheiden, und bekommen dann die Verteilung nach den sieben *Social Technographics Profiles* dargestellt (siehe Abbildung 4.2).

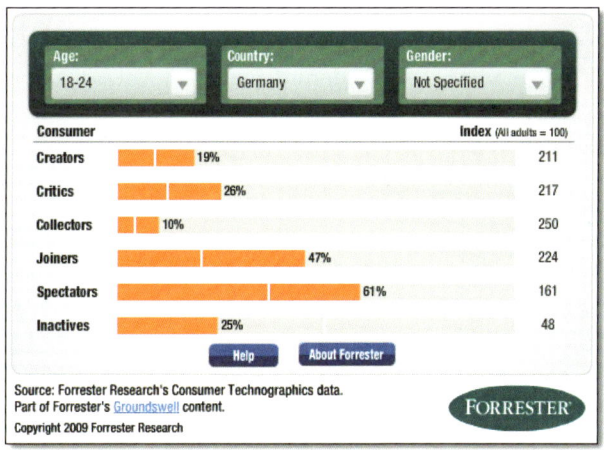

Abbildung 4.2   Einblick in die Verteilung der Nutzertypen
(Quelle: empowered.forrester.com/tool_consumer.html)

---

5   Quelle: *http://www.beviacom.de/uuid/996cfef031724b7d89af6ec45663d1f7*

Beachten Sie aber immer, dass diese Angaben nur als Hinweis zu verstehen sind. Je nach Plattform, Zielgruppe und Thema können sich diese Zahlen erheblich unterscheiden. Auch international gibt es große Unterschiede, wie und mit welchem Zweck Social Media genutzt wird (siehe Abbildung 4.3). Das ist vor allem für Sie wichtig, wenn Sie Social Media für Ihr Unternehmen länderübergreifend betreiben.

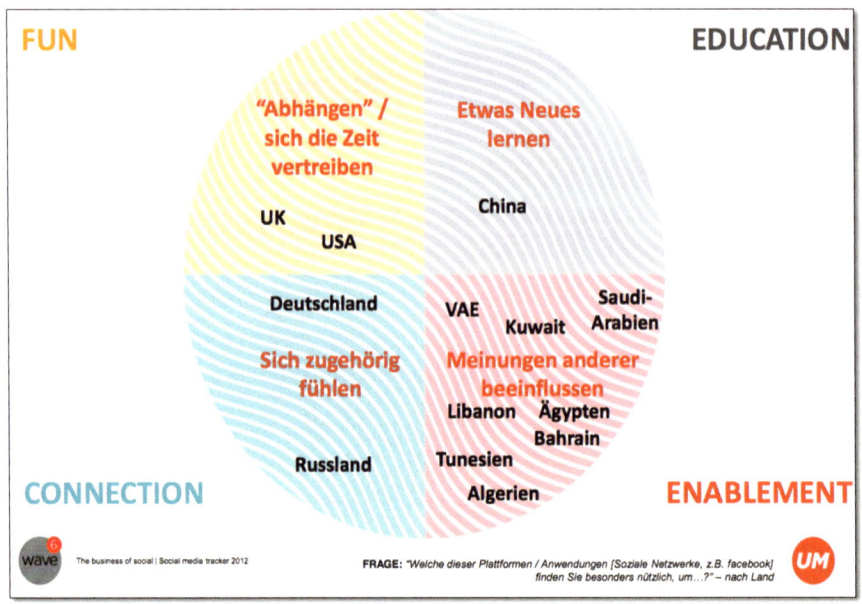

Abbildung 4.3   Es existieren unterschiedliche Interessen in Bezug auf die Nutzung von Social Media weltweit. (Quelle: http://www.universalmccann.de/wave6/)

Abbildung 4.3 zeigt einen sehr deutlichen Unterschied, wofür Nutzer soziale Netzwerke einsetzen. Während in den arabischen Ländern die sozialen Netzwerke genutzt werden, um Meinungsbildung zu betreiben, empfinden die deutschen Nutzer ein starkes Zugehörigkeitsgefühl bei der Nutzung sozialer Netzwerke.

Im Jahr 2012 hatten bereits 75,5 % der Bevölkerung ab 14 Jahren in Deutschland einen Zugang zum Internet. Vielleicht hilft es Ihnen bei der Entscheidung, ob Social Media ein weiterer Teil Ihrer Kommunikationsstrategie sein sollte, zu wissen, dass 43 % aller Nutzer mit Zugang zum Internet mindestens ein Profil in einem sozialen Netzwerk besitzen.

4.3   KPIs – Kennzahlen für die Erfolgsmessung

Wir haben Ihnen bereits erklärt, warum Ihre Ziele immer konkret und messbar definiert werden müssen. Es nützt Ihnen einfach nichts, wenn Sie die tollsten Maßnahmen umsetzen, aber den Erfolg nicht messen können. Mit Kennzahlen (auch

KPI – *Key Performance Indicators* – genannt) lassen sich quantitative Ziele festlegen, also Ziele, die Sie nachher messen können, wie z. B. 500 neue Follower auf Twitter pro Quartal oder im ersten Monat 30 Reaktionen auf Beiträge von Ihnen und im zweiten Monat 50. Denken Sie immer daran, dass die Ziele realistisch sein müssen und Sie in Ihre Planung auch den Aufwand für die Zielerreichung mit einkalulieren müssen. Wenn Sie als Ziel »30 Artikel pro Monat auf Ihrem Corporate-Blog« definieren, dann müssen Sie auch die Ressourcen dafür zur Verfügung stellen bzw. diese mit einkalkulieren. Es gibt sehr viele unterschiedliche Kennzahlen, die man zum Auswerten benutzen kann. Sie können z. B. Impressionen, Reichweite und Views in sozialen Netzwerken, Blogs, Twitter und auf YouTube auswerten bzw. Aktivitäten, Nutzer, Fans, Follower oder Downloads betrachten. Während zu Beginn der Erfolgsmessung von Social Media noch die absolute Anzahl von Fans und Followern im Fokus stand, ist man sich nun bewusst, dass diese wenig aussagekräftig ist. Vielmehr kommt es auf die Interaktionen, z. B. durch Shares und Retweets, an. Zusätzlich müssen auch äußerst komplexe Metriken, wie z. B. das Engagement oder das Sentiment, berücksichtigt werden.

Laut dem *State of Social Marketing Report*[6] geht es den Unternehmen bei den Zielen nicht mehr um Reichweitenaufbau, sondern um die Interaktion mit den Nutzern. Für 78 % ist das wichtigste Ziel »Better customer engagement« vor »Revenue generation« mit 51 % und »Better customer experience« mit 47 %. Natürlich sind Messgrößen und Unternehmensziele nicht exakt das Gleiche, aber was gemessen werden muss, lässt sich von den definierten Zielen ableiten.

Überraschend an der Studie ist allerdings, dass bei der Frage nach den »Top Measurements for Evaluating Brand´s Effectiveness on Social Media« mit 96 % immer noch »Number of followers and fans« ganz oben steht. Dies lässt sich mit den Top-Zielen nicht ganz vereinbaren, da für das Messen von immateriellen Zielen in den meisten Fällen eigene Messgrößen definiert werden müssen. Der Erfolg von Social Media wird von den Unternehmen in den meisten Fällen noch immer ausschließlich über Kommunikationsindikatoren und die Kennzahlen der jeweiligen Plattform gemessen. Es ist schwierig, die verschiedenen Kennzahlen, die die unterschiedlichen Social-Media-Plattformen zur Verfügung stellen, zu vergleichen, und abgesehen davon dienen die Metriken der Plattformen meistens dazu, Reichweite oder Ähnliches zu messen.

Kennzahlen lassen sich unterscheiden in:

▶ Kennzahlen, die bereits vorhanden sind, wie z. B. die Kennzahlen, die die sozialen Netzwerke anbieten, und

▶ Kennzahlen, die Sie selbst definieren müssen.

---

6 Quelle: *http://info.awarenessnetworks.com/rs/awarenessnetworks/images/The_State_of_Social_Marketing.pdf*

Die bereits existierenden Kennzahlen lassen sich aus Profilen oder aus den Statistik-Bereichen der sozialen Netzwerke ablesen. Dazu zählen auch die Kennzahlen von Tracking-Applikationen wie *Google Analytics*. Bei den selbst definierten Kennzahlen lassen sich diese Werte nicht so einfach ablesen, sondern müssen häufig aus verschiedenen Quellen berechnet werden. *Mike Schwede* hat zusammen mit *Patrick Moeschler* und *Sandra Stirnemann* die *Social Media 4x4 Scorecard* entworfen. Dies gibt Ihnen einen guten Einblick, welche selbst definierten Kennzahlen man messen kann bzw. sollte.

Abbildung 4.4   Social Media 4x4 Scorecard (Quelle: http://bit.ly/R535rG)

Für die Scorecard (siehe Abbildung 4.4) wurden die Unternehmensbereiche »Kommunikation & Branding«, »Service & Innovation«, »Vertrieb« und »Organisation« betrachtet. Wichtig für Sie ist, dass diese Kennzahlen nicht in Stein gemeißelt sind. Je nach Branche oder Strategie gibt es natürlich noch ganz andere Kennzahlen, die für Sie relevant sind bzw. eine höhere Priorität haben. Die Grafik soll Ihnen einfach einen Eindruck vermitteln, dass für die Auswertung Ihrer Social Media Maßnahmen selbst definierte Kennzahlen sehr wichtig sind.

In Kapitel 11, »Social Media Monitoring – hören Sie Ihren Kunden zu«, werden wir noch im Detail auf wichtige Kennzahlen eingehen.

4.4   Return on Investment – Ist Social Media messbar?

Den Return on Investment (ROI) für Social Media zu berechnen ist nicht so trivial. Das liegt zum einen daran, dass man versucht, an dem Modell des ROI festzuhalten. Der ROI ist eine wirtschaftliche Kennzahl, die die Verzinsung des eingesetzten Budgets angibt. Er gibt also an, wie viel Geld investiert wird und wie viel man davon zurückbekommt. Dies bedeutet, dass der ROI eine rein monetäre Messgröße ist.

Dieses Modell lässt sich auch auf vereinzelte Social-Media-Maßnahmen anwenden. Wenn Sie z. B. auf Facebook eine Coupon-Aktion durchführen, bei der die Nutzer einen Coupon bekommen, der für einen Rabatt im Online-Store genutzt werden kann, dann können Sie hinterher an den Bestelleingängen feststellen, wie viele Bestellungen mit den Coupons, die nur auf Facebook verteilt wurden, eingegangen sind. Somit lässt sich in diesem Beispiel eine ROI-Berechnung durchführen.

Für einzelne Social-Media-Aktivitäten mit klar eingegrenzten Zielen und den dazu gehörigen Messgrößen kann der ROI berechnet werden. Das Problem ist aber, dass sich viele Ziele von Social-Media-Aktivitäten nicht immer in Euro bemessen lassen. Das sind beispielsweise Ziele, wie die Steigerung der Markenbekanntheit, die Stärkung der Kundenloyalität, der verbesserte Kundenservice oder die Steigerung der Kundenzufriedenheit. Viele Social-Media-Aktivitäten zahlen also eher auf die immateriellen Werte ein und machen sich meist auch erst langfristig über Umwege finanziell bemerkbar.

Beim Berechnen des ROI in Social Media gibt es aber auch viele Herausforderungen, für die Lösungen gefunden werden müssen. Da gibt es die hohe Vielzahl von Social-Media-Kanälen, die stetig wachsende Datenmenge, die Schnelligkeit von Veränderungen im Social Web oder auch die teilweise Geschlossenheit von Kanälen. Eine weitere Schwierigkeit besteht bei der genauen Zurechnung von Social Media auf das definierte Ziel. Nach einer Studie von *Conrad Caine*[7], gaben bei einer Befragung von 100 Executives, 92 % an, dass sie den Beitrag von Social Media zu klassischen Unternehmenszielen nicht genau messen können, aber nahezu alle Teilnehmer erwarten einen Bedeutungszuwachs von Social Media im Kommunikationsmix. Die Integration von Social Media in Geschäftsprozesse findet jedoch meist nur vereinzelt statt.

Anhand des Beispiels Kundenzufriedenheit wird deutlich, dass es ganz unterschiedliche Dinge gibt, die für Zufriedenheit beim Kunden sorgen. Dazu zählen u. a. das Produkt an sich, die Wahrnehmung bzw. der Ruf der Marke, die Werbung, die Erfahrung mit der Marke und vielleicht auch die gute Kommunikation der Marke auf der Facebook-Unternehmensseite. Es gibt also unzählige sogenannte Touchpoints, an denen Sie die Kundenzufriedenheit beeinflussen können. Das Problem ist, die

---

7   Quelle: *http://www.social-media-study.com/*

unterschiedlichen Bereiche aufzuteilen und zu definieren, welcher Anteil den Social-Media-Maßnahmen zuzurechnen ist. Da die Einbindung von Social Media in die Geschäftsprozesse und in das Geschäftsmodell aktuell nur schwach ausgeprägt ist, wird eine nachweisbare finanzielle Bewertung des Wertbeitrags durch Social Media schon im Ansatz verhindert.

Wenn Sie also an dem Konzept ROI festhalten möchten, dann ist ein nachvollziehbares Modell nötig, das die immateriellen Werte in monetäre Größen überführt. Um ein aussagekräftiges Measurement zu erhalten, müssen Sie in erster Linie Ihre Ziele im Blick behalten und die entsprechenden Kennzahlen und Messmöglichkeiten definieren. Die Messzahlen sind dabei vielfältig und können auch von qualitativer Art sein, wie z. B. die Tonalität der Gespräche oder der *Share of Voice* (Gesprächsanteil im Wettbewerbsvergleich).

Was bedeutet das für Sie?

Definieren Sie Ihre Ziele konkret und messbar. Überlegen Sie, welche Kennzahlen Sie für die Auswertung Ihrer Maßnahmen benötigen, um ihren Erfolg zu belegen, aber halten Sie nicht zwingend an dem Modell »ROI« fest. Es gibt viele etablierte Unternehmen und Universitäten, die sich mit dieser Problematik beschäftigen, und wir sind uns sicher, dass es in den kommenden Monaten immer wieder neue Ansätze geben wird, wie man den Erfolg von Social Media messen kann.

4.5   Wie erstellen Sie Ihre Social-Media-Strategie?

Nachdem wir Ihnen einen Überblick gegeben haben, wie Sie Ihre Ziele definieren und messbar machen können, welche Messwerte Sie dafür nutzen können und worauf Sie achten sollten, um erfolgreich eine Social-Media-Strategie zu planen, werden wir Ihnen jetzt verschiedene Vorgehensmodelle für die Erstellung einer Social-Media-Strategie vorstellen.

4.5.1   Strategieentwicklung mit dem POST-Framework

Das POST-Framework wurde 2008 von *Charlene Li* und *Josh Bernoff* von *Forrester Research* vorgestellt und gilt als erstes fundiertes Framework zur Erstellung von Social-Media-Strategien. Li und Bernoff entwickelten das POST-Framework, nachdem sie zahlreiche Gespräche mit kleinen und großen Unternehmen geführt haben.

POST steht für:

- P = People (Zielgruppe)
- O = Objectives (Ziele)
- S = Strategy (Strategie)
- T = Technology (Technologie)

Hier erkennt man schon einen deutlichen Unterschied zu der sonst so gängigen Praxis. Anstatt mit der Aussage »Wir benötigen eine Facebook-Seite« oder »Wir schreiben ein Unternehmensblog« zu starten, beginnt das POST-Framework mit den Menschen, die man erreichen möchte. Danach folgen die Ziele und die Strategie, bevor man sich mit der Fragestellung der Plattformwahl beschäftigt. Es sind nicht die Tools, die zum Erfolg führen, sondern die Strategie.

People – Wer und wo ist meine Zielgruppe?

Wie wir schon gesagt haben, sind die Menschen, die Sie erreichen wollen, der erste Schritt bei der Planung der Social-Media-Strategie. Sie als Unternehmen sollten das meiste Know-how über Ihre Zielgruppe haben. Die meisten Unternehmen haben eine sehr klare Vorstellung davon, mit wem sie den Dialog führen wollen, wen Sie im Social Web erreichen wollen. Wenn Sie wissen, wen Sie erreichen wollen, folgt der nächste Schritt. Wo hält sich unsere Zielgruppe im Social Web auf? Beachten Sie bei der Analyse der Zielgruppen die Punkte, die wir Ihnen in Kapitel 3, »Analyse – die richtigen Fragen stellen«, genannt haben. Es nützt Ihnen nichts, wenn Sie die tollsten Kampagnen entwickeln, Sie aber aufgrund einer fehlerhaften Analyse Ihre Zielgruppe nicht erreichen.

Objectives – Definieren Sie Ihre Ziele!

Nachdem Sie in der vorangegangen Zielgruppenanalyse festgestellt haben, wer Ihre Zielgruppe ist und wo sie sich aufhält, folgt im zweiten Schritt des POST-Frameworks die Definition der Ziele. Die Art und Weise, wie Sie mit den Zielgruppen interagieren, kann sich je nach Zielgruppe und Plattform unterscheiden. Li und Bernoff haben fünf Bausteine für den Aufbau von langfristigen Beziehungen zu Kunden definiert:

▶ **Zuhören**

Zu jedem Dialog gehört nicht nur das Mitteilen, sondern auch das Zuhören. Dies ist im Social Web nicht anders. Hören Sie zu, über welche Themen sich Ihre Zielgruppen austauschen, was sie bewegt oder was sie sich wünschen würden. Sie erhalten dadurch wertvolle Informationen über Ihre Kunden und wie Ihre Kunden auf den jeweiligen Plattformen agieren. Mit welchen Methoden Sie »zuhören« können, werden wir Ihnen in Kapitel 11, »Social Media Monitoring – hören Sie Ihren Kunden zu«, im Detail erklären. Der große Vorteil dieser Daten ist, dass sie unverfälscht sind (siehe Abbildung 4.5).

Das Zuhören ist keine Marktforschungsstudie, sondern die Nutzer sind so, wie sie sich im Netz verhalten. Diese Erkenntnisse können Ihnen wertvolle Ideen und Bedürfnisse der Kunden liefern, aus denen Sie dann die entsprechenden Maßnahmen für Ihre Social-Media-Aktivitäten ableiten können.

Startseite > Alle Kategorien > Unterhaltung & Musik > TV > Sonstiges - TV > Gelöste Frage

Gelöste Frage   Nächste Frage »

Ich finde es doof das beim supertalent immer nur sänger weiter kommen und andere talente keine chance haben?

ich würde gerne mal eure meinung wissen nicht das ich was gegen sänger haben ein paar sind ja okay aber nicht nur

vor 3 Jahren   🏳 Missbrauch melden

Gotland

Beste Antwort - Ausgewählt durch Abstimmung

Hallo,
ich gebe dir völlig Recht mit deiner Aussage,auch wenn es nun DR hagelt aber, wer singen kann sollte sich bei DSDS melden und nicht beim Supertalent,auch wenn singen ein Talent ist aber ich finde die Akrobaten zig mal besser als das ganze gesinge und geheule beim Supertalent.
Ich weiß es klingt fies aber,Fakt ist doch,das Dieter Bohlen damit Kohle machen will und mit einem Akrobaten kann er das nicht.Was ich nur komisch finde ist,ich habe nichts gegen Menschen die füllig sind gar sonstige Neigungen haben usw.,aber bei DSDS fliegen viele schon im hohen Bogen raus wenn irgendwelche Tattoos zu sehen sind oder die Körperstatur usw.,hier bei Supertalent ist das nicht der Fall??...,für mich spielt Bohlen ein verdammt falsches Spiel mit jene Kanidaten und hegt jene in Sicherheit....,sorry aber,diese Menschen machen sich Hoffnungen und die Realität........,auch das ganze Gejaule von den Kindern.Die ersten Jahre sind jene Kinder der Star und was ist danach?,aus den Augen aus dem Sinn.
Ich gönne jedem Kanidaten von Herzen das er/sie weiter kommt,ich habe Respekt davor,sich vor einem Millionen Publikum zu stellen .Fakt ist doch auch das das nicht der Zuschauer votet über das Schicksal eines Kanidaten sondern das ganze ist doch ein Fake und es steht doch jetzt schon fest wer Gewinner wird bzw.,ist.

Abbildung 4.5   Die User schreiben im Netz offen und ehrlich ihre Meinung, in diesem Fall bei Yahoo Clever.

▶ **Sprechen**

Irgendwann kommt der Punkt, an dem Sie nicht nur zuhören möchten, sondern auch aktiv in Dialog treten wollen. Wenn Sie aufmerksam die Kommunikation im Netz zu Ihrer Marke verfolgen, dann wird es mehr als genug Einstiegsmöglichkeiten für Gespräche geben – sei es auf Fragen, Kritik oder durch aktive Beteiligung an Diskussionen. Wichtig ist nur, dass Sie es tun.

▶ **Motivieren**

Als Unternehmen müssen Sie nicht an jedem Gespräch im Netz teilnehmen. Sie könnten es wahrscheinlich aufgrund der Masse auch gar nicht. Die Nutzer, die sich sehr stark mit Ihrem Unternehmen identifizieren (Markenfans), können von Ihnen genutzt werden, um Ihre Markenbotschaften ins Netz zu tragen. Markenfans zeichnen sich dadurch aus, dass sie sehr begeistert von Ihrem Unternehmen bzw. Ihrer Marke sind und in den meisten Fällen positiv über Ihr Produkt auf den unterschiedlichen Plattformen berichten.

Versuchen Sie, diese Markenfans zu identifizieren und z. B. durch einen Zugang zu exklusivem Inhalt zu motivieren, weiter Informationen über Ihr Produkt zu verbreiten. Versuchen Sie, das Potenzial von diesen Markenfans zu verstehen und für sich einzusetzen. Dadurch gelingt es Ihnen einerseits, weitere Fans zu Markenbotschaftern zu machen, die Sie bei der Kommunikation unterstützen. Andererseits belohnen Sie mit Anerkennung und Wertschätzung die Bereitschaft und das überdurchschnittliche Engagement dieser Nutzergruppe.

RITTER SPORT arbeitet seit 2010 mit den RITTER SPORT Botschaftern zusammen. Im Sommer 2010 hat RITTER SPORT Fans der Schokolade dazu aufgerufen, sich als Botschafter zu bewerben. Die Vorteile für den Botschafter sind exklusive Informationen zum Unternehmen, zu neuen Sorten, Aktionen etc. Die Botschafter kommunizieren diese Informationen natürlich auf ihren Kanälen, sodass RITTER SPORT seine Botschaften durch andere Nutzer teilen kann. An diesem Beispiel sieht man sehr gut den Punkt »Motivation« umgesetzt. Die Botschafter profitieren durch exklusive Inhalte und werden für ihr Engagement vom Unternehmen belohnt (siehe Abbildung 4.6).

Abbildung 4.6   Exklusive Veranstaltungen für die »RITTER SPORT Botschafter«

▶ **Unterstützen**

Machen Sie sich nichts vor: Viele Kunden wissen teilweise mehr über Ihre Produkte als so mancher Angestellter der Service-Hotline. Das ist auch völlig normal, da viele Kunden sich sehr intensiv mit Ihren Produkten beschäftigen und eventuell sogar ganz andere Anwendungszwecke gefunden haben, als Sie gedacht haben. Nutzen Sie dieses Wissen, indem Sie Ihren Kunden (z. B. in Form eines Forums) eine Community zur Verfügung stellen. Dies hat mehrere Vorteile: Zum einen beantworten Kunden für Kunden Fragen zu den Produkten, und diese Antworten stehen für alle auffindbar in der Community, sodass auch neue Kunden durch eine Suche auf diese Antworten stoßen können. Zum anderen erhalten Sie so einen Einblick, wie Ihre Kunden Ihre Produkte bedienen, Probleme lösen und für welche Anwendungszwecke sie genutzt werden. Dies ermöglicht Ihnen Einblicke, die Sie z. B. für Ihre Produktentwicklung nutzen können.

O_2 bietet auf seiner Website ein Forum, um diesen Punkt umzusetzen (siehe Abbildung 4.7). Um Antworten und aktive Nutzer zu belohnen, ist ein Bewertungssystem integriert.

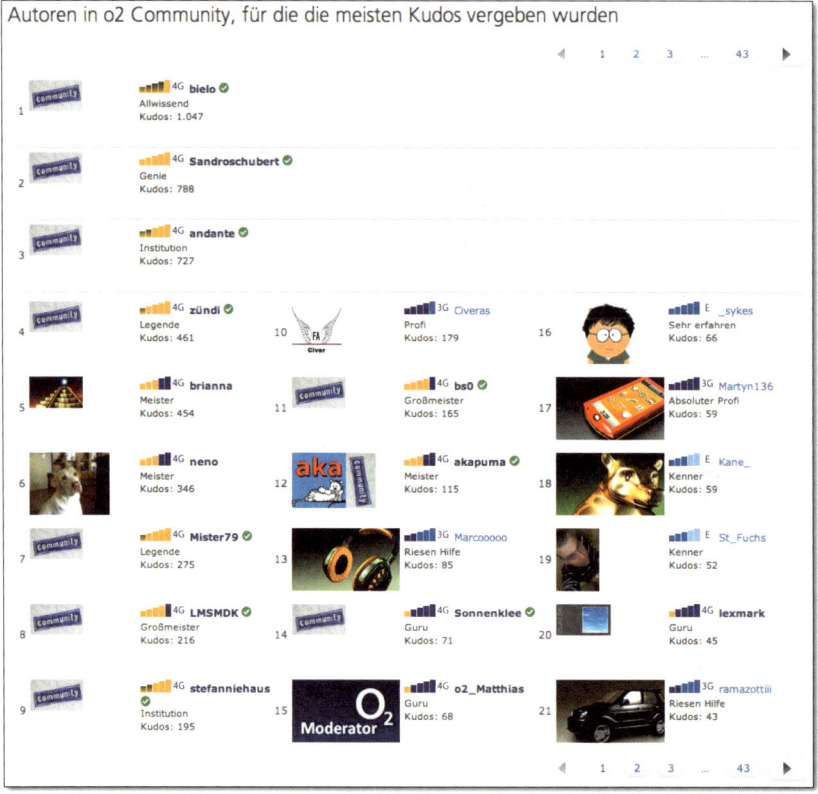

Abbildung 4.7   Bewertungssystem der O_2-Community

Wie Sie sehen können, nutzt die Community dies aktiv und beantwortet viele Fragen der Nutzer. Erst auf Platz 15 kommt der erste Angestellte von O$_2$, der im Forum als Moderator eingesetzt ist. Foren wachsen mit der Zeit, und mit ihnen wachsen auch die Lösungen für Probleme, die für alle auffindbar sind. Durch eine Community, die von ihren Mitgliedern aktiv gepflegt wird, können Sie als Unternehmen Kosten sparen. Denken Sie bei diesem Punkt aber auch an den vorangegangen Punkt »Motivation«, und belohnen Sie besonders engagierte Mitglieder der Community.

▶ **Einbeziehen**

Wenn wir uns die bisherigen Punkte anschauen, dann ist das Einbeziehen so etwas wie die »Königsklasse«. Hier geht es darum, die Nutzer partizipieren zu lassen, indem Sie sie z. B. in die Produktgestaltung integrieren und mit ihnen zusammen neue Produkte bzw. Funktionen erarbeiten. Für die Nutzer ist diese Art der Teilnahme eine sehr hohe Wertschätzung, da sie das Gefühl haben, aktiv an den Verbesserungen der Produkte bzw. Funktionen beteiligt zu sein. Dies hebt die Bindung zur Marke auf eine viel höhere Ebene. Es gibt mittlerweile viele Beispiele, in denen Unternehmen Crowdsourcing-Kampagnen oder Plattformen umgesetzt haben und davon Ergebnisse auch wieder in das Produktportfolio des Unternehmens aufgenommen wurden.

Abbildung 4.8   Crowdsourcing-Kampagne von EDEKA

EDEKA hat Ende 2012 das Sommereis 2013 gesucht (siehe Abbildung 4.8). Dazu wurde ein Eis-Konfigurator als Facebook-App entwickelt, bei der die Nutzer ein Eis aus Eis-Mix, einer Füllung, Überzug und Extras kreieren konnten. Fans und Freunde konnten dann für das jeweilige Eis abstimmen. Die Top 7 sind in eine Testproduktion gekommen und wurden von einer Fachjury bewertet. Der Gewinner bekommt ein Jahr lang jede Woche einen 20-Euro-Einkaufsgutschein von EDEKA.

Strategy – Wo soll es hingehen?

Im Punkt »Strategy« beschreiben Li und Bernoff die Veränderung der Beziehung zwischen Kunden und Unternehmen. Sie sollten sich in diesem Schritt überlegen, was Sie langfristig mit Ihrer Zielgruppe erreichen wollen. Nachdem Sie das Ziel und die Mittel festgelegt haben, müssen Sie sich darüber klar werden, welche Auswirkungen dies auf das eigene Unternehmen haben kann. Wenn Sie z. B. im Social Web ein Crowdsourcing-Projekt umsetzen wollen, dann müssen Sie sich auch damit beschäftigen, wie intern mit den Ergebnissen umgegangen wird. Wie reagiert die Forschungs-und-Entwicklungs-Abteilung, wenn Sie mit den ersten Ideen auf sie zukommen? Wie geht die Support-Abteilung oder auch Zulieferer und Partner mit den Wünschen bzw. Erkenntnissen um? Des Weiteren müssen Sie prüfen, ob Sie bereit sind, für diese Zeit das Budget und die Ressourcen zur Verfügung zu stellen.

Technology – Mit welchen Plattformen bzw. Tools setzen Sie die Ziele um?

Wie wir am Anfang bereits erklärt haben, sieht das POST-Framework vor, dass die benötigten Technologien zur Umsetzung zum Schluss betrachtet werden. Dies ist richtig und wichtig, da die Strategie für den Erfolg entscheidend ist. Wir geben an dieser Stelle auch keine Hinweise, mit welchen Technologien sich bestimmte Ziele umsetzen lassen. Dies ist nicht möglich, da sich die Plattformen im Netz sehr schnell ändern können und da sich die eingesetzte Technologie nach den jeweiligen Zielen richtet.

Das POST-Framework ist eines der ersten und fundiertesten Frameworks für die Erstellung von Social-Media-Strategien. Wir sind allerdings der Meinung, dass man zwei Bausteine noch ergänzen sollte. Zum einen wäre die Analyse des IST-Zustands, die Sie als einzelnen Baustein betrachten sollten, und zum anderen ist es die Kontrolle. Sie sollten diese beiden Punkte in die Erstellung der Strategie mit einbeziehen, um eine erfolgreiche Social-Media-Strategie zu entwickeln.

4.5.2   Social-Media-Strategie mit der »Wer-Wie-Was-Methode«

Jetzt fragen Sie sich bestimmt, ob Sie gerade richtig gelesen haben, oder Sie summen vielleicht schon: »Wer? Wie? Was?«

Boris Lakowski hat dieses Vorgehensmodell unter anderem bei dem Lehrgang »Social Media Manager« an der *Social Media Akademie* vorgestellt. Auch bei Social Media ist die zentrale Frage: »Wer sagt wem was wo und wie mit welchem Ziel und welcher Wirkung?« Diese Frage lässt sich für eine Strategie stellen, aber sie lässt sich auch auf einzelne Aktivitäten oder Kampagnen anwenden (siehe Abbildung 4.9).

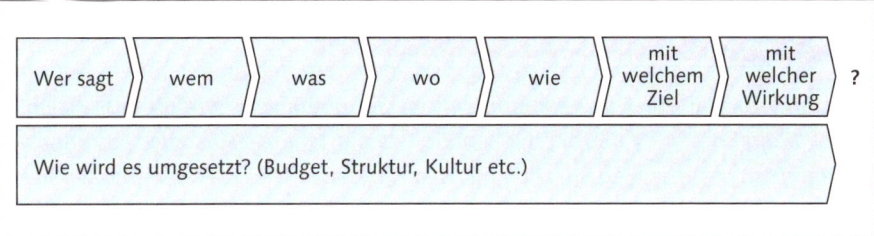

Abbildung 4.9 Vorgehensmodell für die Definition einer Social-Media-Strategie

Mit welchem Ziel

Der erste Schritt ist allerdings nicht »Wer sagt?«, sondern »Mit welchem Ziel?«. Sie stellen sich also die Frage: »Was sind die Ziel, die Sie erreichen möchten?«

Welche Hilfsmittel Sie zur Definition der Ziele nutzen können bzw. welche Punkte Sie dabei beachten sollten, haben wir Ihnen bereits am Anfang des Kapitels aufgezeigt.

Wer sagt – Wer ist der Absender?

Der zweite Punkt des Vorgehensmodells ist: »Wer sagt?« Wer ist der Absender? In diesem Fall ist der Absender Ihr Unternehmen bzw. Ihre Marke. Sie sollten sich also die Frage stellen, wofür Ihr Unternehmen steht und welche Werte es vermitteln will – wie es wahrgenommen werden möchte. Um ein konkreteren Eindruck von Ihrer Marke zu bekommen, hilft auch hier der Einsatz der SWOT-Analyse, die wir in Abschnitt 3.2.1 vorgestellt haben.

Wem – Wer ist Ihre Zielgruppe?

Als nächster Schritt folgt das »Wem« also Ihre Zielgruppe. Nachdem die Zielgruppe definiert ist, beschäftigt sich dieses Framework mit der Frage »Was sollten Sie in Social Media machen?«.

An dieser Stelle möchten wir noch einmal erwähnen, dass Social Media kein weiterer reiner Werbekanal ist, in den Sie einfach nur Ihre Werbebotschaften platzieren. Denken Sie daran, dass Sie Inhalte schaffen müssen, die Ihren Nutzern einen Mehrwert bieten oder die so interessant sind, dass die Nutzer diese für teilens- und empfehlenswert halten.

Wo – Wo wollen Sie aktiv sein?

Nach dem »Was« folgt das »Wo«. Auf welchen Plattformen wollen Sie aktiv sein bzw. auf welchen derjenigen Plattformen, auf denen sich Ihre Zielgruppe aufhält? Sie als Unternehmen sollten selbst entscheiden auf welcher dieser Plattformen Sie Ihre Präsenz umsetzen. Wie viele Kanäle wollen und können Sie aktiv betreuen? Diese Fragen sollten Sie prüfen, um entscheiden zu können, ob Sie z. B. auf möglichst vielen Plattformen Wirkung erzielen wollen (denken Sie an die Ressourcen) oder ob Sie lieber einen Kanal fokussieren möchten. Wenn Sie sich unsicher sind, wie viel Zeit das Engagement kosten wird, dann empfehlen wir Ihnen, mit einer Plattform zu starten. Des Weiteren sollten Sie überlegen, wie Sie auf welchem Kanal wahrgenommen werden wollen. Soll es nur eine Anlaufstelle sein ohne viel Engagement, oder wollen Sie aktiv mit den Kunden in Dialog treten und ein hohes Engagement umsetzen?

Abbildung 4.10   Bedenken Sie, dass sich Ihre Zielgruppe auch außerhalb von großen Netzwerken aufhalten kann.

Wie – Wie sollten Sie in Social Media kommunizieren?

In dieser Phase definieren Sie, wie Sie im Social Web kommunizieren wollen. Hierzu sollten Sie auch wieder an die Werte Ihres Unternehmens denken. Wie soll Ihre Marke wahrgenommen werden, und wie wollen Sie wirken? Durch das Social Web haben Sie die Chance, Ihre Marke persönlich zu machen, ihr ein Gesicht zu geben. Denken Sie immer daran, dass das Netz nur sehr langsam vergisst und dass vieles von dem, was Sie kommunizieren, mittlerweile nachprüfbar ist. Seien Sie ehrlich, respektvoll und offen – also so, wie Sie es sich in einem Gespräch auch wünschen würden.

Mit welcher Wirkung ?

Um den Erfolg Ihrer Social-Media-Strategie messen zu können, müssen Sie, wie bereits erwähnt wurde, Ihre Ziele auch messbar gestalten. Zusätzlich sollten Sie die Maßnahmen der Strategie durch verschiedene Analyse-Tools und/oder Monitoring-Lösungen beobachten und analysieren. Die Themen Analyse und Monitoring werden in eigenen Kapiteln behandelt. Das Thema Return on Investment haben Sie bereits in Abschnitt 4.4 kennengelernt.

Abgerundet wird dieses Framework durch die Frage »Wie wird es umgesetzt?«. Bei diesem Punkt sollten unter anderem die folgenden Fragen geklärt werden:

- ▶ Welches Budget steht zur Verfügung?
- ▶ Wer setzt diese Maßnahmen um?
- ▶ Benötigen Sie Tools zur Umsetzung?
- ▶ Benötigen Sie Partner zur Umsetzung?
- ▶ Wie werden die Partner gesteuert?
- ▶ Welche Prozesse sind im Unternehmen nötig?
- ▶ Was ist der rechtliche Rahmen?

4.6   Was ist eine Content-Strategie?

Eine Social-Media-Strategie sollte sich immer an der Unternehmensstrategie ausrichten und über einen gewissen Grad an Flexibilität verfügen. Gerade der Bereich der Content-Strategie sollte dabei sehr flexibel sein, da sich das Nutzerverhalten in der heutigen Zeit sehr schnell ändern kann. Deswegen ist es auch so wichtig, eine dauerhafte Analyse bzw. ein Monitoring einzusetzen, um Folgendes zu verstehen:

- ▶ Welche Inhalte funktionieren wie gut auf welchen Kanälen?
- ▶ Welche Inhalte eignen sich, um Interaktionen auszulösen?

▸ Wie verhält sich die Verteilung von *Paid*, *Earned* und *Owned Media*, und wie können diese Inhalte gegebenenfalls verbunden werden?

▸ Wie kann ich den Social Content aufbereiten und integrieren?

4.6.1   Warum Sie eine Content-Strategie benötigen

Social Media ist Kommunikation. Social Media bedeutet in Dialog zu treten. Social Media bedeutet aber auch, den Nutzern auf Ihren Präsenzen einen Mehrwert zu bieten. Diesen Mehrwert können Sie durch Informationen erzielen, die Sie den Nutzern zur Verfügung stellen. Das gesamte Internet ist voll mit Inhalten: Texten, Grafiken, Videos, Podcasts usw. Eine Content-Strategie soll Ihnen helfen, Inhalte zu planen und zu erstellen. Es geht also nicht nur um die Erstellung, sondern auch um die Optimierung und um die Prozesse. Diese Inhalte sollten den Nutzern einen Mehrwert bieten und Ihnen bei der Kommunikation und Positionierung helfen (siehe Abbildung 4.11).

Abbildung 4.11   SMA legt Wert auf thematische Inhalte und nicht auf die eigenen Produkte, um dadurch einen Mehrwert zu bieten.

Es nützt Ihnen nichts, wenn Ihre Kommunikationsabteilungen immer mehr Plattformen zu füllen haben, aber sich niemand darüber Gedanken macht, woher eigentlich der Inhalt zum Befüllen kommt. Die Content-Strategie ist also eng verzahnt mit Ihrer Kommunikationsstrategie. *Doris Eichmeier* ist seit 1998 Content-

Strategin in München und unterstützt Unternehmen, Agenturen und Berater mit journalistischem und redaktionellem Know-how bei der Content-Produktion. Zum Thema Kommunikations- bzw. Content-Strategie sagte sie:

> *»Erfolgreiche Unternehmen gewichten Kommunikations- und Content-Strukturen zu gleichen Teilen und entwickeln eine Content-Kommunikations-Struktur.«*

Wenn Sie anfangen, Ihre Content-Strategie zu planen, dann sollten Sie sich immer die folgenden Fragen stellen:

- ▸ Welcher Inhalt wird erstellt, und wie wird dieser strukturiert?
- ▸ Warum wird dieser Content erstellt – mit welchem Ziel?
- ▸ Wo kommt der Content her, und wer ist dafür verantwortlich?
- ▸ Wer kontrolliert, überarbeitet, genehmigt den Content?
- ▸ Wo und wann soll der Content geschaltet werden, und wer ist dafür verantwortlich?
- ▸ Wie soll der Inhalt nach seiner Veröffentlichung aktualisiert werden, und wer kümmert sich um die Reaktionen auf diesen Inhalt?

4.6.2 Worauf sollten Sie achten, wenn Sie eine Content-Strategie entwickeln?

Doris Eichmeier hat in einem Interview ein paar Tipps für die Entwicklung einer Content-Strategie gegeben, auf die wir im Folgenden eingehen. Das Unternehmen sollte nicht ganz von vorne anfangen, sondern seine bestehende Kommunikationsstrategie durch Content-Strukturen optimieren.

Sie sollten zu Beginn einen Content-Status-quo festhalten, um diesen zu analysieren. So erkennen Sie, wer bisher alles für die Erstellung der Inhalte verantwortlich war. Halten Sie fest, welche Inhalte Ihr Content aktuell hat und auf welchen Plattformen Sie welche Inhalte kommunizieren. Alle Personen, die bisher an der Content-Erstellung in Ihrem Unternehmen beteiligt waren, sollten in die Strategieentwicklung integriert werden.

Führen Sie regelmäßige Content-Meetings durch, um neue Ideen und Themen zu generieren. Dort sollten Sie auch das Feedback aus dem Social Web besprechen, um ggf. weitere Maßnahmen zu generieren, zu diskutieren und festzulegen.

Tipps zum Content

- ▸ Nutzen Sie die verschieden Medienformate (Text, Bilder, Videos, Audio).
- ▸ Versuchen Sie, eine Balance zwischen diesen Inhalten zu halten, und setzen Sie diese gezielt ein.
- ▸ Ermitteln Sie die Bedürfnisse Ihrer Zielgruppe, um herauszufinden, welche Inhalte diese benötigt.

- Betrachten und behandeln Sie die Kanäle differenziert. (Das heißt, versuchen Sie, exklusiven Content für die verschiedenen Plattformen aufzubereiten – Sie können auch Inhalte in mehreren Netzwerken teilen, aber dann bereiten Sie den Inhalt anders auf.)
- Bieten Sie einen Mehrwert – niemand möchte mit nutzlosem Content versorgt werden.
- Social Media bedeutet auch teilen – teilen Sie auch interessanten Content von anderen Plattformen, wenn dieser für Ihre Zielgruppe interessant ist.
- Experimentieren Sie – Welcher Content funktioniert oder löst Interaktionen aus? Probieren Sie auch mal etwas Neues aus.
- Variieren Sie – halten Sie nicht dauerhaft an den gleichen Mustern fest, damit bei Ihren Nutzern keine Langeweile aufkommt.

4.6.3   Was sind Paid, Owned und Earned Media?

Paid Media

Das Unternehmen bestimmt die Inhalte und hat die Kontrolle über die Inhalte, da Paid Content jegliche Form von bezahltem Content, wie z. B. Werbung in Suchmaschinen, Anzeigen usw. ist (siehe Abbildung 4.12).

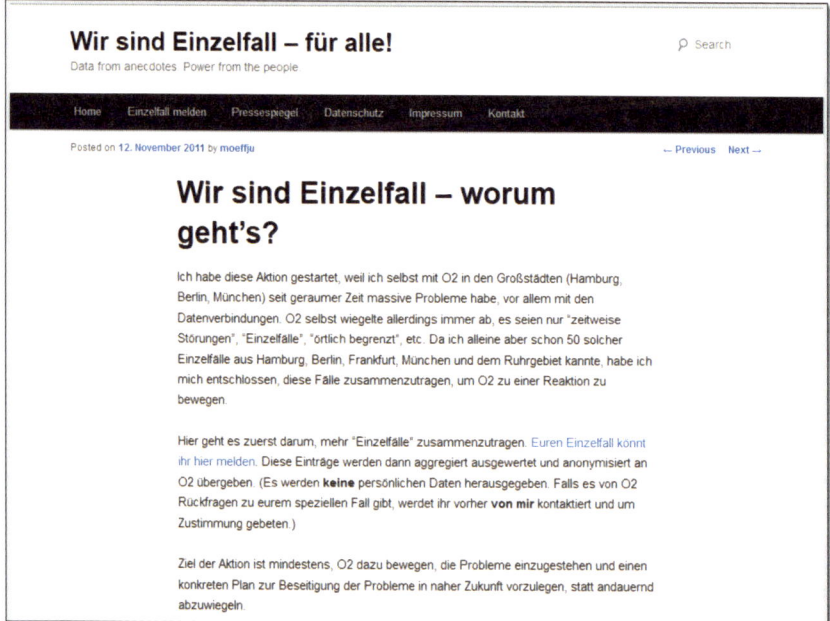

Abbildung 4.12   Gezielte Werbeschaltung (Paid Media) der Telekom auf einem Blog für unzufriedene O_2-Kunden

Owned Media

Auch bei Owned Media haben die Unternehmen die volle Kontrolle über die Inhalte, da es sich um alle medialen Präsenzen des Unternehmens handelt, wie z. B. um das Corporate-Blog, die Website usw.

Earned Media

Earned Media kann man mit Geld nicht kaufen, und die Unternehmen haben keine Kontrolle über diese Inhalte. Bei Earned Media handelt es sich um den Content über die Marke, der sich durch die Empfehlungs- und Verbreitungsleistungen der Nutzer ergibt. Dazu zählen z. B. Beiträge, Likes und Shares. Earned Media stellt die vertrauenswürdigsten Inhalte über die Marke dar, da diese direkt von den Nutzern kommen.

Forrester Research hat eine Studie zu diesem Thema durchgeführt, in der die Bedeutung, der Nutzen und die Risiken der einzelnen Medienformen untersucht worden sind. In Abbildung 4.13 sehen Sie eine Tabelle mit den Ergebnissen.

Media type	Definition	Examples	The role	Benefits	Challenges
Owned media	Channel a brand controls	• Web site • Mobile site • Blog • Twitter account	Build for longer-term relationships with existing potential customers and earn media	• Control • Cost efficiency • Longevity • Versatility • Niche audiences	• No guarantees • Company communication not trusted • Takes time to scale
Paid media	Brand pays to leverage a channel	• Display ads • Paid search • Sponsorships	Shift from foundation to a catalyst that feeds owned and creates earned media	• In demand • Immediacy • Scale • Control	• Clutter • Declining response rates • Poor credibility
Earned media	When customers become the channel	• WOM • Buzz • "Viral"	Listen and respond — earned media is often the result of well-executed and well-coordinated owned and paid media	• Most credible • Key role in most sales • Transparent and lives on	• No control • Can be negative • Scale • Hard to measure

54869   Source: Forrester Research, Inc.

Abbildung 4.13   Übersicht über die Vorteile und Risiken der unterschiedlichen Medientypen (Quelle: http://bit.ly/aKrjeF)

Immer öfter hört man auch den Begriff *Converged Media*. Damit ist die Kombination aus Paid, Owned und Earned Media gemeint. In der heutigen Zeit werden Paid, Owned und Earned Media immer separat betrachtet, aber in der Zukunft werden diese Kreise überlappen (siehe Abbildung 4.14).

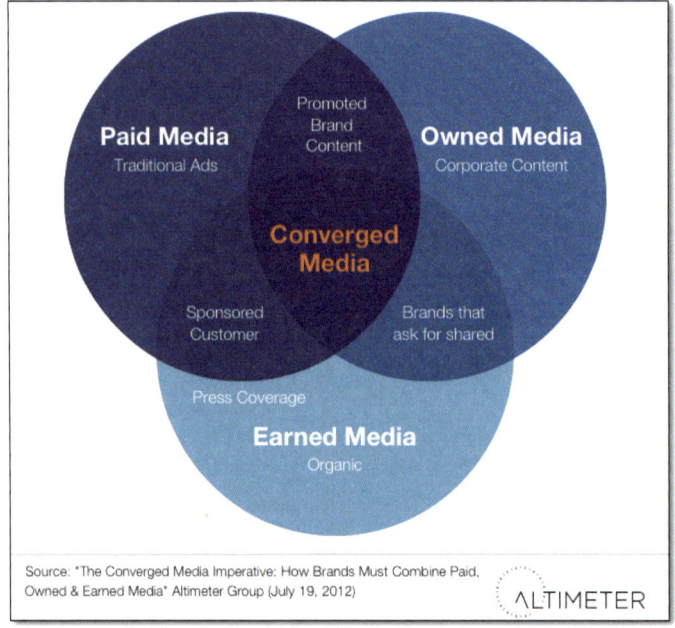

Abbildung 4.14   Converged Media als Überlappung von Paid, Owned and Earned Media

4.6.4   Planen Sie den Content strukturierter mit einem Redaktionsplan

Wie Sie bereits gelesen haben, werden für die unterschiedlichen Plattformen viele Inhalte benötigt. Damit Sie diese besser planen und strukturierter auf den Plattformen veröffentlichen können, empfehlen wir Ihnen, einen Redaktionsplan zu erstellen.

Was sollte ein Redaktionsplan enthalten?

Einen Redaktionsplan sollten Sie zu Beginn mit allen regelmäßigen und festen Terminen bzw. Ereignissen Ihres Unternehmens befüllen. Besitzen Sie z. B. ein Kleidungsgeschäft, dann können Sie die Termine für neue Kollektionen oder den SSV und WSV eintragen. So bekommen Sie auch einen Überblick, welche Themen wann relevant werden. Zusätzlich sollte klar hervorgehen:

- ▸ wer für die Beiträge verantwortlich ist
- ▸ wann der Beitrag veröffentlicht wird
- ▸ wo der Beitrag veröffentlicht wird
- ▸ welchen Bearbeitungsstatus der Beitrag hat

Sie können den Redaktionsplan natürlich noch um weitere Punkte ergänzen. Achten Sie nur darauf, dass er am Ende auch noch übersichtlich ist, schließlich soll er Ihnen die Arbeit ja erleichtern und nicht erschweren.

Für das Layout gibt es keine bestimmte Vorlage. Wenn Sie danach googlen, werden Sie viele verschiedene Lösungen finden, die Sie z. B. in Excel umsetzen können bzw. Ihren Anforderungen entsprechend anpassen können. *Sinnwert-Marketing* bietet auf seiner Webseite eine ganz gute Grundlage für einen Redaktionsplan als Download an (siehe Abbildung 4.15).

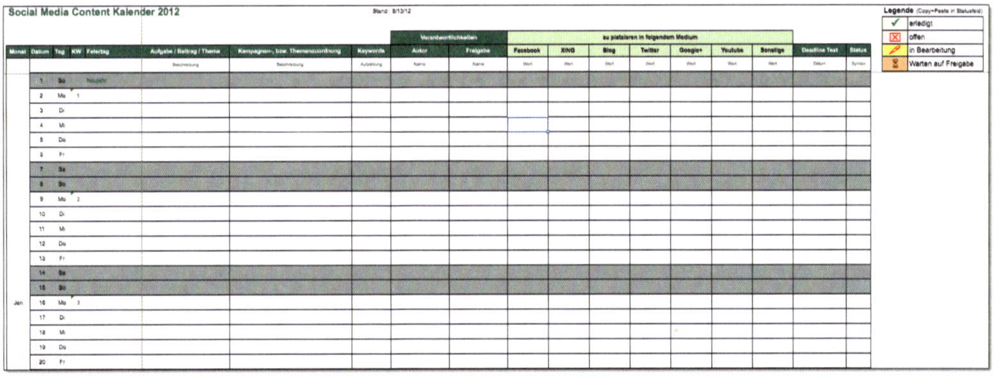

Abbildung 4.15   Beispiel eines Redaktionsplans – Download bit.ly/Redaktionsplan

In der Excel-Tabelle können Sie das Thema des Beitrags eintragen und festlegen, ob es einer Kampagne oder einem Thema zugeordnet ist. Es gibt ein Feld für Keywords, für die Verantwortlichkeiten, für die Plattformen sowie Felder für die Deadline und den Status. Zusätzlich wurde eine Übersicht integriert, die Ihnen beim Befüllen des Status eine Gesamtübersicht über Ihre Beiträge anzeigt, gegliedert nach Plattformen und nach Netzwerken (siehe Abbildung 4.16).

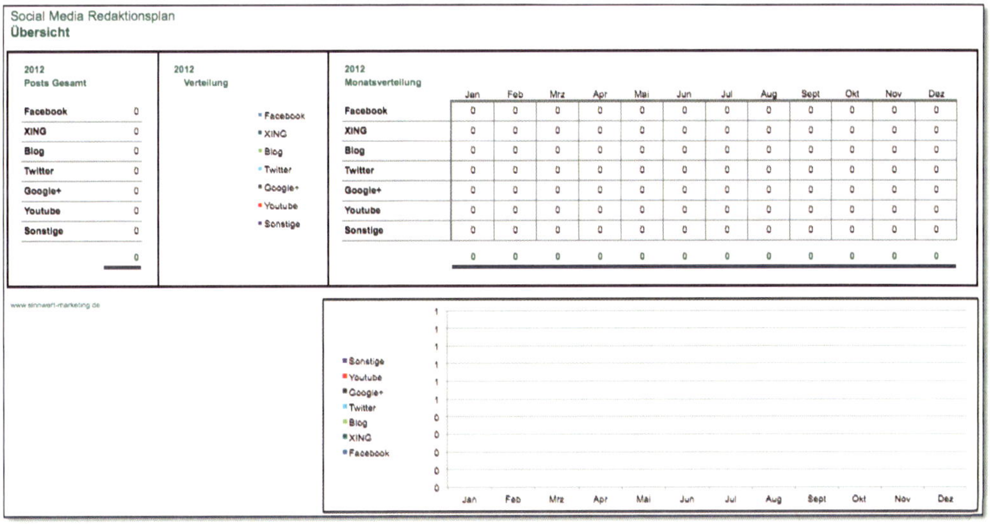

Abbildung 4.16   Übersicht über die veröffentlichten Beiträge

Sie können sich Ihre Vorlage auch selber erstellen oder wie bereits erwähnt nach Ihren Wünschen anpassen. Wichtig ist, dass der Redaktionsplan Sie bei der Arbeit unterstützt und dass Sie damit vernünftig arbeiten können.

4.6.5   Tipp: »Welche Inhalte funktionieren in Facebook«

Die Agentur *vi knallgrau* hat zusammen mit der Fachhochschule *Joanneum* im August 2012 eine Studie zu dem Thema »Welche Inhalte funktionieren in Facebook« veröffentlicht (siehe: *http://www.knallgrau.at/facebookcontentstudie*). Für die Studie wurden 100 B2C-Facebook-Seiten von Unternehmen aus dem D-A-CH-Raum untersucht. Herausgekommen sind interessante Erkenntnisse über die Art und Weise, wie Inhalte auf Facebook funktionieren (siehe Abbildung 4.17). Einige davon werden wir Ihnen gleich vorstellen, aber trotzdem sollten Sie immer daran denken, dass sich das bei Ihnen auch anders aufteilen kann und dass es verschiedene andere Einflussfaktoren geben kann, die für diese Ergebnisse gesorgt haben. Sie können allerdings diese Ergebnisse einfach mal umsetzen und schauen, was passiert oder wie und was Sie für Ihre Fanseite anpassen bzw. optimieren können.

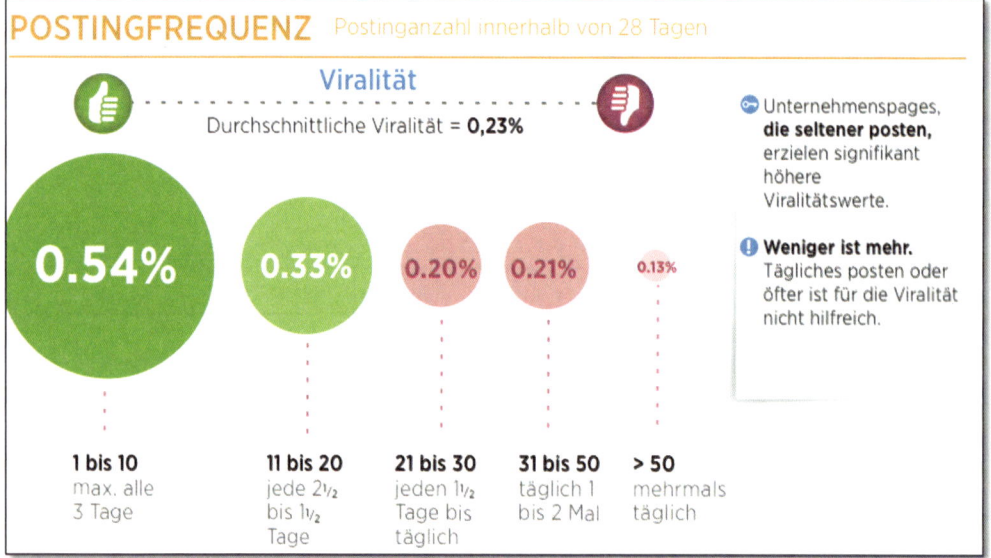

Abbildung 4.17   Unternehmen, die seltener posten, erzielen höhere Viralitätswerte.

Die besten Werte wurden dabei am Vormittag zwischen 10 und 11 Uhr und nach der Arbeit zwischen 19 und 20 Uhr erzielt. Der Tag mit den höchsten Viralitätswerten ist nach der Studie der Sonntag. Wenn Sie diese Zeiten nutzen wollen, dann können Sie mithilfe von *Scheduled Postings* (geplanten Beiträgen) arbeiten, um auch abends bzw. sonntags Beiträge zu veröffentlichen. Denken Sie aber immer daran, dass nach einem Posting auch Kommentare und Fragen der User gepostet werden, die Sie beobachten müssen.

Die ideale Beitragslänge laut Studie beträgt 1 bis 3 Zeilen, und einfach formulierte Beiträge erzielen den höchsten Viralitätsfaktor (siehe Abbildung 4.18).

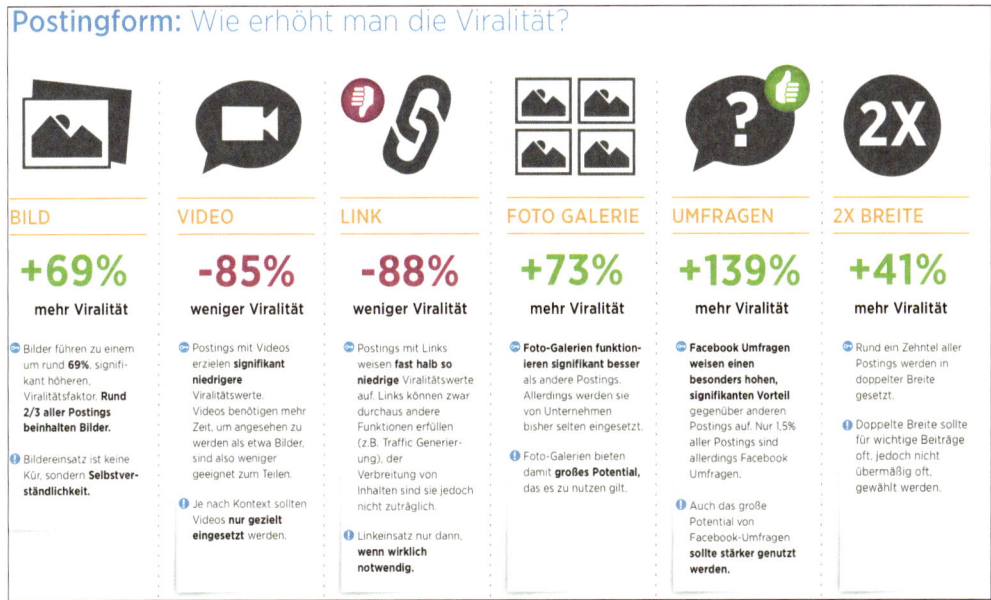

Abbildung 4.18   Übersicht über die Viralität der verschiedenen Beitragsformen

Die vollständige Studie können Sie als kostenlosen Download unter *knallgrau.at/ facebookcontentstudie* anfordern.

4.7   Fazit

Ihre Social-Media-Strategie soll Sie unterstützen, Ihre Unternehmensziele zu erreichen, und ist ein Bestandteil Ihrer Kommunikationsstrategie. Denken Sie immer daran, dass Sie Ihre Ziele SMART definieren, damit diese auch erfüllbar sind. Verlassen Sie sich nicht nur auf die Kennzahlen der unterschiedlichen Plattformen, sondern machen Sie sich auch Gedanken, welche Kennzahlen für die Erfolgsmessung für Sie wichtig sind. Nehmen Sie sich bei der Entwicklung der Strategie Zeit, um diese gründlich vorzubereiten. Beobachten Sie Ihre Zielgruppen, und machen Sie sich mit den Eigenheiten der unterschiedlichen Plattformen vertraut. Damit Sie auf Ihren Social-Media-Präsenzen Ihre Zielgruppe kontinuierlich mit Inhalten versorgen können, ist es wichtig, eine Content-Strategie zu entwickeln. Planen Sie die Inhalte, um nicht plötzlich ohne dazustehen. Interessante Inhalte gibt es in Ihrem

Unternehmen zur Genüge – Sie müssen sich einfach mit den Verantwortlichen zusammensetzen und diese Themen aufbereiten.

Muss eine komplette Strategie entwickelt werden?

Natürlich wäre es das Beste, wenn Sie eine komplette Strategie entwickeln würden,
aber wir sind uns auch im Klaren darüber, dass gerade Unternehmen mit wenigen Ressourcen damit Probleme haben werden. Trotzdem sollten Sie die folgenden Punkte auf
jeden Fall umsetzen:

▸ Analysieren Sie die Gespräche und Plattformen. (Nutzen Sie dafür ruhig die kostenlosen Tools.)

▸ Machen Sie sich Gedanken, was Sie erreichen wollen, und halten Sie diese Ziele fest.

▸ Fangen Sie klein an, und steigern Sie sich.

▸ Befragen Sie Ihre Mitarbeiter, ob schon Kompetenzen bzw. Erfahrungen im Unternehmen vorhanden sind.

▸ Haben Sie sich für einen Kanal entschieden, dann versuchen Sie, dort auch regelmäßig
  aktiv zu sein.

▸ Analysieren Sie in regelmäßigen Abständen die Kommunikation zu Ihrem Unternehmen, um zu prüfen, ob es Veränderungen oder neue relevante Plattformen gibt.

▸ Richten Sie sich Alerts ein. (Nutzen Sie dazu *Google Alerts* oder *Mention*.)

Im folgenden Kapitel geben wir Ihnen ein paar Hilfestellungen für den Start Ihrer
Social-Media-Aktivitäten.

5   Durchführung – aller Anfang ist schwer

Content ist king – Dies mag für Sie wie eine abgedroschene Phrase
klingen, aber Fakt ist, dass Sie nur mit guten Inhalten Ihre Zielgruppe
erreichen und langfristig an Ihr Unternehmen binden können.

In den vorangegangenen Kapiteln haben Sie erfahren, welche Vorbereitungen Sie für Ihr Engagement im Social Web treffen sollten. Dieses Kapitel befasst sich nun mit der praktischen Umsetzung. Die Kanäle sind nun aufgesetzt und mit den ersten Inhalten befüllt. Jetzt fängt die eigentliche Arbeit jedoch erst an. Social Media erfordert ein langfristiges Engagement eines Unternehmens, denn der Erfolg tritt erst nach und nach ein. Sie werden über Nacht keinen Ansturm auf Ihre Social-Media-Kanäle erhalten. Der Aufbau eines Dialogs mit dem Kunden über die verschiedenen Social-Media-Plattformen ist harte Arbeit: Es geht nicht nur um Authentizität, sondern auch um Glaubwürdigkeit und Vertrauen. Ein gutes Community Management erfordert das Zuhören und Beantworten von User-Fragen sowie Ausdauer. Dieser Punkt wird von Unternehmen häufig nicht berücksichtigt. Natürlich gibt es Marken, die aufgrund einer großen Beliebtheit sehr schnell eine große Fanbase erreichen und versammeln.

Neue Firmen oder Unternehmen mit eher unbekannten Produkten müssen sich die Präsenz im Social Web jedoch erst mühsam aufbauen. Seien Sie also nicht enttäuscht, wenn sich die Anzahl der Fans bei Facebook langsam entwickelt oder die Blogleser erst einmal ausbleiben. Wenn die Zahlen am Anfang nicht Ihre Erwartungen treffen, ist das ganz normal.

Verweisen Sie auf Ihrer Webseite auf die Social-Media-Kanäle, und integrieren Sie zudem die jeweiligen Links in Ihre E-Mail-Signatur und auf Ihre Visitenkarte. Auf diese Weise machen Sie Ihre (potenziellen) Kunden auf Ihr Social-Media-Engagement aufmerksam. Unabhängig von den genannten Maßnahmen haben Sie natürlich durch den Einsatz finanzieller Ressourcen die Möglichkeit, die Bekanntheit Ihrer Präsenzen zu steigern.

Werbemöglichkeiten auf Facebook

Eine Möglichkeit, um bei Facebook nach dem Start mehr Aufmerksamkeit zu erhalten, ist die Schaltung von Werbung (*Facebook Ads*). Informationen zu den unterschiedlichen Werbemöglichkeiten finden Sie beispielsweise im folgenden Whitepaper von Allfacebook.de: *http://allfacebook.de/ads/alle-facebook-anzeigenformate/*

Die Kommunikation ist das A und O in Social Media. Nichts ist schlimmer, als ein Social-Media-Kanal, der das letzte Mal vor Wochen oder gar Monaten aktualisiert wurde. Rufen Sie sich bei den Besuchern durch regelmäßige Beiträge in Erinnerung. Da spielt es keine Rolle, ob Sie Mitarbeiter eines großen Unternehmens oder der Bäckerei um die Ecke sind. Das Gleiche gilt für Reaktionszeiten auf Fragen und Anmerkungen. In Social Media erwarten Kunden schneller eine Antwort als per E-Mail oder gar per Post. Geht das nicht, geben Sie dem Nutzer eine kurze Zwischenmeldung und teilen ihm mit, wann er mit einer Antwort rechnen kann. Auch wenn Sie Ihren Kunden nicht allzu lange warten lassen möchten, sollten Sie in jedem Fall unüberlegte Antworten vermeiden. Wenn Sie auf einen Beitrag reagiert haben, können Sie dieses Statement später nicht mehr zurückziehen. Andernfalls machen Sie sich unglaubwürdig.

Sie werden auf Ihren Kanälen auch nicht nur auf positive Beiträge von Nutzern stoßen. Sie als Unternehmen dürfen jedoch keinesfalls emotional auf einen Beitrag reagieren. Antworten Sie immer sachlich und auf das Thema bezogen. Außerdem sollten Sie jeden Beitrag des Kunden individuell beantworten. Textbausteine sind in Social Media nicht gerne gesehen und erwecken den Eindruck, dass das Unternehmen an einem »echten« Dialog nicht interessiert ist. In Social Media sprechen nicht Unternehmen oder Marken, sondern Menschen, und das sollte man auch merken.

Verwenden Sie eine einheitliche Kommunikationslinie. Sie sollten sich im Social Web so verhalten, wie Sie das auch offline tun. Wenn Sie ein Familienkonzern sind, der auf einen persönlichen Dialog mit dem Kunden setzt, dann sollten Sie sich auf den Social-Media-Kanälen dementsprechend verhalten.

5.1   Inhalte – über was schreibe ich?

Content is king. Das war schon immer so und wird auch so bleiben. Jetzt haben Sie einen Kanal auf einer Social-Media-Plattform eröffnet und müssen die Zielgruppe auch »unterhalten«. Wie finden Sie also geeignete Gesprächsthemen? Für eine erfolgreiche Kommunikation in Social Media ist entscheidend, dass die Inhalte dem Leser einen Mehrwert bieten. Betrachten Sie Social Media nicht isoliert, sondern nutzen Sie die Synergien zwischen den verschiedenen Medien, und schaffen Sie eine einheitliche Kommunikationslinie.

Verwenden Sie für die verschiedenen Kanäle unterschiedliche Inhalte. Es macht keinen guten Eindruck, wenn Sie Pressemeldungen automatisiert bei Facebook einbinden oder die Inhalte von Facebook auch bei Twitter teilen. Schaffen Sie für jede Plattform eigene Inhalte bzw. passen Sie die Texte an die jeweilige Plattform an.

Bei kleinen Unternehmen erwartet niemand die Durchführung großer Kampagnen. Daher ist es jedoch umso schöner, wenn auch KMU kleine Aktionen durchführen.

5.1.1 Kommunikation funktioniert auch für kleine Unternehmen

Das *Haarstudio Wieser* ist ein gutes Beispiel für Social-Media-Kommunikation eines kleinen Unternehmens. Der Frisör setzt neben der Fanpage auf einen YouTube-Kanal. Auf Facebook ermöglicht der Frisör einen Blick hinter die Kulissen, stellt Mitarbeiter vor und informiert über relevante Neuerungen (siehe Abbildung 5.1).

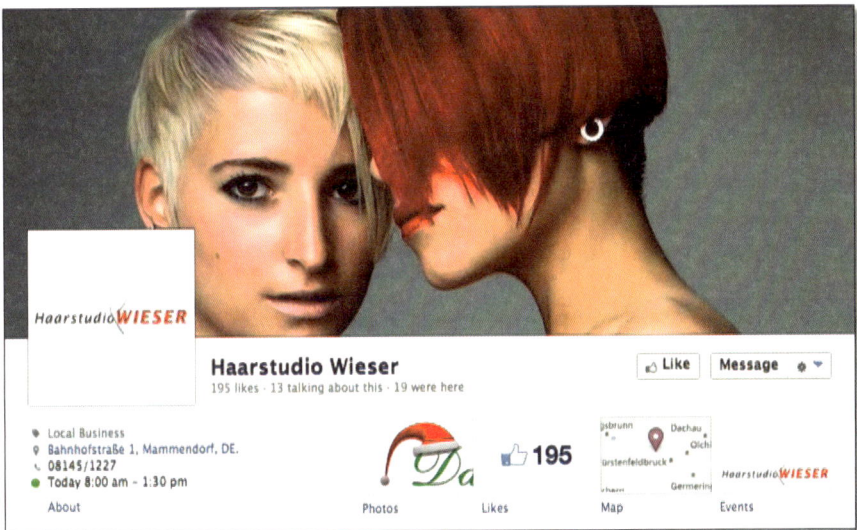

Abbildung 5.1   Fanpage des »Haarstudio Wieser«

Im Rahmen eines Wettbewerbs wurde im Jahr 2011 das Wieser-Gesicht gesucht. Die Teilnahmebedingungen wurden auf dem YouTube-Kanal des Unternehmens erklärt. Die Gewinnerinnen wurden schließlich auf einer Modenschau verkündet und erhielten ein professionelles Fotoshooting als Preis. Das Event wurde vorab bei Facebook beworben, und im Anschluss veröffentlichte das Unternehmen auf Facebook die Bilder. Durch den Wettbewerb konnte der Blog sehr viele Klicks erzielen, und der YouTube-Kanal liegt derzeit bei knapp 5.000 Videoaufrufen. Das ist für ein kleines Unternehmen bereits ein sehr guter Wert.[1]

5.1.2 Erwartungshaltung der User

IBM hat sich mit der Frage beschäftigt, was User eigentlich von Unternehmen in Social Media – speziell in Facebook – erwarten. Abbildung 5.2 zeigt, dass die An-

---

1   Quelle: *http://friseurebayern.files.wordpress.com/2011/11/leseprobe.pdf*

sichten der Unternehmen über die Erwartungen der User und die tatsächlichen Werte weit auseinander liegen können (»Perception Gap«).

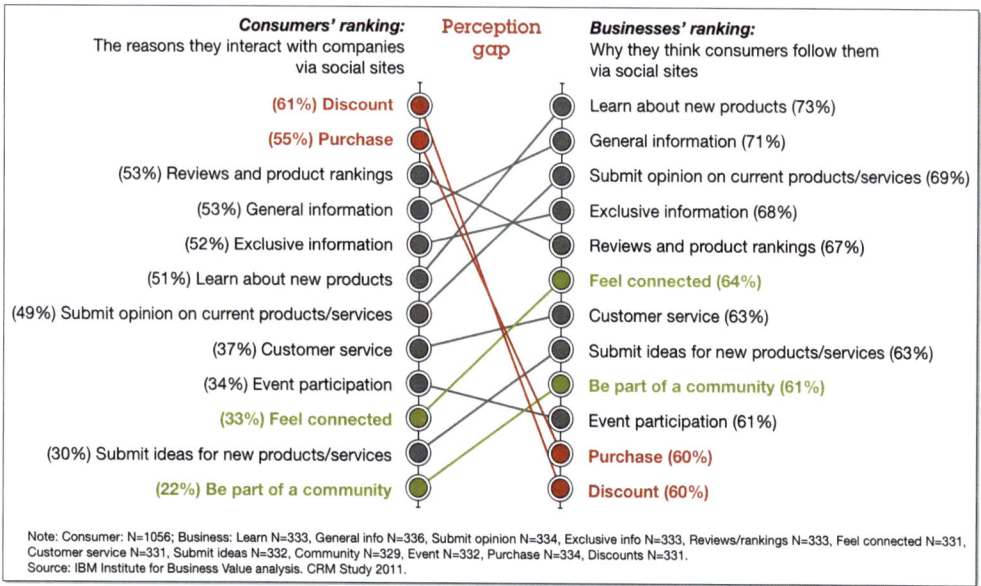

Abbildung 5.2 Perception Gap der IBM-Studie (Quelle: http://bit.ly/oNNmw3)

Die Art von Kontakt, den sich die Nutzer mit Unternehmen wünschen, variiert von User zu User. Während manche Konsumenten nur an den neusten Informationen zum Unternehmen interessiert sind und kein Interesse an einem Dialog haben, möchten sich andere Nutzer mit Gleichgesinnten austauschen oder an Produktentwicklungen mitwirken. Auch Gewinnspiele und Rabatte stehen in dieser Studie ganz oben auf der Wunschliste der User. *Universal McCann* hat sich in der sechsten Wave-Studie ebenfalls mit dieser Thematik beschäftigt und herausgefunden, dass sich die Anforderungen der User an ein Unternehmen je nach Branche unterscheiden. Bei technischen Produkten sind die User an Kundenservice im Social Web interessiert; beim FMCG-Bereich wird wiederum hauptsächlich Wert auf materielle Vorteile gelegt. *Fast moving consumer goods* (FMCG) sind Produkte, die Verbraucher routiniert einkaufen, ohne lange zu überlegen. Dazu zählen beispielsweise Nahrungsmittel oder Körperpflegeprodukte etc. (siehe Tabelle 5.1).

Schauen Sie sich an, welche Inhalte der Wettbewerb verwendet und wie die Kunden den Dialog aufnehmen.

Zudem kommen jährliche Events wie Weihnachten oder auch der Sommer und Jubiläen nicht unbedingt unvorbereitet. Die Kommunikation in Social Media kann daher inhaltlich auf diese Ereignisse abgestimmt werden.

	Computer-Software	Wein & Spirituosen	Lebensmittel & Verpflegung (FMCG)	Autos
1	Persönliche Antwort auf Anfragen/ Beschwerden	Zugang zu Preisnach-lässen oder Rabatt-gutscheinen	Rabattgutscheine	Möglichkeit, mehr über Autos zu er-fahren
2	Gutscheine für Com-puter-Software oder kostenfreie Software-Downloads	Möglichkeit, meine Fähigkeiten im Wein verkosten/Drinks mixen weiterzuent-wickeln	Möglichkeit, mehr über Lebensmittel zu erfahren	Informationen über Angebote der Auto-händler in meiner Nähe
3	Möglichkeit, etwas Neues zu lernen	Chance, mein Wissen zu erweitern	Möglichkeit, meine Kochfähigkeiten zu verbessern und neue Rezepte zu erlernen	Persönliche Antwort auf Anfragen/ Beschwerden
4	Zugang zu Nachrich-ten über neue Ent-wicklungen	Persönliche Antwort auf Anfragen/ Beschwerden	Persönliche Antwort auf Anfragen/ Beschwerden	Exklusiver Zugang zu Neuigkeiten über neue Modelle & Pro-dukteinführungen
5	Möglichkeit, meine Fähigkeiten bezüg-lich Software weiter-zuentwickeln	Zugang zu einzigarti-gen Events und Wett-bewerben/Gewinn-spielen	Zugang zu Nachrich-ten über neue Lebensmittel und zur Eröffnung von Super-märkten	Zugang zu einzigarti-gen Motorsport-Events und Gewinn-spielen

Tabelle 5.1   Wenn Sie an Unternehmen denken, welche der folgenden Aussagen beschreibt am ehesten die Art von Kontakt, die Sie sich mit diesen Unternehmen wünschen?

Dass sich die Kommunikation von Unternehmen bei Facebook sehr ähnelt, zeigt das Hashtag *#twitternwiecommunitymanager* (siehe Abbildung 5.3).

Abbildung 5.3   Äußerungen verschiedener User zum Hashtag #twitternwiecommunitymanager

5.1.3 Best Practice am Beispiel des Unternehmens »Malerische Wohnideen«

Um eine hohe Interaktionsrate zu erhalten, werden auf Fanpages sehr oft simple Fragen und Aufforderungen gestellt. Welche Inhalte eignen sich nun für Ihr Unternehmen? Eine Best Practice liefert in diesem Bereich das Unternehmen *Malerische Wohnideen* (siehe Abbildung 5.4).

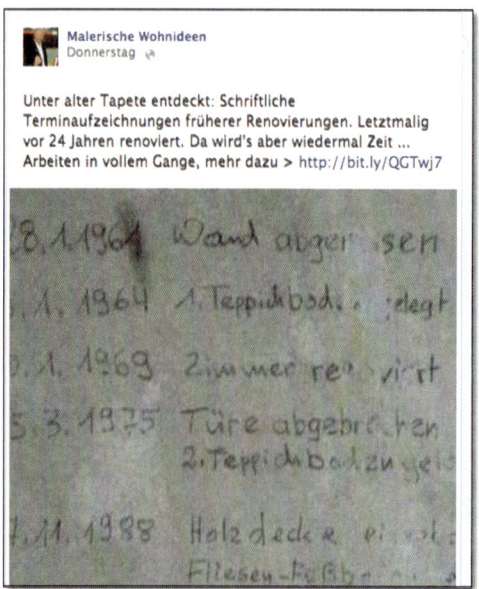

Abbildung 5.4 Posting über alltägliche Erlebnisse

Was macht Ihr Unternehmen, Ihr Produkt oder Ihre Dienstleistung so besonders? In jedem Unternehmen gibt es tagtäglich Geschichten, die Sie erzählen können. Das Unternehmen *Malerische Wohnideen* gibt dem Fan auf diese Weise einen Einblick in das Arbeitsgebiet und die Erlebnisse eines Malers. Darüber hinaus verlinkt die Firma auf einen Blog-Artikel, in dem der interessierte Leser weitere Informationen findet.

Welche Arbeitsschritte fallen bei der Renovierung einer Wohnung an? Was müssen Maler beachten, und warum sind Überstunden manchmal unumgänglich? Glauben Sie immer noch, dass Sie und Ihr Unternehmen nichts zu erzählen haben? Schauen Sie sich die Inhalte von diesem Malerbetrieb in Ruhe an. Das Unternehmen hat neben der Fanpage und einem Corporate-Blog auch einen Twitter- und YouTube-Kanal und ist auf Google+ und XING vertreten, teilweise allerdings mit dem Profil des Geschäftsführers.

Abbildung 5.5   Posting über den Prozess einer Renovierung

5.2   Inhalte – was für rechtliche Aspekte müssen Sie beachten?

Sie haben zahlreiche interne Bilder, Videos und weitere Inhalte, die Sie für Ihre Social-Media-Kanäle verwenden können? Sehr gut, denn bei der Veröffentlichung von fremden Inhalten müssen Sie verschiedene rechtliche Aspekte beachten. Auf Facebook sind Inhalte und Videos bei den Nutzern sehr beliebt, und auch ein Blog-Artikel mit Bildern animiert mehr Besucher zum Lesen. Für manche Inhalte hat man als Unternehmen nicht immer das passende Bild parat und möchte schließlich fremde Inhalte verwenden. Sie dürfen jedoch keine Inhalte verwenden, die Sie irgendwo im Web entdeckt haben.

5.2.1   Was müssen Sie bei der Verwendung fremder Inhalte berücksichtigen?

Zu den Rechten, die Sie beachten müssen, gehören das Urheberrecht sowie das Recht am eigenen Bild. Urheberrechtlich geschützt sind jegliche Form von Texten (Bücher und Blog-Artikel etc.), Bildern (Fotos, Grafiken, aber auch Karten), Videos und Musik. Das Urheberrecht erlischt automatisch 70 Jahre nach dem Tod des Urhebers (§ 64 UrhG). Der Urheber kann einem Unternehmen aber die Rechte an seinem Werk einräumen, sodass ein bestimmtes Bild oder Video etc. z. B. in einem Blog-Artikel oder auf der Fanpage verwendet werden darf.

Das Verlinken von urheberrechtlich geschütztem Material ist generell erlaubt. Problematisch wird es beim Teilen von Inhalten in Social Media, da hier Vorschaubilder erstellt werden. Dies ist der Fall, wenn Bilder zu einem Zeitungsartikel angezeigt werden (siehe Abbildung 5.6) oder wenn Sie ein YouTube-Video einbetten.

Streng genommen dürften Sie daher keine Beiträge mit Vorschaubild oder Videos teilen, ohne die Erlaubnis des Urhebers zu haben. Bei Online-Medien ist durch das Einbinden der Social Buttons jedoch davon auszugehen, dass das Teilen von News-Artikeln erlaubt ist. YouTube hat das Einbinden der Videos auf fremden Seiten bereits in den AGBs verankert und gestattet. Sollten Sie in Ihrem Blog fremde Bilder oder Videos einbetten, sollten Sie jedoch in jedem Fall den Urheber namentlich nennen (§10 UrhG).

Abbildung 5.6   Posting von SPIEGEL ONLINE mit einem Vorschaubild

Wenn Sie ein Bild Ihrer Mitarbeiter haben, das Sie selbst fotografiert haben, müssen Sie sich die Genehmigung Ihrer Kollegen einholen. Jeder Mensch hat ein sogenanntes »Recht am eigenen Bild«. Ohne Einwilligung dürfen Sie daher keine Fotos von Mitarbeitern veröffentlichen. Es gibt jedoch auch hier eine Ausnahme. Ist die fotografierte Person ungewollt oder nur aus Versehen im Bild und lediglich ein Beiwerk der Abbildung, ohne dass sie für das Bild von Bedeutung ist, können Sie das Foto auch ohne Einverständnis dieser Person verwenden (§ 57 UrhG).

Eine Möglichkeit für Unternehmen, fremde Inhalte einzubinden, sind Creative-Commons-Lizenzen. In diesen Fällen entscheidet sich der Urheber selbst, sein Werk anderen zur Nutzung anzubieten. Die Inhalte dürfen kostenfrei verwendet werden. Allerdings ist die Verwendung der Inhalte oftmals für kommerzielle Zwecke oder eine gewerbliche Nutzung nicht gestattet.

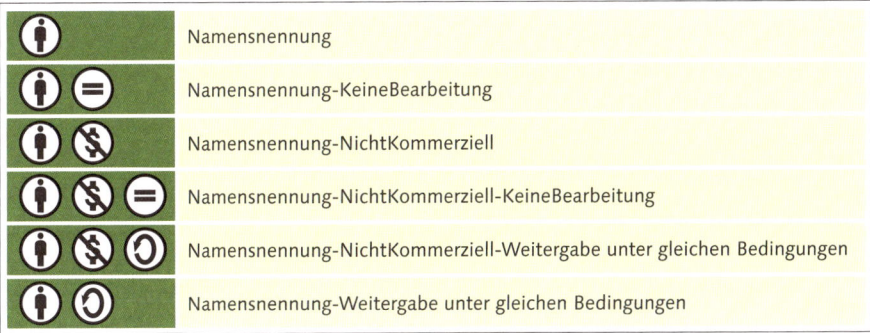

Abbildung 5.7   Die Verwendungsmöglichkeiten erkennen Sie an den Symbolen.

In Abbildung 5.7 sehen Sie, in welchem Rahmen die Werke verwendet werden dürfen. Auch wenn Sie die Bilder der Urheber kostenfrei verwenden dürfen, sind Sie in jedem Fall verpflichtet, den Namen des Urhebers zu nennen.

Wo finden Sie Creative-Commons-Inhalte?

In der Bilddatenbank *http://piqs.de/* sind ausschließlich Bilder enthalten, die eine Creative-Commons-Lizenz haben. Auch auf Flickr finden Sie zahlreiche Bilder, die zur freien Verwendung zur Verfügung stehen: *http://www.flickr.com/creativecommons/*

5.2.2   Denken Sie bei Gewinnspielen an eine Teilnahmebedingung

Neben dem Einsatz von fremden Inhalten sind Gewinnspiele auf den verschiedenen Social-Media-Plattformen sehr beliebt. Auch hier müssen Sie einige Punkte beachten (siehe als Negativbeispiel Abbildung 5.8).

Abbildung 5.8   Ein Gewinnspiel-Posting, wie Sie es nicht machen dürfen

Tipps bei Facebook-Gewinnspielen

▸ Machen Sie sich mit den Gewinnspielregeln von Facebook vertraut.

▸ Führen Sie Ihr Gewinnspiel immer nur in einer Applikation durch.

▸ Sie dürfen voraussetzen, dass ein Teilnehmender Fan Ihrer Seite werden muss.

▸ Überlegen Sie sich einen besonderen Gewinnspielpreis.

▸ Erstellen Sie ausführliche Teilnahmebedingungen.

▸ Halten Sie das Gewinnspiel so einfach wie möglich.

▸ Machen Sie andere Nutzer auf Ihr Gewinnspiel aufmerksam.

▸ Benachrichtigen Sie den Gewinner in der App und nicht namentlich auf der Pinnwand.

Facebook hat eigene Richtlinien für Gewinnspiele (siehe *http://fb.com/promotions_guidelines.php*) erstellt, die Sie beachten müssen. So ist es beispielsweise nur möglich, Gewinnspiele auf einer separaten App durchzuführen. Sie dürfen keine Facebook-eigenen Funktionen für das Gewinnspiel verwenden. Es ist auch nicht erlaubt, die eigene Chronik für Gewinnspiele einzusetzen. Sie dürfen Ihre Fans also nicht auffordern, ihre Bilder oder Lieblingssprüche auf Ihrer Pinnwand zu posten. Erlaubt ist hingegen, nur den Fans einer Seite die Teilnahme am Gewinnspiel zu ermöglichen.

Wenn Sie das Gewinnspiel in einer separatem App oder auf Ihrer eigenen Webseite stattfinden lassen und die Teilnehmer dazu anhalten, Bilder hochzuladen oder eigene Inhalte zu erstellen, müssen Sie sich die Rechte zur wirtschaftlichen Nutzung der Inhalte übertragen lassen. Für jedes Gewinnspiel empfiehlt es sich daher, Teilnahmebedingungen zu erstellen, die folgende Punkte abdecken:

▸ Wer darf teilnehmen? (z. B. keine Minderjährigen)

▸ Beginn und Ende des Gewinnspiels

▸ genaue Beschreibung, was zu gewinnen ist

▸ Angaben, wann die Preise ausgelost werden

▸ Regeln, nach denen die Gewinner bestimmt werden

▸ Regeln, wie die Gewinne zu den Gewinnern gelangen

▸ Datenschutzhinweise

Die Teilnahmebedingungen müssen für die Teilnehmer einfach zugänglich sein.

Informationsquellen zum Thema Recht

Blog Thomas Schwenke – *http://www.rechtsanwalt-schwenke.de/*

Blog Carsten Ullbricht – *http://www.rechtzweinull.de/*

Blog Udo Vetter – *http://www.lawblog.de*

Alle Autoren befassen sich ausführlich mit der Thematik Social Media und Recht.

5.3   Integration der Mitarbeiter – wer schreibt?

Der Social-Media-Erfolg eines Unternehmens hängt zum Teil von der Authentizität der Marke ab. Da Menschen mit Menschen kommunizieren, sollten Unternehmen auf den eignen Social-Media-Plattformen transparent darstellen, wer der jeweilige Ansprechpartner ist. Oft handelt es sich bei den Mitarbeitern, die auf Facebook mit den Fans kommunizieren, oder den Autoren auf dem Corporate-Blog um ein festes Team. Stellen Sie daher Ihre Mitarbeiter in einem separaten Bereich vor. Auf diese Weise haben die Fans bei Facebook und die Besucher auf dem Corporate-Blog einen Einblick, mit wem sie kommunizieren.

Unternehmen können ihre Mitarbeiter aber auch darüber hinaus in verschiedene Social-Media-Aktivitäten integrieren. Derzeit existieren bereits zahlreiche Azubi-Blogs, in den Auszubildende über ihre Erfahrungen im Berufsalltag berichten. Dazu zählen beispielsweise der Azubi-Blog von DATEV oder die EDEKAner-Seite von EDEKA (siehe Abbildung 5.9).

Abbildung 5.9   Die EDEKAner-Webseite

Auf der Seite finden Interessierte Informationen über die Einstiegsmöglichkeiten bei EDEKA.

Auf der *Social Media Recruiting Conference* im Herbst 2011 haben *Sonja Königsberg*, Leiterin des Personalmarketing bei der *Otto GmbH*, und die Auszubildende *Kathrein Malchau* gemeinsam den Azubi-Blog von Otto vorgestellt. Die Auszubildende erklärt ihr Engagement auf dem Corporate-Blog wie folgt:

»Bloggen ist doch ganz einfach: Man muss nur schreiben, was man sieht.«[2]

Auch die *Krones AG* hat im Rahmen eines Videoprojekts verschiedene Stationen der Industriekauffrau *Maxine Abeska* dokumentiert (siehe Abbildung 5.10).

Abbildung 5.10   Maxine Abeska berichtet in einem Videotagebuch über ihre Ausbildung.

Gerade diese Altersgruppe ist mit dem Umgang mit den verschiedenen Social-Media-Plattformen geübt und kann so einen authentischen Einblick in die Arbeit des Unternehmens ermöglichen. Solche Aktivitäten tragen vor allem zu Ihrem Image als Arbeitgeber bei. Potenzielle Arbeitnehmer erfahren so aus erster Hand, wie das Unternehmen tickt. Ein weiteres sehr erfolgreiches Beispiel ist das Unternehmensblog von Daimler (siehe Abbildung 5.11).

Seit Oktober 2007 geben hier Mitarbeiter Einblicke in ihre Arbeits- und Lebenswelten. Für *Uwe Knaus* hängt der Erfolg davon ab, ob Themen und Format bei der Zielgruppe ankommen. Seiner Meinung nach sollten sich Unternehmen im Vorfeld über folgende Punkte Gedanken machen:

---

2   Quelle: *http://www.wuv.de/karriere_job/employer_branding/bloggen_ist_ganz_einfach*

- Welches Ziel soll mit dem Blog verfolgt werden?

- Herrscht eine offene Unternehmenskultur vor, die Voraussetzung für eine solche Maßnahme ist?

- Hat das Blog Unterstützung oder Akzeptanz vom Management?

- Sind die Autoren sowie auch die vermeintliche Zielgruppe dialogorientiert?

- Hat das Unternehmen über längere Zeit ausreichend Geschichten zu erzählen?

- Wie grenze ich Meinungen auf dem Blog von offiziellen Statements ab? – *Blogging Policy* vs. *One-Voice Policy*

- Formulierung von nachvollziehbaren Kommentarrichtlinien und einer Blogging Policy

- Einbindung des Betriebsrats, denn Corporate-Blogging ist Arbeitszeit.

- Einführungsstrategie: *Seeding* oder Kaltstart?

Wenn diese Punkte geklärt sind und das Unternehmen dialogorientiert, authentisch, transparent und zeitnah bloggt, sollte es funktionieren.

Dass hinter dem Aufbau eines Corporate-Blogs nicht immer ein Großunternehmen stehen muss, zeigt *Kirstin Walther* mit ihrem *Saftblog*. Sie betreut das Blog und die weiteren Social-Media-Kanäle derzeit allein. Natürlich würde sich Kirstin Walther freuen, wenn weitere Mitarbeiter aus dem Unternehmen aktiv werden, aber sie möchte niemanden dazu zwingen.

> »*Wem diese Art der Kommunikation nicht liegt, der sollte die Finger davon lassen. Es gibt halt Menschen, für die es eine Hürde ist, den gewohnten Dialog im World Wide Web weiterzuführen.*«[3]

Eine weitere Möglichkeit, wie Sie Ihre Mitarbeiter in Social Media einbinden können, zeigt das Unternehmen *Best Buy* (siehe Abbildung 5.12).

Dieser Twitter-Kanal dient als Servicekanal. Gemeinsam gehen hier Tausende Best-Buy-Mitarbeiter freiwillig einer einzigen Mission nach: Der Beantwortung von Fragen. Das sorgt nicht nur für zufriedene Kunden, sondern Best Buy verbessert damit gleichzeitig den internen Kommunikationsfluss zwischen den Mitarbeitern. Außerdem dient *Twelpforce* den Angestellten, die ähnliche Aufgaben und Probleme zu lösen haben, als Netzwerk. Die einzige Bedingung für die Teilnahme ist die Verwendung des Hashtags *#twelpforce*. Die Mitarbeiter beteiligen sich mit ihrem privaten Twitter-Acount.

---

3   Quelle: *http://t3n.de/magazin/social-media-interview-kirstin-walther-saftkelterei-224781/*

Abbildung 5.11 Das Unternehmensblog von Daimler

5.4 Social Media intern betreiben oder lieber outsourcen?

Ob Unternehmen Social Media besser intern oder extern einsetzen, hängt von verschiedenen Faktoren ab. In jedem Fall sollten Unternehmen ein grundsätzliches Verständnis für Social Media aufbauen. Unternehmen müssen über die Möglichkeiten von Social Media Bescheid wissen, um z. B. die Angebote von Agenturen beurteilen zu können. Langfristig sollten Unternehmen das entsprechende Know-how im eigenen Hause aufbauen. Möchten Sie in Ihrem Unternehmen auf eine authentische, transparente und vor allem glaubwürdige Kommunikation setzen, sollte der Dialog auch von den eigenen Mitarbeitern geführt werden. Die Beantwortung von Fragen kann von Agenturen oftmals nicht zur vollen Zufriedenheit übernommen werden und erfordert die Rücksprache mit dem Unternehmen. Da die Agentur die

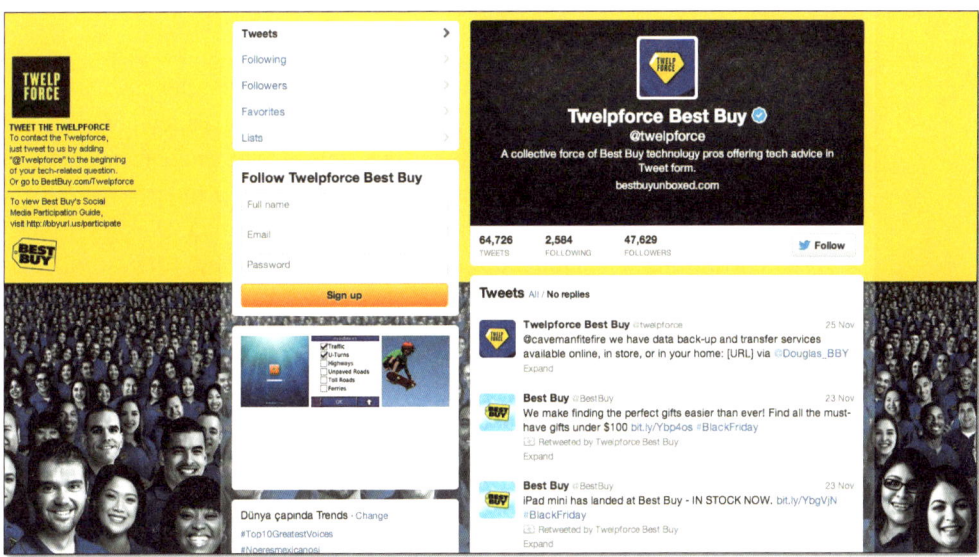

Abbildung 5.12 Der Twitter-Account von Best Buy

internen Abläufe und Prozesse nicht in aller Ausführlichkeit kennt, müssen Sie für den Informationsaustausch und die Abstimmung ein gewisses Maß an Zeit einkalkulieren.

Wenn ein Unternehmen den Social-Media-Dialog auslagern möchte, sollten in Absprache mit der Agentur Guidelines erstellt werden, die den Handlungsrahmen genau definieren. Außerdem ist es sehr wichtig, dass ein Vertrauensverhältnis zwischen Agentur und Unternehmen besteht. Für die Auswahl einer geeigneten Agentur sollten Sie sich daher entsprechend viel Zeit nehmen.

Wenn das Know-how nicht intern vorhanden ist, sollten Sie sich auf jeden Fall bei Ihrem Social-Media-Engagement beraten lassen. Bei der Durchführung von Kampagnen sollten sich Unternehmen in jedem Fall von Agenturen Unterstützung ins Haus holen. Erfolgreiche Social-Media-Kampagnen wurden in den meisten Fällen in Kooperation mit Agenturen erstellt. Beim Aufbau der Social-Media-Kanäle ist die Unterstützung einer Agentur zum Teil sinnvoll, da zu Beginn eine technische Komponente (Apps programmieren, Design erstellen) erforderlich ist. Die Durchführung von Gewinnspielen oder der Einsatz von Werbemaßnahmen sollte auch in Absprache mit einer Agentur erfolgen.

Ein weiterer Punkt für die Zusammenarbeit mit Agenturen ist die externe Betrachtungsweise. Unternehmen laufen so nicht Gefahr, betriebsblind zu werden. Die Kooperation mit einer Agentur oder einem externen Berater ist natürlich nicht kostenfrei.

5.5   Fazit

Der Aufbau eines Dialogs mit Ihrer Zielgruppe über die unterschiedlichen Social-Media-Plattformen ist harte Arbeit. Es geht um Authentizität, Glaubwürdigkeit und Vertrauen. Bekannte Marken haben es »relativ« einfach, eine große Fanbase zu erreichen. Dabei ist es gar nicht so wichtig, eine große Fanbase zu erreichen. Wichtiger ist es, dass Sie eine *aktive* Fanbase haben, die mit Ihnen im Dialog steht. Als unbekannteres Unternehmen benötigen Sie Ausdauer, um diese Fanbase zu erreichen. Machen Sie auch in Ihrer Offline-Kommunikation auf Ihre Social-Media-Präsenzen aufmerksam.

Sie können natürlich auch Werbemöglichkeiten und Gewinnspiele für die Vergrößerung Ihrer Fanbase einsetzen. Bei Gewinnspielen würden wir uns wünschen, dass Sie Gewinne zur Verfügung stellen, die mit Ihrer Marke in Verbindung stehen. Wenn Sie dies nicht tun, dann vergrößern Sie zwar Ihre Fanbase, aber was sagt das dann über diese Fans aus?

Beachten Sie bei der Umsetzung die Tipps, die wir Ihnen gegeben haben, und achten Sie bei Ihrer gesamten Kommunikation immer auf die rechtlichen Aspekte. Da sich diese Richtlinien teilweise sehr schnell ändern, empfehlen wir Ihnen, sich regelmäßig bei Blogs zu informieren, die sich mit dieser Thematik beschäftigen.

Inhalte, Inhalte, Inhalte – die Inhalte sind ein wichtiger Faktor für den Erfolg Ihrer Social-Media-Maßnahmen. Denken Sie darüber nach, wie Sie Ihre Mitarbeiter in das Produzieren von Inhalten integrieren können. Das macht Ihre Marke, Ihr Unternehmen authentisch und interessant.

Sie wollen die Bekanntheit Ihrer Marke im Social Web steigern? Im nächsten Kapitel zeigen wir Ihnen, wie Sie das machen können.

6   Brand Awareness – steigern Sie Ihre Markenbekanntheit im Social Web

»Du kennst doch die Bäckerei, über die alle sprechen?« – »Nein, welche meinst du?«
Wenn Sie diesen Dialog in Zusammenhang mit Ihrem Unternehmen verhindern möchten, sollten Sie Ihre Markenbekanntheit steigern.

Das Engagement eines Unternehmens in Social Media kann viele verschiedene Beweggründe haben. Was versprechen Sie sich von einer Präsenz bei Facebook & Co.? Sie möchten in Social Media aktiv werden, weil man das heute als Unternehmen so macht? Das Argument alleine betrachtet, ist mit Sicherheit die falsche Herangehensweise. Nicht für jedes Unternehmen eignet sich der Aufbau eigener Social-Media-Kanäle. Sie haben analysiert, wo sich Ihre Zielgruppe online aufhält, und festgestellt, dass Ihre Zielgruppe auf Facebook ist? Jetzt möchten Sie durch einen Facebook-Auftritt aus der Masse hervorstechen und Ihre Markenbekanntheit steigern? Mit diesem Ansatz sind Sie nicht allein. Für unbekannte Firmen ist Social Media eine Chance, aus dem Schatten der Wettbewerber herauzutreten. Einer der häufigsten Gründe für eine Präsenz in den Social-Media-Kanälen ist die Steigerung der Markenbekanntheit oder die Verbesserung des Images.

Was bedeutet Brand Awareness?

Der Begriff *Brand Awareness* (Markenbekanntheit) beschreibt den Bekanntheitsgrad einer Marke. Bei der Markenbekanntheit existieren drei verschiedene Abstufungen: die *passive*, die *aktive* und die *Top-of-Mind* (erstgenannte Marke) Markenbekanntheit.

Die geringste Form der Brand Awareness ist die *passive Markenbekanntheit*. Sie ist gegeben, wenn eine Person konkret nach einer Marke gefragt wird oder die Marke bei Vorlage des Markenzeichens erkannt wird.

Bei der *aktiven Markenbekanntheit* erinnert sich die Person auch ohne Hilfestellung an eine Marke. Eine typische Fragestellung könnte beispielsweise lauten: »Wenn Sie an Fluglinien denken, welche Marken fallen Ihnen hierzu ein?«

Die höchste Stufe der Brand Awareness ist die *erstgenannte Marke* (Top-of-Mind). Das ist die Marke, die der befragten Person als erstes Unternehmen einfällt.

6.1   Wie können Sie die Wahrnehmung Ihrer Marke in Social Media verbessern?

Durch einen erfolgreichen Social-Media-Auftritt können Sie Ihrem Unternehmen zu einer größeren Bekanntheit verhelfen und sich vom Wettbewerb absetzen. Bei Social Media geht es jedoch um mehr als die bloße Einrichtung der Facebook-Fanpage.

6.1.1   Törtchen Törtchen – zeigen Sie Ihre Produkte

Ein Unternehmen, das durch Kreativität und Authentizität auffällt, ist das Unternehmen *Törtchen Törtchen*. Es präsentiert die eigenen Kreationen auf Facebook (siehe Abbildung 6.1). Das Einstellen der Bilder erfordert nicht viel Arbeit und ermöglicht den potenziellen Kunden einen Einblick in das Geschäft und die Produkte.

Abbildung 6.1   Die Facebook-Seite von »Törtchen Törtchen«

Zudem zeigt der Screenshot auch, dass *Törtchen Törtchen* die eigene Community in Entscheidungen mit einbezieht. Wie Sie Ihre Fans durch Crowdsourcing-Aktionen einbinden können, erfahren Sie zudem in Kapitel 9, »Innovation Management – arbeiten Sie mit Ihren Kunden Hand in Hand«.

Das Unternehmen *Törtchen Törtchen* nutzt neben der Facebook-Seite auch *Foursquare* und *Qype*. So genannte *Location Based Services* bieten lokalen Unternehmen ebenfalls die Möglichkeit, die Bekanntheit zu steigern. Allerdings dienen diese Dienste Unternehmen vorrangig zur Stärkung der Kundenbindung. *Törtchen Törtchen* nutzt auf beiden Kanälen noch nicht alle Möglichkeiten, die sich für ein Unternehmen mit einem lokalen Standort anbieten.

Sowohl bei Foursquare und Qype als auch bei Facebook können Sie Ihren Kunden besondere Vergünstigungen bei der Nutzung anbieten (siehe Abbildung 6.2). Wenn Ihre Kunden bei Facebook in Ihrem Geschäft einchecken (die Information preisgeben, an welchem Ort sie sich gerade befinden), sehen dies wiederum die Freunde der Kunden. Auch die Check-Ins bei Foursquare und Qype können mit den verschiedenen Social-Media-Kanälen geteilt und damit verbreitet werden.

 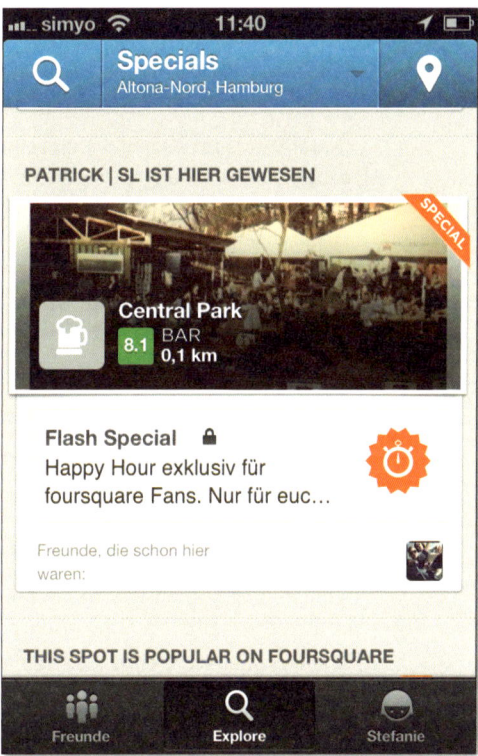

Abbildung 6.2 Vergünstigungen durch Foursquare Check-In

Auf diese Weise werden weitere Personen auf Ihr Unternehmen aufmerksam. Wenn Sie Ihren Kunden durch den Check-In beispielsweise den Kaffee beim Kauf von einem Stück Kuchen kostenfrei anbieten, nutzt der potenzielle Kunde vielleicht eher Ihre Bäckerei als das Konkurrenzunternehmen um die Ecke. Oder Sie bieten den Kaffee beim fünften Check-In kostenfrei an.

Ihnen kommt das bekannt vor? Viele Unternehmen setzen seit Jahren Bonuskarten-Systeme ein, um Kunden an das eigene Unternehmen zu binden. Beim fünften Döner oder dem zehnten Besuch im Kino gibt es den nächsten Döner kostenfrei oder die nächste Vorstellung umsonst. Durch Social Media haben Sie neben der Kundenbindung nun die Möglichkeit, auch die Freunde Ihrer Kunden auf Ihr Unternehmen aufmerksam zu machen.

Betrachten wir jedoch für einen Augenblick allein die Markenbekanntheit, die durch Social Media gestärkt werden soll. Durch die offene und transparente Kommunikation schafft das Unternehmen *Törtchen Törtchen* einen Mehrwert für die Fans. Die Inhalte der Seite werden geliked, kommentiert und geteilt. Diese Interaktionen zählen zu den »Sprechen darüber«-Angaben, die auf jeder Facebook-Seite ausgegeben werden. Insgesamt zählen alle sichtbaren Interaktionen zu den »Personen, die darüber sprechen«.

Was bedeutet »Sprechen darüber«?

Dieser Wert gibt Anzahl der Einzelpersonen an, die eine Meldung über die Seite erstellt haben. Eine Meldung wird generiert, wenn einem Nutzer die Seite gefällt, wenn er auf die Pinnwand postet, wenn er einen Beitrag kommentiert oder teilt, wenn er gestellte Fragen beantwortet, wenn er auf eine Veranstaltung antwortet, wenn er die Seite erwähnt, wenn er die Seite auf einem Foto markiert, den zugehörigen Ort besucht oder den Ort empfiehlt.

Abbildung 6.3   Kennzahlen zur Facebook-Seite

Generell werden jegliche Interaktionen mit Ihrer Seite dem Freundeskreis bei Facebook angezeigt. Mit jedem Like, Kommentar oder geteilten Beitrag verbreiten sich somit die Inhalte des Unternehmens *Törtchen Törtchen* und erreichen damit eine immer größer werdende Gruppe an Menschen.

Durch einen persönlichen, authentischen Einblick in das Unternehmen können Sie die Bindung zum Kunden ebenfalls erhöhen. Sie sollten Ihr Social-Media-Profil keineswegs nur dazu einsetzen, Angebote und Informationen zu Ihren Produkten zu veröffentlichen. Es gibt natürlich auch Ausnahmen. Bei Unternehmen wie *Daily Deal* oder *Groupon* erwarten die Fans nichts anderes als Gutscheine und Vergünstigungen. Finden Sie eine gute Mischung, und achten Sie darauf, was Ihre Zielgruppe interessiert.

Törtchen Törtchen ermöglicht den Lesern auf dem Blog einen Blick hinter die Kulissen des Unternehmens (siehe Abbildung 6.4). Erzählen Sie dem Kunden, wie ein typischer Arbeitstag bei Ihnen aussieht. Welche Werkzeuge werden benötigt, um Törtchen herzustellen, und wo und wie ist die Idee zum neuesten Törtchen entstanden?

Abbildung 6.4   Das Unternehmensblog von »Törtchen Törtchen«

Eine weitere Bäckerei, die Facebook einsetzt, um Kunden und Interessenten einen Einblick in das Unternehmen zu geben und sie mit relevanten Informationen zu versorgen, ist *Joseph Brot* (siehe Abbildung 6.5). Auf der Website existieren relativ wenige Informationen über das Unternehmen. Joseph Brot fokussiert sich eher auf Facebook, da dort der direkte Dialog mit dem (potenziellen) Kunden möglich ist.

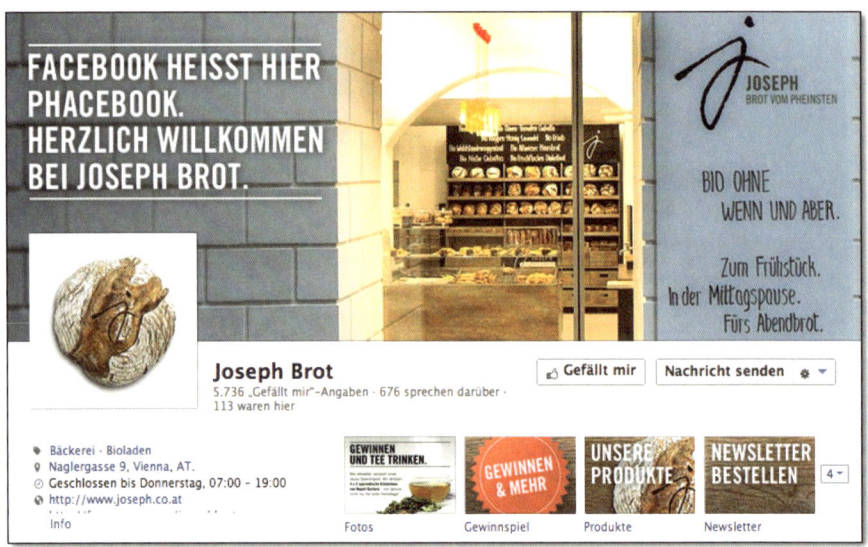

Abbildung 6.5 Die Facebook-Seite der Bäckerei »Joseph Brot«

> »Geburtstag vom Pheinsten: Heute vor einem Jahr hat unsere Brotboutique das Licht der Welt erblickt! Es war ein grandioses erstes Jahr – und das nicht zuletzt dank euch!
>
> P.S.: Wer uns einen Geburtstagswunsch erfüllen will, klickt bitte auf "Teilen". Vielleicht können wir dann ja an diesem besonderen Tag noch den 5000. Phein-schmecker hier begrüßen. :-)«

Durch den Aufruf, den Beitrag zu teilen, ermuntert *Jospeh Brot* die Fans, die eigenen Inhalte zu teilen und damit die Reichweite und schlussendlich die Bekanntheit zu erhöhen. Ein direkter Aufruf zum Liken oder Teilen der eigenen Inhalte ist in Ordnung, wenn Sie ihn nur ab und zu einsetzen.

Sowohl *Törtchen Törtchen* als auch *Joseph Brot* zählen sicher zu den weniger bekannten Marken, die durch ihren Social-Media-Auftritt aber ihre Bekanntheit und die Kundenbindung steigern konnten.

6.1.2   Manomama – ein Beispiel für eine Bekleidungs-marke im Social Web

Ein drittes Unternehmen, das zumindest mit dem Corporate-Blog bereits seit 2009 in Social Media aktiv ist und die Social-Media-Kanäle zur Steigerung der Markenbekanntheit einsetzt, ist die Bekleidungsmarke *Manomama* (siehe Abbildung 6.6). Der Twitter-Account wird von *Sina Trinkwalder* auch privat genutzt und zeigt so auch die private Seite der Unternehmerin.

Generell wird bei dieser Firma viel Wert auf Transparenz gelegt. Die Herstellung der Produkte wird durch die Produktionsrallye gleich mit einem Gewinnspiel verbunden.

Gewinnspiele sind bei Unternehmen generell auch sehr beliebt, um neue Fans hinzugewinnen. Natürlich ist dies durch Gewinnspiele möglich, Sie sollten sich jedoch vor Augen führen, dass Sie hierdurch auch zahlreiche reine Gewinnspielfans hinzugewinnen werden. Das heißt nicht, dass Sie auf gar keinen Fall ein Gewinnspiel durchführen sollten. Die meisten Gewinnspiele, die Gewinnspielnomaden anziehen, winken mit materiellen Dingen, wie beispielsweise einem Tablet oder einer Reise. Bieten Sie den Gewinnern eine Prämie, die einen direkten Bezug zu Ihrem Unternehmen hat. Sie können, wie Manomama das gemacht hat, einen Gutschein für Ihr Produkt als Gewinn ausgeben; oder laden Sie den Gewinner zu Ihnen in das Unternehmen ein, um ihm einen ganz persönlichen Blick hinter die Kulissen zu ermöglichen. Den Blick hinter die Kulissen ermöglicht Manomama bereits seit 2009 im Blog. Zudem werden die einzelnen Mitarbeiter in der Mediathek (YouTube) des Unternehmens vorgestellt.

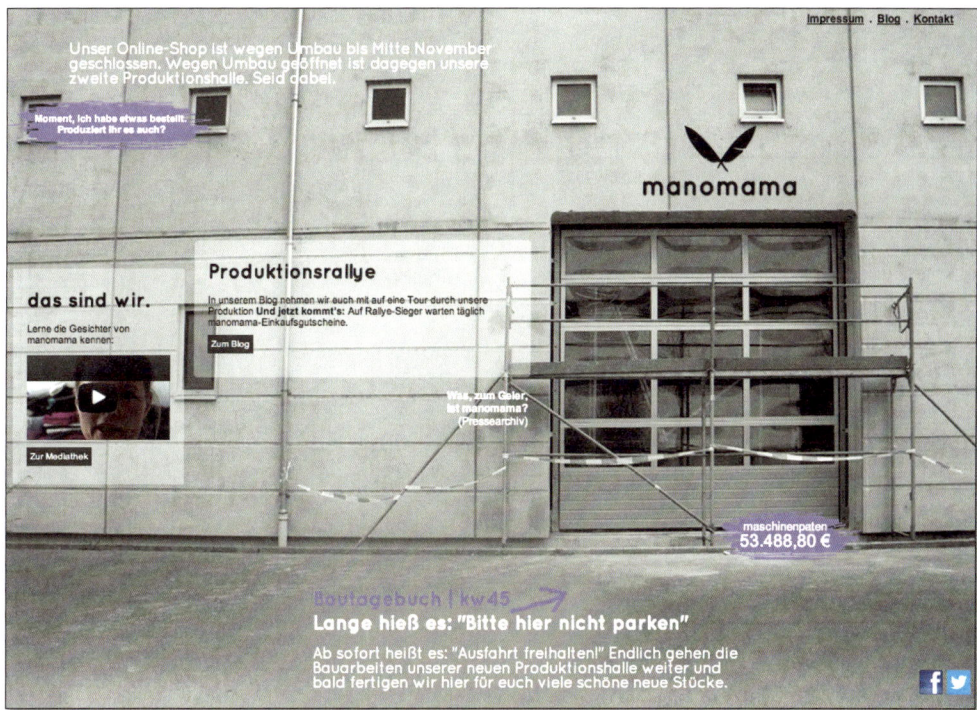

Abbildung 6.6   Die Website von Manomama

Einige Unternehmen sind bereits bekannt und in der *aktiven Markenbekanntheit* angesiedelt. Wenn Ihr Unternehmen bereits bekannt ist, ist der Aufbau der eigenen

Social-Media-Kanäle natürlich einfacher – vor allem, wenn Sie ein Unternehmen mit einer beliebten Marke haben. Unternehmen mit einem Produkt, das nicht so greifbar ist, haben es hier natürlich schwerer.

6.2   Das Image verbessern

Alle Unternehmen haben beim Konsumenten ein bestimmtes Image. Nahezu die Hälfte der Unternehmen werden in Social Media aktiv, um ihr Image zu verbessern.

Eine Verbesserung des Images und Erfolg in Social Media ist jedoch nur möglich, wenn man einen ehrlichen Dialog zum Kunden sucht und Social Media als Teil der Unternehmenskommunikation betrachtet. Ein Unternehmen, das die Regeln vorbildlich beachtet, ist die *Krones AG*. Die Produkte der Firma sind auf den ersten Blick nicht für jedermann interessant. Aber durch einen offenen und ehrlichen Dialog hat die Krones AG ihre Bekanntheit und vor allem ihr Image verbessert und gilt jetzt als Vorzeigebeispiel im Bereich B2B (siehe Abbildung 6.7).

Abbildung 6.7   Krones verpackt die relevanten Inhalte auf eine sympatische und interessante Art und Weise.

6.2.1 Führen Imagekampagnen immer zu einem besseren Image?

Das Bild der Konsumenten von einer Firma deckt sich nicht immer mit dem gewünschten Image des Unternehmens. Aus diesem Grund werden von vielen Unternehmen gerne Kampagnen zur Stärkung und Verbesserung des eigenen Images durchgeführt. Dass eine Social-Media-Kampagne durchaus einmal schiefgehen kann, zeigte das Fast-Food-Unternehmen McDonalds.

McDonalds wollte eigentlich das eigene Image stärken, aber erreichte das Gegenteil. Auf Twitter erzählte der Konzern unter dem Hashtag *#MeetTheFarmes* Geschichten über die Herkunft des Fleisches. Die Resonanz der User blieb jedoch zunächst aus. Als das Unternehmen schließlich einen Imagefilm unter dem Hashtag *#McDStories* erneut veröffentlichte, wurden auf den Tweet des Fast-Food-Konzerns viele Twitter-Nutzer aufmerksam. Darunter befanden sich jedoch auch zahlreiche Personen, die McDonald's kritisch gegenüber eingestellt sind. Zahlreiche User bei Twitter nutzen das Hashtag *#McDStories*, um eigene Geschichten über das Unternehmen zu veröffentlichen, und die waren nicht immer positiv (siehe Abbildung 6.8).

Abbildung 6.8 User-Beiträge zu #McDStories

Während das Unternehmen selbst das Hashtag nur zweimal benutzte und bereits nach einer Stunde merkte, dass es nicht so lief, wie man sich die Aktion vorgestellt hatte, sorgten zahlreiche User bei Twitter für eine virale Verbreitung des Hashtags.

Unternehmen müssen sich bewusst sein, dass das direkte Feedback der Konsumenten auf Werbeaktionen und Kampagnen nicht immer positiv ist.

6.2.2   Kritik ist nicht immer negativ für Unternehmen

Gerade in Krisenzeiten kann eine Präsenz in Social Media durch einen transparenten und ehrlichen Dialog das angeschlagene Image verbessern.

Wir haben Ihnen bereits in Abschnitt 2.7, »Bereiten Sie sich auf kritische Beiträge vor«, die Krisensituation der *ING-Diba* vorgestellt. Anfang 2012 kritisierten zahlreiche Veganer den Inhalt des Werbespots der ING-Diba mit Dirk Nowitzki. Den zahlreichen kritischen Kommentatoren haben sich viele Fans auf die Seite der Bank entgegengestellt (siehe Abbildung 6.9). Die ING-Diba hat sich bewusst aus der Diskussion herausgehalten und nach einer gewissen Zeit angemerkt, dass ein Austausch zwar erwünscht, dieser aber bitte zentral an einer Stelle durchgeführt werden sollte. Für die Bank war dies die einzige Möglichkeit, da sie durch die Teilnahme am Dialog nicht gewinnen konnte.

Abbildung 6.9   Verschiedene Fans ergreifen Partei für die ING-Diba.

Hier gilt es, Verständnis für die Betroffenen zu zeigen, aber auch zu verdeutlichen, dass die Diskussion einen bestimmten Rahmen nicht überschreiten soll und kann. Nach circa 14 Tagen ebbte das Kommunikationsvolumen schließlich ab. Der hohe Zuspruch der Fans und die Aufmerksamkeit in den Medien führten dazu, dass das Unternehmen mit einem Imagegewinn aus der eigentlichen Krise hervorgegangen ist. Der kritisierte Spot wurde im Herbst 2012 erneut gesendet (siehe Abbildung 6.10).

Einen eigenen Social-Media-Kanal erst in einer Krisensituation zu eröffnen kommt zu spät, denn dann hilft Ihnen Social Media auch nicht mehr. Sollten Sie auf den verschiedenen Social-Media-Plattformen vertreten sein, können Sie diese Kanäle im Krisenfall nutzen. Bei einem existierenden Kanal kann die falsche Reaktion jedoch ebenfalls nach hinten losgehen. Antworten Sie daher überlegt, transparent und ehrlich. Aber auch wenn Sie (noch) nicht auf den verschiedenen Social-Media-Plattformen aktiv sind, sollten Sie sich informieren, wie es um den Ruf Ihres Unternehmens oder Ihrer Produkte steht. Bei der Beobachtung und Beeinflussung des digitalen Images spricht man auch vom *Online Reputation Management*.

Abbildung 6.10   Werbespot der ING-Diba mit Dirk Nowitzki

6.3   Wie sich Inhalte im Netz verbreiten

Kommen wir aber wieder zurück zur Markenbekanntheit. Für das Daily Business in Social Media gelten andere Regeln, als wenn Sie eine Kampagne zur Steigerung der Markenbekanntheit durchführen. Bei einer Kampagne gilt es einmal mehr Aufmerksamkeit zu erregen. Und Aufmerksamkeit erreicht man durch virales Marketing.

Was ist virales Marketing?

Bei viralem Marketing nutzt man die verschiedenen Social-Media-Kanäle, um einen bestimmten Inhalt oder eine Botschaft (meist ein besonders ansprechendes und emotionales Video) zu verbreiten. Ob ein Inhalt sich für eine virale Verbreitung eignet, können Sie vorher nie sagen.

Ein Beispiel für eine sehr erfolgreiche virale Kampagne ist »A hunter shoots a bear« von der Firma TippEx. In einem Video auf YouTube wurde ein Camper gezeigt, der auf einen Bären trifft. Am Ende des Clips musste sich der Zuschauer entscheiden, den Bären entweder zu erschießen oder ihn leben zu lassen. Egal für welche Möglichkeit sich der User entschieden hat, in einem Folgefilm greift der Protagonist zu der Tipp-Ex-Werbeanzeige neben dem Video und entfernt das Wort »shoots« bzw.

in der deutschen Fassung »erschießt«. Als Zuschauer hat man nun die Möglichkeit, jedes beliebige Wort in das Eingabefeld einzutragen und so die Geschichte fortzusetzen (siehe Abbildung 6.11).

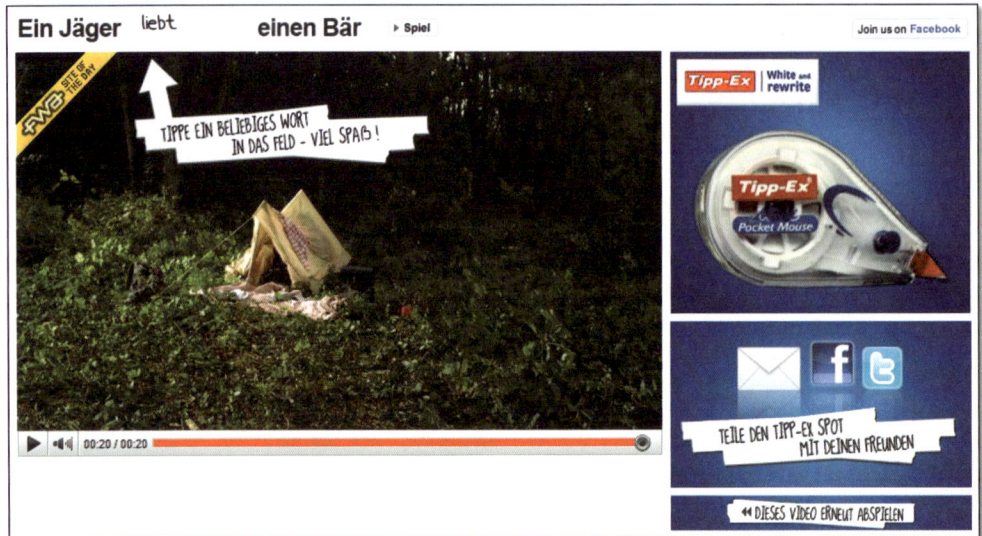

Abbildung 6.11   Videokampagne von TippEx

Bei der Produktion des Videos wurden zahlreiche Möglichkeiten eingeplant. Somit funktioniert fast jeder Begriff. Das Video hat inzwischen über 20 Millionen Zugriffe. Aufgrund des großen Erfolgs wurde für den Geburtstag des Unternehmens ein zweites Video erstellt, das den Zuschauer auf eine Zeitreise führt. Hier müssen die User kein Verb, sondern eine Jahreszahl eintragen. Auch dieses Video hat bereits knapp 10 Millionen Aufrufe.

So eine Kampagne ist natürlich mit einem erheblichen Budget verbunden. Aber auch kleine und mittelständische Unternehmen leben von Mundpropaganda. Warum sollte dieses Prinzip nicht auch bei KMU im Internet genutzt werden? Ein schönes Beispiel von einem kleinen Unternehmen ist der Werbespot von *Mustafa's Gemüse Kebab*. Unterstützt von der Agentur DOJO, deren Inhaber große Fans des Döners sind, wurde ein Clip entwickelt, der den Inhalt des HiPP-Werbespots umwandelt und an das eigene Unternehmen anpasst.

Die Persiflage konnte über 290.000 Views erzielen, was für so ein kleines Geschäft bereits ein sehr großer Erfolg ist.

Abbildung 6.12 Webseite von Mustafa's Gemüse Kebap

6.4   Erzählen Sie eine Geschichte

Eine weitere Möglichkeit, wie man potenzielle Kunden für das eigene Unternehmen begeistern kann, ist *Storytelling*.

Was ist Storytelling?

Wie der Name bereits vermuten lässt, handelt es sich beim Storytelling um das Weitererzählen von Geschichten. Storytelling im Hinblick auf Unternehmen befasst sich mit Geschichten zu der Marke oder zu Produkten im Bereich Marketing und Employer Branding. Das Ziel für das Unternehmen ist, sich auf diese Weise als Marke zu positionieren und die Unternehmenswerte zu verbreiten.

Wer würde sich nicht die Zeit nehmen, eine gute Geschichte zu hören? Erzählen Sie die Geschichte Ihres Unternehmens. Wenn es da nicht so nicht viel zu erzählen gibt, erzählen Sie die Geschichte eines Produkts oder eines Themas. Das Unternehmen, das die Musik-Streaming-Software *Spotify* entwickelt hat, existiert seit 2006. Spotify kann noch nicht auf eine lange Unternehmensgeschichte zurückblicken. Diesen vermeintlichen Nachteil hat das Unternehmen jedoch genutzt und anstatt der Firmenhistorie die Geschichte der Musik erzählt. Spotify hat dazu die Möglichkeit von Facebook genutzt, Meilensteine in Form einer Chronik zu erstellen (siehe Abbildung 6.13).

Abbildung 6.13   Spotify erzählt auf seiner Fanpage die Geschichte der Musik.

Um sich auch zukünftig von der Masse an Unternehmen auf den verschiedenen Social-Media-Kanälen abzugrenzen, hat sich Coca Cola vorgenommen, das eigene Storytelling und das der Kunden zum Mittelpunkt der Marketingstrategie bis zum Jahr 2020 zu machen. Coca Cola möchte nicht nur Geschichten über das eigene Unternehmen erzählen, sondern vor allem im Dialog mit dem Kunden dessen Geschichte mit der Marke in den Vordergrund rücken.

Mitte November 2012 veröffentlichte das Unternehmen seine neue Homepage (siehe Abbildung 6.14). Den Schwerpunkt der neuer Webseite bilden nun Geschichten rund um Coca-Cola, die Marke und die Produkte.

Die Webseite macht inzwischen mehr den Eindruck einer News-Seite als einer Unternehmens-Homepage. Coca Cola beschäftigt sich inhaltlich beispielsweise mit den Themen Recycling und Gesundheit, natürlich immer mit indirektem Bezug zur eigenen Marke. Auf der Seite sind zahlreiche Social-Media-Funktionen zu finden. Die Artikel können kommentiert werden, und die eigenen Videos werden durch YouTube eingebunden.

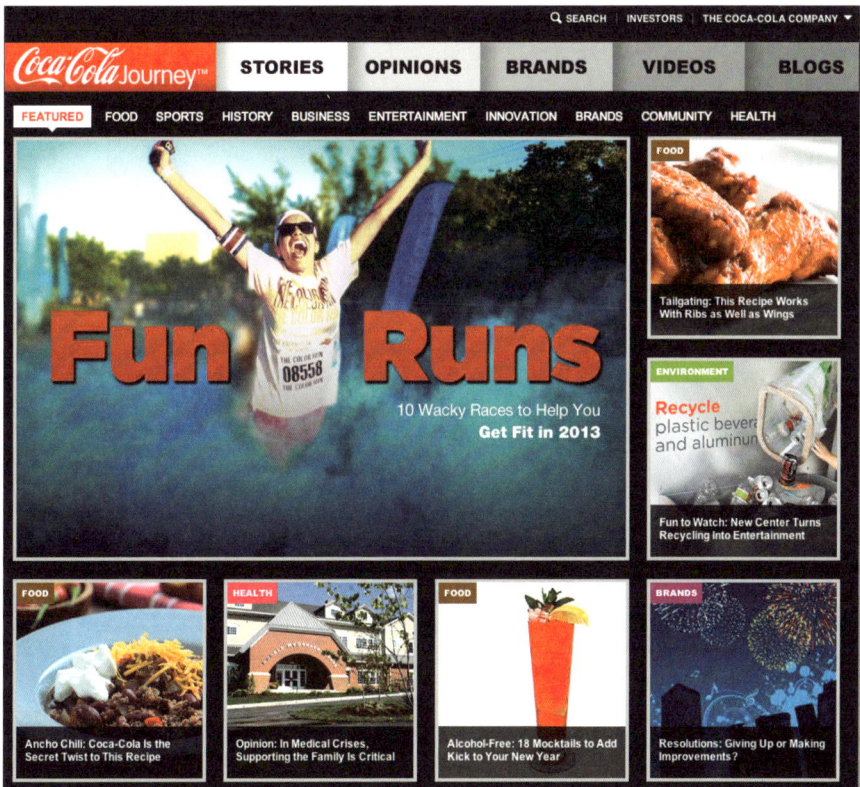

Abbildung 6.14   Die neue Corporate-Webseite von Coca Cola

Ein weiteres Beispiel, wie Storytelling funktioniert, hat Red Bull im Oktober 2012 mit dem Fallschirmsprung von Felix Baumgärtner aus der Stratosphäre geliefert. Um das Ereignis hat Red Bull eine Geschichte erzählt (siehe Abbildung 6.15). Das Ereignis selbst haben auf YouTube zeitgleich bis zu acht Millionen Nutzer verfolgt – Einschaltquoten, die sich mancher Sender für seine Formate wünscht.

Hinter so einer Maßnahme steckt natürlich ein erhebliches Budget. Aber auch Sie können Geschichten erzählen. Lassen Sie Ihre Kunden an einer Produktentstehung teilhaben, begleiten Sie Ihre Mitarbeiter bei ihrer täglichen Arbeit, erzählen Sie, wie Ihre Produkte den Weg zu Ihren Kunden finden. Oder erzählen Sie Ereignisse und Gegebenheiten, die Sie mit Ihren Kunden erlebt haben.

Das Unternehmen *adidas* hat mit dem Basketballprofi Derrick Rose einen Werbevertrag abgeschlossen. Am 28. April 2012 verletzte sich der Sportler so sehr, dass er für etwa ein Jahr ausfiel. Normalerweise ist das für einen Werbepartner eine Katastrophe, da die Profispieler die wichtigsten Werbeträger für die Schuhe von adidas sind.

Abbildung 6.15   Die Website zum Sprung aus der Stratosphäre

Adidas hat diesen Nachteil jedoch als Chance genutzt, um Derrick Rose auf andere Art und Weise als Testimonial einzusetzen (siehe Abbildung 6.16). Die Fans der Chicago Bulls sind natürlich sehr an der Rückkehr – dem Comeback – des Spielers interessiert, also stellt adidas mit Derrick Rose allen Interessierten diese Informationen zur Verfügung. Ein TV- und Web-Spot von adidas zeigt den Moment der Verletzung und deutet das Comeback in der Zukunft an. Zudem wird hier das Hashtag *#thereturn* etabliert.

Drüber hinaus produziert adidas eine sechsteilige Webvideo-Serie. Auf diese Weise wird über den Basketballprofi auch während der Verletzung gesprochen, und die Kommunikation wird sich kurz vor und während der Rückkehr nochmals deutlich steigern. Die *#thereturn*-Kampagne hat somit trotzdem den gewünschten – wenn nicht sogar einen deutlich besseren – Mediawert erreicht. Um so eine Kampagne umzusetzen, benötigen Sie auch nicht zwingend ein hohes Budget.

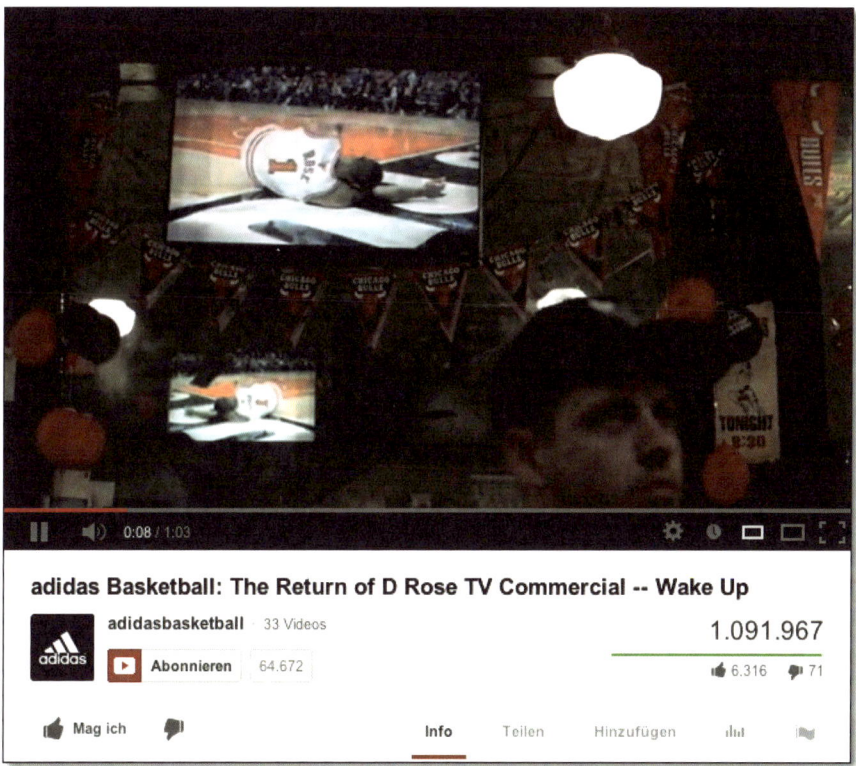

Abbildung 6.16   Ausblick auf das Comeback von Derrick Rose

Erzählen Sie eine Geschichte auf Twitter

Viele Unternehmen haben Twitter bereits eingesetzt, um ein bestimmtes Ereignis in Echtzeit nachzuerzählen. Das letzte Unternehmen, das diese Möglichkeit genutzt hat, war der MDR mit dem Fall der Mauer (*@9Nov89live*). Weitere Beispiele sind die Nacherzählung des Zweiten Weltkriegs (*@RealTimeWWII*), der Untergang der Titanic (*@TitanicRealTime*) oder die Geburt von Jesus (*@joseph_von_naza*).

Honorieren Sie die Beiträge der Fans. Die Wertschätzung der eigenen Fans können Sie sehr einfach bei Facebook stärken. Die Community kommentiert und liked in den meisten Fällen nicht nur Ihre Beiträge, sondern veröffentlicht auch eigene Inhalte auf der Seite. Honorieren Sie dieses Mitteilungsbedürfnis, und teilen Sie ab und zu Inhalte Ihrer Fans, wie es beispielsweise *Booster* in Abbildung 6.17 getan hat.

Abbildung 6.17   Teilen Sie die Inhalte von Ihren Fans.

6.5   Wie ein Hotel seine Bekanntheit gesteigert hat

Das Hotel *prizeotel* hat sich mit der eigenen Marke auseinandergesetzt und überlegt, was das eigene Unternehmen vom Wettbewerb abgrenzt. Nach eigenen Angaben war die erste Feststellung, dass keine oder kaum Hotelbuchungen mehr auf Basis von Reiseführern durchgeführt werden. Wer verreisen möchte, informiert sich vorab online über geeignete Reiseziele und Hotels. Also war schnell klar, dass das Unternehmen sich dort präsentieren musste, wo sich die Zielgruppe aufhält. Das Ziel: Bringen wir also den Gast dazu, dass er sich über uns austauscht! Motto: »Get the people engaged again.«

Für die Kommunikation mit dem (potenziellen) Kunden setzt das Hotel auf den Dialog über die Social-Media-Plattformen Facebook (siehe Abbildung 6.18), Twitter, Slideshare, XING sowie auf ein Corporate-Blog. Zudem legt das Unternehmen großen Wert auf die Zusammenarbeit mit Bloggern und Journalisten.

Das Hotel setzt jedoch nicht nur extern auf Social Media, sondern nutzt die Möglichkeiten auch für die interne Kommunikation. Untereinander tauschen sich die Mitarbeiter über *Yammer* aus, eine Art Twitter für die interne Kommunikation. Das Reinigungspersonal meldet darüber hinaus über eine App, ob das Zimmer gereinigt ist. Alle Maßnahmen führten dazu, dass das Unternehmen im Jahr 2010 das am besten ausgelastete Hotel in Bremen war und in zahlreichen Bewertungsportalen sehr gute Bewertungen erhielt.

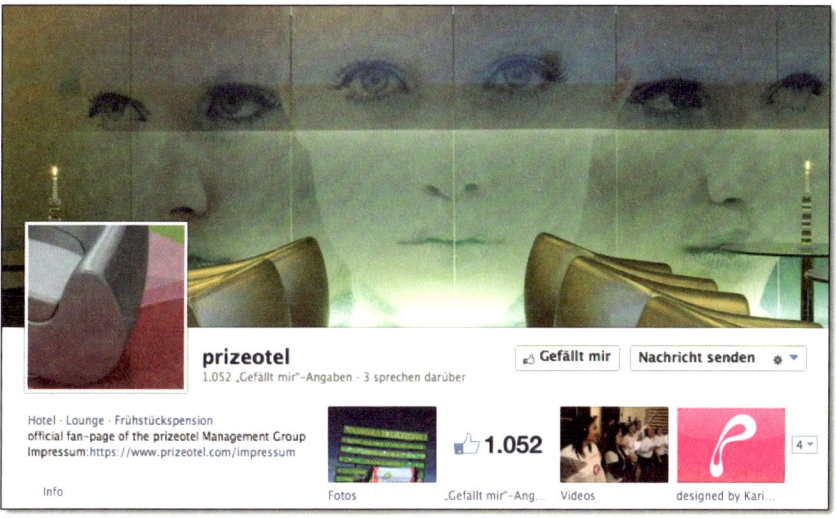

Abbildung 6.18   Das prizeotel auf Facebook

An den verschiedenen Präsenzen wurde weiter gefeilt. Auf der Webseite werden Ausgehtipps angeboten, im Azubi-Tagebuch berichten die Auszubildenden über verschiedene relevante Themen und analysieren z. B. sowohl positive als auch negative Bewertungen von Portalen. Auf diese Weise wird deutlich, dass das Unternehmen das Feedback der Gäste ernst nimmt. Alle Gäste werden auch gebeten, das Hotel auf der eigenen Webseite zu bewerten. Auf dem Corporate-Blog (siehe Abbildung 6.19) finden sich auch Erlebnisse mit Gästen und Artikel des CEO.

Abbildung 6.19   Das Corporate-Blog von prizeotel

6.6   Arbeiten Sie mit Bloggern zusammen

Das Corporate-Blog ist generell ein wichtiges Instrument bei der Kommunikation mit dem Kunden. Dass es auch anders geht, zeigt beispielsweise das Blog von *LG* (siehe Abbildung 6.20). Das Unternehmen lässt die Zielgruppe für sich sprechen und hat eine Kooperation mit bekannten Techbloggern abgeschlossen.

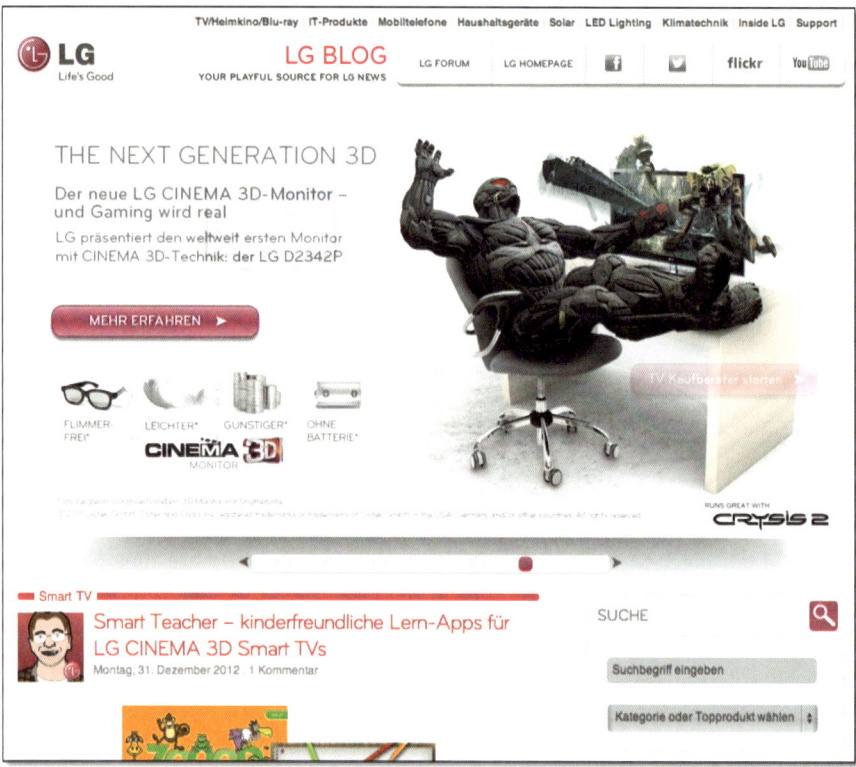

Abbildung 6.20   Das Blog von LG wird von Bloggern geführt.

Hier schreibt also der Blogger, der vom Unternehmen mit den neuesten Informationen und Geräten versorgt wird. Wichtig hierbei ist jedoch, dass so etwas transparent dargestellt wird. LG kommuniziert auf der Seite offen und ehrlich, dass am Blog eine Reihe von unabhängigen Bloggern und freien Online-Journalisten mitarbeiten, die neben dem Blog auch die weiteren Social-Media-Kanäle des Unternehmens betreuen und dafür Inhalte erstellen. Auf dem Blog findet der Leser u. a. Berichte über relevante Themen, Besuche auf Fachmessen, Vorstellungen von Produkten und Geräten im Test. Dabei ist es sehr wichtig, dass vor allem bei Testberichten nicht immer nur die Vorteile in den Vordergrund gestellt werden. Andernfalls wirkt die Glaubwürdigkeit der Autoren und Redakteure nicht mehr authentisch.

Während LG die Blogger für das Bespielen der eigenen Social-Media-Kanäle einsetzt, hat RITTER SPORT bereits im Juni 2010 »RITTER SPORT Botschafter« gesucht, die sich gerne mit dem Produkt und der Thematik Schokolade auseinandersetzen. Indem das Unternehmen die Blogger mit exklusiven Hintergrundinformationen zum Unternehmen, zu neuen Sorten und Aktionen versorgt, werden die Informationen durch die Blogger in deren eigenen Blogs veröffentlicht, wodurch die Bekanntheit von RITTER SPORT deutlich gesteigert wird. Zudem wird natürlich die Kundenbindung der Blogger zum Unternehmen gestärkt.

Unternehmen haben heute verschiedene Möglichkeiten, mit Bloggern zu kooperieren. Wichtig ist, dass Sie die Blogger ernst nehmen und gleichberechtigt wie Journalisten behandeln. Während Corporate-Blogs die Online-Reputation eines Unternehmens verbessern, können der enge Kontakt und die Kooperation mit Bloggern zu einer höheren Bekanntheit führen. Und am Ende möchte jedes Unternehmen immer neue Kunden gewinnen und die eigenen Produkte verkaufen. Aus diesem Grund setzen immer mehr Unternehmen auf die sogenannten *Blogger Relations*. Gerade im Modebereich arbeiten sehr viele Unternehmen bereits mit Bloggern zusammen und versorgen diese immer wieder mit neuen Produkten.

6.7   Best Practice: Yello Strom

»Welche Farbe hat eigentlich Strom?« – Mit dieser Frage fing 1999 alles an, als der etwas andere Stromanbieter mit dem pfiffigen Werbeauftritt an den Start ging. Mit der Liberalisierung des Energiemarktes hatten die Verbraucher in Deutschland das Wahlrecht beim Strom erhalten. Yello brachte ordentlich Schwung in den deutschen Strommarkt.

Interviewpartner: Jochen Mai

Jochen Mai ist der Social Media Manager von Yello Strom sowie Gründer und Herausgeber von Karrierebibel.de. Der Diplom-Volkswirt leitete von 2000 bis 2011 das Ressort »Management + Erfolg« der Wirtschaftswoche. Neben mehreren Bestsellern schreibt er auch regelmäßig Kolumnen u. a. für »Die Welt« und ist Dozent an der Fachhochschule Köln im Fach »Social Media Marketing«.

Abbildung 6.21
Jochen Mai

Im Bereich der Markenbekanntheit ist *Yello Strom* (siehe Abbildung 6.22) ein sehr gutes Beispiel. Für das Unternehmen stellte sich nicht die Frage, ob es Social Media machen sollte, sondern nur die Frage nach dem Wo und Wie. Dies liegt daran, dass das Unternehmen zum einen schon lange einen Vertrieb im Internet betreibt und zum anderen viele Serviceangebote online zur Verfügung stellt.

Abbildung 6.22   Auf der Webseite von »Yello Strom« sind die Social-Media-Kanäle zentral verlinkt.

Die Ziele für ein Engagement in Social Media sind generell vielschichtig und lassen sich nicht immer eindeutig abgrenzen. Durch Ziele wie »Kundenservice verbessern«, »neue Kunden gewinnen« oder »neue Produkte entwickeln« wird auch gleichzeitig das Markenbild im Netz geprägt und das Arbeitgeber-Image beeinflusst.

Um diese Ziele zu erreichen, hat Yello in Workshops erarbeitet, wie sich das Unternehmen im Web positionieren möchte. Die Entscheidung fiel dann auf die großen Netzwerke Facebook, Twitter, YouTube und Google+. Wie wir bereits erwähnt haben, besitzen alle Plattformen Vorgaben bzw. Einschränkungen, an die Sie sich halten müssen. Dies sind u. a. Gründe dafür, dass sich Yello entschieden hat, ein Corporate-Blog ins Zentrum seiner Social-Media-Strategie zu stellen – das *Yello Bloghaus* (siehe Abbildung 6.23).

Die Vorteile eines Corporate-Blogs haben wir Ihnen bereits in Abschnitt 1.4.4 aufgezeigt. Corporate-Blogs unterliegen keinen Einschränkungen und sind total frei in der Gestaltung.

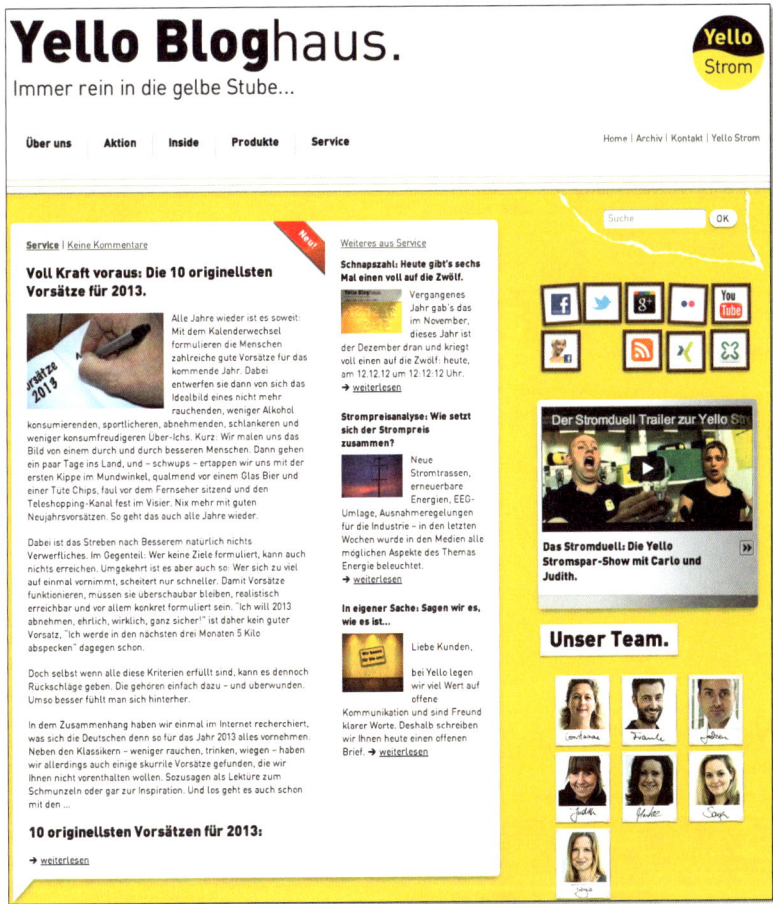

Abbildung 6.23   Das Zentrum der Social-Media-Strategie von Yello

In internen Team-Workshops wurde bei Yello vor dem Start des Blogs überlegt, was Yello mit diesem erreichen möchte und wie das Unternehmen das Blog gestalten will. Achten Sie darauf, dass Sie Ihre Kanäle untereinander verlinken. Yello hat dies passend zu der guten Stube grafisch mit Bilderrahmen umgesetzt.

Das Blog als Zentrum der Social-Media-Strategie soll zum einen für das Produkt und das Erleben damit, aber auch für die Art der Kommunikation des Unternehmens stehen. Dabei fiel die Wahl auf das Wohnzimmer (bzw. die gelbe Stube), da man sich in der Stube mit seinen Freunden und der Familie trifft. Man bespricht Dinge, es werden Probleme gelöst, es wird gespielt, gefeiert und geholfen. All diese Dinge sind auch ein Bestandteil des Yello Bloghaus. Damit bei den Kunden nicht nur über die Inhalte dieser Eindruck entsteht, wurde das Design der verschiedenen Social-Media-Kanäle darauf ausgerichtet (siehe Abbildung 6.24 und Abbildung 6.25).

Abbildung 6.24 Der Twitter-Kanal von Yello

Abbildung 6.25 Der YouTube-Kanal von Yello Strom

Das Wohnzimmer ist für Kunden, Freunde und Besucher immer offen. Für die Betreuung der Kanäle, den Auf- und Ausbau und für den Inhalt ist ein 4-köpfiges Social Media Team unter der Leitung eines Social Media Managers verantwortlich. Um sich im Unternehmen besser abzustimmen, arbeitet das Team mit angrenzenden oder betroffenen Abteilungen eng zusammen. Im monatlich stattfindenden Social-Media-Kommunikationskreis werden anstehende Themen oder Kampagnen besprochen und Projektteams definiert. Damit alle an Board sind, nehmen an diesem Meeting alle Abteilungen mit Außenwirkung teil.

Die Auswahl der richtigen Plattformen ist eine Maßnahme, um die Ziele zu erreichen. Ein weiterer und viel wichtigerer Punkt ist aber die Art und Weise der Kommunikation. Dazu gehört in Social Media die offene und transparente Kommunikation. Das Unternehmen möchte nicht nur über sich selbst informieren, sondern auch über das Produkt Strom. Um nachhaltige Geschäftsbeziehungen zu schaffen, ist es dem Unternehmen wichtig, nicht nur zu informieren, sondern den Kunden so viel Hilfe anzubieten, dass diese kompetent und bewusst mit der Thematik Strom und Gas umgehen können.

Wie Sie in Abbildung 6.26 sehen können, teilt Yello auch Beiträge zu den Themenbereichen Strom und Gas, die nicht vom Unternehmen erstellt wurden. Dies passt sehr gut zu dem Ziel, dass man den Kunden helfen möchte, Kompetenzen beim Umgang mit Strom und Gas aufzubauen. Hier steht nicht das Produkt der eigenen Marke im Vordergrund, sondern die nachhaltige Beziehung zu den Kunden.

Abbildung 6.26   Yello teilt auch fremde Artikel zum Thema »Storm sparen«.

Bevor diese umfassende Strategie umgesetzt wurde, gab es bereits Erfahrungen mit Social Media bei Yello. Trotzdem wurde für die neue Strategie ein Social Media Manager eingestellt. Durch ihn kam ein Großteil der Expertise dazu. Des Weiteren hat er das Social Media Team aufgebaut und geschult. Nur bei technischen Belangen werden Agenturen hinzugezogen. Ausschlaggebend für den Erfolg der Strategie ist das Team, das Social Media liebt und lebt. Die vier Mitarbeiter kümmern sich in Vollzeit um die Umsetzung der Social-Media-Strategie.

Der größte Vorteil, wenn man die Social-Media-Aktivitäten von internen Mitarbeitern umsetzen lässt, ist die Authentizität. Sie können damit Ihrer Marke ein Gesicht geben (siehe Abbildung 6.27)! Für die Strategie werden regelmäßig kurzfristige und langfristige Ziele definiert. Bei der Erfolgsmessung wird der Schwerpunkt nicht auf Zahlen wie »Fanzuwachs« oder »Follower« gelegt, sondern auf die Interaktion. Werden die Kanäle angenommen? Werden die Beiträge geteilt? Entstehen Diskussionen?

Abbildung 6.27   Die Facebook-Seite von Yello Strom

In Abbildung 6.28 sieht man zum einen, dass Yello auch fremde Inhalte, die thematisch zum Unternehmen bzw. zum Produkt passen, teilt und zum anderen, dass Sie auch mit witzigen Fotos Diskussionen bzw. Gespräche initiieren können.

Konnte den Kunden geholfen werden, und wie wird das Unternehmen in Social Media wahrgenommen? Bei den regelmäßigen Reports werden nicht nur die Wettbewerber betrachtet, sondern auch andere Branchen mit ähnlichen Strukturen. Yello Strom betrachtet z. B. auch die Telekommunikationsbranche. Das Unternehmen ist mit der bisherigen Entwicklung sehr zufrieden, aber es gab auch Probleme, aus denen man lernen konnte. Zu Beginn der Strategie-Umsetzung wurden die Inhalte für die unterschiedlichen Kanäle 1:1 übernommen. Das hatte zur Folge, dass nach einer gewissen Zeit alle Kanäle gleich aussahen. Noch gravierender war es aber, nicht auf die unterschiedliche Kommunikationformen auf den jeweiligen Kanälen einzugehen.

Abbildung 6.28   Sie können auch durch witzige Bilder, die thematisch zum Unternehmen bzw. Produkt passen, Gespräche initiieren.

Yello hat aufgrund dieser Erfahrung sogenannte *Plattform-Paten* eingeführt. Das bedeutet, dass jeder Mitarbeiter im Team einen Kanal hat, für den er besonders verantwortlich ist. Dies beinhaltet das Monitoring des Kanals, die Betreuung, aber auch die konzeptionelle und inhaltliche Weiterentwicklung. Der Pate ist auch dafür verantwortlich, den geplanten Beitrag für seinen Kanal aufzubereiten. So können z. B. aus einem Blog-Beitrag mit zehn Stromspartipps fünf einzelne Tweets oder ein passendes Facebook-Foto mit praktischen Tipps werden. Das Thema bleibt identisch, aber die Umsetzung erfolgt plattformspezifisch.

Im Zeitalter von Social Media suchen sich die Kunden die Plattform aus, auf der sie den Kontakt zum Unternehmen suchen. Auf der Facebook-Seite von Yello Strom hat das Social Media Team in sehr regelmäßigen Abständen mit Beschwerden über eine zu lange Wartezeit in der Support-Hotline zu kämpfen (siehe Abbildung 6.30).

Abbildung 6.29 Das Corporate Design findet sich auch offline in der Bürogestaltung wieder.

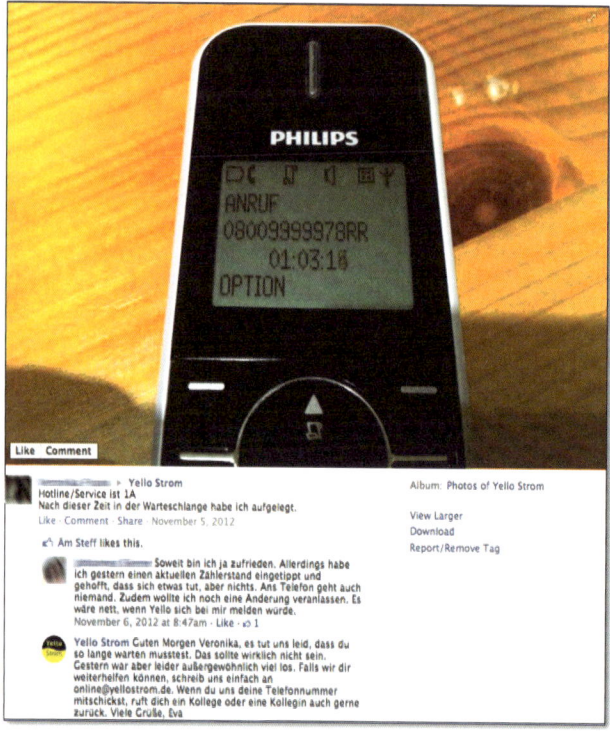

Abbildung 6.30 Beschwerde eines Kunden auf der Facebook-Seite von Yello

Das Team von Yello geht auf alle Beschwerden ein und bietet an, dass die Kunden eine E-Mail schicken können und dann vom Support zurückgerufen werden. Stellen Sie sich vor, was auf Ihrer Facebook-Seite los wäre, wenn Sie nicht auf diese Beschwerden eingehen würden. Die Kunden wären noch unzufriedener und würden Sie dies auf der Seite auch spüren lassen. Denken Sie also immer daran, dass die Kunden entscheiden, auf welchem Kanal sie mit Ihnen Kontakt aufnehmen.

»Was würden Sie Unternehmen raten, die den Schritt in Social Media machen möchten?«

Für *Jochen Mai*, Social Media Manager für Yello, sind dafür vier Dinge entscheidend:

▶ eine klare Strategie für einzelne und ausgewählte Kanäle (es müssen ja nicht alle auf einmal sein),

▶ ein festes und kompetentes Team (Mehrzahl! Denken Sie auch an Urlaube, Krankheit und eben auch an Patenschaften) sowie

▶ ein klares inhaltliches (Redaktions-)Konzept und

▶ ein langer Atem.

Viele starten euphorisch und bauen mit einigem finanziellen Aufwand eine Facebook-Seite auf, wissen dann aber nicht mehr, wie sie diese »spannend« machen und langfristig füllen sollen. Ein Blog wiederum aufzubauen, ist harte Arbeit. Erste Erfolge zeigen sich hierbei frühestens nach einem halben Jahr – und bis dahin muss man viel bloggen und netzwerken. Ohne Inhalte, die die Zielgruppe interessieren und binden, wird das nicht funktionieren. Deshalb würden wir immer von einem Ad-hoc-Einstieg abraten. Es gibt dazu auch keinen äußeren Druck. Lieber später live gehen, dann aber mit einem durchdachten und ausgereiften Konzept. Ach so: Und geben Sie sich immer Mühe beim Layout! Design wird in seiner Wirkung enorm unterschätzt. Es macht einen aber einzigartig und sorgt für einen hohen Identifikationswert.

6.8   Best Practice: Der Malerfachbetrieb HEYSE

Der in Isernhagen ansässige Malerfachbetrieb HEYSE kann auf eine lange Tradition zurückblicken. 1937 von Herrn Wolfgang HEYSE in Breslau gegründet, wurde das Unternehmen 1950 nach Hannover verlegt und wechselte den Standort 1967 nach Isernhagen, was sich aus heutigen Gesichtspunkten aufgrund der Ortslage als wirtschaftlicher erwies. Mittlerweile besteht das Unternehmen in der vierten Generation seit nunmehr 75 Jahren.

Interviewpartner: Matthias Schultze

Abbildung 6.31
Matthias Schultze

Matthias Schultze (siehe Abbildung 6.31) absolvierte von 1997 bis 1999 in 4 Semestern erfolgreich die Ausbildung zum staatl. geprüften Techniker Fachrichtung Farb- und Lacktechnik und zum Maler- und Lackiermeister an der Fachschule für Farb- und Lacktechnik in Hildesheim. Im Alter von 25 Jahren trat Matthias Schultze als Assistent der Geschäftsleitung an die Seite seines Vaters und leitet somit die Geschicke des Malerfachbetriebs HEYSE. Matthias Schultze ist alleine verantwortlich für die Unternehmenskommunikation und damit auch für die Social-Media-Maßnahmen des Unternehmens.

Das Realisieren von Alleinstellungsmerkmalen war für das Unternehmen vor vielen Jahren der Auslöser für den Start vieler neuer Impulse. Eine der Fragen, die zum diesen Zeitpunkt beantwortet werden sollten, lautete: »Wie schafft man es, die Marke HEYSE im Netz sichtbarer zu gestalten?«

Als Ideengeber und Internet-Aktivist war es für Matthias Schultze sehr früh klar, dass das nur über eine authentische Kommunikation in den neuen Medien funktionieren kann. Das Unternehmen ist sehr entspannt, aber auch gezielt und berechnend an das Thema Social Media herangegangen. Das Thema »Internet« als Marketingtool ist bereits seit 1999 im Unternehmen integriert. Ein erfolgreiches Nutzen der Social-Media-Kanäle war daher Anfang 2010 ein logischer Schritt für den Malerfachbetrieb HEYSE (siehe Abbildung 6.32). Im Unternehmen wurde über diese Schritte offen und transparent kommuniziert.

Das Unternehmen hat sich für die Aktivitäten in Social Media ganz unterschiedliche Ziele gesetzt. Dazu zählen:

▶ authentische Kommunikation mit dem Kunden 2.0

▶ Bindungen und Kaufkraft schaffen

▶ Image erzeugen, die Marke HEYSE stark verankern

▶ Interessen wecken

▶ Arbeitsplätze sichern

▶ Fachkräfte von morgen finden und binden

▶ Mitarbeiter zu noch wichtigeren Bausteinen machen

▶ den Blick »hinter die Kulissen« schaffen

▶ bidirektionale Kommunikation in Gang setzen

▶ neue Kundenkreise erschließen

▶ Geld verdienen

Abbildung 6.32   Auf der Website des Malerfachbetriebs HEYSE wird direkt auf Twitter und Facebook hingewiesen.

Sie sehen, dass diese Ziele sehr unterschiedlich sind und sich den Bereichen Brand Awareness, Employer Branding, Kundenservice und Sales zuordnen lassen. Das Wissen um diese Maßnahmen umzusetzen wurde selbst erlernt, und viele der Aktivitäten entstehen nach Bauchgefühl und Aktualitäten aus dem Betriebsalltag. Bei technischen Fragen greift das Unternehmen auf ein sehr professionelles Expertennetzwerk zurück. Für die Umsetzung ist allein Matthias Schultze verantwortlich. Die Mitarbeiter werden aber immer öfter in die Maßnahmen integriert, sodass die Teams z. B. ihre Eindrücke von Baustellen in Bildern zur Verfügung stellen (siehe Abbildung 6.33).

Die Social-Media-Maßnahmen werden aber auch in die Offline-Markenkommunikation integriert. Dies passiert in erster Linie in persönlichen Gesprächen mit Kunden und auf Veranstaltungen. Einen großen Teil der Kommunikation übernehmen allerdings die »Fans« des Unternehmens in ihren eigenen, privaten Kreisen. Um Nischen zu besetzen und auszubauen, werden regelmäßig die Wettbewerber beobachtet, aber auch gelobt und unterstützt. Social Media besteht aus einem gegenseitigen Geben und Nehmen. Diese Philosophie vertritt und lebt das Unternehmen mit seinen Social-Media-Maßnahmen (siehe Abbildung 6.34 bis Abbildung 6.37).

Abbildung 6.33 Die Mitarbeiter vermitteln die Eindrücke von den Baustellen über die sozialen Netzwerke.

Abbildung 6.34 Die Facebook-Seite des Malerfachbetriebs HEYSE

Für plötzlich auftretende Krisen gibt es keine integrierten Abläufe. Dies ist laut Matthias Schultze zurzeit aber auch nicht nötig. Da er für die Aktivitäten zuständig ist, kann er bei Problemen schnell und authentisch reagieren. Falls doch mal Fehler gemacht werden, sollten diese einfach offen und ehrlich in der Community kommuniziert werden. Das zeigt Authentizität und schafft Bindung.

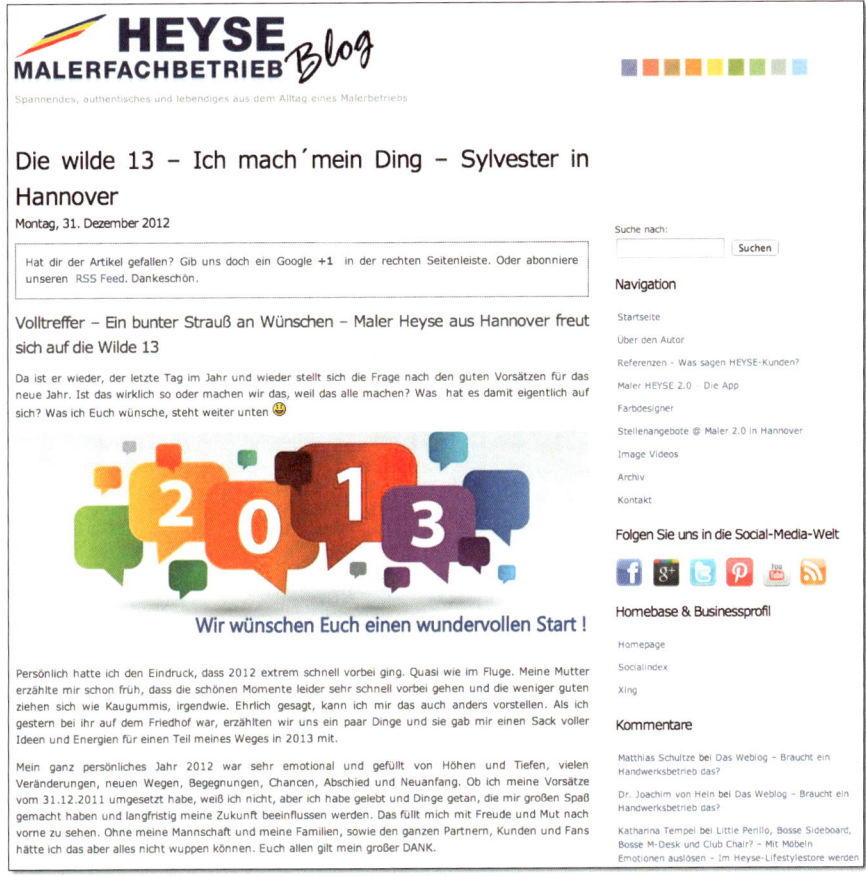

Abbildung 6.35 Auf dem Blog werden nicht nur Fachthemen, sondern auch allgemeine Themen, die die Zielgruppe interessieren, verarbeitet.

Der Erfolg der Social-Media-Maßnahmen wird in einem wöchentlichen Monitoring ermittelt. Unter anderem werden Reichweite, Zielgruppen und Altersklassen gemessen. Es werden aber auch die Neukunden gezielt gefragt, wie sie auf den Malerfachbetrieb aufmerksam geworden sind, um einen genaueren Eindruck über die Auftragseingänge zu bekommen.

Zu Beginn der Social-Media-Aktivitäten war die Ungeduld ein Fehler, der gemacht wurde, der aber mit der Zeit des Lernens schnell verflogen ist. Nach einer langen Phase des Ausprobierens kann das Unternehmen heute sehr positiv über den Erfolg

seiner Social-Media-Aktivitäten berichten. Für das Jahr 2012 konnten diverse On-
line-Auftragseingänge in Höhe von insgesamt 385.000 Euro verbucht werden, die
ausschließlich den Social-Media-Aktivitäten zuzurechnen sind. Hinzu kommt ein
sehr hoher Bekanntheitsgrad des Unternehmens.

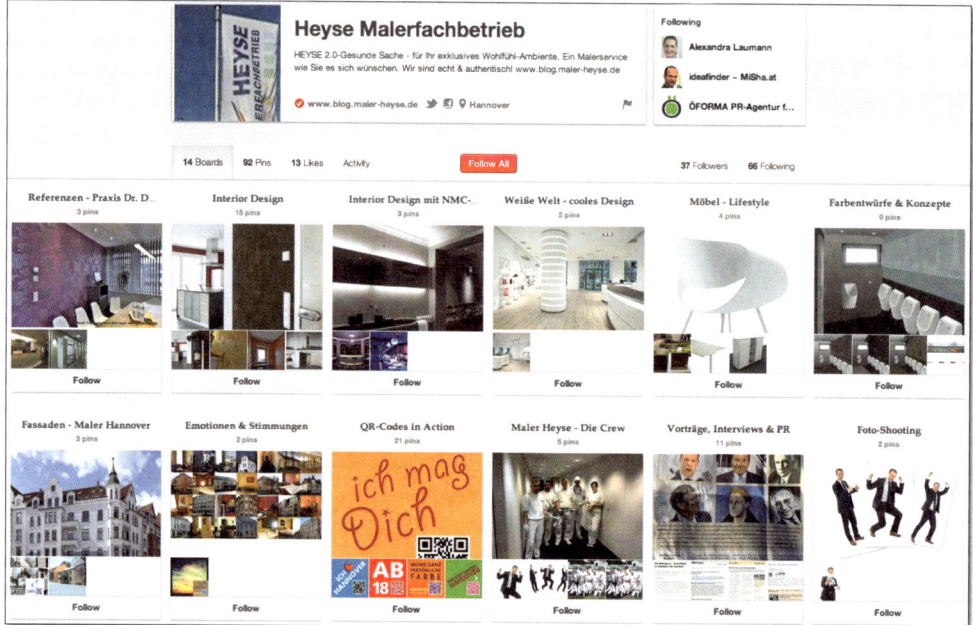

Abbildung 6.36   Auch Pinterest wird zur Markenkommunikation eingesetzt.

Der Malerfachbetrieb HEYSE hat es geschafft, mit viel Leidenschaft und Zeit die
Marke im Social Web zu positionieren und dadurch viele Vorteile für das Unternehmen zu erzielen. Wenn andere Unternehmen den Schritt in Social Media machen
wollen, dann rät Matthias Schultze:

▶ Bevor darüber nachgedacht wird, online präsent zu sein, muss das Ziel klar sein.
Was wollen Sie zeigen, was soll die Gesellschaft 2.0 erfahren, wo ist Ihre Zielgruppe?

▶ Holen Sie sich Profis ins Haus. Keine »Do-it-Yourself-Lösungen«, denn für den
ersten Eindruck bekommen Sie keine zweite Chance. Werbeagenturen und Profis fragen, Vorreiter aus Ihrer Branche »googlen« und einen Fahrplan erarbeiten.

▶ Onlinepräsenzen betrachtet Matthias Schultze generell als Chefsache. Keiner
kennt Ihr Unternehmen besser als Sie bzw. ein Vertreter des Chefs, dennoch
heißt es »delegieren«. Das will gelernt sein.

▶ Aktualität ist das A und O. Niemand will wissen, was vor 6 Monaten »up-to-
date« war. Die Bereitschaft, täglich zwei Stunden in die neuen Medien zu investieren, sollte vorhanden sein.

▸ Sie müssen sich darüber im Klaren sein, dass bereits über Sie im Internet gesprochen wird. Sie wissen es nur noch nicht. Zeigen Sie Flagge, und legen Sie los.

▸ Setzen Sie sich mit einem Social Media Manager zusammen, um Wünsche und
Ziele zu definieren, Grundlagen und Kenntnisse zu prüfen, Zielgruppen zu spiegeln, Verantwortliche zu suchen und mit Profis zusammenzuarbeiten.

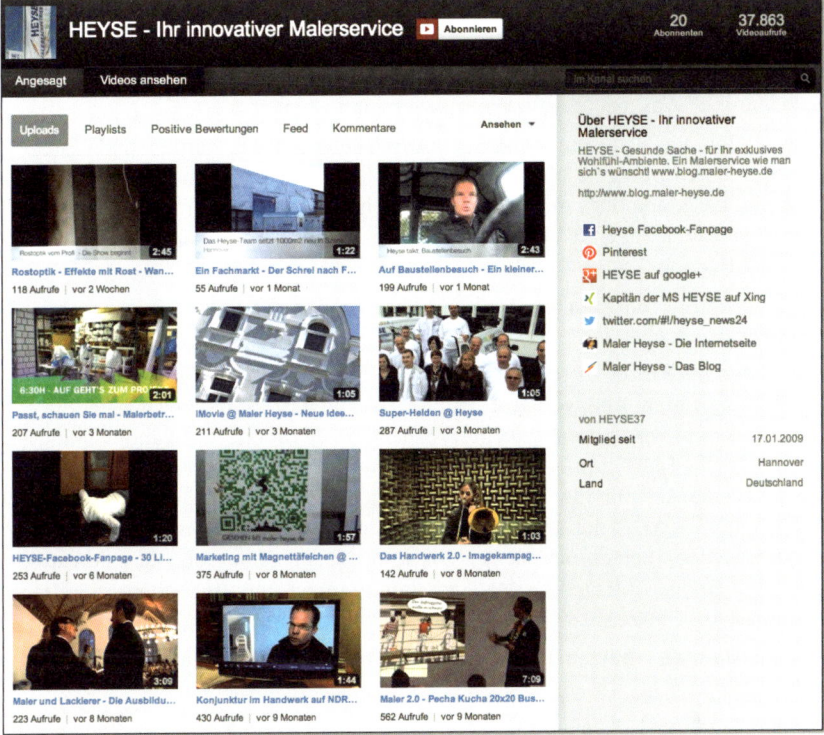

Abbildung 6.37   Auch auf dem YouTube-Kanal gibt es eine bunte Mischung und viele
authentische Videos.

Interview: Spezialfragen

Wie integrieren Sie Social Media in Ihren Arbeitsalltag?

Oha, das ist nicht ganz so einfach zu erklären. Das Thema Social Media ist so fest in
unser »Tun« verankert, dass es mittlerweile auf allen Ebenen unserer Unternehmenskommunikation integriert ist. Wir nutzen es:

▸ zur bidirektionalen Kommunikation mit der Außenwelt

▸ als Kundenkommunikationsplattform

▸ als Referenzbühne

▸ als Plattform für Mitarbeitersuche und -bindung

▸ als Sprachrohr

▸ als Meinungsbildner

Aus allem, was ich als Unternehmer sehe, wahrnehme und erlebe, entstehen kleine Geschichten, über die es sich zu berichten lohnt. Als Kapitän meines Schiffes MS-Heyse berichte ich live und authentisch aus unserem Alltag. Das Ziel, Nähe zu schaffen, Menschen zu berühren und anzusprechen, sie zu informieren, Erlebtes greifbar zu machen, ist so wundervoll. Es ist echt und klar. Die sogenannte Authentizität entsteht, und eine Marke entwickelt sich. So schaffen wir es, Reichweite zu erzeugen und unsere Marke und das Image zu verbreiten.

Hierfür ist es wichtig, Strukturen zu schaffen und Ziele zu haben. Was will ich wann und wo mitteilen? Welche Kanäle sollen bespielt werden, und wo erreiche ich meine potenzielle Zielgruppe? Was macht mein Wettbewerb, und wie macht er das?

Das braucht Zeit, viel Zeit. Alte Strukturen müssen aufgebrochen werden, und es heißt, gewohnte Verantwortungen an sein Team zu übertragen, um Zeit für diese wichtige Komponente des Marketings zu bekommen. Es gehört nicht nur zu unserem guten Ton, sondern ist eine grundlegende Voraussetzung für unser erfolgreiches unternehmerisches Denken und Handeln.

Welche Auswirkungen haben Ihre Social-Media-Maßnahmen auf die Kundenzufriedenheit?

Auf den ersten Blick ist es zurzeit noch nicht messbar. Grundlegend ist es aber als sehr förderlich zu bewerten. Aber was sehr deutlich zu spüren ist, ist die Reichweite, die erzielt wird. Über uns wird extrem stark gesprochen und diskutiert. Die Wahrnehmung ist gefühlt um das 20-Fache gestiegen, und das macht es so spannend. Wir sind durch unsere Social-Media-Aktivitäten extrem stark sichtbar geworden, und dadurch werden wir überall gefunden – sei es mit affinen Suchbegriffen zu unseren Dienstleistungen, aber auch mit aktuellen Themen des Alltags. Die Konsequenz daraus ist z. B. eine extrem hohe Rate an Online-Anfragen für Malerarbeiten in Innen- und Außenbereich in Hannover und 30-km-Umkreis. Das nenne ich mal echten und authentischen Erfolg!

Welche Plattformen schätzen Sie für den Dialog mit den Kunden am meisten und warum?

Den »einen Kanal« gibt es bei uns nicht, da unsere Kunden und potenzielle Neukunden auf unterschiedlichsten Kanälen unterwegs sind. Wir holen unsere Kunden da ab, wo sie stehen, und sind sehr flexibel in der Kommunikation. Am meisten wünsche ich mir den Kontakt über das Blog. Aktuell passiert aber das meiste auf der Facebook-Fanpage.

6.9   Fazit

Sie wollen durch Ihre Social-Media-Aktivitäten Ihre Markenbekanntheit im Social Web steigern? Um dieses Ziel zu erreichen, stehen Ihnen viele verschiedene Möglichkeiten zur Verfügung, und gerade für unbekanntere Unternehmen bietet Social Media eine enorme Chance, die Markenbekanntheit zu steigern. Machen Sie Ihr Unternehmen oder Ihre Produkte erlebbar. Nutzen Sie Storytelling, um Ihre Produkte emotionaler zu machen. Dies ist keine Budgetfrage, denn auch ohne ein hohes Budget können Sie es schaffen.

Wenn Sie es fertigbringen, Ihre Beiträge interessant, unterhaltsam oder emotional zu gestalten, dann bietet das Social Web durch die Möglichkeit, Beiträge zu teilen, die Chance, dass sich diese viral verbreiten. Versuchen Sie nicht, es zu erzwingen, sondern achten Sie darauf, dass Ihre Beiträge einen Mehrwert für Ihre Zielgruppe haben.

Pflegen Sie den Kontakt zu Bloggern, die sich thematisch mit Ihren Produkten beschäftigen, und zu Meinungsführern aus Foren und anderen Plattformen. Bieten Sie diesen exklusive Informationen, damit sie über Ihre Produkte schreiben. Auch wenn Sie in erster Linie andere Ziele in Social Media verfolgen, sorgen diese Maßnahmen für eine Steigerung Ihrer Markenbekanntheit.

Der Kunde ist König – wie Sie im Social Web die Kundenzufriedenheit steigern können und welche Maßnahmen möglich sind, um Kundenservice zu betreiben, das erfahren Sie im folgenden Kapitel.

7 Kundenzufriedenheit – mit Social Media wird der Kunde zum König

Früher haben sich Ihre Kunden ausschließlich per Telefon oder E-Mail beschwert. Heutzutage tun sie dies öffentlich auf den verschiedenen Social-Media-Plattformen. Aus diesem Grund gewinnt der Kundenservice in den sozialen Netzwerken an Bedeutung.

Beim Kundenservice handelt es sich um eine bestimmte Abteilung im Unternehmen, die sich mit der Erfüllung von Kundenwünschen und -bedürfnissen befasst, die vor und nach dem Kauf eines Produkts oder einer Dienstleistung anfallen. Mittlerweile wird auch von *Customer Service* oder *Customer Care* gesprochen.

In den meisten Fällen wenden sich die Kunden an den Kundenservice, wenn ein Produkt nicht richtig funktioniert oder beschädigt ist. Aber auch bei der Einrichtung oder der Bedienung können Fragen auftauchen, mit denen sich der Kunde an den Service wendet. Vordergründiges Interesse des Kundenservice sollte natürlich die Problemlösung sein. Darüber hinaus sollte jeder Mitarbeiter des Supportteams daran interessiert sein, dem Kunden das Gefühl zu geben, ernst genommen zu werden. Zuhören ist das A und O und sollte von jedem Mitarbeiter des Kundenservice beherrscht werden.

Zur Beantwortung von Kundenanfragen wird von größeren Unternehmen ein *Callcenter* eingerichtet, an das sich die Kunden mit ihren Anfragen per Telefon oder E-Mail wenden können. Der Kontakt mit der Hotline endet nicht in jedem Fall erfolgreich, und so suchen die Kunden verstärkt auf anderem Weg Hilfe. Durch die Möglichkeiten von Social Media tauschen sich die Anwender zunehmend auf den verschiedenen Social-Media-Plattformen aus. Während vor einigen Jahren diese »Gespräche« vor allem in Foren stattfanden, häufen sich heutzutage die Beschwerden auch auf Facebook und Twitter (siehe Abbildung 7.1).

Abbildung 7.1 Beschwerde eines Users auf Twitter

Mit der Präsenz von Unternehmen in Social Media teilen die Kunden ihre Beschwerden direkt auf den Kanälen der Firmen mit und erwarten eine Lösung.

7.1   Die Kommunikation in Social Media verändert den Kundenservice

Der Dialog zwischen Unternehmen und Kunden ist so sichtbar wie nie zuvor. Wenn die Kunden sich mit ihren Problemen direkt an das Unternehmen wenden, bleibt diesem eigentlich keine andere Möglichkeit, als sich mit dem Problem des Kunden zu befassen. Schlechter Service oder das Ignorieren von Kundenanfragen fällt in Social Media schneller auf und spricht sich herum. Lässt ein Unternehmen seine Kunden links liegen, wirkt sich das negativ auf die Kundenzufriedenheit und auf das Image des Unternehmens aus.

Wenn es um Customer Care geht, haben die Unternehmen zwei Möglichkeiten: Sie beantworten die Fragen der Kunden direkt auf dem allgemeinen Unternehmenskanal, oder sie richten eine separate Seite ein, die nur dem Kundenservice dient. Das wohl bekannteste Unternehmen, das einen eigenen Servicekanal in Social Media eingerichtet hat, ist die Telekom mit *Telekom hilft*. Das Telekommunikationsunternehmen hat zuerst via Twitter versucht, die Probleme der Kunden zu lösen. Im zweiten Schritt hat es eine Supportseite bei Facebook (siehe Abbildung 7.2) und schließlich ein Forum eingerichtet.

7.2   Gibt es in Social Media Öffnungszeiten?

In welcher Zeit sollen die Kundenanfragen beantwortet werden? Innerhalb einer Stunde oder eines Tages? Nicht jedes Problem kann innerhalb weniger Minuten oder Stunden gelöst werden. Wichtig ist, dass Sie als Unternehmen reagieren und dem Kunden somit zeigen, dass sein Anliegen ernst genommen wird. Zeigen Sie Verständnis für das Problem. Durch die Anteilnahme und eine erfolgreiche Bearbeitung des Kundenanliegens können Sie ein Problem oftmals auch in positives Feedback umwandeln.

Ob Sie einen 24/7- oder 9/5-Service anbieten, hängt in erster Linie von den Ressourcen ab, die für diesen Kanal zur Verfügung stehen. Die Telekom kommuniziert auf ihrer Seite ganz deutlich, dass das Supportteam montags bis samstags von 8 bis 20 Uhr für Fragen zur Verfügung steht. Auf diese Weise sollte den Nutzern bewusst sein, dass eine Frage, die an einem Sonntagnachmittag gepostet worden ist, nicht zeitnah beantwortet werden kann.

Abbildung 7.2   Supportkanal der Deutschen Telekom auf Facebook

Ein sehr wichtiger Punkt, den Unternehmen bei Customer Care in Social Media beachten müssen

Achten Sie darauf, dass die Kunden keine personenbezogenen Daten veröffentlichen, und weisen Sie darauf auch prominent auf dem Kanal hin. Daten wie die E-Mail-Adresse oder Kundennummer sollten dem Unternehmen immer nur per Direktnachricht oder E-Mail mitgeteilt werden. Um nachvollziehen zu können, welche Kundenanfragen über die verschiedenen Social-Media-Kanäle im Unternehmen eintreffen, ist es sinnvoll, eine eigene E-Mail-Adresse einzurichten. Im Fall von *Telekom hilft* ist dies *telekom-hilft-facebook@telekom.de* für den Facebook-Kanal.

Der Einsatz einer solchen E-Mail-Adresse hat zwei Vorteile. Zum einen haben Sie auf so eine Weise eine genaue Kontrolle, wie viele Anfragen Sie über die Social-Media-Kanäle erreichen. Da nicht jeder Anruf im Callcenter mit einem zufriedenen Anrufer endet oder jede Mail angemessen beantwortet wird, sollten Sie den Mitarbeitern des Kundenservice signalisieren, dass die Kunden bereits die Erstanfrage hinter sich haben. Wenn das Anliegen des Kunden sonst nicht gelöst wird, landet er mit einer weiteren Beschwerde wieder auf Ihrem Kanal und erzeugt damit weiteres schlechtes Feedback.

Bevor Sie den Supportkanal starten, müssen Sie das Serviceteam vorbereiten und schulen. Die Erstellung von Guidelines ist in jedem Fall auch sinnvoll und wichtig.

7.3   Brauchen Sie einen eigenen Servicekanal?

Ein eigener Supportkanal eignet sich meist nur für große Unternehmen mit einer eigener Serviceabteilung und hohem Serviceaufkommen. Dazu zählen vor allem Telekommunikations- oder Transportunternehmen wie die Deutsche Bahn. Die meisten Unternehmen erhalten nur wenige Kundenanfragen, aber auch hier gilt es, den Kunden ernst zu nehmen (siehe Abbildung 7.3).

Abbildung 7.3   Kundenservice funktioniert auch bei kleinen Unternehmen.

Unternehmen, wie die Telekom oder die Lufthansa erhalten jedoch täglich zahlreiche Anfragen. Aus diesem Grund hat die Lufthansa eine separate App erstellt, die die häufigsten Fragestellungen übersichtlich auflistet (siehe Abbildung 7.4). Da auf diese Weise bereits viele Fragen der User beantwortet werden, wird das Frageaufkommen der Seite verringert.

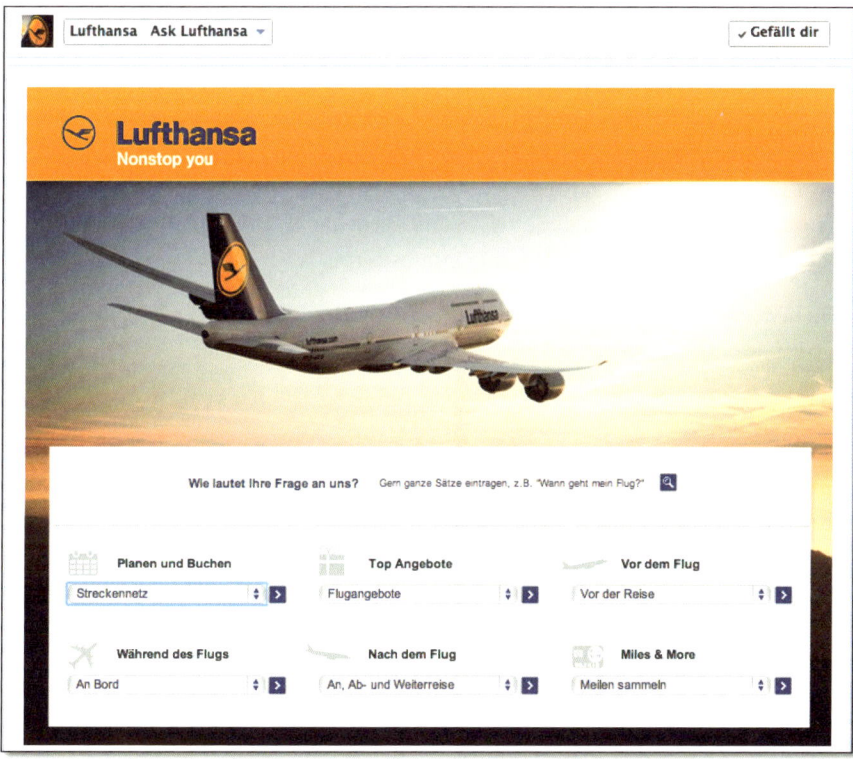

Abbildung 7.4   Die Lufthansa hat eine eigene App.

Wie man exzellenten Kundenservice auf Twitter betreibt, zeigt das ZDF. Hier werden geduldig Fragen und Anregungen fast rund um die Uhr beantwortet, und das so gut, dass sich vereinzelt auch User mit Fragen zum Programm der ARD an das ZDF wenden (siehe Abbildung 7.5).

Abbildung 7.5   Die User bei Twitter verwechseln oftmals ARD und ZDF.

Deutlich weniger Serviceanfragen erhält beispielsweise die Restaurantkette Vapiano. Das Unternehmen zeigt, wie man die Facebook-Seite zur Customer Care einsetzen kann und damit die Zufriedenheit der Kunden und zeitgleich das eigene Image verbessern kann. Vapiano reagiert nicht nur auf Fragen der User, sondern sucht auch sonst den Dialog zur Community. Zum Jubiläum von Vapiano haben viele Fans eigene Bilder auf die Fanpage gepostet (siehe Abbildung 7.6). Vapiano reagiert auf fast alle Beiträge der User und zeigt damit, dass das Unternehmen an einem Austausch mit der Community interessiert ist.

Abbildung 7.6   Vapiano bedankt sich bei den Fans für schöne Bilder.

Auch wenn die Betreiber der Fanpage die eigentlichen Probleme der User nicht lösen können, zeigt Vapiano damit, dass es das Feedback ernst nimmt (siehe Abbildung 7.7).

Abbildung 7.7   User-Anfragen werden (fast) alle beantwortet.

Die Beantwortung führt schließlich wieder zur Kundenzufriedenheit. Die Bearbeitung von Kundenanfragen auf den eigenen Social-Media-Kanälen nennt man *aktiven Kundenservice*. Es gibt jedoch eine weitere Möglichkeit, Probleme von Kunden zu identifizieren und zu beantworten, denn Customer Care fängt nicht erst an, wenn ein Kunde an das Unternehmen herantritt. Durch Social Media Monitoring können Probleme und Beschwerden auf den unterschiedlichen Social-Media-Plattformen identifiziert werden. Im nächsten Schritt gilt es nun die Anliegen der Kunden zu beantworten.

Während in Foren die User vor allem bei Kaufentscheidungen andere Nutzer um Rat fragen, äußern die User bei Twitter vor allem ihren Frust zu Problemen mit dem Unternehmen. In beiden Fällen wird oftmals keine Antwort erwartet, es sei denn, der Twitter-User hat sich direkt per Reply an das Unternehmen gewendet. Gerade auf Twitter können Beschwerden oftmals in ein Lob umgewandelt werden. Wie Sie Social Media Monitoring gewinnbringend einsetzen können, zeigt ein Beispiel mit den Unternehmen *Thomas Cook* und *lowcostholidays.de* (siehe Abbildung 7.8).

Abbildung 7.8 Dialog zwischen dem User
Thomas Cook, dem gleichnamigen Unternehmen und
lowcostholidays

Ein Nutzer mit dem identischen Namen wie das Unternehmen Thomas Cook erkundigt sich bei der Fluglinie, ob Thomas Cook ihm nicht ein Wochenende in Paris spendieren könnte. Er würde immer wieder darunter leiden, den gleichen Namen wie das Unternehmen zu tragen. Thomas Cook lehnt ab, und das Urlaubsportal lowcostholidays greift zu.

Die Möglichkeit, über Social Media Aufmerksamkeit zu erlangen und in einigen Bereichen auch Vorteile zu erhalten, zieht auch zahlreiche User an, die sich einen Spaß mit einem Unternehmen erlauben wollen. Unternehmen haben es hier teilweise nicht einfach. Wie man auf eine nicht ganz ernst gemeinte Anfrage mit Humor reagieren kann, zeigt die *Deutsche Bahn* (siehe Abbildung 7.9).

Abbildung 7.9 Abschluss-Tweet der Deutschen Bahn zu einer längeren Diskussion zu Klopapier im Zug

7.4   Die Deutsche Post hat ihr Ziel vor Augen

Die Deutsche Post hat sich im Rahmen der Einführung des E-Postbriefes ebenfalls mit dem Thema Service 2.0 befasst. Im Vorfeld wurden zwei Ziele aus verschiedenen Sichten definiert: Die Deutsche Post hat sich vorab mit den Zielen aus der Sicht des Unternehmens und der Kunden auseinandergesetzt (siehe: *http://www.social-media-magazin.de/index.php/heft-nr-04-2011/deutsche-post-social-media.html*).

Ziele aus der Sicht des Unternehmens

▸ Identifizierung von kritischen und potenziell kaufhemmenden Meinungen und positive Beeinflussung von Kaufentscheidungen

▸ Abwendung von irreparablen Imageschäden durch die Reaktion auf Diskussionen

▸ Verbesserungsvorschläge von Kunden aufnehmen, um die Weiterentwicklung des Produkts voranzutreiben

▸ Schaffung eines positiven Gesamtbildes des Produkts in Social Media

Ziele aus der Sicht des Kunden

▸ Über die Social-Media-Kanäle einen kompetenten Ansprechpartner aus dem Kundenservice direkt und unkompliziert erreichen

▸ Übernahme und erfolgreiche Bearbeitung der Anfrage von einem Ansprechpartner

▸ Schnellstmögliche Bearbeitung der Kundenanfrage

Um den Erfolg dieser Maßnahmen festzuhalten, wurden verschiedene Messgrößen definiert:

▸ Antwortzeit = Dauer von der Erfassung der Beiträge bis zur Beantwortung

▸ Anzahl und Tonalität der Reaktionen

▸ Verhältnis zwischen der Anzahl der Beschwerden auf Twitter im Vergleich zu den anderen Social-Media-Plattformen

▸ Anteil der positiven Beiträge an der gesamten Social-Media-Kommunikation

▸ Verhältnis zwischen der Anzahl der Beschwerden in Social Media zu den eingehenden E-Mails bzw. zu den im Callcenter eingehenden Anrufen

7.5   Warum eigentlich nur die Fragen auf Ihren eigenen Kanälen beantworten?

Während die Beantwortung von Servicefragen via Twitter bereits öfter eingesetzt wird, werden Beiträge in Foren und auf Q+A-Portalen oftmals außer Acht gelassen. Dabei können Unternehmen gerade hier punkten. Bevor Sie allerdings in den einzelnen Foren als Mitarbeiter eines Unternehmens Beiträge beantworten, sollten Sie die entsprechenden Forenbetreiber ansprechen und um ihr Einverständnis bitten. Da Sie sich auf einer fremden Plattform bewegen, gehört dieses Vorgehen zum guten Ton. Außerdem vermeiden Sie so die Gefahr, dass der Support-Account gesperrt wird. In den meisten Fällen sind die Forenbetreiber mit dem Engagement einverstanden. Sie können dies natürlich nicht bei allen verfügbaren Foren durchführen. Prüfen Sie vorab, welche Plattformen für Sie relevante Themen diskutieren.

Wenn Sie nun als Servicemitarbeiter Fragen von Usern beantworten, achten Sie darauf, den Usern bei ihren Problemen zu helfen. Zeigen Sie Verständnis für das Problem. In diesem Moment ist es nicht Ihre Aufgabe, die eigenen Produkte zu verkaufen. In den meisten Fällen ist es sinnvoll abzuwarten, ob nicht andere User die gestellte Frage beantworten, und erst einzugreifen, wenn die Frage vonseiten der User nicht beantwortet werden kann (siehe Abbildung 7.10).

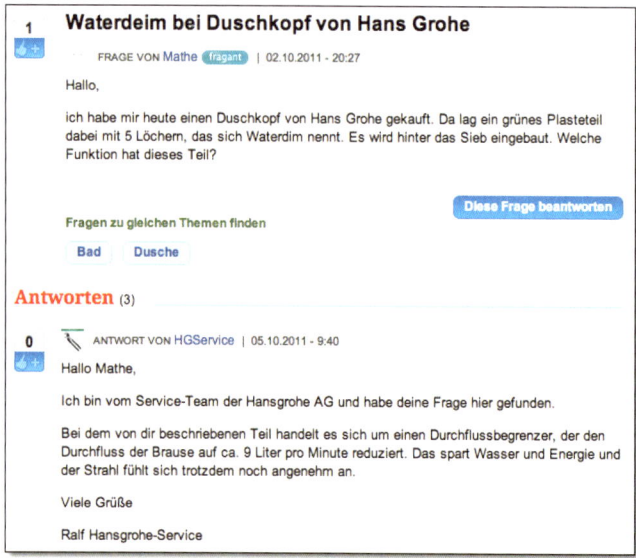

Abbildung 7.10   Beantwortung von User-Fragen durch Hans Grohe auf gutefrage.net

Der Vorteil von der Beantwortung von Kundenproblemen ist auch hier, dass die Antworten auch von anderen Usern gelesen werden, die vielleicht die gleiche Frage haben.

Dass Customer Care in Social Media immer beliebter wird, haben bereits auch die unterschiedlichen Plattformen bemerkt. Auf der Question&Answer-Plattform *gute-frage.net* müssen Unternehmen ein kostenpflichtiges eigenes Profil erstellen, um die Fragen der User beantworten zu können.

7.6   Die Kunden lassen ihrem Ärger freien Lauf

Was passiert, wenn Sie als Unternehmen die Serviceanliegen einzelner User immer wieder ablehnen, zeigt die Aktion »Wir sind Einzelfall«. Hier hat Matthias Bauer ein Blog (siehe *http://wir-sind-einzelfall.de/*) erstellt und andere User aufgerufen, sich bei ähnlichen Beschwerden bei ihm zu melden. Zu Beginn war die Idee, Probleme mit dem Mobilfunknetz von O_2 zu melden:

> »Hallo und herzlich Willkommen. Auf diesem Blog trage ich ›Einzelfälle‹ zusam-men, die mit dem Mobilfunkangebot von O2 Probleme haben. Ich selbst habe seit geraumer Zeit (~6–8 Monate) massiv Ärger mit den Datenverbindungen, vor allem in Großstädten (Hamburg, Berlin, München) und bei Events. O2 selbst wie-

gelt allerdings immer ab, es seien nur ›zeitweise Störungen‹, ›Einzelfälle‹, ›örtlich begrenzt‹, etc. Ich selbst kenne allerdings etwa 50 solcher Einzelfälle aus Hamburg, Berlin, Frankfurt, München und dem Ruhrpott.«

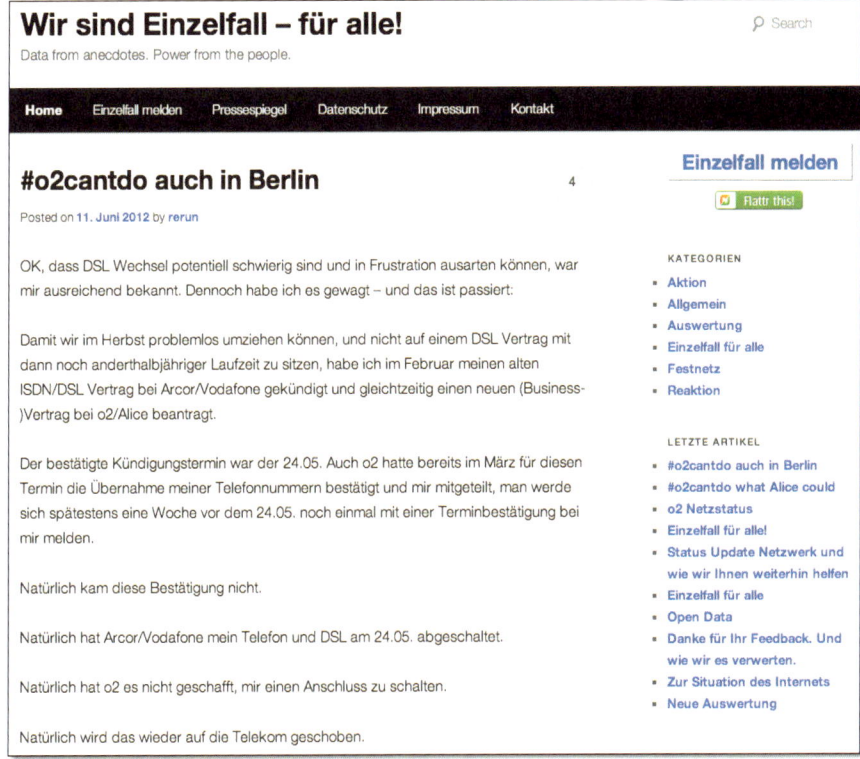

Abbildung 7.11   Das Blog »Wir sind Einzelfall«

Die Resonanz war sehr groß. Bereits nach dem ersten Tag hatten sich 180 Kunden von O_2 gemeldet. Zehn Tage später wurde eine Liste mit 6.400 Fällen an den Telekommunikationsanbieter geschickt. Die Presse hat dieses Thema ebenfalls aufgegriffen, und O_2 hat sich bei dem Blogger gemeldet und arbeitet an der Verbesserung des Service.

7.7   Binden Sie Ihre Kunden bei der Beantwortung von Fragen mit ein

Gerade wenn Unternehmen sehr viele Serviceanfragen erhalten, intern aber nur sehr knapp besetzt sind, ist es sinnvoll, auf externe Helfer zurückzugreifen. Sowohl in Foren als auch bei Twitter oder Facebook beantworten sehr viele User bereits

Anfragen anderer Kunden. Unternehmen wie *simyo* arbeiten mit diesen engagierten Personen zusammen und machen sie zu Paten (siehe Abbildung 7.12).

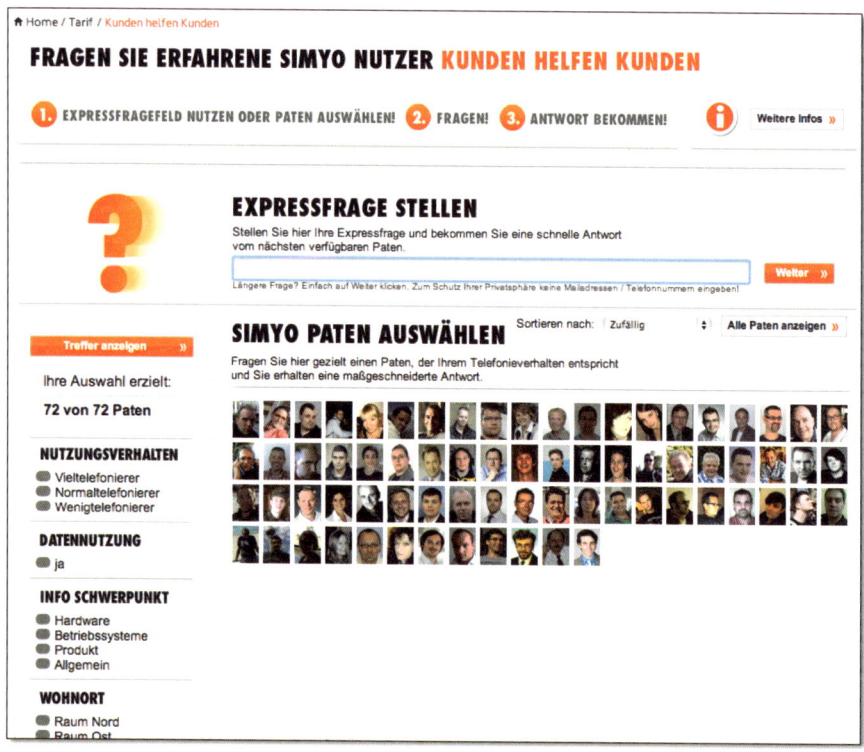

Abbildung 7.12 Die simyo-Paten werden auf der Seite des Unternehmens vorgestellt.

Die Kunden haben entweder die Möglichkeit, einen bestimmten Paten auszuwählen, oder sie können über die Einschränkungen auf der linken Seite den Paten kontaktieren, der in Bezug auf das Telefonverhalten etc. den eigenen Werten am nächsten kommt. Die Paten sind alle simyo-Kunden. Im Anschluss an eine erfolgte Beantwortung einer Frage können die Paten bewertet werden.

7.8   Best Practice: Festool

Ein weiteres Best-Practice-Beispiel im Bereich Kundenservice ist die Firma *Festool*. Festool entwickelt hochwertige Elektro- und Druckluftwerkzeuge für professionelle Anwender. Seit der Gründung des Familienunternehmens im Jahr 1925 haben Qualität und Innovation oberste Priorität. Für diesen Abschnitt haben wir ein Interview mit *Michael Schreiber* und *Petra Baltrusch* geführt.

Interviewpartner

Michael Schreiber ist der Leiter Online & Communication und zuständig für die Corporate Websites, das E-Mail-Marketing, Online-Marketing und Social Media. Mit seiner langjährigen Erfahrung im Online-Bereich steuert er erfolgreich den Online-Kundendialog. Petra Baltrusch betreut als Projekt Manager im Bereich Online & Communication die Themen Social Media, Mobile und Kiosksysteme.

Abbildung 7.13
Michael Schreiber

Abbildung 7.14
Petra Baltrusch

Die Kunden des Unternehmens sind professionelle Handwerker. Festool hat das große Potenzial von Social Media erkannt, um als B2B-Unternehmen diese Kunden zu erreichen und um mit ihnen in Dialog zu treten. Den Kunden zuhören zu können, um ihre Herausforderungen, Wünsche und Anregungen zu erfahren, damit diese wieder in das Unternehmen einfließen können, ist ein Ziel der Social-Media-Aktivitäten von Festool. Ein weiteres Ziel ist der Kundenservice. Die Kunden werden über Themen und Produkte informiert, und das Unternehmen möchte seinen Kunden die beste Anwendungsberatung geben (siehe Abbildung 7.15).

Abbildung 7.15 Auf der Festool-Website sind die Social Networks direkt verlinkt, und der Service-Bereich ist deutlich hervorgehoben.

Festool positioniert sich auf allen Kanälen als serviceorientiertes Unternehmen. Auf der Webseite gibt es einen großen Service-Bereich, der den Kunden als erste Anlaufstelle zur Verfügung steht. Aber auch auf den Social-Media-Kanälen wird der Service gelebt. Der YouTube-Kanal dient nicht nur zur Vorstellung der Produkte, sondern bietet auch einen Blick hinter die Kulissen, und das Unternehmen gibt Tipps und verrät Tricks, wie man bestimmte Abläufe mit den Werkzeugen umsetzen kann (siehe Abbildung 7.16). So erhalten die Kunden einen tollen Einblick, für was sich die Werkzeuge eignen und wie man sie einsetzen kann.

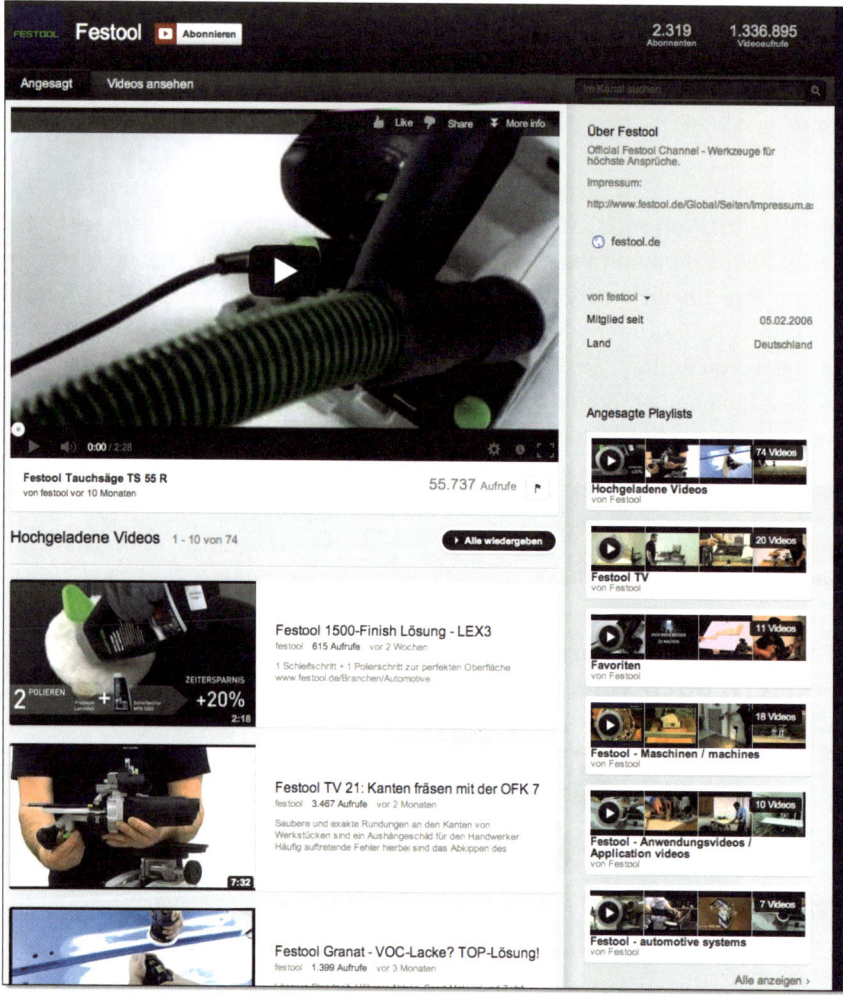

Abbildung 7.16 Der YouTube-Kanal von Festool

Um diese Ziele erreichen zu können, wurde eine internationale Strategie entwickelt. Der große Vorteil dabei war, dass es vorher noch keine Social-Media-Aktivitäten des Unternehmens gab. Festool konnte also auf der »grünen Wiese« anfangen und musste sich nicht überlegen, wie man bereits existierende Kanäle in die Strategie mit einbindet bzw. so ändert, dass sie der Strategie entsprechen.

Nachdem die internationale Strategie als Basis entwickelt war, folgte die Konzeption für Deutschland, Österreich, Schweiz sowie das internationale Konzept. Dazu hat Festool im ersten Schritt eine Bewertungsmatrix erstellt, mit der das Unternehmen die zahlreichen Kanäle bewertet hat. Auf Basis der Ergebnisse dieser Plattform-analyse hat sich das Unternehmen entschieden, in Deutschland mit Facebook, Twitter und YouTube zu starten (siehe Abbildung 7.17, Abbildung 7.19 und Abbildung 7.20). Gleichzeitig wurde ein internationaler Rollout geplant und vorbereitet. Bei den Vorbereitungen und bei der Entwicklung der Social-Media-Strategie hat das Unternehmen externe Unterstützung in Anspruch genommen. Danach wurde das Expertenwissen aber konsequent bei den eigenen Mitarbeitern aufgebaut.

Abbildung 7.17 Die Facebook-Seite von Festool

Wir haben schon öfter betont, dass es wichtig ist, die Kompetenzen mittelfristig im Unternehmen aufzubauen. Auch aus der Sicht von Festool ist es empfehlenswert, das Expertenwissen intern aufzubauen. Die eigenen Mitarbeiter können am besten die Marke und das Unternehmen repräsentieren. Das gilt erst recht, wenn Sie einen guten Kundenservice anbieten wollen, denn Ihre Angestellten sind die Personen, die über das nötige Spezialwissen verfügen, um Ihre Kunden ideal zu Produkten und Lösungen zu beraten (siehe Abbildung 7.18).

Geplant und umgesetzt werden die Social-Media-Maßnahmen vom Team »Online & Communication« aus dem zentralen Marketing. Dieses Team ist auch für die Steuerung des deutschen Social-Media-Auftritts verantwortlich. Unterstützung bekommt das Team von Kollegen aus den Bereichen Sales, Anwendungsberatung, Kundendienst, Service und PR, die auch selbst direkt mit den Kunden kommunizieren. Bei speziellen Fragen wird das Team aber auch von allen anderen Unternehmensbereichen unterstützt.

Abbildung 7.18   In speziellen Fällen unterstützen alle Unternehmensbereiche beim Kundenservice.

Auf internationaler Ebene sind die Marketingverantwortlichen der Ländergesell-schaften für die redaktionellen Inhalte und für die Betreuung selbst verantwortlich. Im Vorfeld werden aber alle Ländergesellschaften, die in Social Media aktiv werden möchten, im Hauptquartier geschult und auch danach mit Rat und Tat unterstützt.

Für mögliche Krisen wurde ein definierter Prozess mit festgelegten Eskalationsstu-fen und einem geschulten Team definiert. Um den Erfolg der Social-Media-Aktivi-täten messen zu können, wurde ein Social-Media-Monitoring-System aufgesetzt. Zum einen werden dort die Standard-KPIs (von allen eingesetzten Social-Media-Kanälen) betrachtet, die auch öffentlich ausgewiesen werden, d. h. Anzahl der Fol-lower pro Monat, im Quartal, im Jahr – als eine einfache quantitative Messung im Zeitverlauf. Zum anderen werden die Beiträge auch qualitativ ausgewertet, und es kommen selbst definierte Kennzahlen zum Einsatz.

Abbildung 7.19   Der Twitter-Kanal von Festool

Bisher konnten die Ziele für Deutschland sehr erfolgreich umgesetzt werden, und es gab noch keine größeren Probleme. Misserfolge betrachtet das Unternehmen als Chance, um aus ihnen zu lernen und es beim nächsten Mal besser zu machen. Kundenkommunikation sollte wie im echten Leben kein künstlich aufgesetztes Konstrukt sein, und dabei lässt sich eben nicht alles vorhersehen und planen. Die Erfahrungen, die Festool sammeln konnte, zeigen, dass gerade bei Unternehmen mit sehr speziellen Produkten die Kommunikation von erfahrenen Mitarbeitern übernommen werden muss. Für Festool ist Social Media nicht nur ein weiterer Kommunikationskanal, denn gerade für B2B-Unternehmen kann sich dieser Kanal zu einem direkten Servicekanal entwickeln.

Wenn Sie in Social Media aktiv werden wollen, dann gibt es aus Sicht von Festool die folgenden Punkte, die Sie beachten sollten. Als Erstes sollten Sie die folgenden Fragen für Ihr Unternehmen beantworten:

- ▶ Welche Ziele haben wir dabei?
- ▶ Erreichen wir dort unsere Zielgruppe?
- ▶ Eignet sich unsere Unternehmenskultur?
- ▶ Haben wir die Ressourcen?

Des Weiteren ist es wichtig, präsent zu sein, zeitnah zu antworten und mit den Inhalten relevant für seine Zielgruppe zu sein. Sie müssen die Nutzer ernst nehmen und auf ihre Bedürfnisse eingehen. Social Media ist keine Kampagne, sondern eine Entscheidung für einen neuen Kundenkanal. Dieser sollte genau wie alle anderen Kanäle in Ihr Tagesgeschäft integriert werden.

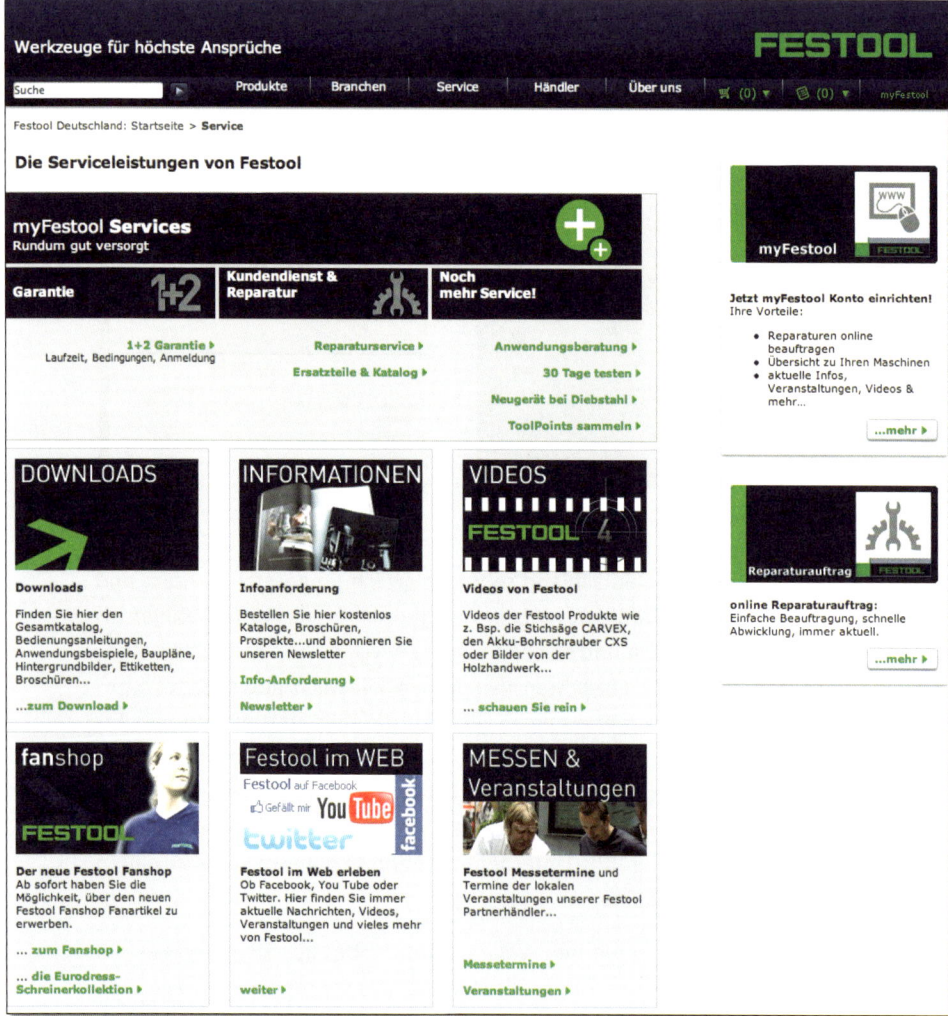

Abbildung 7.20   Der Service-Bereich auf der Festool-Website

Interview: Spezialfragen

**Wie sehen Sie die Kooperation mit Bloggern/Meinungsführern,
und setzen Sie solche ein?**

Wir sehen solche Kooperationen grundsätzlich positiv und haben diese auch bereits ge-
testet. In Deutschland besteht jedoch die Schwierigkeit, dass es in unserer Zielgruppe
nur vereinzelte Blogger/Meinungsführer gibt. Anders ist die Situation in den USA. Hier
gibt es viele Profis/Spezialisten, die eigene Testberichte, Video-Reviews usw. veröffentlichen und mit denen unsere Kollegen dort auch eng zusammenarbeiten.

**Hat sich Ihre Markenwahrnehmung durch Social Media verändert?
Wie äußern sich diese Veränderungen?**

Ob sich die Markenwahrnehmung im Allgemeinen verändert hat, haben wir nicht untersucht. Aus der täglichen Erfahrung können wir sagen, dass wir bei unseren Facebook-
Fans als sehr kunden- und serviceorientiertes Unternehmen wahrgenommen werden.
Was wir aber auch davor schon waren. Durch unsere Social-Media-Kanäle wird es jetzt
aber noch mehr bzw. noch öffentlicher wahrgenommen.

**Was würden Sie einem B2B-Unternehmen raten, wenn es
Social Media einsetzen möchte?**

Zum Thema Social Media generell noch das Statement, dass wir der Überzeugung sind,
dass Social Media gerade für B2B-Unternehmen ein wichtiger Kommunikations- und
Servicekanal sein kann. Das Eintreten in den direkten Dialog mit den Kunden und dem
Kunden zuzuhören bietet die Chance, noch stärker auf die Kundenbedürfnisse einzugehen. Einfach das Ohr noch näher am Kunden zu haben, zu wissen was ihn bewegt. Diese
Punkte sind aus unserer Sicht eminent wichtig für B2B-Unternehmen, natürlich auch für
alle anderen. Den Menschen da draußen zuzuhören, mit ihnen in einen Dialog zu treten,
um sich selber zu verbessern, das ist die Chance von Social Media.

**Hat sich durch den erfolgreichen Einsatz von Social Media auch
Ihre Unternehmenskultur gewandelt?**

Nein, die Unternehmenskultur und unsere grundlegenden Unternehmenswerte – innovativ, nutzerorientiert, verantwortungsvoll – haben sich nicht geändert. Wir hatten die
glückliche Situation, dass unsere Unternehmenskultur bereits den Voraussetzungen für
ein erfolgreiches Social Media Marketing entsprochen hat. Unserer Meinung nach benötigt es eine offene Unternehmenskultur mit Mitarbeitern, die eigenverantwortlich arbeiten und entscheiden dürfen, um erfolgreich Social Media betreiben zu können.

7.9   Fazit

Die Kunden suchen sich den Kanal aus, auf dem sie das Unternehmen bei Fragen,
Problemen oder Wünschen ansprechen. Früher war es »nur« das Telefon, die
E-Mail oder der Brief, und heute kommen alle Kanäle dazu, auf denen man Sie finden kann. Ein guter Kundenservice in Social Media bietet Ihnen enorme Chancen,
sich von Ihren Wettbewerbern abzuheben.

Gehen Sie auf die Fragen ein, und beantworten Sie diese. Wenn Sie keine direkte Lösung parat haben, dann informieren Sie den Gesprächsteilnehmer, dass Sie sich um eine Antwort kümmern und sich anschließend bei ihm melden. Diese Kommunikation verschwindet nicht und ist auch noch lange nach dem Gespräch im Netz auffindbar. Andere Nutzer können von den vorhandenen Antworten profitieren, und Sie positionieren sich mit einem tollen Kundenservice und steigern damit die Kundenzufriedenheit. Nutzen Sie die technologischen Möglichkeiten, um die Kommunikation zu identifizieren, die nicht direkt an Sie gerichtet wurde, und nutzen Sie das Momentum, um zu zeigen, dass Ihre Kunden Ihnen wichtig sind.

Sie müssen nicht unbedingt einen eigenen Servicekanal auf Facebook eröffnen. Dies ist auch immer eine Frage der zur Verfügung stehenden Ressourcen. Trotzdem sollten Sie die an Sie gerichteten Fragen beantworten. Es ist auch durchaus legitim, »Öffnungszeiten« festzulegen. Teilen Sie Ihren Nutzern mit, zu welchen Uhrzeiten Ihre Social-Media-Aktivitäten betreut werden. Dann ist auch niemand sauer, wenn nach 22 Uhr erst eine Antwort am nächsten Morgen kommt. Schauen Sie trotzdem auch nach Ihren »Öffnungszeiten« gelegentlich auf die Kommunikation, die auf Ihren Kanälen stattfindet.

Wie Sie sich als attraktiver Arbeitgeber positionieren können und Ihre potenziellen Arbeitnehmer im Social Web erreichen, zeigen wir Ihnen im folgenden Kapitel.

8 Employer Branding – wappnen Sie sich für den Arbeitsmarkt der Zukunft

Früher wurden ausschließlich Produkte und Lebensmittel bewertet, heute gibt es mehrere Plattformen im Internet, auf denen Sie bewertet werden. Ihr Unternehmen, Ihre Qualität als Arbeitgeber und viele andere Aspekte sind für Ihre potenziellen Arbeitnehmer online sichtbar.

Zufriedene Mitarbeiter sind das A und O für das Arbeitsklima. Sie entscheiden über den Erfolg oder Misserfolg Ihres Unternehmens. Viele Firmen sind daher sehr daran interessiert, die besten Nachwuchskräfte für das eigene Unternehmen zu gewinnen. Früher haben sich zahlreiche Fachkräfte für die wenigen Plätze in einem Unternehmen beworben. Heute sieht das anders aus. Durch alle Branchen hinweg stehen die Unternehmen vor der Herausforderung, qualifizierte Fachkräfte, sogenannte Talente oder *High Potentials*, zu erreichen und für sich zu gewinnen. Die Unternehmen sind somit gezwungen, dem Wunschmitarbeiter einen besonderen Anreiz zu bieten und den Wettbewerb möglichst zu überbieten. Der Kampf der Unternehmen um die besten Fachkräfte wird dabei als *War for talents* bezeichnet.

Die gewünschte Zielgruppe lässt sich dabei nicht mehr so einfach über die klassischen Stellenbörsen erreichen. Als Unternehmen muss man sich nun mit der gewünschten Zielgruppe befassen und sich dort aufhalten, wo sie sich befindet.

Anzeigen in Zeitungen erhalten nicht mehr die gewohnte Aufmerksamkeit, und neben dem Recruiting auf Messen und durch Kooperationen mit Hochschulen gehört heute die Präsenz in den verschiedenen Social-Media-Kanälen dazu. Viele junge und hochqualifizierte Mitarbeiter suchen ihre Stelle heutzutage über die eigenen Kontakte auf den verschiedenen Social-Media-Plattformen.

Das gilt jedoch nicht nur für Berufsanfänger. Auch die passiv suchenden bzw. wechselbereiten Arbeitnehmer müssen von den Unternehmen adressiert werden (siehe Abbildung 8.1).

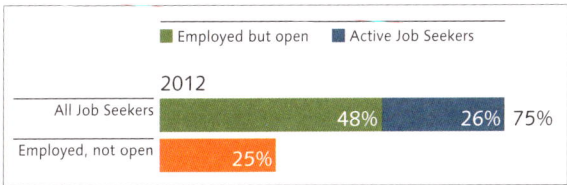

Abbildung 8.1 Anzahl der aktiv Suchenden und Wechselbereiten (Quelle: http://bit.ly/TiY7aK)

Die Jobvite-Studie zeigt, dass neben 25 % aktiv Suchenden 48 % an wechselbereiten potenziellen Bewerbern angesprochen werden müssen.

8.1 Personaler entdecken Social Media

Viele Personaler haben das Potenzial der sozialen Medien noch nicht erkannt. Dabei können Unternehmen gerade hier punkten und die Wahrnehmung als »guter« Arbeitgeber stärken. Insgesamt bewegen sich jedoch bereits zahlreiche Unternehmen im Bereich *Employer Branding* im Social Web. Employer Branding bezeichnet dabei die Arbeitgebermarkenbildung. Dazu zählen alle Marketingmaßnahmen, mit denen das Unternehmen als attraktiver Arbeitgeber dargestellt werden soll. Eine von XING in Auftrag gegebene Forsa-Studie zeigt, dass bereits jeder dritte Personalentscheider in Deutschland Social Media nutzt, um neue Mitarbeiter zu finden. XING ist dabei die am häufigsten genutzte Plattform (siehe Abbildung 8.2).

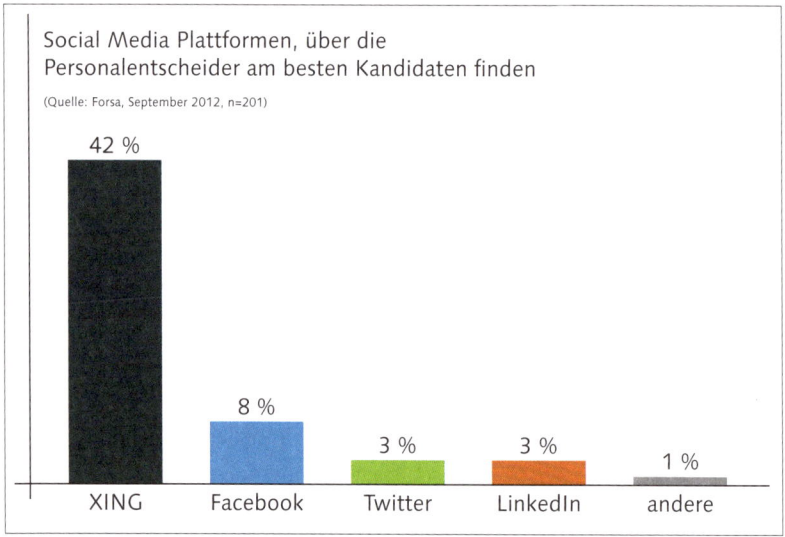

Abbildung 8.2 Personaler nutzen am häufigsten XING zur Mitarbeiterfindung. (Quelle: XING, http://bit.ly/14hEsjs)

Zudem zeigt die Studie, dass Sie durch das Engagement in Social Media weniger Budget für den Personalberater ausgeben müssen. Bei der Suche nach Berufseinsteigern spart die Hälfte aller Unternehmen, die Social Media zur Direktsuche und Ansprache einsetzen. Ein Drittel der Personaler geben bei Fachkräften weniger Geld für externe Dienstleister aus. Aus diesem Grund planen die Personaler, die direkte Personalsuche und Kandidatenansprache über Social Media zukünftig stärker einzusetzen. Beim Personalwesen spricht man oftmals auch von *Human Relations*.

Auch für den Bereich Employer Branding gilt, dass Social Media sich sich zum Aufbau von Beziehungen eignet und den Dialog mit der eigenen Zielgruppe ermöglicht. Bevor Sie für Ihr Unternehmen jedoch eine Präsenz auf einem Social-Media-Kanal erstellen, ist es zwingend erforderlich, erst einmal zuzuhören und die Bedürfnisse der Zielgruppe zu ermitteln. Und bevor Sie sich mit der Frage beschäftigen, wie Sie als Arbeitgeber wahrgenommen werden, sollten Sie vorab prüfen, ob Ihr Unternehmen überhaupt schon bei der gewünschten Zielgruppe bekannt ist? Bewerber erkundigen sich in den meisten Fällen vorab über das Unternehmen.

Welchen Eindruck hinterlässt Ihr Unternehmen im Netz?

▶ Wie ist Ihr Image als Arbeitgeber im Gegensatz zum Wettbewerb?

▶ Welche Einstiegsprogramme (Praktika, Trainee, Ausbildung etc.) bietet Ihr Unternehmen an?

▶ Welche Erfahrungen haben andere Bewerber bereits in Ihrem Unternehmen gemacht?

▶ Wie sehen die Arbeitsbedingungen in Ihrem Unternehmen aus?

▶ Welche Angebote bietet Ihr Unternehmen für Alleinerziehende an?

▶ Wie werden Ihre Employer-Branding-Maßnahmen wahrgenommen?

All das sind Fragen, die sich potenzielle Bewerber zu Ihrem Unternehmen stellen und die auf verschiedenen Social-Media-Plattformen online diskutiert werden. Sie müssen also ausfindig machen, wo sich Ihre potenziellen Arbeitnehmer im Netz aufhalten. Wie Sie eine Zielgruppenanalyse durchführen können, haben wir Ihnen in Abschnitt 3.2.2 erklärt.

In Deutschland existieren darüber hinaus verschiedene Plattformen, bei denen Mitarbeiter das eigene Unternehmen bewerten können. Die wahrscheinlich bekannteste Seite ist *kununu* (siehe Abbildung 8.3).

Bei kununu können Arbeitnehmer, Bewerber und Auszubildende ihre Erfahrungen mit dem Unternehmen auf Basis von verschiedenen Kategorien festhalten, und das wird auch von immer mehr Menschen genutzt. Haben Sie schon mal geprüft, ob Ihr Unternehmen bereits bewertet wurde?

Die Unternehmen haben auf der Seite die Möglichkeit, die eigene Firma vorzustellen und offenzulegen:

▶ welche Mitarbeiter gesucht werden

▶ was das Unternehmen zu bieten hat

▶ an welchen Standorten das Unternehmen vertreten ist und

▶ welche Vorteile den Mitarbeitern geboten werden.

Abbildung 8.3   Analysieren Sie Ihr Image auf der Webseite von kununu.

Neben kununu existieren auch die Plattformen *JOBvoting* und *bizzWatch*. Auch wenn Sie sich selbst nicht als Arbeitgeber auf diesen Bewertungsplattformen präsentieren möchten, sollten Sie wissen, was dort über Ihr Unternehmen geschrieben steht oder wie die Konkurrenz bewertet wird.

Die Online-Suche nach Fachkräften wird auch als *Sourcing* bezeichnet. Wenn Sie bei *LinkedIn* oder *XING* nach möglichen Mitarbeitern recherchieren, sollten Sie sich vorab überlegen, welche Qualifikationen der zukünftige Mitarbeiter mitbringen sollte und welche Berufsfelder und -bezeichnungen relevant sind. Darauf aufbauend können Sie sich eine Liste geeigneter Suchbegriffe erstellen. Neben der Suche in den Profilen der Netzwerke ist die Recherche nach relevanten Gruppen eine weitere Möglichkeit, geeignete Bewerber zu identifizieren. Gerade in Fachgruppen können Sie durch Diskussionen mit anderen Teilnehmern ermitteln, welche Kompetenz die unterschiedlichen Gruppenmitglieder mitbringen.

Bei der Recherche von zukünftigen Mitarbeitern müssen Sie allerdings ein paar rechtliche Aspekte beachten. Die Recherche in Facebook ist nicht gestattet, da viele dieses Netzwerk nur privat nutzen. Zur Ansprache eignen sich daher nur die Business-Netzwerke LinkedIn und XING. Bei diesen Netzwerken sind jedoch viele

Funktionen nicht kostenlos, was gerade für Studenten ein Problem darstellt. Viele Unternehmen betreiben Employer Branding vermehrt auf Facebook, da diese Plattform eine sehr große Reichweite hat. Sie sollten sich aber – wie bei allen anderen Maßnahmen auch – nicht nach dem Netzwerk, sondern nach Ihrer Zielgruppe richten.

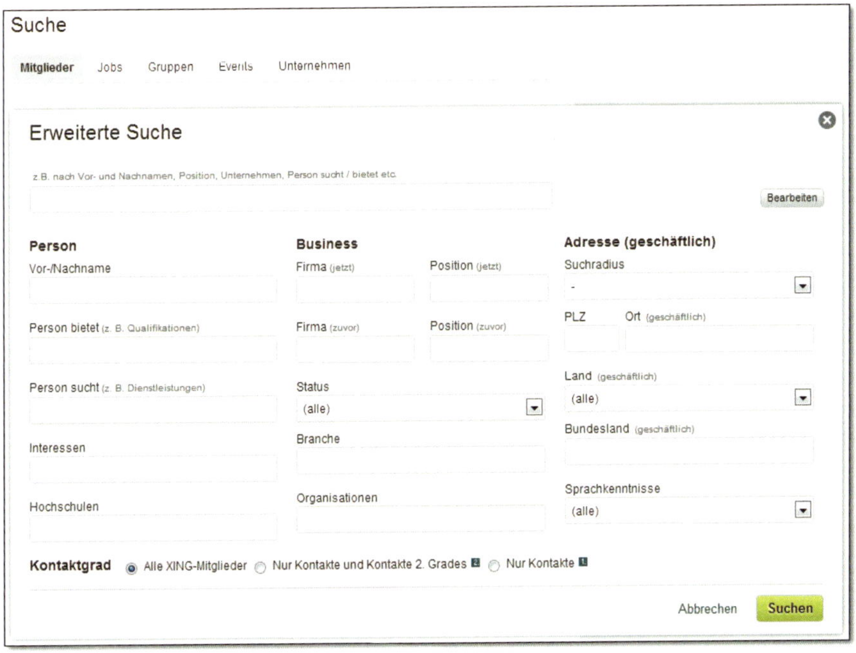

Abbildung 8.4   Erweiterte Sucheinstellungen bei XING

Welche Daten zu potenziellen Arbeitnehmern dürfen Sie erfassen?

Nach § 28. Abs. 1 S. 1 Nr. 3 BDSG ist die Erhebung personenbezogener Daten aus allgemein zugänglichen Quellen zulässig, soweit keine offensichtlich schutzwürdigen Interessen des Betroffenen entgegenstehen. Allgemein zugänglich sind Daten, die sich nach ihrer Zielsetzung und Publikationsform dazu eignen, einem individuell nicht bestimmbaren Personenkreis Informationen zu vermitteln.

Informationen in sozialen Netzwerken, die nur nach vorheriger Anmeldung einsehbar sind, sind somit im Sinne des § 28 Absatz 1 Seite 1 Nr. 3 des BDSG nicht allgemein zugänglich. Streng genommen dürfen Sie nur auf Informationen zugreifen, die Sie aus einer allgemein zugänglichen Quelle, wie beispielsweise mit der Google-Suche (siehe Abbildung 8.5), erlangt haben.

Aber Sie sollten nicht nur beobachten, was über Ihr eigenes Unternehmen auf den verschiedenen Social-Media-Plattformen diskutiert wird. Wenn Sie Mitarbeiter in einem bestimmten Fachbereich suchen, recherchieren Sie, wo sich Ihre Zielgruppe im Web aufhält. Das kann in relevanten Fachforen sein oder auch bei XING. Hören Sie zu, was der Zielgruppe wichtig ist. Wenn Sie Fragen der Zielgruppe identifizieren, dann können Sie diese beantworten und gleich zeigen, dass Sie sich mit dieser Thematik im eigenen Unternehmen beschäftigen.

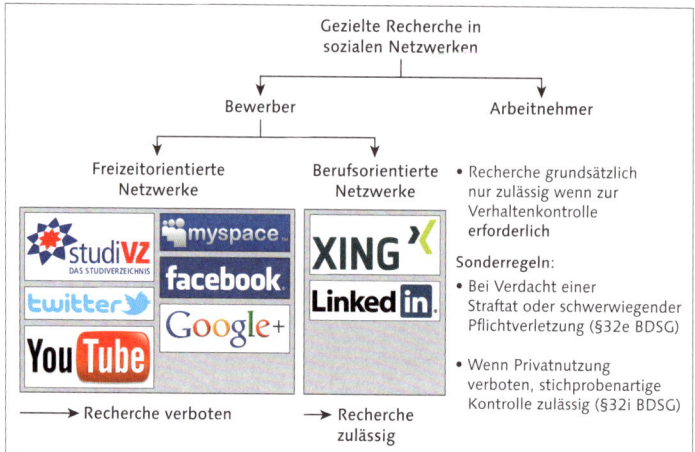

Abbildung 8.5   Welche Möglichkeiten haben Sie bei der Recherche nach Arbeitnehmern (Quelle: Recht 2.0, http://bit.ly/10ftt7h)

Zu Foren, in denen sich Arbeitnehmer zu bestimmten Themengebieten und Berufsfeldern austauschen, zählen beispielsweise *Arbeitsrecht.de* und *Mobbing.net*. Ein Beispiel für eine Plattform zu einem bestimmten Berufsbild ist das *Krankenschwesterforum* (siehe Abbildung 8.6).

Neben der Recherche nach geeigneten Mitarbeitern haben Sie die Möglichkeit, durch Unternehmensprofile und Karriereseiten auf XING oder Facebook auf sich aufmerksam zu machen. Natürlich ist es gerade für große Unternehmen Pflicht, eine eigene Präsenz auf Facebook zu schaffen, aber nicht jedes Unternehmen benötigt eine eigene Recruiting-Seite.

Ob Sie einen eigenen Kanal für den Bereich Employer Branding erstellen oder Ihre Arbeitgeberthemen über den Corporate-Kanal thematisieren, hängt sicher auch von der Unternehmensgröße bzw. von Ihren Zielen ab. Eine glaubwürdige Unternehmensdarstellung auf einer Social-Media-Plattform zu erstellen lässt sich nämlich nicht im Vorbeigehen verwirklichen. Darüber hinaus bietet auch nicht jedes Unternehmen ausreichend Content, um dauerhaft eine Präsenz im Social Web für die Nutzer interessant zu gestalten.

Was unterscheidet die eigene Firma nun vom Wettbewerb? Was macht die Arbeit im eigenen Unternehmen so besonders? Das herauszustellen und zugleich die eigene Firma als authentisches und sympathisches Unternehmen zu präsentieren ist gar nicht so einfach.

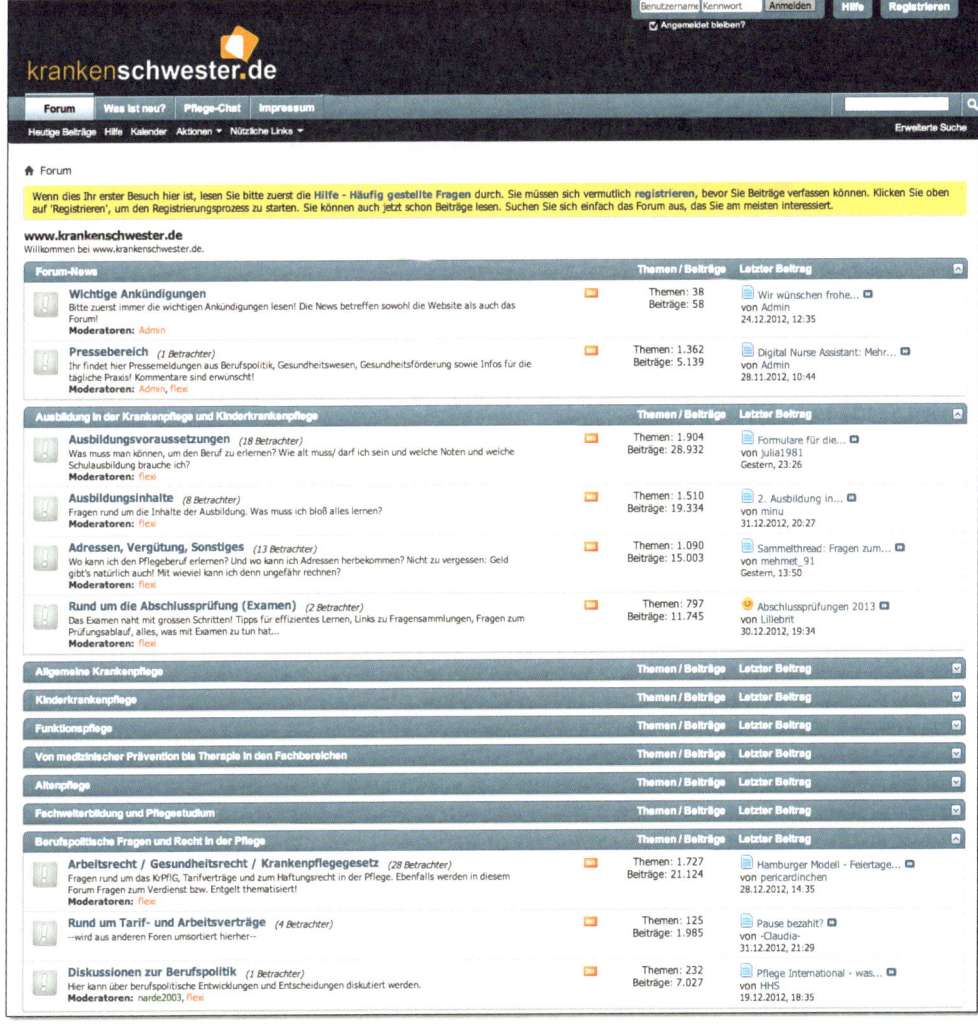

Abbildung 8.6 Das Krankenschwesterforum – ein Beispiel für Foren, in denen Berufsrelevantes intensiv diskutiert wird

Falls in Ihrem Unternehmen eine eigene Human-Resources-Abteilung existiert, sollten Sie auf jeden Fall mit Ihren Kollegen zusammenarbeiten. Sprechen Sie mit Ihren Mitarbeitern darüber, welcher Fachkräftebedarf vorhanden ist, welche Mitarbeiter Sie suchen und auf welche Zielgruppe Sie sich im Social Web fokussieren möchten. Diskutieren Sie intern, wer für das Employer Branding im Social Web am besten geeignet ist. Denn ein authentischer Dialog mit potenziellen Arbeitnehmern kann von den eigenen Mitarbeitern am besten durchgeführt werden.

Der Dialog mit dem potenziellen Bewerber hat auf Facebook oder XING oberste Priorität. Eine Erkenntnis der *Social Media Recruiting Conference* im Oktober 2012 in Hamburg war jedoch, dass etwa die Hälfte aller Karriereseiten in Deutschland, Österreich und der Schweiz nicht auf Fragen oder andere Nutzerbeiträge reagieren.

Anstatt transparent zu agieren und den Dialog zu suchen, verstecken sich die meisten Firmen hinter Imagekampagnen, denen Authentizität fehlt. Auch wenn in den letzten Jahren das Employer Branding zu einem festen Bestandteil des Personalwesens geworden ist, variiert die Professionalität doch sehr stark. Bewerber können Sie am besten überzeugen, indem Sie offen und transparent aufzeigen, wie Sie arbeiten. Lassen Sie Ihre Mitarbeiter für das Unternehmen sprechen, und zwar nicht mit eingeübten Texten.

Einen sympathischen Eindruck einer Karriereseite bei Facebook bietet die *Deutsche Flugsicherung*. Hier erhält der Besucher einen Einblick in das Berufsfeld des Fluglotsen (siehe Abbildung 8.7).

Abbildung 8.7   Die Facebook-Seite der Deutschen Flugsicherung

Auf der Social Media Recruiting Conference hat *Florian Schrodt*, Referent im Personalmarketing bei der Deutschen Flugsicherung, von seinem Berufsalltag erzählt. Die Absprache mit den einzelnen Abteilungen hat einige Monate in Anspruch genommen. Neben CI-Konformität, wurden auch Ansprache (»Du«) und Geschäftszeiten der Fanpage festgehalten (auch nach Dienstende dürfen Kommentare beantwortet werden).

Die Videos auf der Seite wurden nicht professionell erstellt, erzeugen dafür aber einen ehrlichen Eindruck. Ein ähnlich authentisches Beispiel ist die EDEKAner-Fanpage von EDEKA (siehe Abbildung 8.8).

Abbildung 8.8   Die Facebook-Seite der EDEKAner

Auf der Seite schreiben die Auszubildenden des Unternehmens über ihre Erfahrungen und Erlebnisse. Hier existiert kein durchgeplanter Redaktionsplan, es wird gepostet, wenn es etwas zu sagen gibt. Interessierte haben hier die Möglichkeit, sich mit den Auszubildenden auszutauschen. Allerdings wird dieses Angebot bisher kaum in Anspruch genommen.

Ein schönes Beispiel für Transparenz und Glaubwürdigkeit bietet auch das Mitarbeiterblog des Maschinenbau-Konzerns *GEA*. Hier bloggt die Personalleiterin Cornelia Hulla über ihre Eindrücke im Unternehmen (siehe Abbildung 8.9).

Wer sich für das Unternehmen interessiert, findet an einer Stelle aktuelle Stellenbeschreibungen sowie Informationen aus dem Unternehmen. Einzig der Bereich »Über das Blog« fehlt.

Abbildung 8.9 Das Corporate-Blog des Unternehmens GEA

Das Unternehmen *adidas* beschäftigt sich bereits seit Längerem mit dem Thema Social Recruiting und bietet neben einem Unternehmensblog auch eine Karriere-Page auf Facebook. Im Corporate-Blog hat generell jeder Mitarbeiter die Möglichkeit, die eigenen Erfahrungen, Eindrücke und Meinungen zu schildern. »Denn nur so kann ein authentisches Bild des Unternehmens und der Menschen hinter den Marken entstehen«, sagt *Frank Thomas*, Corporate Communication Manager, der u. a. verantwortlich für das *adidas Group Blog* ist (siehe Abbildung 8.10).

> *»Eine Geschichte kann am lebendigsten und überzeugendsten erzählt werden, wenn man sie selbst erlebt hat. Darüber hinaus soll der Blog die große Vielfalt innerhalb der adidas-Gruppe veranschaulichen. Auch das gelingt am besten, wenn man die Mitarbeiter einbindet. Um dauerhaft ein interessantes und vielseitiges Themen-Spektrum zu gewährleisten, haben wir für zentrale Bereiche unseres Unternehmens Experten identifiziert. Diese Experten bloggen selbst und unterstützen uns außerdem dabei, interessante Geschichten und potenzielle Blogger im Unternehmen ausfindig zu machen. Die Zahl unserer bloggenden Mitarbeiter steigt kontinuierlich.«[1]*

---

1 Quelle: *http://www.wollmilchsau.de/adidas-im-interview-employer-branding-und-social-media/*

Abbildung 8.10   Das Corporate-Blog von adidas

Steve Fogarty, Senior Manager Employer Branding, ergänzt im Interview mit *Woll-milchsau*, das adidas keinen HR-fokussierten Ansatz beim Erstellen der Inhalte verfolgt:

> »*Wir beobachten, dass immer mehr Stellenbewerber und Konsumenten ihre Entscheidung für ein Unternehmen auf dessen Ruf und Angebote als Arbeitgeber stützen. Darauf konzentrieren sich unsere Inhalte, und wir sind der Meinung, dass es zu diesem Thema viele interessante Geschichten zu erzählen gibt. Wir stellen fest, dass Stellenbewerber mehr über das Arbeitsleben in der adidas-Gruppe erfahren möchten. Sie möchten über unseren Führungsansatz, die angebotenen*

> *Weiterbildungsmöglichkeiten und unsere Einstellung zu sozialen und Umwelt-angelegenheiten und vieles mehr informiert werden. Unsere Stellenbewerber möchten zudem mehr darüber wissen, welche Vorgehensweise wir bei Neueinstellungen anwenden, damit sie sich bestmöglich vorbereiten können, wenn sie sich auf eine Stelle bewerben.«[2]*

adidas nutzt die Karriereseite bei Facebook zudem als Talentpool.

> *»Wir erhalten jedes Jahr Hunderttausende Bewerbungen, und nur ein Bruchteil der Bewerber wird eingestellt. Kandidaten, die nicht sofort eine Zusage erhalten, denken oftmals »Das war's«. Wir sind uns aber darüber bewusst, dass Menschen mit der Zeit ihre Fähigkeiten ausbauen; und nur weil eine Stelle nicht passte, heißt das nicht unbedingt, dass keine Stelle passt. Anstatt einfach nur den Bewerbungsprozess zu durchlaufen, wollen wir mit den Bewerbern in einen Dialog treten. Somit entsteht aus einer zweidimensionalen Datenbank eine lebhafte soziale Plattform, auf der wir uns mit unserer Talent-Community austauschen können und sie über unser Unternehmen auf dem Laufenden halten können. Und wir sind überzeugt: Wenn wir unsere Sache gut machen, gewinnen wir mehr Kandidaten-erfahrung und verfügen über einen größeren, leichter zugänglichen Talentpool.«[3]*

8.2   Employer Branding bei Facebook

Neben dem Dialog mit den potenziellen Bewerbern auf der Fanpage haben die Unternehmen weitere Möglichkeiten, ihre Karriereseiten zu gestalten und zu erweitern. Eine Möglichkeit ist die Integration einer Jobbörsen-App. Damit präsentiert sich das Unternehmen erkennbar als Arbeitgeber und gibt den potenziellen Bewerbern die Möglichkeit, sich direkt auf Facebook über offene Stellen zu informieren. Die Einbindung von Sharing-Funktionen ermöglicht darüber hinaus, dass die Stellenanzeigen innerhalb von Facebook weiterverbreitet werden können.

Unternehmen, die nur wenige Stellen zu vermitteln haben, reicht eine statische Seite, die über freie Stellen oder Ausbildungsplätze informiert. Die großen Unternehmen arbeiten mit einer interaktiven Jobbörsen-App, die Stellenangebote der Webseite automatisch integriert und zudem zahlreiche Filtermöglichkeiten anbietet (siehe Abbildung 8.11).

Während die Job-App den Besucher der Fanpage über aktuelle Jobangebote informiert, ist es sinnvoll, in einer weiteren App das Unternehmen kurz vorzustellen. In der Praxis wird dies jedoch nur vereinzelt genutzt.

---

2   Quelle: *http://www.wollmilchsau.de/adidas-im-interview-employer-branding-und-social-media/*
3   Quelle: *http://www.wollmilchsau.de/adidas-im-interview-employer-branding-und-social-media/*

Abbildung 8.11 Die Jobbörsen-App innerhalb der Telekom-Karriereseite

Auf der Karriereseite von *adidas* wird auf der Willkommensseite lediglich auf die weiteren Apps des Unternehmens (Jobportal sowie das *Student & Young Profession-* Programm) verlinkt. Über das Unternehmen erfährt der Besucher leider nichts. adidas versäumt es auf der Seite ebenfalls, die Ansprechpartner aus der Personalabteilung bzw. der Fanpage vorzustellen. Einen etwas freundlicheren Eindruck vermittelt *KFC*. Auch hier wird das Unternehmen selbst nicht vorgestellt. Ansprechpartner der Seite oder vom Unternehmen findet man hier ebenfalls nicht. Im oberen Bereich werden jedoch verschiedene Berufsbilder durch Zitate und Bilder von Mitarbeitern vorgestellt (siehe Abbildung 8.12).

Abbildung 8.12   Stellenanzeigen und Hintergründe zu der Bewerbung bei KFC

Beim Klick auf die verschiedenen Bereiche, auch bei der Job-App, gelangt man auf das Jobportal von KFC. Noch besser macht es das Unternehmen *Schaeffler*. Die Firma stellt auf der Karriereseite das Team vor und signalisiert damit als Unternehmen Dialogbereitschaft (siehe Abbildung 8.13). Dass das sehr wichtig ist, haben wir bereits erwähnt. Schließlich möchten sich hier potenzielle Bewerber mit den Mitarbeitern austauschen. Die User-Fragen werden von den Mitarbeitern von Schaeffler auch zeitnah und mit einer persönlichen Note beantwortet. Schaeffler zeigt mit seiner Seite wirkliches Interesse an der Zielgruppe und kann insgesamt mit einem runden Auftritt als positives Beispiel genannt werden.

Auf den Fanpages setzen einige Unternehmen bei der Ansprache auf das »Du«, weil es generell zur Philosophie von Facebook passt. Andere Unternehmen bevorzugen das förmliche »Sie«. Hier gibt es keine einheitliche oder ideale Form. Es gibt auch spielerische Ansätze, wie Sie Fans dazu animieren können, sich mit Ihrem Unternehmen zu beschäftigen. Eine gelungene Möglichkeit, wie Sie es schaffen können, dass sich Ihre Fans mit Ihrem Unternehmen befassen, ist die Match-App der Deutschen Telekom (siehe Abbildung 8.14).

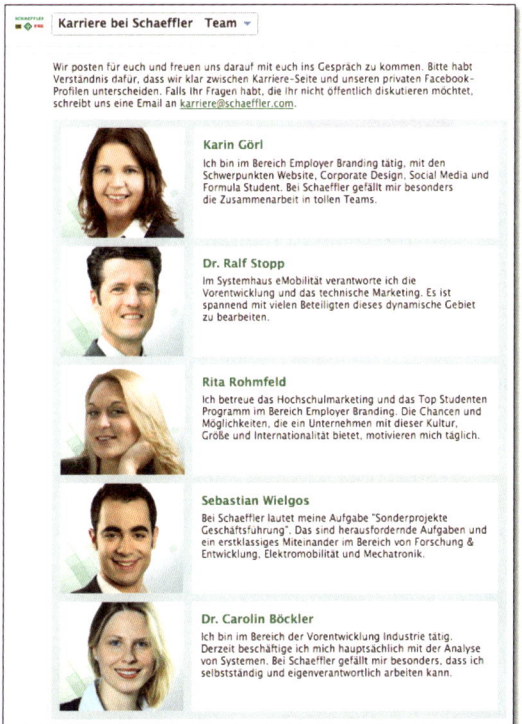

Abbildung 8.13   Teamvorstellung auf der Karriereseite von Schaeffler

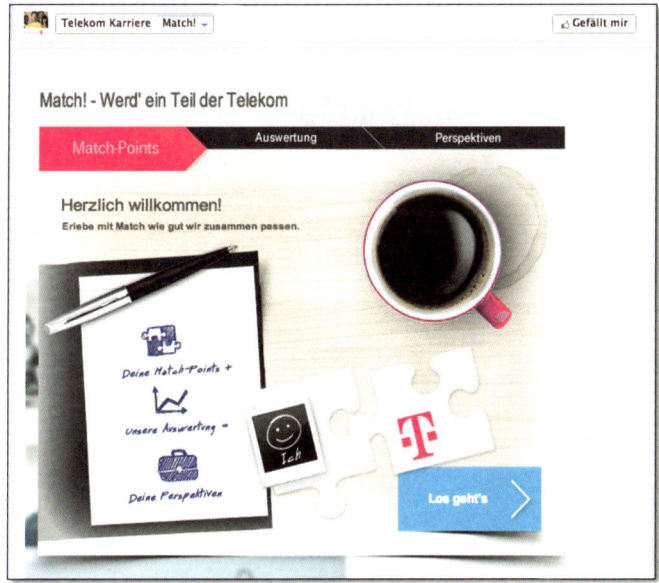

Abbildung 8.14   Bei der Telekom können sich Interessierte über einen spielerischen Ansatz mit den Berufsfeldern des Unternehmens auseinandersetzen.

Mit dieser App können potenzielle Bewerber testen, ob die Deutsche Telekom der passende Arbeitgeber für sie ist.

Das spielerische Vermitteln der Berufsfelder im eigenen Unternehmen wird auch als *Recruitainment* bezeichnet. Hier wird *Recruitment* (Personalbeschaffung) mit *Entertainment* (Unterhaltung) kombiniert. Die Commerzbank lässt Interessierte auf einer separaten Webseite unter dem Motto »Probier-dich-aus« drei verschiedene Ausbildungsberufe in einer Bank durchspielen (siehe Abbildung 8.15):

▸ Bachelor of Arts (Bank)

▸ Bankkaufleute

▸ Kaufleute für Bürokommunikation

Abbildung 8.15   Aufgabenstellung für das Berufsbild der »Kaufleute für Bürokommunikation«

Die User haben somit die Möglichkeit, Probeaufgaben und Tests zur Selbsteinschätzung durchzuführen und zu testen, ob der Ausbildungsberuf passt. Auf diese Weise besteht auch die Möglichkeit, die Abbruchquote zu verringern.

Junge Menschen auf der Suche nach einem Ausbildungsberuf im Handwerksbereich haben auf der Seite vom *Zentralverband des Deutschen Handwerks* (siehe Abbildung 8.16) die Möglichkeit, auf Basis verschiedener Kriterien den richtigen Traumjob auszuwählen und zu gewichten. Zu den Kriterien zählen:

▶ Indoor vs. Outdoor

▶ Technisch vs. Künstlerisch

▶ Multiplayer vs. Singleplayer

▶ Federleicht vs. Tonnenschwer

▶ Mit Kunden vs. Mit Maschinen

Abbildung 8.16   Die Jugendlichen erhalten auf Basis verschiedener Kriterien die passenden Berufsbilder im Handwerk angezeigt.

Im Rahmen einer Kampagne zum Handwerk wurden zahlreiche Videos über die verschiedenen Ausbildungsberufe erstellt. Diese sind auch zentral über den YouTube-Kanal erreichbar.

Wenn Sie eine Stellenausschreibung auf Ihrer Webseite oder Ihrer Facebook-Seite veröffentlichen, verlinken Sie die Informationen oder – falls vorhanden – das Video zum Berufsbild. Auf diese Weise geben Sie potenziellen Bewerbern direkt einen Einblick in das Berufsbild. Im Idealfall erstellen Sie selbst ein kurzes Video und zeigen das Arbeitsumfeld in Ihrem Unternehmen.

Abbildung 8.17   Die einzelnen Berufsbilder werden von jungen Menschen aus der Praxis vorgestellt.

8.3   Employer Branding bei XING

Während auf privaten Netzwerken wie Facebook oder Google+ die Ansprache von Unternehmen auch häufig das »Du« ist, sieht man dies bei dem Business-Netzwerk XING deutlich seltener. Auf XING wird zum Großteil das förmliche »Sie« benutzt. Unternehmen haben auch hier die Möglichkeit, eine Corporate-Seite zu erstellen und Interessierte mit relevanten Informationen zum Unternehmen zu versorgen (siehe Abbildung 8.18).

Um den vollen Funktionsumfang nutzen zu können, müssen Firmen für Unternehmensprofile bei XING zahlen. Das kostenfreie Basisprofil sollte von Unternehmen mindestens eingesetzt werden. Vor allem für Unternehmen, die sich im B2B-Umfeld bewegen, ist XING eine wichtige Plattform für das Employer Branding.

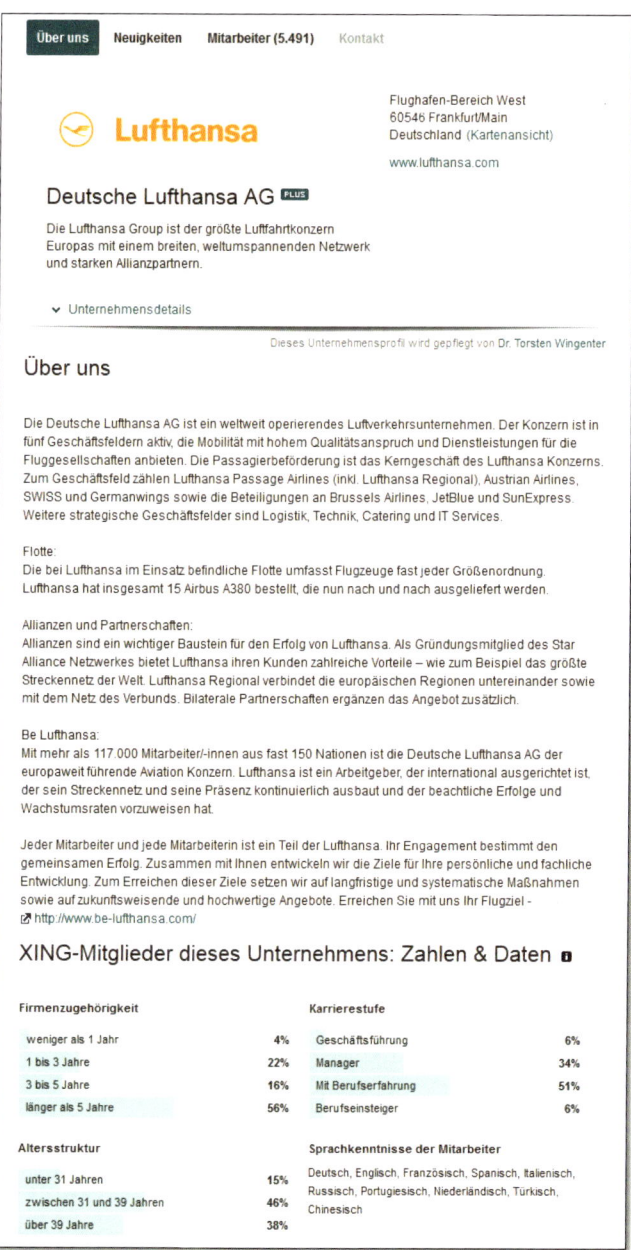

Abbildung 8.18   Die Unternehmenseite der Lufthansa auf XING

Wie man XING neben Unternehmensprofilen einsetzen kann, zeigt die *Metro Group*. Das Unternehmen bietet mit einer eigenen Gruppe eine Dialogplattform für ehemalige und aktuelle Mitarbeiter (siehe Abbildung 8.19). Die XING-Karriere-Gruppe wird zudem in die Webseite der Firma integriert.

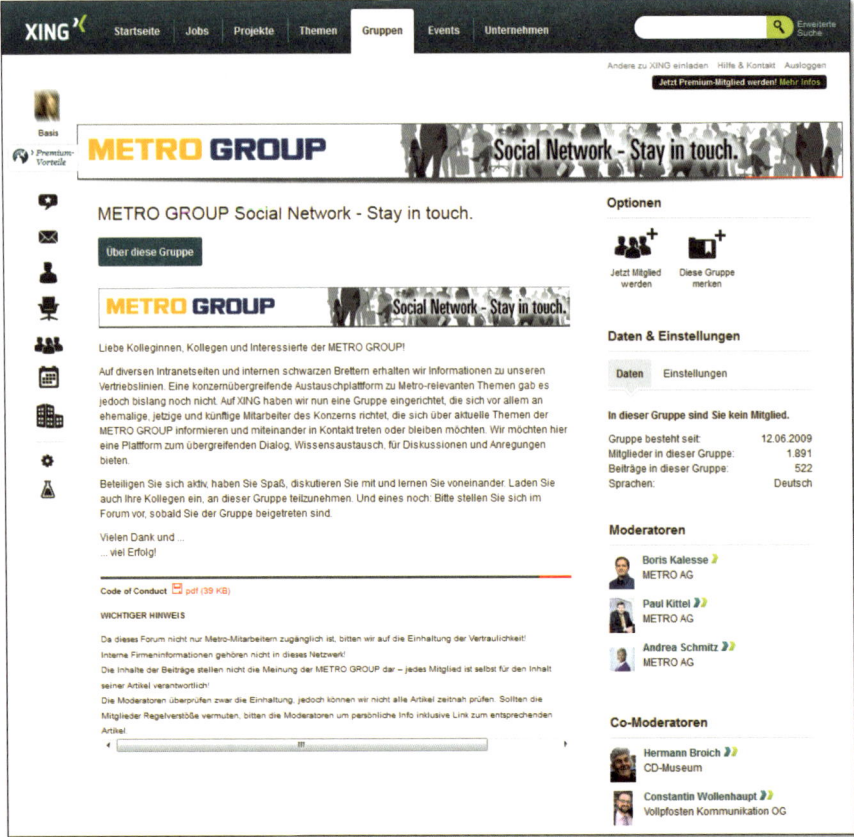

Abbildung 8.19 Die Gruppe der Metro Group auf XING

Für Unternehmen, die international tätig sind, bietet sich auch ein Unternehmensprofil bei LinkedIn an. LinkedIn wird bisher von deutschen Unternehmen jedoch
nur selten genutzt, aber LinkedIn wächst auch in Deutschland kontinuierlich.

8.4 Verbessern Sie Ihr Image als Arbeitgeber durch den Einsatz von Kampagnen

Unternehmen haben zahlreiche Möglichkeiten, sich durch Employer Branding zu
profilieren. Neben Karriereprofilen auf den verschiedenen Social-Media-Plattformen setzen Unternehmen zudem auf aufmerksamkeitsstarke Kampagnen. Sehr
viele Unternehmen setzen auf Recruiting-Videos, um vor allem die jungen Zielgruppen zu erreichen.

Das Hamburger Unternehmen *Airbus* möchte vor allem für die technischen Berufe
die Zahl der Bewerberinnen erhöhen und hat aus diesem Grund die Kampagne

»Mädchen machen mehr!« gestartet (siehe Abbildung 8.20). Neben einem Video-spot wurde die Aktion mit Plakaten an Bus- und U-Bahn-Haltestellen begleitet. Die Darsteller des Videos (Azubis und Mitarbeiter) werden in alltäglichen Situationen gezeigt.

Abbildung 8.20 Employer-Branding-Kampagne von Airbus

Die Szenen wirken jedoch nicht authentisch, sondern sind sichtbar gestellt. Nach Aussagen von Airbus haben sich die eigenen Mitarbeiter selbst die Ideen für das Video ausgedacht. Leider kommen hier jedoch die einzelnen Mitarbeiterinnen nicht zu Wort. Für potenzielle Bewerberinnen wäre es viel interessanter, Erfahrungen und Erlebnisse der Auszubildenden aus dem Berufsalltag zu erfahren.

Dieser Spot ist jedoch besser als zahlreiche Recruiting-Musikvideos, die im Jahr 2012 reihenweise erschienen sind. Sie wurden von *BMW* über *EDEKA* bis hin zur *Sparda Bank* und *McDonalds* veröffentlicht. Fast jedes große Unternehmen hat bereits ein vermeintlich hippes Musikvideo gedreht. Dass diese Videos nicht gut ankommen, haben die Unternehmen meist sehr schnell erkannt und die Spots wieder aus YouTube entfernt. Da die Filme aber bereits gesichert worden sind, tauchen die Videos an zahlreichen weiteren Stellen im Netz wieder auf. Also überlegen Sie sich gut, mit welchen Videos Sie auf Ihr Unternehmen aufmerksam machen wollen. Dass es aber auch gute Umsetzungen von Image-Musikvideos gibt, zeigt das folgende Beispiel.

Das *Bäckerhandwerk* zeigt bei seinem Imagefilm typische Tätigkeiten aus diesem Berufsfeld. Ziel des Imagefilms ist es junge BäckerInnen und BäckereifachverkäuferInnen zu erreichen (siehe Abbildung 8.21). Im Gegensatz zu den Recruiting-Filmen der Unternehmen wurde dieses Video eher positiv aufgenommen.

Eine Employer-Branding-Kampagne, zu der die *Deutsche Bahn* im Sommer 2012 aufgerufen hat, war »Die Welt der DB« (siehe Abbildung 8.22). Die Community sollte Ideen und Vorschläge zu Themen abgeben, die die Fans in Zusammenhang mit der Bahn erlebt haben. Damit wollte die Bahn potenziellen Arbeitnehmern einen Einblick in den Konzern und seine Bereiche ermöglichen. Die besten Ergebnisse werden in einer Miniaturwelt in Berlin nachgestellt und können live oder via Facebook und YouTube angeschaut werden.

Abbildung 8.21 Gelungen: Der Imagefilm des Bäckerhandwerks

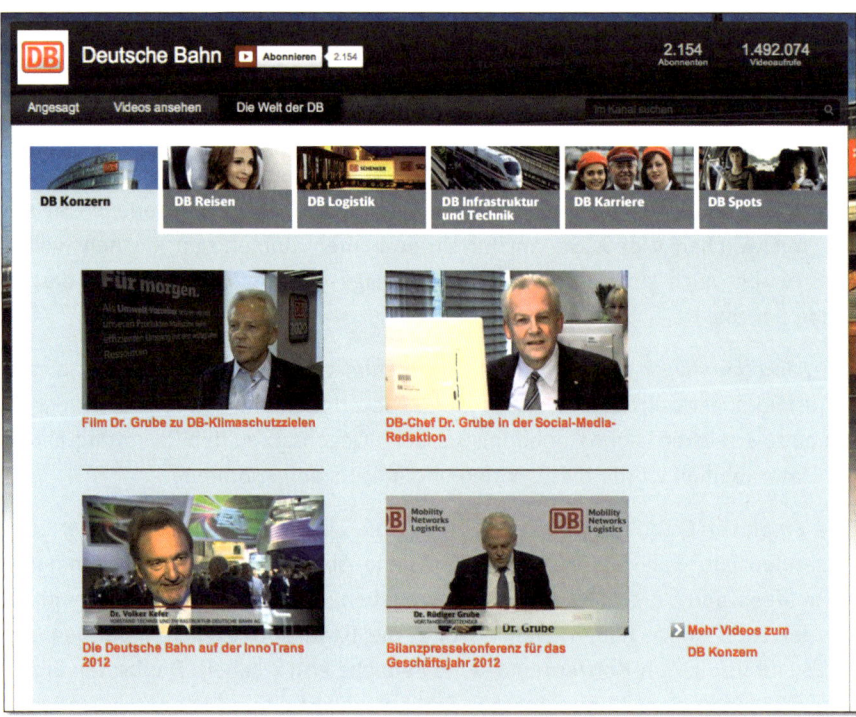

Abbildung 8.22 Die Employer-Branding-Kampagne »Die Welt der DB«

Obwohl die Idee zur Kampagne von vielen Online-Usern im Vorfeld stark kritisiert worden ist, wurden nach Ablauf der Aktion zwölf Gewinner mit teils sehr schönen Ideen präsentiert. Um die junge Zielgruppe zu erreichen, bietet die Deutsche Bahn noch eine weitere Employer-Branding-Maßnahme an. Auf der Seite *LOKSTER* können sich junge Menschen über die Bahn und die Berufsfelder des Unternehmens informieren (siehe Abbildung 8.23).

Abbildung 8.23   Die Webseite LOKSTER

Die Inhalte der Seite können über die verschiedenen Social-Media-Plattformen geteilt werden. Wir finden diesen Ansatz sehr gelungen, da er einen guten, authentischen Einblick in die Tätigkeitsfelder gibt und das Design der Seite zur Zielgruppe passt.

8.5   Watchado – der Mitarbeiter als Botschafter

Ein ganz neues Format im Bereich Employer Branding ist *whatchado* (siehe Abbildung 8.24). Das Konzept dieser Plattform besteht darin, den Teilnehmern sieben Fragen zu ihrem Beruf und dem eigenen Werdegang zu stellen:

1. Was steht auf deiner Visitenkarte?
2. Wie ist dein Werdegang?
3. Worum geht es in deinem Beruf?
4. Ginge dein Beruf auch ohne deinen Werdegang?
5. Was ist das Coolste an deinem Beruf?
6. Was ist die Einschränkung an deinem Beruf?
7. Drei Ratschläge an dein 14-jähriges Ich?

Die Antworten fallen immer sehr unterschiedlich aus, was jedoch gewollt ist. Auf diese Weise erhält der Zuschauer einen Einblick in die unterschiedlichen Berufsfelder und Einstiegsmöglichkeiten. Unternehmen haben hier die Möglichkeit, das eigene Unternehmen auf authentische Weise vorzustellen und die Arbeitgebermarke zu stärken.

Abbildung 8.24   Die Webseite von watchado

Die Zahl der mobilen Endgeräte steigt von Jahr zu Jahr. Mit der mobilen Nutzung steigt auch das Interesse an *Mobile Recruiting Apps*. Hier ist man vor allem in den USA schon viel weiter. Die Zukunft von Employer Branding ist mit Sicherheit mobil.

Mit der Einstellung der Fachkräfte ist es jedoch nicht getan. Vor allem die jungen Mitarbeiter erwarten heutzutage kollaboratives Arbeiten und den internen Einsatz von geeigneten Social Media Tools. Hier spricht man von *Enterprise 2.0*. Der Wandel der internen Arbeitsprozesse und der Unternehmenskultur erfordert gerade bei großen Unternehmen sehr viel Zeit. Bei der internen Kommunikation kann ein Unternehmensblog helfen und den Arbeitnehmern die Möglichkeit geben, andere Personen und Themen im Unternehmen kennenzulernen. Zum Austausch eignet sich beispielsweise Yammer, aber auch Skype kann eingesetzt werden, um untereinander zu kommunizieren.

8.6   Best Practice: Krones AG

Der Krones-Konzern mit Hauptsitz in Neutraubling, Deutschland, plant, entwickelt und fertigt Maschinen und komplette Anlagen für die Bereiche Prozess-, Abfüll- und Verpackungstechnik sowie Intralogistik. Informationstechnologie und Fabrikplanung sowie die eigene Ventilproduktion ergänzen das Produktportfolio des Unternehmens.

Interviewpartner: Eva Maria

Eva Maria Karl (29) ist bei der Krones AG unter Leitung von Charles Schmidt als Social-Media-Referentin bei »Corporate Communications« tätig. Die ehemalige Politikredakteurin verließ bereits im Jahre 2010 den klassischen Zeitungsjournalismus und widmete sich der Online- und Social-Media-Kommunikation im industriellen B2B-Bereich (Siemens AG). Im Oktober 2012 nahm Eva Maria Karl ihre Tätigkeit bei der Krones AG auf.

Abbildung 8.25
Eva Maria Karl

Die Krones AG war der erste Maschinen- und Anlagenbauer, der sich der Herausforderung Social Media gestellt hat. Gerade der B2B-Markt war schon immer auf die direkte Kommunikation zwischen einzelnen Akteuren ausgelegt. Der Bereich Social Media ist für das Unternehmen aber mehr als nur ein Kommunikationskanal. Social Media ist vielmehr ein Transformationsprozess, der sich über die Grenzen der Unternehmenskommunikation hinweg auf das gesamte Unternehmen auswirkt (siehe Abbildung 8.26).

Abbildung 8.26   Die Website der Krones AG

Durch Social Media möchte das Unternehmen echte und wertige Kommunikation mit den Menschen betreiben, und zwar auf den Kanälen, auf denen sich diese bewegen. Deswegen steht die Krones AG täglich mit Ihren Kunden, Interessierten, potenziellen Mitarbeitern und mit den eigenen Mitarbeitern im Dialog. Diese Philosophie wirkt sich natürlich auch auf klassische Ziele, wie z. B. »Steigerung der Markenbekanntheit«, »Verbesserung der Kundenzufriedenheit« oder auf das »Employer Branding« aus. Gerade im Bereich Employer Branding sehen wir die Krones AG als Best-Practice–Beispiel, auf das wir im weiteren Verlauf noch eingehen werden.

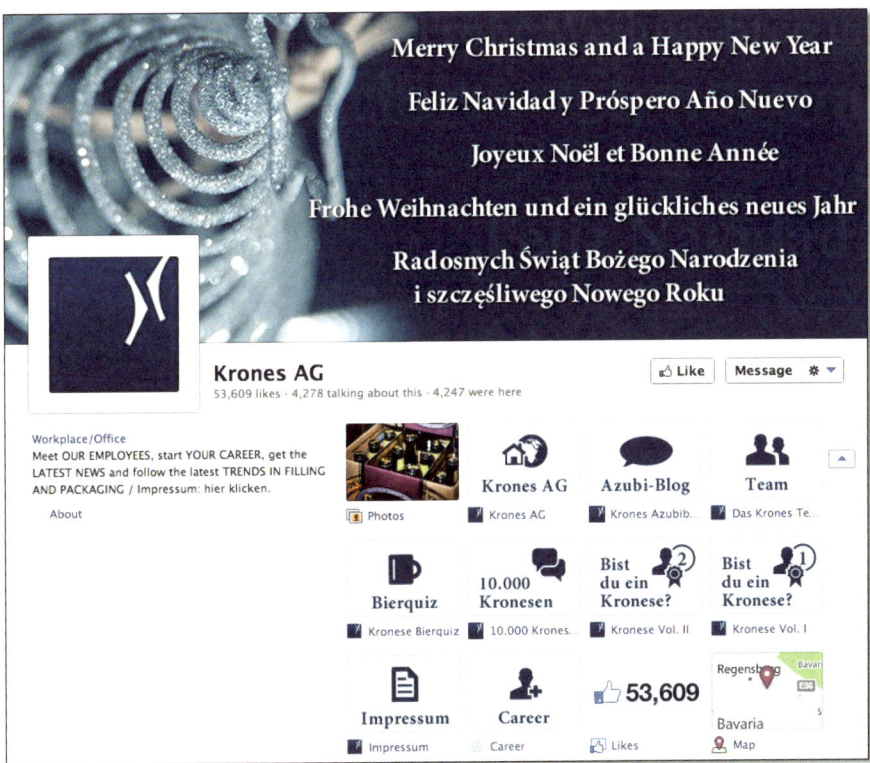

Abbildung 8.27   Die Facebook-Seite der Krones AG

Um diese Ziele zu erreichen, betreuen drei Mitarbeiter aus dem Bereich Corporate Communications die Social-Media-Aktivitäten. Die Inhalte werden aber nicht nur von diesen Mitarbeitern erstellt. Interessante Inhalte werden auch durch das Engagement von Mitarbeitern aus anderen Abteilungen und von externen Markenbotschaftern zur Verfügung gestellt.

Neue Kanäle werden dabei nicht aufwendig analysiert, sondern iterativ evaluiert. Für die Krones AG zählt hier der *Industry First Mover*-Ansatz. Das Unternehmen begründet diesen Ansatz damit, dass bei den kurzen Innovationszyklen in Social Media eine langwierige strategische Betrachtung nicht zielführend ist und eine Analyse der neuen Kanäle nur bedingt vorhersagen kann, wie die tatsächliche Resonanz auf die Aktivitäten sein wird.

In den letzten drei Jahren konnte dadurch sehr viel Know-how im Unternehmen aufgebaut werden. Zusätzlich wurde das Know-how noch durch die Zusammenarbeit mit Experten und den stetigen Austausch auf Veranstaltungen erweitert. In dieser Zeit gab es auch für die Krones AG immer wieder Probleme, die es zu meistern galt, und es gab auch Misserfolge, aus denen man lernen konnte.

Abbildung 8.28 Der Twitter-Kanal von Krones mit den Betreuern des Kanals

Die Social-Media-Kommunikation wird in Zusammenarbeit mit der Corporate Communications Abteilung auch in die Offline-Kommunikation integriert. Ein Social Media Monitoring wird eingesetzt, um Strategien und die nächsten Schritte abzuleiten. Dabei werden nicht nur die eigenen Kanäle bzw. das eigene Unternehmen, sondern auch die Wettbewerber betrachtet. Für den Fall einer eintretenden Krise wurden intern Verantwortliche festgelegt, die in solch einem Fall informiert werden. Für die Krones AG ist es wichtig, dass in der Social-Media-Kommunikation der Mensch betrachtet wird und ihm ein Forum gegeben wird, in dem er ernst genommen wird und sich wohlfühlt. Dabei ist es nicht wichtig, ob es ein Kunde ist. Alle Gesprächsteilnehmer sollten respektvoll behandelt werden.

Wir haben Ihnen bereits gesagt, dass wir die Krones AG gerade im Bereich Employer Branding als Best-Practice-Beispiel betrachten. Das Unternehmen nutzt für das Employer Branding sämtliche Kanäle. Auf der Facebook-Seite (siehe Abbildung 8.30) werden aktuelle Job-Angebote auf der Pinnwand geteilt, aber es gibt auch eine eingebundene Job-App (im Facebook-Tab), bei der die Nutzer aktiv nach Stellen suchen können.

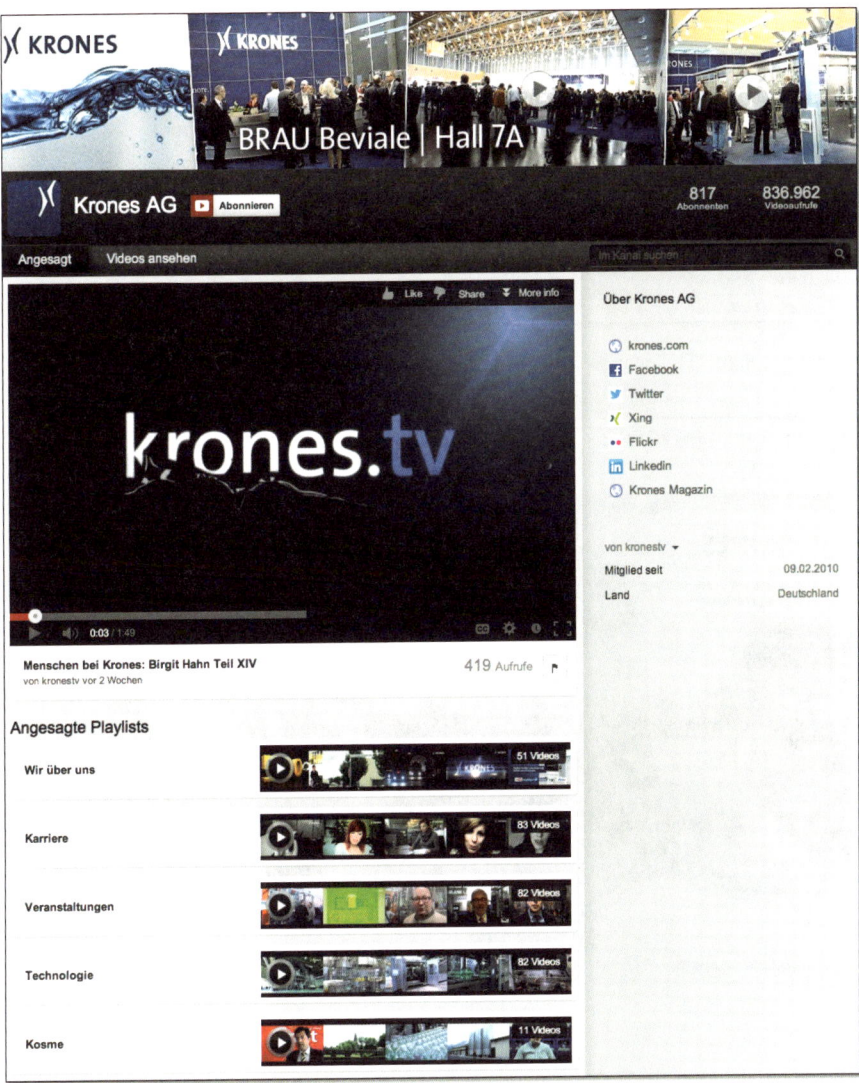

Abbildung 8.29   Der YouTube-Kanal der Krones AG

Ebenfalls über die Facebook-Seite ist das Azubiblog zu erreichen (siehe Abbildung 8.31). Dort berichten Auszubildende und Praktikanten über die Erlebnisse mit und in der Krones AG. Die Themen sind breit gefächert. Die Auszubildenden berichten von ihrem ersten Tag bei Krones oder von Auslandserlebnissen während des dualen Studiums.

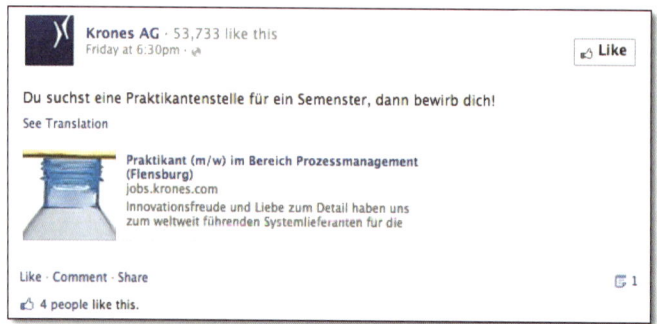

Abbildung 8.30 Stellenangebot als Beitrag auf der Facebook-Seite

Abbildung 8.31 Das Azubiblog

Interessierte und potenzielle Arbeitnehmer werden hier sehr authentisch über die Krones AG als Arbeitgeber informiert. Um dieses Bild noch authentischer zu machen, setzt das Unternehmen viele Videos ein. Auf dem YouTube-Kanal (siehe Abbildung 8.32) findet man gleich mehrere Videos, die sich um die Menschen im Unternehmen drehen.

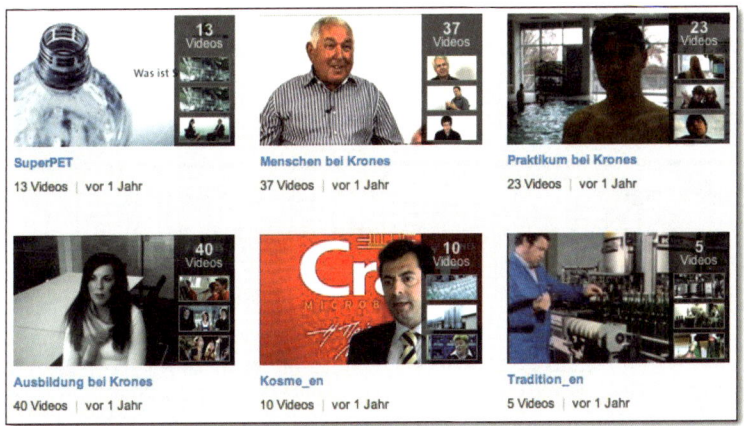

Abbildung 8.32   In den Videos auf YouTube werden oft die Arbeitnehmer und Ihre Tätigkeiten vorgestellt.

So finden Sie Videos zu den Themen:

- ▸ Menschen bei Krones
- ▸ Praktikum bei Krones
- ▸ Ausbildung bei Krones

Solche Videos helfen Ihnen dabei, sich als offener Arbeitgeber zu positionieren. Das bringt natürlich nur etwas, wenn Sie diese Kultur auch im Unternehmen leben. Auch über den Twitter-Kanal werden die offenen Jobangebote geteilt. Dieser Kanal wird aber auch für die Kommunikation jeglicher Art genutzt. Dies beinhaltet auch die Kommunikation mit den eigenen Mitarbeitern.

Abbildung 8.33   Tolles Beispiel, um den Mitarbeitern Aufmerksamkeit zu geben und Wertschätzung zu zeigen

In Abbildung 8.33 sehen Sie, wie man Mitarbeitern das Gefühl vermitteln kann, dass sie Aufmerksamkeit genießen. Mit solchen »Kleinigkeiten« geben Sie Ihren Arbeitnehmern ein tolles Gefühl, und es hilft Ihnen bei der langfristigen Bindung der Arbeitnehmer an Ihr Unternehmen.

Interview: Spezialfragen

Inwieweit machen sich die Employer-Branding-Maßnahmen in Social Media bei der Mitarbeiterfindung bemerkbar?

Sicherlich positive Auswirkungen der Maßnahmen auf Bekanntheit allgemein, aber auch in Bezug auf »Was macht Krones?«. Schwierig ist die konkrete Messbarkeit des Einflusses von Social-Media-Aktivitäten. Für Bewerber gibt es durch Social Media vielfältige Kanäle, sich über Arbeitgeber zu informieren. In persönlichen Gesprächen, z. B. auf Messen, erwähnen Interessenten z. B. unsere Filme über die Mitarbeiter und auch die Maschinen auf YouTube.

Welche Plattformen eignen sich am besten für das Employer Branding?

Das hängt vom jeweiligen Unternehmen ab. Für die Krones AG ist natürlich Facebook eine starke Plattform, da wir via Facebook mit rund 54.000 Fans sehr viele Interessierte erreichen können. Doch auch YouTube und XING haben für uns einen sehr hohen Stellenwert.

Was sind typische Fragen, die Bewerber auf den Social-Media-Kanälen stellen?

Wie und wo sie sich bewerben können. Ob es freie Stellen gibt. Wie lange Bewerbungsverfahren noch andauern. Ob die jeweilige Bewerbung bereits angesehen wurde. Ob für das jeweilige Herkunftsland Stellen ausgeschrieben sind. Jede Frage ist jedoch so individuell wie der User selbst.

8.7 Best Practice: OTTO

Seit mehr als sechs Jahrzehnten bietet *OTTO* Fashion- und Lifestyle-Produkte auf Bestellung und ist heute eines der erfolgreichsten E-Commerce-Unternehmen. Seit der Gründung steht bei dem Distanzhändler dabei eines besonders im Mittelpunkt: der Dialog mit den Kunden.

Der Ausgangspunkt für die Social-Media-Aktivitäten des Unternehmens war der Kontakt zu den relevanten Stakeholdern. OTTO hat dies sehr früh erkannt, sodass die ersten Social-Media-Aktivitäten bereits 2006 in Form von Kundenbewertungen umgesetzt wurden, die auf *otto.de* geteilt werden konnten. Das Unternehmen nutzt die sozialen Medien als Dialoginstrument, um mit seinen Kunden, Prospects und interessierten Internet-Nutzern auf allen relevanten Social-Media-Plattformen auf Augenhöhe in Kontakt zu stehen. Der Dialog mit den Kunden steht also im Fokus.

Interviewpartner: Thomas Voigt

Abbildung 8.34
Thomas Voigt

Thomas Voigt, seit 2004 Direktor Wirtschaftspolitik und Kommu-nikation bei der weltweit tätigen *Otto Group* in Hamburg, beglei-tete zuvor die Branche lange Jahre als Journalist. Von 1989 bis 1997 war er Chefredakteur von *W&V* und *HORIZONT*. Von 1997 bis 2004 betreute er als Chefredakteur das Unternehmermagazin *Impulse* und später das junge Wirtschaftsmagazin *BIZZ*. Der 52-jährige Handels- und Kommunikationsexperte wurde 2009 mit dem renommierten Preis »PR-Professional des Jahres« des PR-Re-ports ausgezeichnet. Für einen frühen Beitrag über Social Media wurde er bereits 2009 von W&V zum »Zeichensetzer des Jahres« gekürt.

Dabei erfolgt der Austausch verstärkt über die Kanäle Facebook und Twitter, die sehr häufig mit mobilen Endgeräten genutzt werden. OTTO sieht dabei die Vorteile insbesondere in schnellen Reaktionszeiten, denn durch die niedrigen Zugangs-schwellen in der Kommunikation bietet das Social Web die Möglichkeit, die Kon-taktaufnahme in beide Richtungen zu beschleunigen.

Für das Unternehmen hat sich die Qualität der Kundenbeziehung verändert. Sie ist persönlicher geworden, und OTTO erlebt einen ganz neuen Austausch mit seinen Kunden. Die Kunden geben dem Unternehmen nicht nur tiefe Einblicke in ihre Be-dürfnisse und Wünsche, sondern auch wertvolles Feedback, das das Unternehmen in all seine Prozesse – vom Einkauf bis zum Vertrieb – einfließen lassen kann.

Für OTTO ist Social Media ein klassisches Experimentierfeld, dem das Unterneh-men sich nach dem Motto »Wir irren uns voran – aber voran« genähert hat und immer noch weiter nähert. Dabei ist es dem Unternehmen wichtig, mit seinen So-cial-Media-Kanälen unterschiedliche Menschen anzusprechen. Durch den authen-tischen Dialog in den Social-Media-Kanälen festigt OTTO die Bindung zum Kunden und ermöglicht Außenstehenden einen transparenten Einblick in das Unterneh-men. Um diesen authentischen Einblick in das Unternehmen zu gewährleisten, schreiben in den Personaler- bzw. Azubiblogs ausschließlich OTTO-Mitarbeiter. OTTO ist bereits seit 2009 auf Facebook (siehe Abbildung 8.36) und Twitter ver-treten.

Da ein großer Teil der Zielgruppe des Unternehmens gerne über Social Networks kommuniziert, hat OTTO konsequent den Kundenservice und die Kundenanspra-che auf Kanäle wie Twitter und Facebook ausgeweitet. Um mit der modebewuss-ten Zielgruppe in Kontakt zu treten, hat OTTO bereits 2008 das Modeblog »Two for Fashion« ins Leben gerufen (siehe Abbildung 8.37). Dort finden Nutzer redak-tionelle Artikel zweier Mode-Expertinnen aus Hamburg, Berlin und New York. Fans des Blogs können zusätzliche Informationen über Facebook erhalten, und neue Posts werden auch über einen eigenen Twitter-Kanal (@*twoforfashion*) verbreitet.

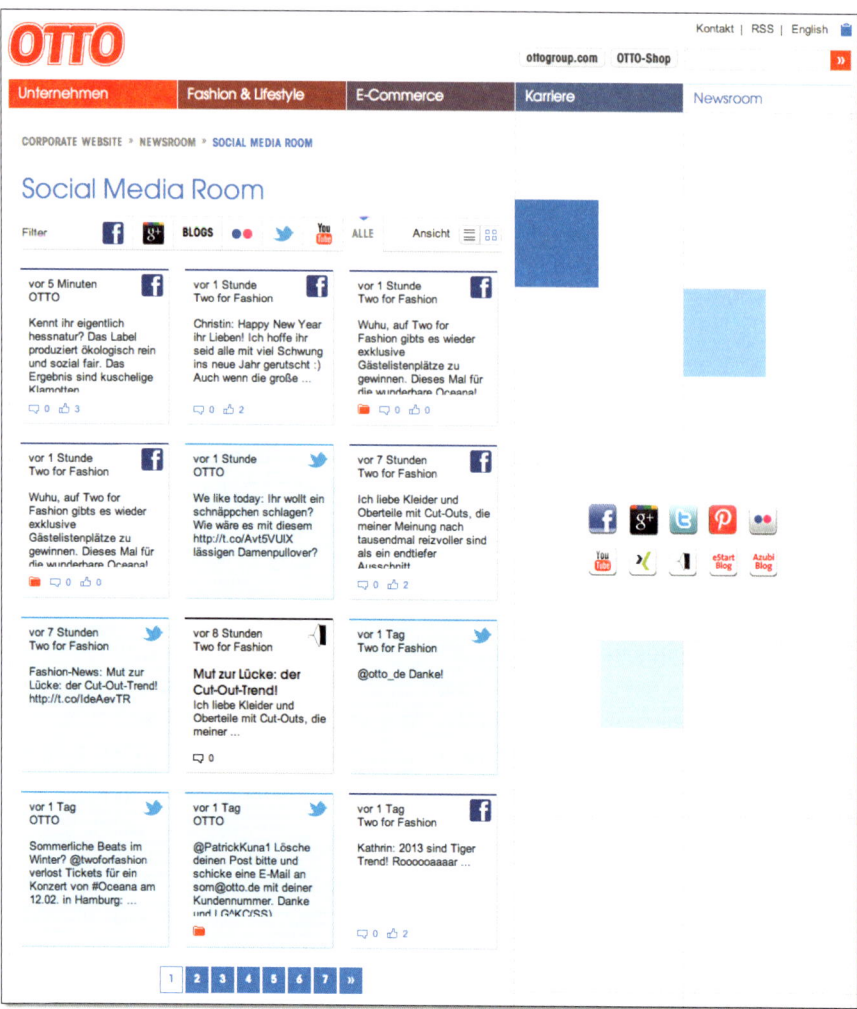

Abbildung 8.35 Im »OTTO Social Media Room« werden alle Social-Media-Aktivitäten übersichtlich dargestellt.

Ähnlich früh hat OTTO auf den Social-Media-Kanälen die Bewerberansprache modernisiert. Durch den Twitterkanal *@otto_jobs* oder die Facebook-Karriereseite kann das Unternehmen interessierte Kandidaten für freie Stellen erreichen. So kann das Unternehmen direkt internet-affine junge Menschen erreichen, die die Nachwuchskräfte von morgen werden könnten. Einen zusätzlichen Mehrwert für Bewerber bietet OTTO mit seinen Blogs »eStarter« (siehe Abbildung 8.38) und dem »OTTO Azubiblog«. Beide wurden im Sommer 2010 gelaunched und ermöglichen seitdem einen authentischen Einblick in das Unternehmen und in die Arbeitsweise von OTTO.

Abbildung 8.36   Die Facebook-Fanpage von OTTO

Abbildung 8.37   Das »Two for Fashion«-Blog von OTTO für die modebewusste Zielgruppe

Abbildung 8.38   Das e-Starter-Blog

Das Unternehmen setzt aber auch intern Social Media Tools für die Förderung von Wissens- und Meinungsaustausch ein. Damit wird die aktive Teilhabe an Diskussionen und Know-how-Transfer sowie die schnelle und effiziente Suche von Experten und Expertenwissen innerhalb des Konzerns verbessert.

Um diese Ziele und Maßnahmen umzusetzen, wurde die Social-Media-Expertise vor allem unternehmensintern aufgebaut. In dem Facebook- und Twitter-Team sitzen vorrangig junge Mitarbeiter aus dem Unternehmen, die sehr souverän in diesen Netzwerken unterwegs sind. Diese Mitarbeiter stehen im täglichen Austausch mit den Nutzern, was in den Communities sehr gut ankommt. Im OTTO-Kundencenter sitzt ein gut geschultes Team an Service-Mitarbeitern, das neben den klassischen Kommunikationskanälen auch die Social-Media-Kanäle bedient. OTTO führt dazu interne, intensive Kundencenterschulungen durch.

Anders sieht die Situation bei dem Modeblog »Two for Fashion« aus. In diesem Blog werden die Beiträge bewusst von zwei externen Autorinnen verfasst. Die Bloggerinnen Caroline und Thuy sind gestandene Mode-Expertinnen, die auch schon zuvor ein eigenes Mode-Blog betrieben haben. Angereichert werden ihre Artikel durch Beiträge von Gastautoren, zu denen auch OTTO-Mitarbeiter zählen.

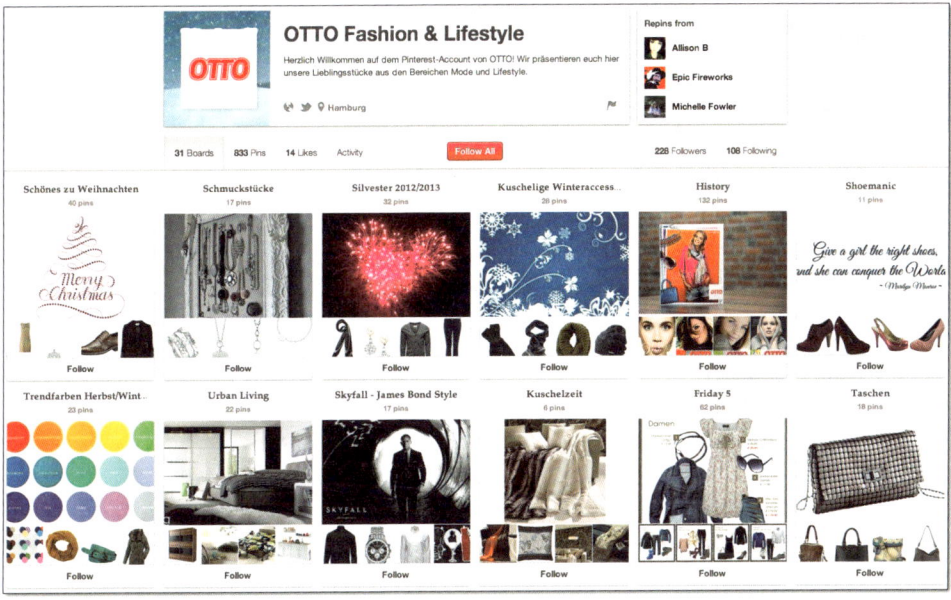

Abbildung 8.39   OTTO nutzt auch neue Kanäle wie Pinterest sehr aktiv.

Die Social Media-Aktivitäten werden bei OTTO sehr bewusst dezentral organisiert. Die Unternehmensbereiche Vertrieb/Kundencenter, Marketing, HR und Unternehmenskommunikation bedienen die jeweils eigenen Zielgruppen kompetent und direkt. Das Marketing koordiniert die strategische Planung aller Social-Media-Aktivitäten aus den Fachbereichen und sorgt dafür, dass diese in Meetings und bereichsübergreifenden Workshops Erfahrungen und Aktivitäten austauschen. Durch den regen Austausch unter den beteiligten Abteilungen können diese Bereiche voneinander partizipieren und sich kontinuierlich verbessern.

Für plötzlich auftretende Probleme oder Krisen nutzt das Unternehmen zum einen präventive Maßnahmen wie Social Media Guidelines und Schulungen, zum anderen steht ein kompetentes »Krisenteam« aus allen relevanten Unternehmensbereichen bereit. Das Unternehmen hat sich auf mögliche Krisen eingestellt und kann so auch im Krisenfall schnell und in der Sprache der Communities kommunizieren.

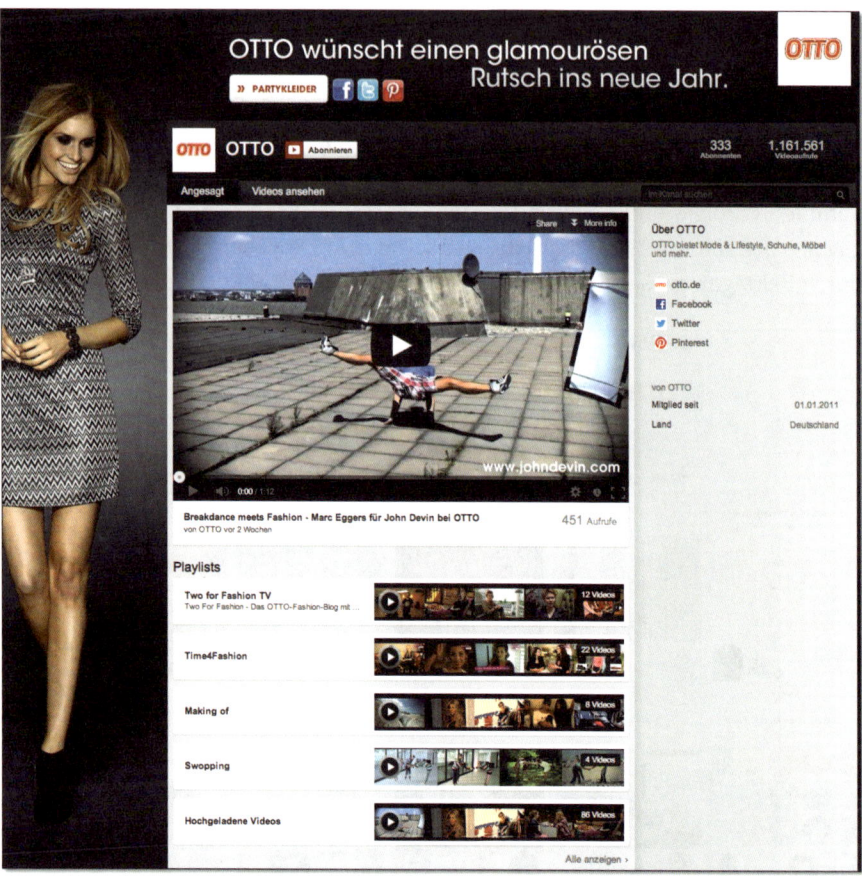

Abbildung 8.40   Der OTTO-YouTube-Kanal

Für das Unternehmen ist eine crossmediale Vernetzung äußerst wichtig, und die Social-Media-Kanäle bieten dazu wunderbare Möglichkeiten. Die Kanäle, die OTTO als Dialogmedium nutzt, haben dabei einen deutlich emotionalen Charakter und erzählen die Geschichten des Unternehmens. Auf YouTube sieht man einen Film, auf Facebook liest man ein Interview mit Mitarbeitern, im Corporate-Blog schaut man hinter die Kulissen,und auf Twitter wird die nächste Veranstaltung angekündigt. Überall ist der nächste Film, die Hintergrundinfo oder der Link zur Seitenbeschreibung immer nur ein Klick entfernt. Um den Erfolg zu messen, steht für das Unternehmen an erster Stelle die erreichte Zielgruppe, das Feedback, die Stimme der Kunden und ihre Meinungen.

Für OTTO sind der Dialog sowie die Interaktivität und die Partizipation mit den Kunden ein unverzichtbarer Baustein einer nachhaltigen E-Commerce-Strategie, und diese Strategie war bisher erfolgreich. Das Unternehmen führt einen Dialog auf Augenhöhe, und das über alle Bedarfsgruppen hinweg. Die Klickzahlen und das

Feedback der Kunden oder auch der Bewerber zeigen, dass das Unternehmen mit seinen verschiedenen Social-Media-Angeboten offensichtlich den jeweiligen Nerv der Nutzer getroffen hat.

Abbildung 8.41   OTTO lebt die authentische Kommunikation auch auf seinem Azubiblog.

Interview: Spezialfragen

Wie werden die eigenen Mitarbeiter in die Employer-Branding-Aktivitäten eingebunden?

Wir möchten potenziellen Bewerbern einen authentischen Einblick in unser Unternehmen und die Unternehmenskultur bieten. Deshalb binden wir die Mitarbeiter stark in unsere Employer-Branding-Aktivitäten, insbesondere in unsere Social-Media-Kanäle ein. So erhalten alle Interessierten beispielsweise über unsere Blogs »eStarter« und

»OTTO Azubiblog« einen realen und ungeschminkten Einblick in das Unternehmen und die Arbeitsweise von OTTO. Neben Mitarbeiter-Interviews auf Facebook stellen sich unsere Mitarbeiter auch gerne als Testimonial für unsere Karriereseite zur Verfügung. Außerdem können OTTO-Mitarbeiter auf XING Stellenangebote von OTTO in ihr Netzwerk streuen.

Außerhalb des Social Webs sind Mitarbeiter auf Recruiting-Messen, halten Vorträge in Vorlesungen an der Uni oder nehmen aktiv an Inhouse Days teil.

Inwieweit machen sich die Employer-Branding-Maßnahmen in Social Media bei der Mitarbeiterfindung bemerkbar?

Wie hoch der Einfluss unserer Social-Media-Aktivitäten auf die Mitarbeiterfindung ist, lässt sich nur schwer messen. Wir erhalten aber eine sehr gute Resonanz auf unsere Posts und haben viele aktive User, die mit uns auf den Plattformen in den Dialog gehen. Unsere Social-Media-Kanäle benutzen wir aber nicht für ein reines Recruiting, wir wollen dort auch die Vielfalt von OTTO als attraktiven Arbeitgeber präsentieren und so bekannter machen.

Welche Freiräume haben die Azubis bei der Gestaltung des Azubiblogs?

Es gibt ein festes Azubi-Blog-Team, das frei über Inhalte entscheidet. Dieses Team schreibt die Beiträge dann auch selbstständig. Das Team soll und muss autark arbeiten, denn das Blog soll so authentisch sein. Deshalb machen wir unseren Auszubildenden keine Vorgaben. Zusätzlich gibt es noch eine Redaktionskonferenz mit dem Personalbereich. Dort werden Inhalte ausgetauscht und Themen generiert. Der Personalbereich steht den Azubis als Ansprechpartner jederzeit zur Seite. Neben den persönlichen Erlebnissen und Eindrücken der Azubi-Blogger werden auch allgemeine Beiträge über OTTO als Arbeitgeber gepostet. Immer häufiger stellen Bewerber im Bewerbungsgespräch Rückfragen zu Themen aus dem Azubiblog und geben uns damit ein Feedback, dass das Blog als Informationsinstrument ankommt.

8.8   Fazit

Haben Sie schon mal geschaut, wie über Sie als Arbeitgeber im Netz gesprochen wird? Es gibt Websites wie *kununu*, auf denen Nutzer die Unternehmen als Arbeitgeber bewerten können – und glauben Sie uns: Nutzer suchen im Internet nach Ihnen, bevor sie sich bei Ihnen bewerben. Allein aus diesem Grund sollten Sie alles Ihnen Mögliche dafür tun, dass Sie als attraktiver Arbeitgeber wahrgenommen werden.

Social Media bietet Ihnen im Bereich Employer Branding aber noch viel mehr Möglichkeiten. Sie können gezielt nach den für Sie passenden Arbeitnehmern suchen oder auf Ihrer Facebook-Seite schon den direkten Dialog vor der Bewerbung führen. Setzen Sie ein Mitarbeiter- und/oder Auszubildenden-Blog ein, um Ihr Unternehmen attraktiv zu machen. Dies bietet sich vor allem für Unternehmen an, die nicht so bekannt sind. Woher sollen die potenziellen Arbeitnehmer denn wissen, wie attraktiv und interessant eine Ausbildung bei Ihnen ist? Wenn Sie Ihre Mitarbeiter für diese Art der Kommunikation einsetzen, dann sollten diese das a) freiwillig tun und b) nicht diktiert bekommen, was sie schreiben sollen. Nutzer merken, wenn Beiträge nicht authentisch sind. Stellen Sie die Menschen vor, die Ihre Karriereseite oder Ihr Mitarbeiter-Blog betreuen. Dadurch wird die Kommunikation noch persönlicher und authentischer. Menschen reden mit Menschen. Profitieren Sie von den Möglichkeiten in Social Media, und binden Sie Ihre Mitarbeiter langfristig an Ihr Unternehmen.

Sie wollen Ihren Kunden ein Zugehörigkeitsgefühl geben und Sie an den Entwicklungen und Optimierungen Ihrer Produkte beteiligen? Im nächsten Kapitel zeigen wir Ihnen, welche Möglichkeiten das Social Web bietet, um dies umzusetzen.

9 Innovation Management – arbeiten Sie mit Ihren Kunden Hand in Hand

Wenn Sie mit Ihren Kunden zusammenarbeiten, dann können Sie effizienter auf die Bedürfnisse der Konsumenten eingehen. Sie erhalten wichtige Insights von Ihrer Zielgruppe und binden diese zusätzlich an Ihr Unternehmen.

Für Unternehmen ist es essenziell, innovativ und am Puls der Zeit zu bleiben und sich auf neue Produkte und Dienstleistungen einzulassen. Was passieren kann, wenn man diesen Aspekt als Unternehmen nicht beachtet, zeigt das Beispiel Kodak. Das Unternehmen hat die Einführung der digitalen Fotografie mehr oder weniger verschlafen.

Bei der Entwicklung von neuen Produkten und Dienstleistungen haben die Unternehmen verschiedene Optionen. Der klassische Weg ist die interne Entwicklung mit den eigenen Mitarbeitern. Die Alternative ist, die Außenwelt in den Innovationsprozess mit einzubeziehen. Für die Kooperation mit externen Personen sprechen verschiedene Gründe. Viele Mitarbeiter bekommen nach einer gewissen Zeit im eigenen Unternehmen einen Tunnelblick. Da ist es wichtig und sinnvoll, wenn außenstehende Personen einen Blick auf bestimmte Sachverhalte werfen. Dies erweitert zudem den Horizont aller Beteiligten. Aus diesem Grund werden in großen Unternehmen Unternehmensberater eingesetzt, obwohl das Know-how auch im eigenen Unternehmen vorhanden ist. Mithilfe der Community Produktinnovationen auf den Markt zu bringen kann Ihnen einen Vorsprung gegenüber dem Wettbewerb verschaffen.

Die Konsumenten unterhalten sich auf den verschiedenen Social-Media-Plattformen bereits über Produkte, geben Feedback und liefern Verbesserungsvorschläge. Unternehmen, die das Social Web im Blick haben, werden dies wissen. Sie müssen das Feedback nur annehmen und umsetzen. Bei der Umsetzung haben kleinere Unternehmen natürlich einen Vorteil, da solche Prozesse erfahrungsgemäß in großen Unternehmen einen längeren Zeitraum in Anspruch nehmen.

Intern muss die Bereitschaft zu Innovationen in Kooperation mit der Außenwelt vorhanden sein, und es müssen die notwendigen Prozesse integriert werden. *Open Innovation* bedeutet auch immer in einem gewissen Rahmen einen Verlust an Kontrolle. Außerdem müssen die Mitarbeiter bereit sein, Ideen von außerhalb zuzulassen. Darüber hinaus müssen auch rechtliche Aspekte beachtet werden. Viele

Unternehmen scheuen sich aus Sorge um das geistige Eigentum oder die Patentierbarkeit der entwickelten Produkte, Open Innovation zu betreiben. Durch den Einsatz von Vertraulichkeitserklärungen oder eines Rechtsverzichts ist dies jedoch kein Problem. Allerdings sollten Sie als Unternehmen nicht direkt auf die Festlegung von rechtlichen Rahmenbedingungen bestehen. Geben Sie am Anfang erste Informationen an die Interessenten preis, ohne zu viel zu verraten.

Wenn Unternehmen Open Innovation im Bereich Social Media einsetzen, ist es zudem zwingend erforderlich, dass die involvierten Abteilungen eng zusammenarbeiten. Viele Unternehmen haben bereits die Möglichkeiten und Chancen von Open Innovation erkannt.

9.1 Crowdsourcing unterteilt sich in verschiedene Bereiche

Durch die für Social Media charakteristische Offenheit und Einfachheit bietet die Kooperation mit dem Nutzer eine große Chance für Open Innovation. Die Kunst besteht darin, interne und externe Ideen ideal zu kombinieren. Das Outsourcing von bestimmten Aufgabenstellungen wird dabei auch als *Crowdsourcing* bezeichnet.

Welche Bereiche lassen sich nun mithilfe von externen Personen überhaupt umsetzen? Die meisten Personen, die sich mit dem Begriff Crowdsourcing beschäftigen, assoziieren damit den Bereich der Produktinnovation. Insgesamt lässt sich Crowdsourcing jedoch in vier Kategorieren unterteilen:

▶ *Kollektive Intelligenz (collective intelligence oder crowd wisdom)* – Die kollektive Intelligenz beruht auf der These, dass mehrere User zusammen mehr Wissen vereinen als einzelne Personen. Unternehmen können diese Form des Crowdsourcing zur Problemlösung, Ideenfindung oder Generierung von Innovationen nutzen. Bei der Nutzung von *crowd wisdom* wird beispielsweise eine bestimmte Fragestellung an die Crowd gestellt und gemeinsam beantwortet.

▶ *Crowd Creation* – Wie der Name bereits vermuten lässt, geht es bei dieser Form des Crowdsourcing darum, die Konsumenten in die Produktionsprozesse mit einzubeziehen. Die Nutzer werden dazu aufgefordert, ein Produkt zu kreieren oder zusammen mit dem Unternehmen ein Produkt zu entwickeln.

Auf der Online-Design-Community Threadless werden überwiegend bedruckte T-Shirts hergestellt, die von Usern designt wurden (siehe Abbildung 9.1).

▶ *Crowd-Abstimmungen (crowd voting)* – Auch beim Crowd Voting lässt der Name bereits vermuten, welche Form des Crowdsourcing sich hinter dem Begriff versteckt. Neben der Beurteilung von Nutzern zur Entscheidungsfindung nutzt das Crowd Voting die Fähigkeiten der User, um Informationen zu filtern, zu organisieren oder zu klassifizieren. Die Crowd hat hier die Möglichkeit, zwischen unterschiedlichen Angeboten abzustimmen.

Abbildung 9.1   Bei Threadless können die Kunden ihre eigenen T-Shirts kreieren.

Auf der Plattform *unserAller* (siehe Abbildung 9.2) können die User über Produkteigenschaften abstimmen. Dies bietet Unternehmen die Chance, Produkte bedarfsgerecht zu produzieren. In dem nachfolgend gezeigten Projekt der Drogeriemarktkette *dm* konnte die Community entscheiden, aus welchen Bestandteilen die *Balea*-Dusche für die kalte Jahreszeit bestehen soll. Die aktivsten Mitentwickler erhielten ein Exemplar der limitierten Edition.

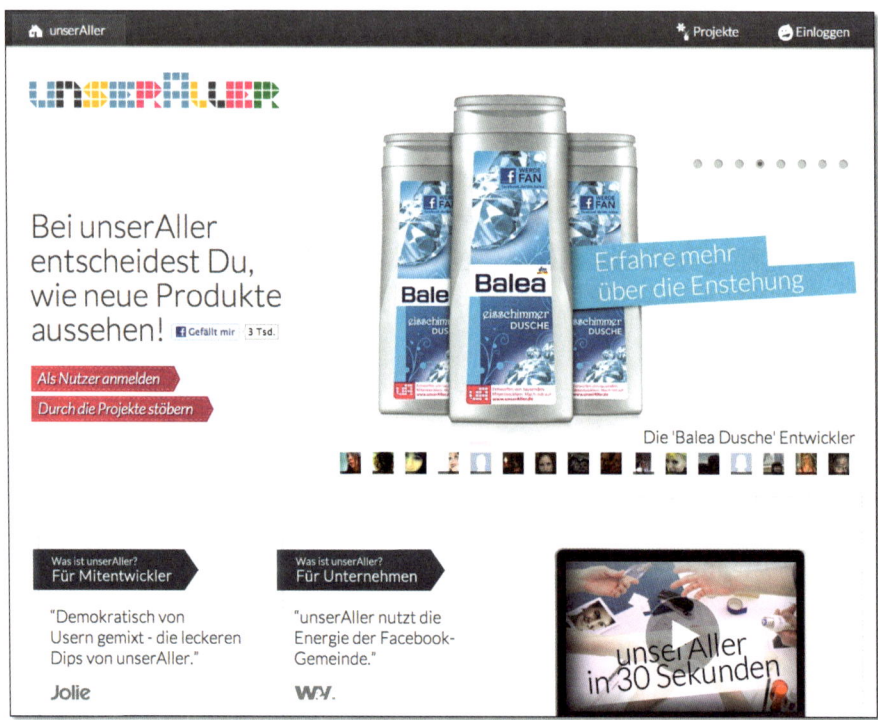

Abbildung 9.2   Auf »unserAller« können die Konsumenten mitentscheiden.

Die User konnten über folgende Punkte entscheiden:

▶ *Motto*: Diamonds and Ice

▶ *Material*: Schimmernde Creme in türkis/blau, fruchtig duftend mit einer leicht würzigen und einer leicht frischen Duftnote

▶ *Name*: Eisschimmer

Die verschiedenen Aspekte wurden in aufeinander folgenden Schritten zur Diskussion gestellt. Zu Beginn durfte das Motto ausgewählt werden. Auf der Plattform *unserAller* werden die Teilnehmer je nach Unternehmen in den gesamten Entstehungsprozess einbezogen und an allen Entscheidungen beteiligt. Bei unserAller handelt es sich übrigens um eine deutsche Plattform.

▶ *Crowdfunding* – Das Crowdfunding bezeichnet die Vergabe von Mikro-Krediten. Hier wird auch von einer »Finanzierung durch die Masse« gesprochen. Die User werden dazu aufgefordert, ein bestimmtes Projekt mitzufinanzieren. Genau genommen handelt es sich somit um eine Art Spendenaktion. *Kickstarter* ist eine der größten und bekanntesten Crowdfunding-Plattformen. Es gibt aber auch deutsche Plattformen, wie z. B. *startnext* (siehe Abbildung 9.3).

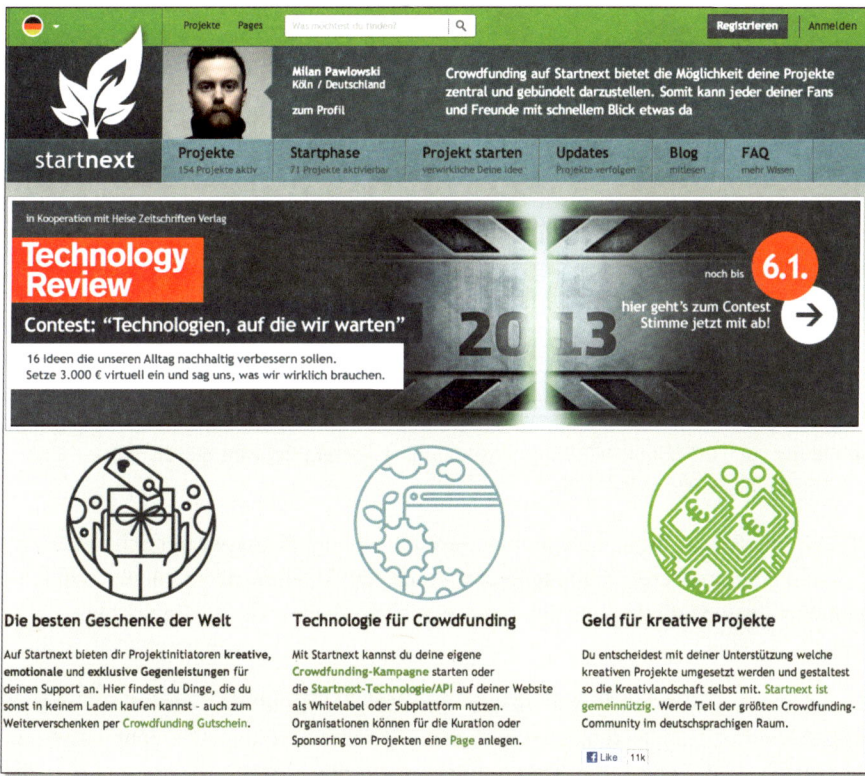

Abbildung 9.3   startnext ist eine der deutschen Crowdfounding-Plattformen.

Ein sehr wichtiger Aspekt des Crowdsourcing ist die Motivation der Teilnehmer. Für eine erfolgreiche Zusammenarbeit zwischen der Crowd und dem Unternehmen bzw. dem Veranstalter ist die richtige Balance zwischen Geben und Nehmen sehr wichtig. Der Großteil der Nutzer wird nur dann an einem Projekt teilnehmen, wenn er dafür einen Gegenwert erhält.

9.2   Konsumenten fordern ihr Lieblings- produkt wieder zurück

Bei vielen Crowdsourcing-Projekten überschneiden sich die einzelnen Kategorien. Dass Crowdsourcing-Maßnahmen nicht immer von Unternehmen initiiert werden, zeigt das Beispiel des Chips-Herstellers *Zweifel*. Eine Gruppe von Fans organisierte sich auf Facebook und forderte die eingestellten Zwiebelringe zurück. Auch bei RITTER SPORT haben viele Konsumenten immer wieder nach der Olympia-Schokolade gefragt, sodass diese Schokolade schließlich wieder in das Sortiment aufgenommen worden ist (siehe Abbildung 9.4).

Abbildung 9.4   RITTER SPORT bringt durch das Engagement der Fans die Olympia-Schokolade wieder auf den Markt.

RITTER SPORT hat diese Gelegenheit genutzt und die Rückkehr der Schokolade im Rahmen einer größeren Kampagne umgesetzt. Die User durften schließlich in einer weiteren Crowdsourcing-Aktion einen eigenen Werbespot für die Schokolade erstellen.

Wenn Sie Ihre Kunden in Crowdsourcing-Projekte einbinden und die Ideen anschließend auch umsetzen, stärken Sie die Kundenbindung. Die Fans haben auf diese Weise das Gefühl, ernst genommen zu werden. Zusätzlich fördern Sie in den meisten Fällen die Mundpropaganda zum Produkt. Die Verknüpfung auf den eigenen Social-Media-Kanälen bietet sich hier natürlich an, da auf diese Weise die Inhalte von der Community geteilt werden. Zur Durchführung einer solchen Maßnahme benötigen Sie ein durchdachtes Konzept.

Bei der Planung sollten Sie folgende Kriterien beachten

1. Was möchten Sie mit dieser Aktion erreichen?

   Haben Sie ein Problem, das gelöst werden soll, oder möchten Sie Ihre Kunden in die Entwicklung eines Produkts oder einer Dienstleistung einbeziehen?

2. Wo soll die Aktion stattfinden?

   Möchten Sie eine Plattform wie *unserAller* einsetzen, oder soll die Aktion auf Facebook stattfinden? Bei Facebook müssen Sie in jedem Fall die Richtlinien der Plattform beachten.

3. Rechtslage klären und Rahmenbedingungen festlegen

   Wer hat am Ende die Rechte an den Ideen? Definieren Sie Rahmenbedingungen, die die rechtlichen Aspekte festlegen.

4. Professionelle Vorbereitung und Umsetzung

   Nehmen Sie die Aktion und die teilnehmende Community ernst. Erklären Sie genau, was Sie als Ergebnis erwarten und welche Gegenleistung die Teilnehmer erhalten.

9.3 Crowdsourcing-Maßnahmen verlaufen nicht immer wie geplant

Crowdsourcing-Aktionen verlaufen nicht immer so, wie sich Unternehmen das vorstellen. Sie geben bei Crowdsourcing-Maßnahmen immer ein gewisses Maß an Kontrolle aus der Hand.

Das Unternehmen *Henkel* hatte sich im Frühjahr 2011 entschieden, für das Produkt *Pril* die eigenen Facebook-Fans am Entwurf eines Flaschendesigns zu beteiligen. Bei dem Design-Wettbewerb konnten die Teilnehmer in einer App die Flasche nach den eigenen Wünschen gestalten. Einige User haben den Wettbewerb nicht ganz ernst genommen und nicht ganz passende Designvorschläge eingereicht (siehe Abbildung 9.5). Die Ideen sind zwar bei der Community, aber nicht bei Henkel selbst sehr gut angekommen. Aus diesem Grund hat das Unternehmen während des Wettbewerbs die Rahmenbedingungen verändert. Nach der Anpassung durch Henkel mussten alle Motive vom Unternehmen freigegeben werden, und die von der Community gewählte Top Ten wurde somit neu zusammengestellt. Henkel musste sich aufgrund dieser Maßnahme mit massiver Kritik auseinandersetzen. Um so etwas zu vermeiden, sollten Unternehmen vorab die Rahmenbedingungen festlegen und sich auch daran halten.

Abbildung 9.5   Designvorschläge für die Flaschengestaltung bei Pril

Eine ähnliche Situation ist auch dem Versandhaus OTTO passiert. Das Unternehmen hatte zu einem Model-Contest aufgerufen. Neben zahlreichen jungen Mädchen beteiligte sich auch ein männlicher Kandidat an diesem Wettbewerb. Das sorgte auch hier bei der Community für eine sehr hohe Beteiligung. OTTO hat diesen Wettbewerb und die User-Beteiligung jedoch ernst genommen und den Wunsch der Fans akzaptiert. Aus diesem Grund hat bei diesem Wettbewerb der Nutzer *Sascha aka Brigitte* gewonnen (siehe Abbildung 9.6). Er wurde zum Fotoshooting eingeladen, und das Shooting an sich wurde auch im Bild festgehalten. Für OTTO war das ein großer Erfolg, weil das Unternehmen Humor bewiesen hat.

Abbildung 9.6 Ein junger Mann gewinnt den Model-Contest bei OTTO.

9.4   Was eignet sich für Crowdsourcing-Aktionen?

Vapiano hat die Eröffnung der 100. Filiale in Wien zum Anlass für eine Crowdsourcing-Kampagne genommen. Die Fans konnten entscheiden, welches Pasta-Rezept im März und April 2012 auf der Speisekarte des Restaurants erscheint.

Während die bisher genannten Aktionen alle nur Auswirkungen auf einen bestimmten Zeitraum hatten, hat der Telekommunikationsanbieter *Yourfone* der Community die Auswahl des Slogans überlassen (siehe Abbildung 9.7). Diese Aktion zeigt, dass Sie auch mit geringem Einsatz finanzieller Mittel die Community einbeziehen können.

Abbildung 9.7   »yourfone.de« bedankt sich für zahlreiche eingereichte Slogans.

9.5   Wo finden Crowdsourcing-Projekte eigentlich statt?

Neben Aktionen auf Facebook integrieren zahlreiche Unternehmen Crowdsourcing-Aktionen in die eigene Webseite. Das Unternehmen *P&G* führt bereits seit Längerem Crowdsourcing-Wettbewerbe auf der eigenen Plattform *Connect + Develop* durch (siehe Abbildung 9.8). Das Unternehmen hat sich dabei das Ziel gesetzt, die Hälfte der Innovationen mithilfe externer Partner zu entwickeln.

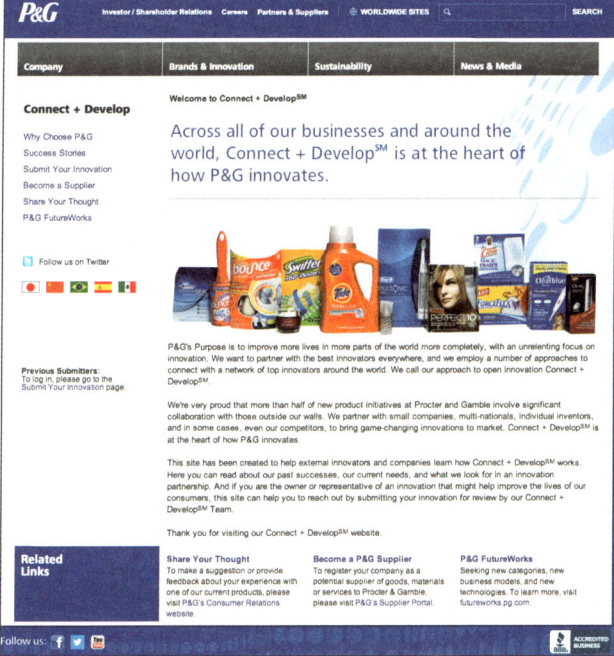

Abbildung 9.8   Die Crowdsourcing-Plattform von P&G (www.pgconnectdevelop.com)

Das Versicherungsunternehmen *CosmosDirekt* bietet den Kunden ebenfalls auf der eigenen Webseite an, sich bei relevanten Themen der Versicherungsbranche zu beteiligen (siehe Abbildung 9.9).

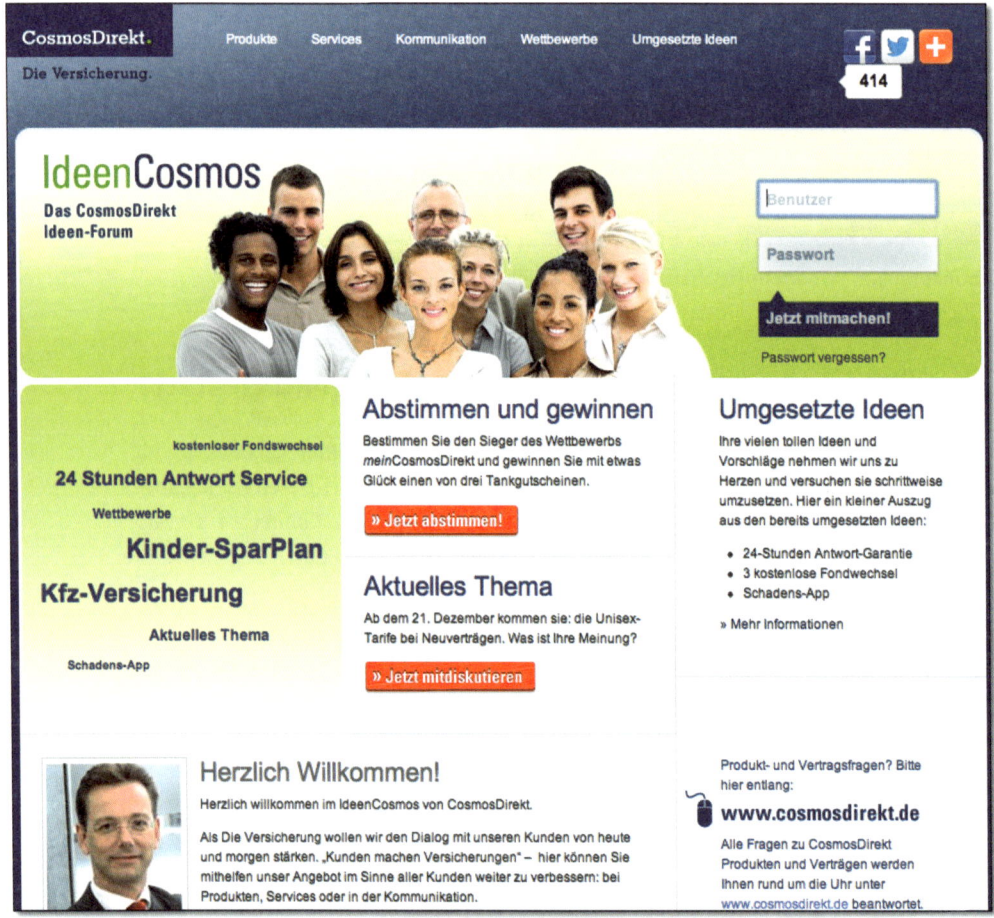

Abbildung 9.9 Die Crowdsourcing-Plattform von CosmosDirekt

Auf ein ähnliches Konzept setzt das Unternehmen *BOSCH*. Hier haben die User die Chance, ihre Ideen und Verbesserungsvorschläge einzustellen, die wiederum von der Community bewertet werden (siehe Abbildung 9.10).

Die Ideen werden u. a. vom Produktmanagement auf eine mögliche Realisierung geprüft.

Abbildung 9.10   Die Open–Innovation-Plattform von BOSCH

9.6   Best Practice: Tchibo

Tchibo steht für ein einzigartiges Geschäftsmodell: Es verbindet höchste Röstkaffeekompetenz, Kaffeegenuss in den eigenen Coffee Bars und eine innovative, wöchentlich wechselnde Gebrauchsartikelvielfalt mit Dienstleistungen wie Reisen, Mobilfunkangeboten und Grüner Energie. Mit weltweit rund 12.100 Mitarbeitern erzielte das Unternehmen 2011 3,5 Milliarden Euro Umsatz. Dabei verfügt es über ein Multichannel-Vertriebssystem mit eigenen Filialen, flächendeckender Präsenz im Handel und starkem Internet- und Versandhandel. Tchibo ist Röstkaffee-Marktführer in vier europäischen Ländern (Deutschland, Österreich, Polen und Tschechien).

Interviepartner: Sandra Coy

Sandra Coy ist Chefredakteurin im Bereich Corporate Communications und zuständig für die interne Kommunikation sowie unter anderem für das Tchibo Blog (plus Twitter und YouTube). Vor allem die Betreuung des Blogs begeistert sie täglich aufs Neue.

Abbildung 9.11
Sandra Coy

Für Sie als Unternehmen sollte es wichtig sein, dass Sie dort sind, wo Ihre Kunden sind und dort auch zum Dialog bereit sind. Dies war auch einer der Hauptbeweggründe für Tchibo, um in Social Media aktiv zu werden. Das Unternehmen wollte zum einen dort sein, wo sich die Kunden aufhalten, und zum anderen weitere Informationsquellen für Interessierte anbieten.

Abbildung 9.12   Der Tchibo-Online-Shop

Die Marke soll transparent dargestellt werden und auch die Mitarbeiter hinter den Produkten zeigen. Um dieses Ziel zu erreichen, wurde ein fachübergreifendes Social Media Team gegründet, das sich etwa eineinhalb Jahre vor dem Launch der Kanäle mit den folgenden Themen auseinandergesetzt hat:

▶ mit dem Thema Social Media im Allgemeinen,

▶ mit der Zielsetzung,

▶ mit der Zielgruppe und

▶ mit der Netz-Strategie.

Abbildung 9.13   Das Corporate-Blog von Tchibo

In diesen eineinhalb Jahren wurden alle Themen ausreichend besprochen, und die Kanäle wurden aufeinander abgestimmt, um Schnellschüsse zu vermeiden. Um die benötigte Expertise im Umgang mit Social Media zu erlangen, half zu Beginn eine externe Agentur bei der Betreuung der Kanäle. Mittlerweile werden alle Kanäle vom Unternehmen selbst betreut.

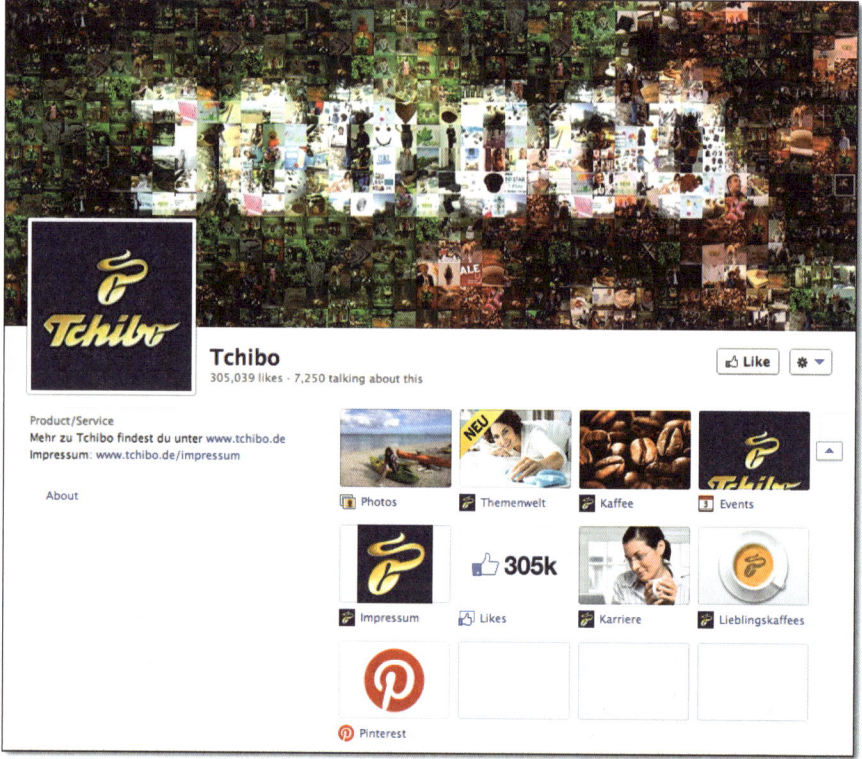

Abbildung 9.14   Der Facebook-Kanal von Tchibo

Die Betreuung der Social-Media-Kanäle teilen sich die Unternehmensbereiche *Corporate Communications* und *Digital Marketing*. Im Bereich Corporate Communications wurden dazu Aufgaben neu verteilt, während im Bereich Digital Marketing dafür neue Stellen geschaffen wurden. Um die Social-Media-Plattformen bekannt zu machen, sind die Kanäle in den E-Mail-Signaturen aller Tchibo-Mitarbeiter vorhanden. Auch im Webshop wird auf Facebook und das Blog (siehe Abbildung 9.13) verlinkt. Um diese Aktivitäten noch mehr mit der Offline-Kommunikation zu verzahnen, soll in Kürze auch im Tchibo-Print-Magazin darauf hingewiesen werden.

Durch die gute Vorbereitung traten bisher nur wenige Probleme auf, und auch die Krisenkommunikation konnte bisher immer gemeistert werden. Für plötzlich aufkommende Krisen wurden Abläufe bzw. Prozesse im Unternehmen integriert.

Schwieriger ist die Abstimmung auf internationaler Ebene. Tchibo ist auch in den Ländern, in denen das Unternehmen vertreten ist (siehe Abbildung 9.15), auf Facebook. Die Abstimmung zwischen den Ländern gestaltet sich nicht immer ganz so einfach.

Abbildung 9.15 Die Facebook-Seite für Tchibo Türkei

Um den Erfolg der Social-Media-Aktivitäten zu messen, ist Tchibo noch dabei, KPIs zu definieren. Die Statistiken der Netzwerke werden trotzdem kontrolliert, und es werden auch die Social-Media-Maßnahmen der Wettbewerber beobachtet.

Mit *Tchibo Ideas* (siehe Abbildung 9.16) hat das Unternehmen eine eigene Crowdsourcing-Plattform entwickelt.

Auf der Plattform können die Nutzer zusammen innovative Produkte entwickeln. Dass diese Plattform ein voller Erfolg und ein Best-Practice-Beispiel ist, sieht man auch an den folgenden Zahlen:

▶ 10.744 Mitglieder
▶ 1.224 Aufgaben
▶ 739 Lösungen

- ▸ 8.634 Kommentare
- ▸ 177 Sieger
- ▸ 21 Produkte

Abbildung 9.16 Tchibos eigene Crowdsourcing-Plattform: »Tchibo Ideas«

In dem Bereich »Aufgaben« können die Nutzer ihre Alltagsprobleme beschreiben, und die Community erarbeitet dafür gemeinsam eine Lösung (siehe Abbildung 9.17).

Die Lösungen können dann als Vorschlag eingereicht werden bzw. Tchibo als Designlösung vorgestellt werden. Sollte die Lösung in das Sortiment von Tchibo passen, dann kann sie zusammen mit Tchibo produziert und auf den Markt gebracht werden. Hier wird die Community hervorragend von Tchibo eingebunden. Die Idee, Lösungsansätze für Alltagsprobleme zu finden, ist sehr gut, da diese Produkte sehr gut in das Sortiment von Tchibo passen (siehe Abbildung 9.18). Durch das Angebot, diese Lösungen auch tatsächlich zu entwickeln, bekommen die Nutzer große Aufmerksamkeit und fühlen sich an dem Unternehmen beteiligt. Dies stärkt die Kundenloyalität und führt zu langfristigen Kundenbeziehungen.

Abbildung 9.17   Nutzer können gemeinsam Alltagsprobleme lösen.

Abbildung 9.18   Mit Tchibo zusammen die eigene Produktidee entwickeln

9.7   Fazit

Haben Sie schon mal darüber nachgedacht, Social Media zu nutzen, um mit Ihren Kunden zusammenzuarbeiten? Dadurch erhalten Sie wichtige Insights zu Ihren Produkten, können Produktverbesserungen direkt an den Bedürfnissen und Wünschen Ihrer Kunden umsetzen und zusammen mit Ihren Kunden neue Produkte entwickeln. Mit diesen Maßnahmen geben Sie Ihren Kunden das Gefühl, »ernst genommen« zu werden, und schaffen ein Zugehörigkeitsgefühl, um die Kunden an Ihr Unternehmen zu binden.

Für Sie als Unternehmen ist es essenziell, innovativ zu sein, also nutzen Sie die Crowdsourcing–Möglichkeiten, um Innovation in Kooperation mit Ihren Kunden zu erreichen. Denken Sie daran, dass Sie die Crowdsourcing-Maßnahmen auch Gefahren mit sich bringen. Daher empfiehlt es sich, diese Aktivitäten sehr gut zu planen, um von vornherein so viele Gefahren wie möglich auszuschließen.

Welche Möglichkeiten es gibt, um in Social Media Sales zu betreiben, zeigen wir Ihnen im nächsten Kapitel.

10 Sales – steigern Sie Ihren Umsatz mit Social Commerce

Ihre Kunden treffen ihre Kaufentscheidungen zunehmend auf Basis von Empfehlungen und Bewertungen aus dem Social Web. Da ist es nur konsequent, Ihre Produkte in Social Media anzubieten.

Die Zeiten, in denen die Konsumenten alle ihre Einkäufe in einem Ladengeschäft tätigten, sind vorbei. Bereits seit einigen Jahren wird das Online-Shopping oder »Verkaufen über das Internet« immer populärer. Wenn die Kunden in einem virtuellen Produktkatalog stöbern, die Produkte ihrer Wahl online auswählen und sie sich bequem nach Hause schicken lassen, spricht man von *E-Commerce*. Für Unternehmen bietet E-Commerce viele Vorteile. Sie müssen beispielsweise kein Personal im Ladengeschäft bezahlen.

Die Fragen, die Ihre Kunden üblicherweise Ihren Mitarbeitern im Ladengeschäft stellen, müssen Sie online auch beantworten. Im Netz haben Sie z. B. die Möglichkeit, auf die am häufigsten gestellten Fragen im FAQ-Bereich Ihres Online-Shops zu verweisen.

Vor dem Kaufprozess informieren sich fast alle Konsumenten online, welche Anbieter und Produkte für sie infrage kommen. Ihre potenziellen Kunden tauschen sich auf den verschiedenen Social-Media-Plattformen aus und erkundigen sich bei anderen Usern zwecks Erfahrungsaustausch. In diesem Stadium haben Sie durch Social Media Monitoring bereits die Möglichkeit, potenzielle Kunden zu identifizieren und zu kontaktieren. Oder Sie hören zu, welche Kundenbedürfnisse in Ihrem Produktbereich diskutiert werden.

Gehen Sie auf die entsprechenden Plattformen, und beteiligen Sie sich an den Diskussionen. Im ersten Schritt sollten Sie jedoch nicht an den Verkaufsprozess denken. Zu Sales zählt nicht nur der direkte Verkauf. Zeigen Sie, dass Sie Expertise in dem Bereich haben, und geben Sie den beteiligten Personen Hilfestellung, ohne Werbung für Ihre eigenen Produkte zu machen. Vor allem im B2B-Bereich eignen sich LinkedIn, XING oder Fachforen für den Austausch der verschiedenen Produktbereiche.

Das Beispiel aus Abbildung 10.1 zeigt einen Dialog zwischen zwei Mitarbeitern im Bereich Maschinenbau, bei dem es direkt um den Vertrieb geht. Herr Findling geht zwar zu Beginn sehr vorbildlich auf die Frage von Herr Kiefer ein, verweist aber relativ schnell auf die Produkte der eigenen Firma. Ob hier ein Kontakt per Direktnachricht hergestellt worden ist, lässt sich leider nicht feststellen. Herr Kiefer hat in jedem Fall nicht mehr öffentlich auf die Antwort von Herrn Findling reagiert.

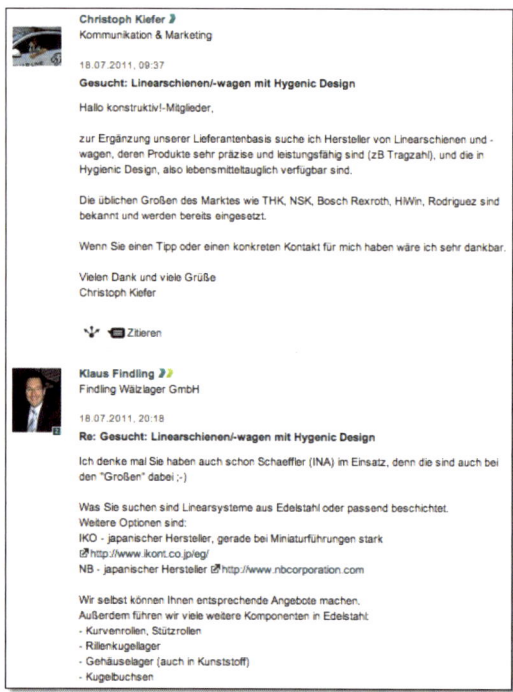

Abbildung 10.1   Austausch in einer XING-Gruppe zum Thema Maschinenbau

Vertrieb in Social Media ist sehr zeitaufwendig und ein langwieriger Prozess. Wer jedoch im Bereich Sales tätig ist, der weiß: Menschen machen mit Menschen Geschäfte. Die Konsumenten treffen ihre Kaufentscheidung immer noch emotional. Es geht daher nichts über den persönlichen Kontakt und das Gespräch.

Es geht primär um den Aufbau von Beziehungen. Wenn Sie sich als Fachmann qualifizieren, kommen die potenziellen Kunden bei entsprechendem Bedarf wieder auf Sie zurück. Oder Sie werden von einem weiteren Gruppenmitglied empfohlen.

Social Media bietet Ihnen aber auch die Möglichkeit, direkt Sales zu betreiben. Viele Nutzer erkundigen sich auf den verschiedenen Social-Media-Plattformen öffentlich nach Produkten oder Dienstleistungen. Gerade für Hotelanbieter lohnt es sich beispielsweise, gezielt nach der Kommunikation zu Hotels und Übernachtungsmöglichkeiten zu recherchieren (siehe Abbildung 10.2).

Auf solche Tweets sollten Sie auf jeden Fall reagieren, wenn Sie der Betreiber eines Hotels in Nürnberg sind. Erklären Sie dem Nutzer, warum Ihr Hotel besonders kinderfreundlich ist, und fragen Sie, wie Sie helfen können. Versorgen Sie den User nach Bedarf mit Informationen zu Lage und Preis.

Abbildung 10.2   Ihre potenziellen Kunden fragen öffentlich um Rat.

Der Begriff E-Commerce umfasst neben dem Verkauf über das Internet auch den Austausch von Informationen sowie eine umfassende Beratung bzw. Betreuung. Wenn Sie eine Dienstleistung oder ein fehleranfälliges Produkt vertreiben, ist der Kundenkontakt nach dem Kauf nicht abgeschlossen. Ihre Kunden werden sich auch bei Fragen zur Nutzung Ihrer Produkte an Sie wenden. In diesem Fall sollten Sie natürlich die Fragen des Kunden zu seiner Zufriedenheit beantworten. Bei komplexen Produkten bietet es sich an, Bedienungsanleitungen oder Handbücher ins Netz zu stellen, um bestimmten Fragestellungen vorzubeugen.

Neben dem E-Commerce hat sich in den letzten Jahren der Begriff *Social Commerce* oder *Social Shopping* etabliert. Hierbei handelt es sich um eine bestimmte Ausprägung des E-Commerce, bei der eine aktive Beteiligung der Kunden und der persönliche Dialog über die verschiedenen Social-Media-Plattformen im Vordergrund steht.

Neben dem Verkauf einzelner Produkte auf den Social-Media-Plattformen zählen auch Kaufempfehlungen oder Produktbewertungen zum Social Commerce. Es existieren verschiedene Social-Commerce-Portale, auf denen die Konsumenten ihre Bewertungen hinterlassen können. Zu diesen Plattformen zählt beispielsweise auch *brandnooz* (siehe Abbildung 10.3).

Auf *brandnooz* können die Nutzer die eingestellten Produkte bewerten. Seit Anfang 2012 haben die User zudem die Möglichkeit, mittels einer kostenpflichtigen Box einmal im Monat die neuesten Produkte zugesendet zu bekommen. Diese Plattformen bieten Konsumenten somit eine zentrale Hilfestellung bei der Produktauswahl.

Die bekannteste Tester-Community in Deutschland ist *trnd*. Hier haben die Kunden die Möglichkeit, ausgewählte Produkte ausgiebig zu testen. Um bei einem Projekt als Tester mitzuwirken, müssen sich die interessierten Nutzer bei trnd registrieren. Die Mitglieder der Projektteams erhalten Insider-Informationen zu den Produkten und können diese ausgiebig und in Ruhe ausprobieren. Die Produkte sind teilweise noch nicht auf dem Markt, und die User haben durch ihr Feedback oftmals noch die Möglichkeit, die Produktentwicklung zu beeinflussen. Gefällt den Testern das Produkt, sollen sie im Anschluss Freunden und Bekannten davon erzählen, um das Produkt bekannt zu machen (Mundpropaganda). Die Konsumenten geben also am Schluss in vielen Fällen eine Kaufempfehlung ab. Die passiert natürlich sowohl offline als auch online.

Abbildung 10.3   Die Webseite von brandnooz

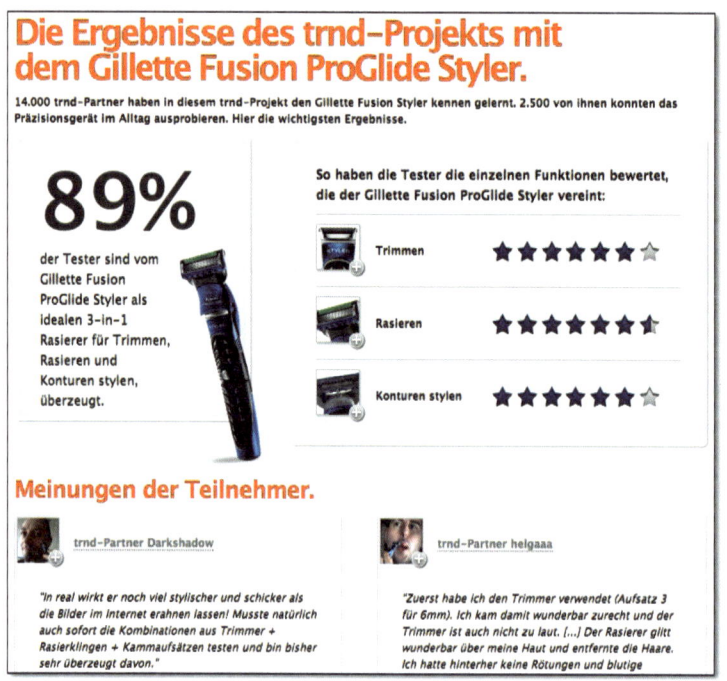

Abbildung 10.4   Test-Projekt mit einem Gilette Rasierer bei trnd

Auf der Seite können Sie die bereits abgeschlossenen Projekte einsehen. Der Screenshot aus Abbildung 10.4 zeigt Ihnen die Bewertung der Tester zu einem Rasierer.

Die ersten Elemente der Social-Commerce-Plattformen gab es bereits bei *ebay* oder *amazon*. Seitdem gewinnen Produktbewertungen immer mehr an Bedeutung. Online-Shops können es sich fast nicht mehr erlauben, eine Funktion zur Produktbewertung nicht zu integrieren. Zusätzlich zu Bewertungen in Online-Shops haben sich in den letzten Jahren Bewertungsplattformen wie *Ciao* oder *dooyoo* (siehe Abbildung 10.5) etabliert.

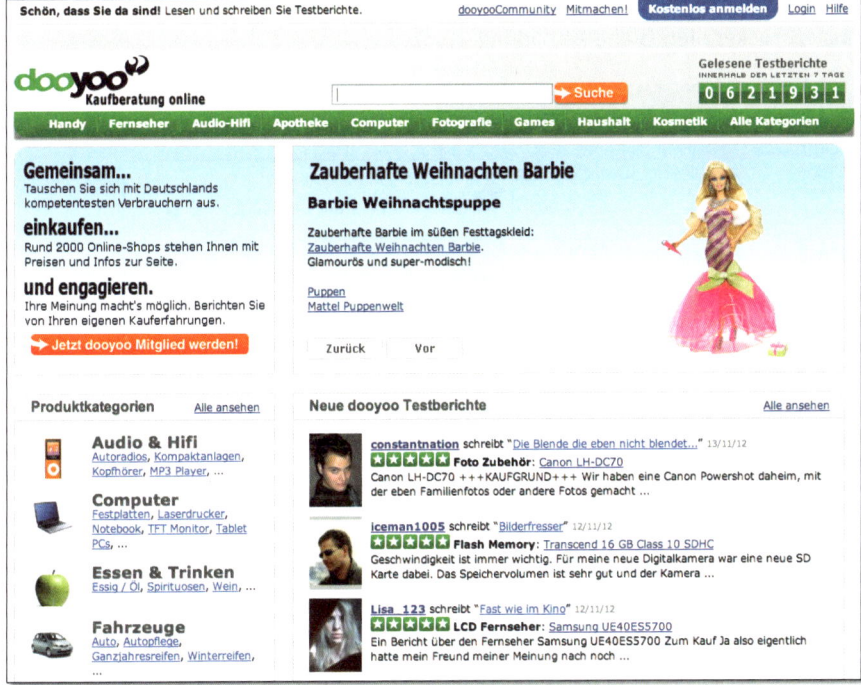

Abbildung 10.5   dooyoo ist eine der etablierten Bewertungsplattformen in Deutschland.

Hier können die User ihre Erfahrungsberichte zu den gekauften Produkten einstellen. Darüber hinaus dienen diese Plattformen zum Preisvergleich. Unternehmen sollten die Bewertungen zu ihren Produkten auf diesen Seiten kennen.

Da Produktbewertungen das Kaufverhalten verändern und glaubwürdiger sind als Marketingsprech auf der eigenen Webseite, haben einige Unternehmen begonnen, Produktbewertungen in die eigene Webseite zu integrieren. Dabei ist es wichtig, dass die Kunden diese Möglichkeit auch nutzen. Nichts ist schlimmer, als wenn die eigenen Produkte auf der Webseite gar keine Bewertungen erhalten. *Michael Buck*, ehemaliger Director Online Marketing bei Dell, hat in seinem Vortrag beim Social

Media Club Stuttgart gesagt, dass sich Produkte, die keine Bewertungen haben, schlechter verkaufen, als Produkte mit negativen Bewertungen. (siehe *http:// app.slidepresenter.com/channel/SMCST/index/pid/951*)

Denn hier ist klar, diese Produkte wurden immerhin gekauft, und kein Produkt stellt jeden Nutzer zufrieden. Produkte, die negative Bewertungen haben, sind sogar glaubwürdiger als Produkte, die nur gelobt werden. Produkte, die nicht über ein Ranking von zwei Sternen kommen, werden bei Dell aus dem Sortiment genommen.

Wenn Sie einen eigenen Shop mit einer Bewertungsfunktion haben und die User diese Möglichkeit nicht nutzen, können Sie als Unternehmen auf den Service *Social Voice* zurückgreifen (siehe Abbildung 10.6).

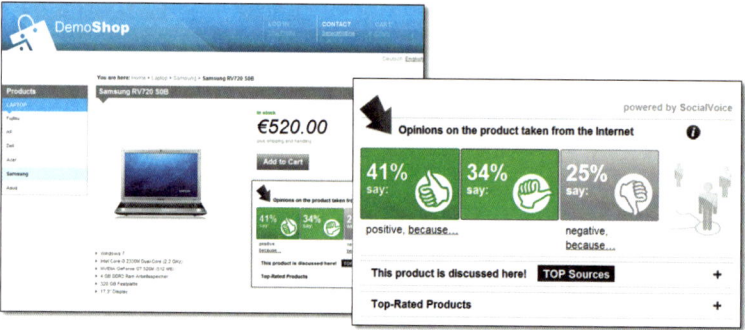

Abbildung 10.6 SocialVoice ermöglicht es, die Bewertungen der User auf Social-Media-Plattformen in Ihren Shop zu integrieren.

T-Systems hat hierzu ein System entwickelt, das Produktbewertungen aus dem Social Web aggregiert und neben dem Produkt im Shop anzeigen kann. Der Besucher sieht so, welche Erfahrungen andere User mit diesem Produkt gemacht haben.

Das Unternehmen *Nestlé* hat die Social-Shopping-Komponente auf eine separate Plattform ausgelagert. Auf dem *Nestlé Marktplatz* können die Kunden die Produkte des Unternehmens entdecken, kaufen und sich darüber austauschen (siehe Abbildung 10.7). Die Konsumenten können sich bequem mit ihren Facebook-Zugangsdaten einloggen und haben über die Plattform zudem die Möglichkeit, in Deutschland nicht verfügbare Produkte zu erwerben.

Der Marktplatz von Nestlé ist als Pilotprojekt in Deutschland gestartet. Er verknüpft Social Commerce mit dem Crowdsourcing von Ideen für neue Produkte, Verpackungen und die Produktverwendung. Insgesamt kann also festgehalten werden, dass der Nestlé Marktplatz keine reine Plattform für den Abverkauf ist, sondern den (potenziellen) Kunden ein Forum für Gespräche zur Verfügung stellt. Nestlé schafft somit einen virtuellen Marktplatz, erhält Informationen über die Bedürfnisse der Kunden und erhöht zeitgleich die Markenloyalität.

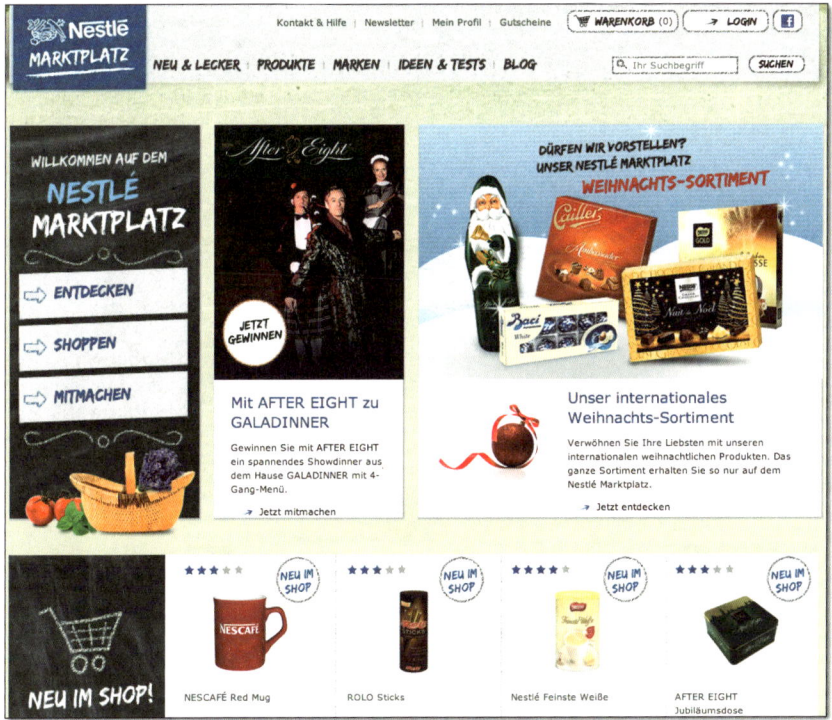

Abbildung 10.7   Der »Nestlé Markplatz«

10.1   Facebook Commerce

Durch die steigende Bedeutung von Facebook haben auch immer mehr Unternehmen versucht, verschiedene Social-Commerce-Elemente in diese Plattform zu integrieren. Man spricht hier auch von *Facebook Commerce.* Ein Unternehmen mit einem eigenen Facebook-Shop ist der *Baur Versand.*

Der Facebook-Shop (siehe Abbildung 10.8) wirkt wie eine Kopie des Online-Shops, und das ist auch so gewollt. Baur wollte sich mit seinem Shop dort aufhalten, wo die Kunden sind. Bei Betrachtung des Shops wird deutlich, dass hier sehr viel Geld investiert wurde.

Im Vergleich dazu machen die meisten Facebook-Shops von Unternehmen keine gute Figur. Unternehmen wie *Nordstrom* oder *Gap* haben ihre Facebook-Shops wieder geschlossen, weil sie sich nicht rentiert haben. Die meisten User von Facebook nutzen diese Plattform immer noch hauptsächlich, um sich mit Freunden auszutauschen. Die User erwarten nicht, dass sie das Netzwerk teilweise auch zum Kauf von Produkten einsetzen können. Außerdem lassen die Bezahlmöglichkeiten derzeit oft noch zu wünschen übrig.

Abbildung 10.8   Der Facebook-Shop von Baur

Redcoon stellt aus diesem Grund im eigenen Shop nur einzelne Produkte zu speziellen Preisen zum Verkauf (siehe Abbildung 10.9).

Die *Deutsche Bahn* hat im Rahmen der *Chefticket*-Kampagne auf der eigens dafür eröffneten Fanpage Bahntickets verkauft. Während der Verkauf der Tickets sehr erfolgreich war, musste sich der Konzern mit zahlreichen kritischen Stimmen zum Service der Bahn auseinandersetzen. Im Anschluss wurde die Seite erst einmal wieder stillgelegt. Während die Aktion an sich insgesamt als erfolgreich eingeschätzt werden kann, sollte generell bei solchen Verkaufsmaßnahmen darauf geachtet werden, dass man so etwas nicht mit einer neuen Seite durchführt. Wäre die Seite bereits etabliert gewesen, wäre die Aktion sicherlich ruhiger verlaufen.

Abbildung 10.9   Facebook-Angebote von redcoon

Im November 2012 hat die Deutsche Bahn eine weitere Facebook-Commerce-Kampagne durchgeführt (siehe Abbildung 10.10).

Abbildung 10.10   Die Deutsche Bahn verkaufte auch 2012 Tickets über Facebook.

Ab dem 1. November konnten die Fans bei der Deutschen Bahn zwischen drei Aktionsangeboten auswählen. Zur Auswahl standen:

▶ das 19-Uhr-Ticket für 19 Euro

▶ das Freunde-Ticket für zwei für 45 Euro

▶ das November-Spezial für 55 Euro

Das November-Ticket, das vom 19. November bis 16. Dezember die Hin- und Rückfahrt innerhalb Deutschlands bot, wurde mit 41 % der Stimmen von den Fans ausgewählt. Ab dem 17. November konnten die Fans das Ticket exklusiv auf Facebook kaufen.

Aber auch für kleinere Unternehmen bieten sich solche Vertriebsaktionen an. Das Unternehmen *mymuesli* hat z. B. sieben Tage in Folge den Facebook-Fans exklusiv Probierangebote von *Green Cup Coffee* angeboten (siehe Abbildung 10.11).

Abbildung 10.11   mymuesli zeigt, wie Sie Ihre Produkte in Facebook bewerben können.

10.2   Augmented Reality

Der Versandhändler *OTTO* setzt oftmals beim Thema Social Commerce neue Impulse. So auch im Bereich *Augmented Reality* im Herbst 2011.

Was ist Augmented Reality?

Unter *Augmented Reality* bzw. *erweiterter Realität* versteht man die computergestützte Erweiterung der Realitätswahrnehmung. Die Augmented Reality wird durch die visuelle Darstellung von Bildern und Videos mit computergenerierten Zusatzinformationen oder virtuellen Objekten generiert.

Da sich beim Online-Kauf die Waren nicht anfassen oder anprobieren lassen, hat der Versandhändler OTTO mit der virtuellen Anprobe eine App geschaffen, die diese Funktionen teilweise übernimmt. Mithilfe der App und einer Webcam können die Kunden von OTTO Kleider, Pullover, Hosen oder Hemden vorab ausprobieren (siehe Abbildung 10.12).

Abbildung 10.12 Die Augmented-Reality-App von OTTO

Die potenziellen Kunden müssen dazu mit der Webcam ein Bild aufnehmen. Im Anschluss berechnet die App eine Silhouette, über die dann die Kleidungsstücke gelegt werden. Die Kleidung kann einfach mit der Maus ausgewählt werden. Das Ergebnis wird dem Nutzer dann auf dem Display angezeigt, und er hat die Möglichkeit, das Bild abzuspeichern oder an seine Freunde zu schicken. Durch den Feedback-Effekt mit den Freunden der Kunden ermöglicht die App somit auch eine virale Verbreitung der Inhalte. Der Einsatz von Augmented Reality ist natürlich sehr kostenintensiv und kann daher nur von größeren Unternehmen durchgeführt werden. Das Thema gewinnt jedoch generell – nicht zuletzt auch wegen *Google Glass* – weiter an Bedeutung.

10.3   Bilder sind wichtiger Faktor bei Sales im Social Web

Bilder sind ein wichtiger Faktor der Kommunikation im Social Web. Sie lösen Emotionen aus, erzählen Geschichten. Nicht ohne Grund erhalten Bilder bei Facebook die höchsten Interaktionsraten. Plattformen wie Pinterest und Instagram machen sich die Kraft der Bilder zunutze. Und sie bieten Unternehmen an, Bilder auch für Social Commerce einzusetzen.

Jeder Online-Shop enthält zahlreiche Bilder. Diese können nun auf Plattformen wie Pinterest strukturiert angezeigt werden (siehe Abbildung 10.13). Und die Nutzer haben die Möglichkeit, die Inhalte zu liken und weiterzuverbreiten. Nirgendwo sonst wird »Werbung« so bereitwillig geteilt.

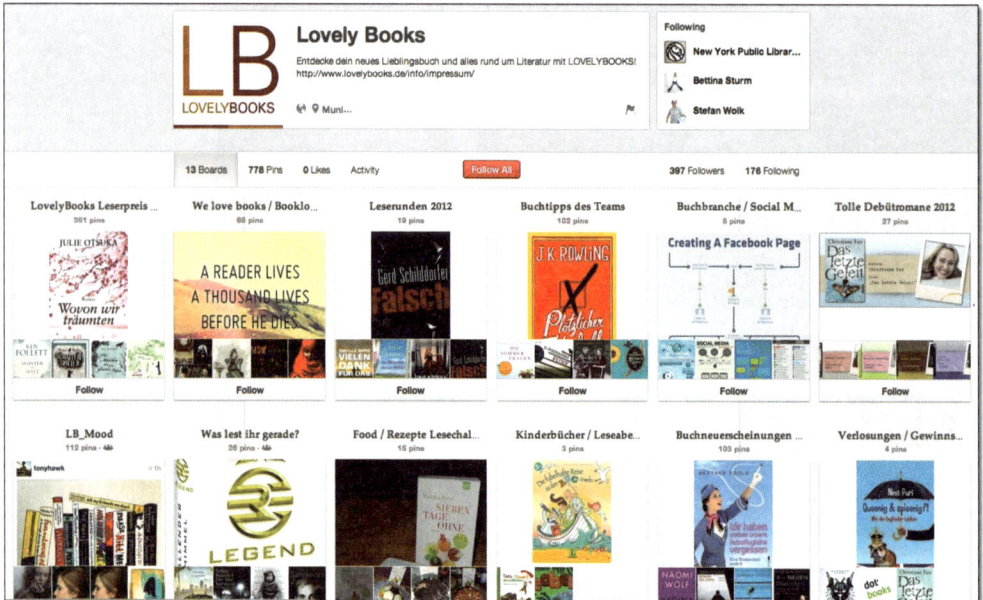

Abbildung 10.13   Pinterest-Profil von »Lovely Books«

In jedem Fall hat sich die Plattform zu einer bedeutenden Traffic-Quelle für Online-Shops entwickelt.

10.4   Kunden empfehlen Produkte im Web

Bilder eignen sich somit ideal für Empfehlungsmarketing. Aus diesem Grund haben Plattformen wie Pinterest natürlich eine hohe Relevanz für diese Thematik. Das Beste, was Unternehmen passieren kann, ist, dass die eigenen Kunden das Unternehmen oder die Produkte weiterempfehlen. Auf diesen Ansatz setzt die Plattform *Stylight*. Hier haben die User die Möglichkeit, sich gegenseitig Styling-Tipps zu geben. Die Nutzer stellen aus den Kleidungsstücken verschiedener Hersteller ihre eigene Kollektion zusammen und unterhalten sich auf den verschiedenen Social-Media-Plattformen über die Outfits. Im Idealfall werden die einzelnen Produkte im Anschluss direkt per Mausklick gekauft. Wenn der Kaufprozess über Stylight erfolgt, erhält die Plattform eine Provision. Die Seite ist bereits mit über 40 Online-Shops und 2.000 Marken verlinkt, darunter auch große Versandhändler wie OTTO. Deren Inhaber machen nicht nur Umsatz, sondern erfahren gleichzeitig etwas über die aktuellen Vorlieben der User.

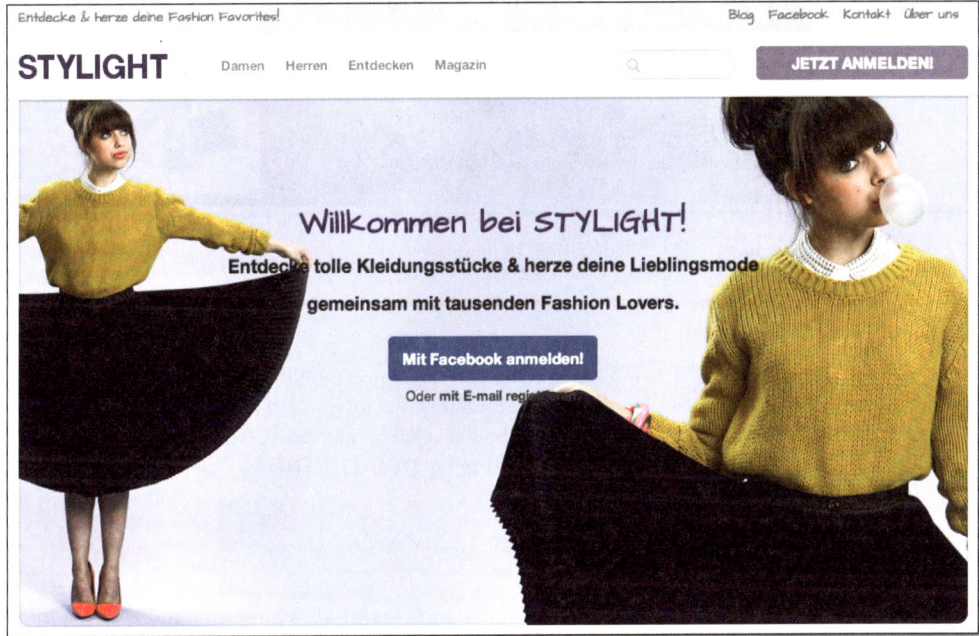

Abbildung 10.14   Stylight setzt auf Empfehlungen der User.

10.5   Best Practice: LODENFREY

Das traditionsreiche Bekleidungshaus *LODENFREY* wurde bereits im Jahre 1842 als Weberei gegründet und befindet sich inzwischen in der 5. Generation in Familienbesitz. Auf sechs Etagen zeigt LODENFREY in München internationale Mode für

Damen, Herren und Kinder. Der Schwerpunkt liegt dabei auf internationaler, luxuriöser Designermode, und die Auswahl an Trachten und Lodenkleidung ist weltweit berühmt. Der LODENFREY-Online-Shop existiert bereits seit 2010 und bietet fast das gesamte Portfolio an.

Abbildung 10.15   Der LODENFREY-Online-Shop

Interviewpartner

Für diesen Abschnitt haben wir ein Interview mit Ralf Mager geführt. Er ist seit 2009 verantwortlich für die gesamte Online-Kommunikation bei LODENFREY. Seit 2012 ist er für die gesamte E-Commerce-Abteilung bei LODENFREY inklusive Logistik zuständig.

Abbildung 10.16   Ralf Mager

Das Unternehmen nutzt Social Media zum einen als kommunikatives Instrument zur Darstellung von LODENFREY als »Unternehmen von nebenan« und zum anderen, um die Zielgruppe zu erweitern. Als Social-Media-Kanäle nutzt LODENFREY Facebook, Pinterest, YouTube und Google+ (siehe Abbildung 10.17).

Abbildung 10.17   Die Social-Media-Kanäle sind auf jeder Seite des Online-Shops sichtbar.

Die Kanäle werden dabei nicht nur im Online-Shop beworben. Um die Kunden auch offline auf seine Social-Media-Kanäle hinzuweisen, setzt LODENFREY Flyer und Karten ein, die beim Einkauf mit in die Tüten gelegt werden. Des Weiteren wird an verschiedenen Stellen im Ladengeschäft auf die Social-Media-Aktivitäten hingewiesen. Das Unternehmen hat sehr schnell festgestellt, dass Social Media ein wichtiger Kanal ist, und hat diesen beim Online Marketing verankert. Verantwortlich für die Planung und Umsetzung ist Ralf Mager. Für die optimale Nutzung der Kanäle arbeitet er eng mit dem klassischen Marketing und der Geschäftsführung zusammen. Zu Beginn der Social-Media-Aktivitäten wurde die Social-Media-Expertise mithilfe von Externen in das Unternehmen getragen. LODENFREY hat aber schnell erkannt, dass dieses Thema so nah am Unternehmen sein muss, dass kein externer Partner dabei helfen kann.

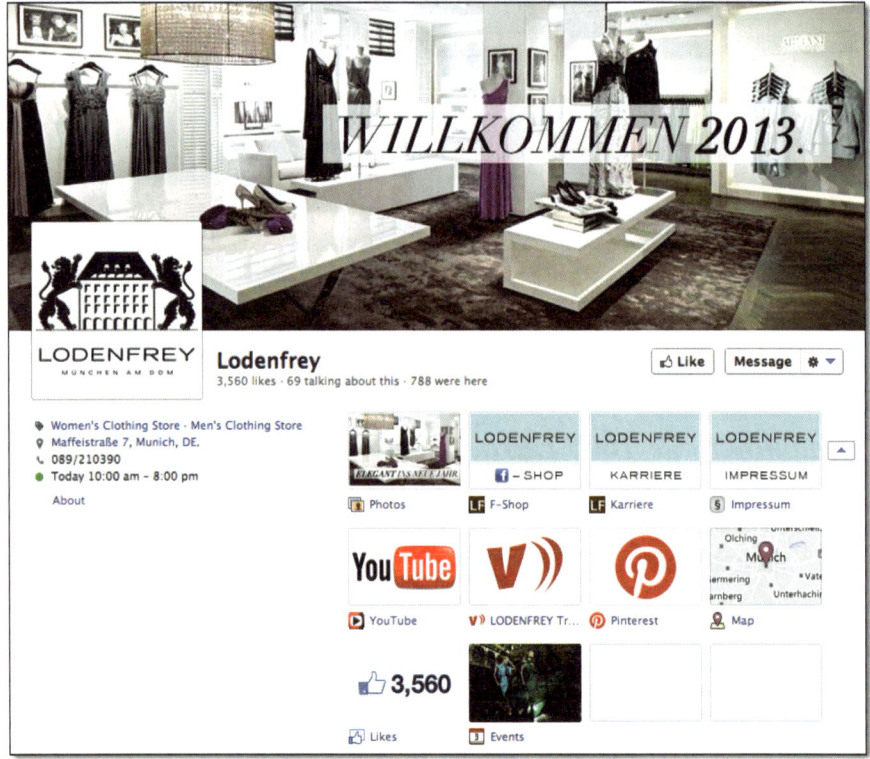

Abbildung 10.18   Die Facebook-Seite von LODENFREY

Für LODENFREY ist Facebook zum jetzigen Zeitpunkt der wichtigste Social-Media-Kanal (siehe Abbildung 10.18). Das Unternehmen berichtet auf der Fanpage über aktuelle Sonderangebote oder Aktionen, stellt neue Kollektionen vor, berichtet von Veranstaltungen und gewährt gelegentlich einen Blick »hinter die Kulissen«. Die Kanäle YouTube und Pinterest sind direkt in die Facebook-Seite integriert. Des Weiteren bietet LODENFREY auf der Facebook-Seite einen integrierten Online-Shop an, in dem die Kunden direkt in Facebook eine Auswahl an Artikeln kaufen können (siehe Abbildung 10.19).

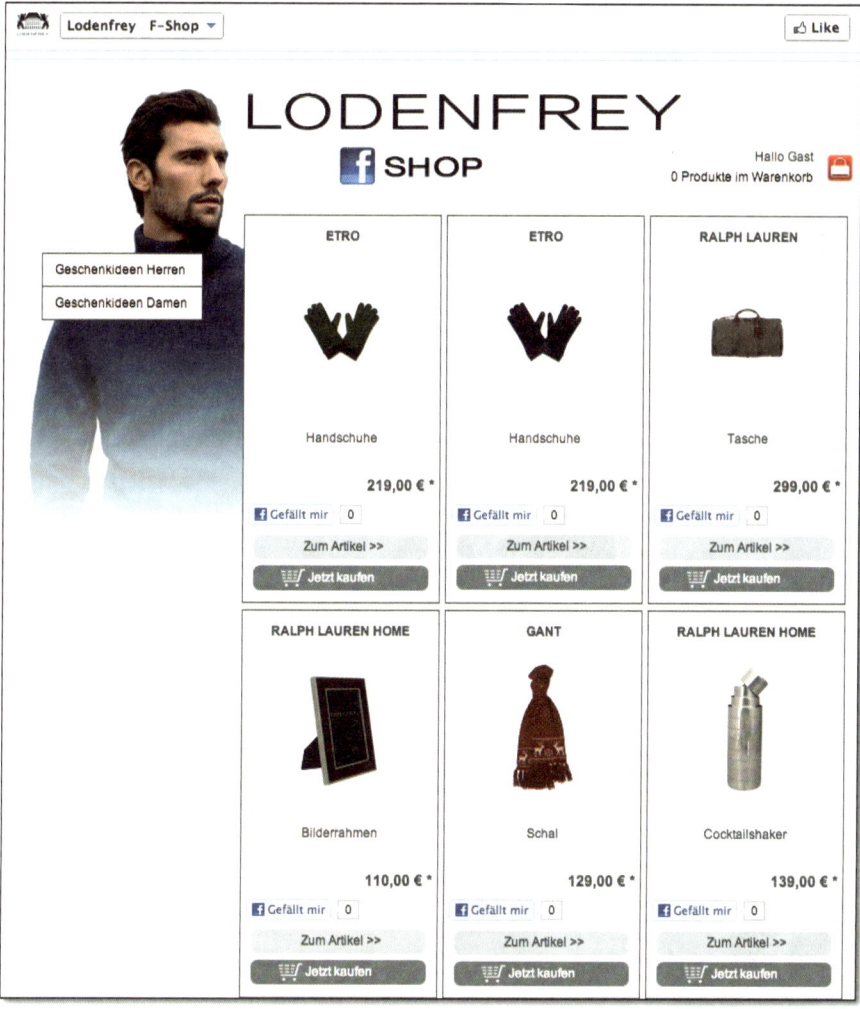

Abbildung 10.19   Kunden können auch direkt in Facebook bestimmte Artikel kaufen.

Ein weiterer wichtiger Social-Media-Kanal für LODENFREY ist Pinterest (siehe Abbildung 10.20). Gerade im Fashion-Bereich bieten sich Dienste an, die für visuellen Content ausgelegt sind. Auf Pinterest werden unter anderem die unterschiedlichen Produkte und Trends vorgestellt.

Der YouTube-Kanal (siehe Abbildung 10.21) ermöglicht den Kunden nicht nur einen Einblick in das Unternehmen, sondern stellt auch Mitarbeiter und deren Tätigkeiten im Unternehmen vor. Das macht das Unternehmen authentischer, und gleichzeitig betreibt LODENFREY dadurch auch Employer Branding.

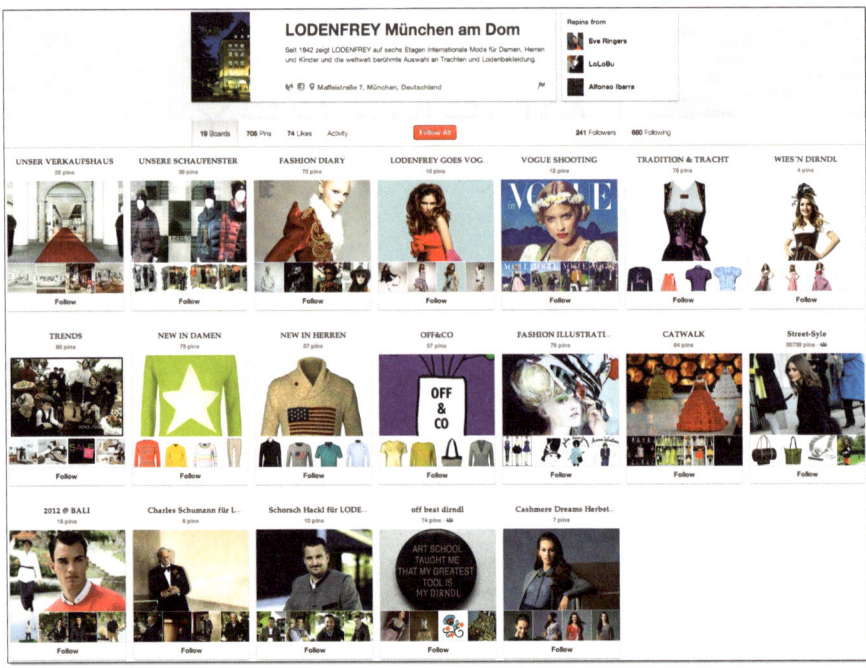

Abbildung 10.20   LODENFREY auf Pinterest

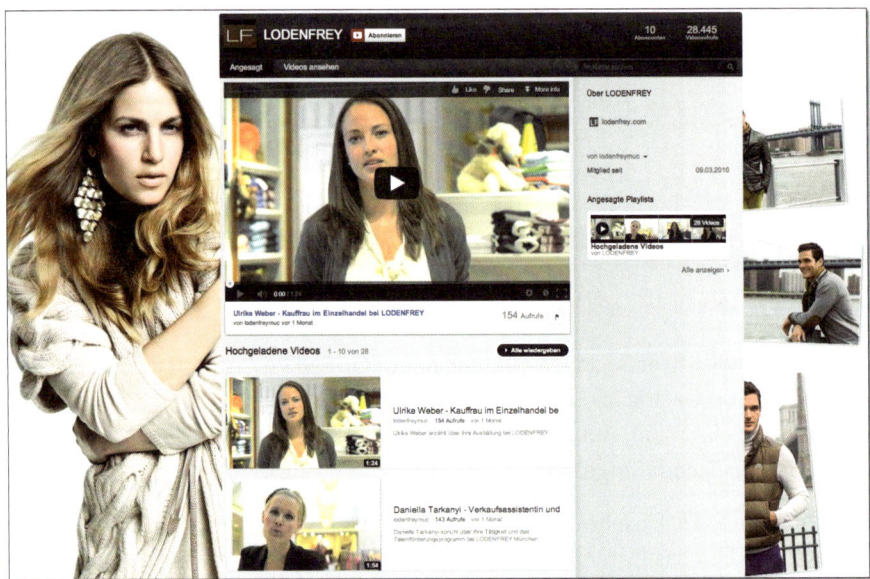

Abbildung 10.21   Die LODENFREY-Mitarbeiter stellen sich auf dem YouTube-Kanal vor.

Es wurden allerdings keine KPIs definiert, um den Erfolg der Social-Media-Maßnahmen zu messen. Das Unternehmen bekommt aber in den Gesprächen beim direkten Kundenkontakt im lokalen Handel sehr oft Feedback über die Social-Media-Aktivitäten. Die Tatsache, dass das Feedback von den Kunden und den Fans plötzlich sehr viel schneller zur Verfügung steht, hat dazu geführt, dass die Kanäle auch am Wochenende überwacht werden, um eine möglichst zeitnahe Reaktion zu ermöglichen. Auch die Auftritte der Wettbewerber werden kontinuierlich beobachtet.

Dass man bei Social-Media-Aktivitäten auf alles gefasst sein muss, zeigt eine Erfahrung, die das Unternehmen bei der Vorstellung einer Dirndl-Kollektion von Milka sammeln konnte. Die Dirndl-Kollektion wurde online verkauft und über die Social-Media-Kanäle beworben. Die Kommunikation dazu verwandelte sich plötzlich in eine Diskussion über Fair-Trade-Schokolade. LODENFREY hat daraus gelernt, sich in Zukunft noch intensiver mit den beteiligten Unternehmen darüber auszutauschen, welche Erfahrungen sie gesammelt haben, um sich auf solche plötzlich auftretenden Diskussionen besser vorbereiten zu können. Ralf Mager rät Unternehmen, erst einmal klein anzufangen und sich dann zu steigern.

In diesem Beispiel konnten Sie sehen, dass LODENFREY durch die Social-Media-Aktivitäten ganz unterschiedliche Ziele verfolgt. Die Markenbekanntheit wird durch die Auftritte gesteigert; durch die Kommunikation auf den Kanälen wird die Kundenzufriedenheit gesteigert; durch den Einblick, den die Mitarbeiter in das Unternehmen geben, betreibt das Unternehmen Employer Branding – aber da auf allen Kanälen die Produkte im Vordergrund stehen und die Kanäle sehr gut verzahnt sind, wird dadurch natürlich auch der Verkauf gesteigert.

Interview: Spezialfragen

Welche Potenziale liegen Ihrer Meinung nach im Facebook-Commerce?

Im Moment glaube ich, dass F-Commerce nur ein weiterer Marketing-Kanal ist. Die User trauen sich noch nicht, in einer Facebook-Umgebung ihre Kreditkartendaten einzugeben. Ich denke aber, dass dieses Schaufenster für den Online-Handel an Relevanz gewinnt und damit den eigentlichen »stationären Online-Shop« unterstützen wird.

Wie machen sich die Pinterest-Aktivitäten auf Ihrem Online-Shop bemerkbar?

Pinterest ist nach Facebook der wichtigste Social-Media-Kanal für uns. Gerade die weiblichen Kunden lassen sich gern von schönen Bildern inspirieren und repinnen wesentlich intensiver als bei Facebook. Damit ist die virale Wirkung höher.

Welche Möglichkeiten bietet Social Media, um Sales zu betreiben?

Emotionen lassen sich über Social Media besonders gut verkaufen. Über Emotionen lässt sich gerade Mode sehr gut verkaufen. Daher glauben wir, dass Social Media als Informations- und Marketing-Kanal weiter an Wichtigkeit gewinnen wird. User werden außerdem weiter ihre Freunde vor einem Kauf fragen, um sich die Entscheidung bestätigen zu lassen.

10.6   Fazit

Social Media ist in erster Linie Kommunikation. Trotzdem ist es völlig legitim, als Unternehmen auch Sales in Social Media umzusetzen. Es gelten einfach andere Regeln, um dies erfolgreich umzusetzen. Gerade für die B2B-Unternehmen bietet Social Media in diesem Bereich ein hohes Potenzial. Treten Sie als Unternehmen auf, das mit seiner Fachexpertise in Gesprächen und Diskussionen glänzen kann. Kaufentscheidungen im B2B-Bereich dauern in der Regel länger, da es meistens um teurere und langfristigere Investitionen geht. Punkten Sie hier mit Ihrer Fachexpertise, ohne in jedem zweiten Satz Ihr Produkt anzubieten. Sympathie und Expertise sind Faktoren, die den Entscheidungsprozess zu Ihren Gunsten ausgehen lassen können.

Ganz generell bieten sich alle Social-Media-Kanäle an, um Sales zu betreiben. Achten Sie immer darauf, dass die Verkaufskommunikation nicht überwiegt. Um die Nutzer der unterschiedlichen Kanäle zu belohnen, bietet es sich auch an, exklusive Angebote für die einzelnen Kanäle zu schnüren. Bieten Sie Bewertungsmöglichkeiten für Ihre Produkte an. Schlecht bewertete Produkte sind immer noch authentischer und interessanter für die Nutzer als Produkte, die gar nicht bewertet sind.

Nach den vorbereitenden Maßnahmen, der Entwicklung der relevanten Strategie und den verschiedenen Zielen zeigen wir Ihnen im kommenden Kapitel, wie Sie den Erfolg messen können und wozu Sie ein Social Media Monitoring noch einsetzen können.

11 Social Media Monitoring – hören Sie Ihren Kunden zu

*»Nicht alles, was zählt, kann gezählt werden, und nicht alles,
was gezählt werden kann, zählt.«*
– Albert Einstein

Das Internet ist sozial. Die Webseiten, in die keine Social-Media-Funktionen integriert sind, nehmen immer mehr ab. Für die Nutzer existieren unzählige Möglichkeiten, sich zu beteiligen: mit dem Like-Button auf der Webseite des Unternehmens, über die Kommentarfunktion unter dem Artikel auf den Seiten der Online-Medien oder indem sie Produkte auf Online-Shops bewerten. Darüber hinaus haben User in Foren, Blogs und Social Networks die Möglichkeit, eigene Inhalte zu erstellen oder sich mit anderen Nutzern auszutauschen.

Da ist die Chance sehr hoch, dass sich die User auch über Ihre Marke oder Ihre Produkte im Social Web austauschen. Bei großen Marken ist der Anteil der Kommunikation sicher höher als bei der Metzgerei aus dem Dorf. Sie denken, Ihr Unternehmen ist so klein, dass Sie sicher nirgends online erwähnt werden? Seien Sie sich da mal nicht allzu sicher. Als Unternehmer sollten Sie wissen, wo und was über Ihr Unternehmen, Ihre Produkte gesprochen wird. Genau hier liegt die Schwierigkeit, wenn Sie kein Social Media Monitoring einsetzen, um diese Kommunikation zu identifizieren. Tagtäglich wird eine Vielzahl an Daten im Internet produziert. Sie sollten genau beobachten, wie hoch der Anteil und der Inhalt der Gespräche über Ihr Unternehmen dabei sind. Die Analyse der Social-Media-Kommunikation sollte einer der wichtigsten Punkte in Ihrer Social-Media-Strategie sein. Das Social Web sollten Sie jedoch nicht nur zu Beginn, sondern kontinuierlich im Blick behalten.

11.1 Was ist Social Media Monitoring?

Unter Social Media Monitoring versteht man die Identifikation, Beobachtung und Analyse der von den Nutzern erstellten Inhalte im Internet. Bei der Fülle an Daten im Internet wird der Fokus der Analyse von Marken und Produkten zunächst auf die verschiedenen Social-Media-Plattformen (Facebook, Twitter, Blog, Foren) gelegt. Während es beim *Web Monitoring* generell um die Erhebung und Analyse der Daten im »gesamten« Internet geht, kann *Social Media Monitoring* als Spezialisierung des Web Monitoring verstanden werden.

Beim Monitoring geht es nicht nur um das reine Messen von quantitativen Daten. Es werden Daten gesammelt, analysiert, aufbereitet und im Idealfall anschließend in einem Report für die betroffenen Unternehmensbereiche zur Verfügung gestellt. Aus der Sicht der Unternehmen beginnt damit erst der spannende und wichtige Teil:

- ▶ Wie bewerten Ihre Kunden Ihr Unternehmen, Ihr Image oder Ihre Produkte?

- ▶ Auf welchen Kanälen ist Ihre Zielgruppe aktiv?

- ▶ Wo sehen Ihre Kunden Probleme?

- ▶ Wo sehen die Konsumenten Stärken und Schwächen bei Ihrem Unternehmen?

- ▶ Wie sind Ihre Konkurrenten positioniert, und was beschäftigt die Verbraucher im Kontext mit Produkten und Themen?

Können Sie dem Report Informationen entnehmen, die Sie anschließend wieder in andere Prozesse einfließen lassen können? Um ein Social Media Monitoring wirklich sinnvoll zu nutzen, müssen Sie mit den Informationen arbeiten, Prozesse optimieren und Entscheidungen treffen – und zwar kontinuierlich.

Im Idealfall werden die Daten der Social-Media-Evaluation mit denen des Presseclippings, der Webanalyse und der Marktforschung verknüpft. Dies ist in der Praxis bislang eher selten der Fall. In jedem Fall tritt das Social Media Monitoring nicht in Konkurrenz zur klassischen Marktforschung oder zum Presseclipping.

Social Media Monitoring ermöglicht es Ihnen, Ihren Kunden dort zuzuhören, wo sie sich aufhalten: im Social Web. Tun Sie das nicht, gehen Ihnen wichtige Gespräche, Informationen und vor allem Erkenntnisse verloren.

11.2   Wo finden die Gespräche statt?

Wie bereits erwähnt wurde, bieten zahlreiche Webseiten zwischenzeitlich die Möglichkeit zur Interaktion durch den User.

Das Social-Media-Prisma (siehe Abbildung 11.1), das im Original von Brian Solis stammt, zeigt die verschiedenen Social-Media-Plattformen in Deutschland. Das Ziel, alle diese Plattformen zu beobachten und zu analysieren, stößt sowohl vom manuellen Arbeitsaufwand her als auch technisch an die Grenzen. Prinzipiell können alle Konversationen im öffentlichen Bereich des Internets erfasst und ausgewertet werden. Viele Social-Media-Kanäle sind jedoch nur über eine Anmeldung zugänglich. Denken Sie dabei beispielsweise an Facebook. Es existieren aber auch zahlreiche Foren, deren Inhalte nur für die eigenen Mitglieder sichtbar sind.

In den Anfängen des Social Media Monitorings haben die Unternehmen die öffentlichen Chat-Räume sowie die Foren analysiert. In den letzten Jahren sind immer mehr neue Plattformen und Möglichkeiten hinzugekommen, und es werden fast täglich mehr.

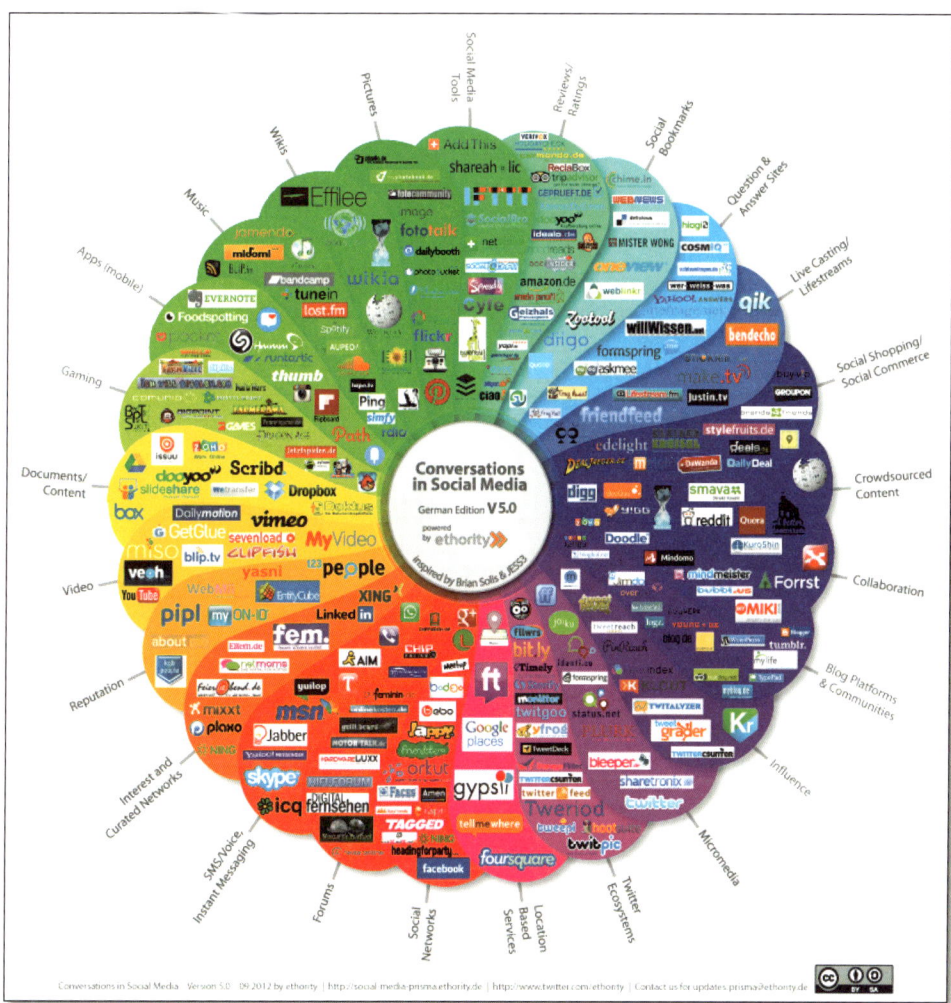

Abbildung 11.1   Die User tauschen sich auf verschiedenen Plattformen im Netz aus. (Quelle: http://www.ethority.de/weblog/social-media-prisma/)

Welche Plattformen sind nun relevant und sollten von Ihnen untersucht werden? Ein detaillierter Austausch der Konsumenten über Produkte und Themen findet immer noch hauptsächlich in Foren statt. Hier unterstützen sich die User unterein-ander, geben Kaufempfehlungen und Hilfestellungen bei Problemen. Auch Bewer-tungsplattformen werden sehr häufig von Ihren potenziellen Kunden vor dem Kauf genutzt. Fast alle Konsumenten recherchieren im Web nach bestimmten Bewertun-gen und Erfahrungen anderer Nutzer, bevor sie sich schließlich für ein Produkt ent-scheiden.

Ein weiterer wichtiger Quellentyp sind Blogs. Es gibt zahlreiche Personen, die sich mit einer bestimmten Thematik intensiv auseinandersetzen und schließlich darüber schreiben, um ihre Erfahrungen mit anderen Menschen zu teilen. Welche Blog-Artikel sind nun für Sie interessant? Mit Sicherheit die Beiträge, in denen Ihr Unternehmen thematisiert wird, oder Artikel, in denen Ihr Unternehmen mit dem Wettbewerb verglichen wird.

Abbildung 11.2   Artikel auf einem Werbeblog

Social Media Monitoring bedeutet nicht, dass Sie nur Treffer erhalten werden, die für Sie relevant sind. Im Social Web existiert auch viel »Müll«. In Abbildung 11.2 sehen Sie den Ausschnitt eines Blog-Artikels über den Lamy-Füller. Der Verfasser des Beitrags hat jedoch eigentlich kein Interesse an den Schreibgeräten, sondern allein am Gewinn durch Werbeeinnahmen. Auf der rechten Seite sehen Sie, dass alle Artikel ähnliche Inhalte thematisieren. Neben der Beschreibung des Produkts finden Sie in diesem Artikel einen Link zu *Amazon*. Kauft jemand ein Produkt bei Amazon, nachdem er durch einen Link auf dieser Seite zu Amazon gelangt ist, erhält der Verfasser des Blog-Artikels vom Online-Versandhändler eine Provision.

Das zieht natürlich zahlreiche schwarze Schafe an. Jetzt liegt es an Ihnen, zu entscheiden, ob Sie sich trotzdem für diese Beiträge interessieren oder ob solche Beiträge irrelevant sind. Auch auf den anderen Social-Media-Plattformen existiert diese Art von Beiträgen. Vor allem bei Twitter ist es aufgrund der geringen Zahl an Zeichen sehr schwierig, die Spreu vom Weizen zu trennen.

Betrachten wir Kommentare von Online-Medien. In einem Artikel werden Ihr Unternehmen und Ihre Produkte thematisiert. Viele Leser beteiligen sich im Anschluss an einer regen Diskussion in den Kommentaren. Wenn in den einzelnen Kommentaren der Name Ihres Unternehmens nicht fällt, wird er beim Social Media Monitoring nicht erfasst. Bei den Kommentaren von Blogs und News-Artikeln stößt das Monitoring ebenfalls an seine Grenzen. Oftmals werden nur die Kommentare erfasst, die bereits zu dem Zeitpunkt abgegeben worden waren, als der Artikel vom Parser erfasst wurde. Da üblicherweise nicht jeder Artikel im Nachhinein auf neue Kommentare überprüft wird, werden Sie so auch nicht auf neue Beiträge aufmerksam.

Abbildung 11.3   Videos der Sendung »neoParadise« erhalten zahlreiche Kommentare.

Das Gleiche gilt bei Videos auf YouTube. Das Video von *neoParadise* hat insgesamt 317 Kommentare (siehe Abbildung 11.3). Gerade für junge Leute ist YouTube eine Plattform zum Austausch untereinander. Social Media Monitoring Tools helfen Ihnen hier jedoch nicht weiter. Um hier zuzuhören, müssen Sie sich manuell an die

Arbeit machen. Die Kommentare der Blogs und Videos können technisch zwar erfasst werden, allerdings muss dafür die URL des Artikels oder Videos eingetragen werden. Viele Monitoring-Dienstleister haben zudem nur YouTube als einzige Videoplattform integriert. *Vimeo* oder *myVideo* werden oftmals nicht erfasst. Auch Bilderplattformen wie Pinterest oder Instagram werden von den wenigsten Anbietern integriert. Sie sehen: Social Media Monitoring ist nicht so einfach, wie Sie sich das vielleicht vorgestellt haben.

Welche Quellentypen sollten Sie durch Monitoring beobachten?

▸ Social Networks (wie z. B. Facebook, LinkedIn, Google+)

▸ Blogs

▸ Microblogs (Hier spielt derzeit nur Twitter eine wichtige Rolle.)

▸ Bewertungsplattformen (wie z. B. Yelp, Ciao, aber auch Amazon)

▸ Frage-und-Antwort-Portale (*gutefrage.net* oder *wer-weiss-was*)

▸ News-Seiten (wie z. B. *Spiegel.de*) mit ihren Kommentaren

▸ Video-Plattformen (YouTube und Vimeo)

▸ Bild-Plattformen (Flickr, Instagram, aber auch Pinterest)

11.3   Wie funktioniert Social Media Monitoring?

Bei Social Media Monitoring unterscheidet man zwischen dem manuellen, halb manuellen sowie automatisierten Monitoring. Darüber hinaus kann der Social-Media-Monitoring-Prozess in die Bereiche

▸   Datenerhebung und -aufbereitung,

▸   Datenanalyse und

▸   Ergebnisinterpretation

unterteilt werden.

11.3.1   Automatisiert oder doch manuell?

Beim manuellen Monitoring wird mithilfe der Suchmaschine Google oder durch kostenlose Monitoring Tools das Social Web von Hand nach relevanten Beiträgen durchsucht. Relevante Treffer werden schließlich manuell abgespeichert und archiviert. Der Nachteil eines solchen Vorgehens liegt auf der Hand: Es ist sehr zeitaufwendig. Außerdem haben Sie durch das Lesen und Sichten der verschiedenen Beiträge zwar einen Überblick über die inhaltlichen Themen in Zusammenhang mit Ihrem Unternehmen, in den meisten Fällen können Sie aber nur sehr mühsam eine Aussage über die Anzahl der Beiträge treffen.

Werden zu Ihrem Unternehmen oder Ihren Produkten aber nur sehr wenige Beiträge veröffentlicht, ist dieses Verfahren oftmals ausreichend. Sie sollten jedoch zusätzlich einen Alert mit einem kostenfreien Tool einrichten, um auf einen Anstieg der Kommunikation oder kritische Beiträge hingewiesen zu werden (siehe Abbildung 11.4).

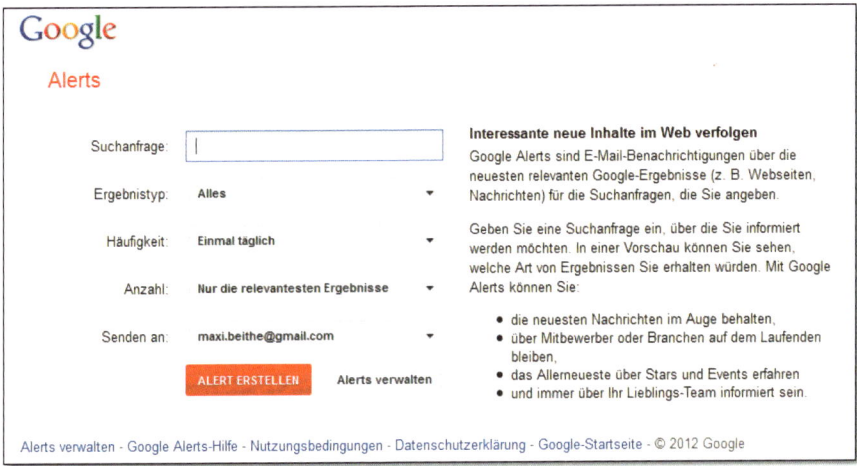

Abbildung 11.4   Richten Sie einen Alert, beispielsweise mit Google, ein.

Beim automatisierten Verfahren kommen die verschiedenen Social Media Monitoring Tools zum Einsatz. Die Treffer werden in Form von Grafiken und Ergebnislisten aufgearbeitet und in einem Web-Interface dargestellt. Das automatisierte Monitoring liefert lediglich eine quantitative Auswertung der Inhalte. Sie erfahren z. B., wie viele Beiträge über Ihr Unternehmen und Ihre Produkte z. B. im Vergleich zum Wettbewerb veröffentlicht worden sind. Eine qualitative Analyse der Daten ist mit automatisierten Tools meist nicht zufriedenstellend möglich. Vor allem bei der Analyse der Stimmung der User (Tonalität), liefern die meisten Tools schlicht noch zu unzuverlässige Daten.

Viele Unternehmen setzen aus diesem Grund auf das halb manuelle bzw. halb automatisierte Verfahren. Die Beiträge werden im Tool von Hand analysiert und einer Tonalität sowie einer Kategorie (Service, Marketing etc.) zugeordnet.

Beim automatisierten Monitoring kann zudem zwischen *Screening* und *Monitoring* unterschieden werden. Während beim Screening das öffentliche Social Web durchsucht wird, greifen die Crawler beim Monitoring meist auf eine festgelegte Quellenbasis zurück. Das Screening wird oftmals zu Beginn eines Monitoring-Prozesses eingesetzt, um relevante Quellen zu identifizieren. Bevor Sie an einen Monitoring-Anbieter herantreten, sollten Sie auf jeden Fall bereits ein Screening durchgeführt haben und für Sie relevante Quellen kennen. In den meisten Fällen sind die Anbieter durch die Kundenprojekte bereits in bestimmten Branchen besser aufgestellt als in den Bereichen, in denen keine Kunden vertreten sind. Fragen Sie die Anbieter, ob die gewünschten Quellen bereits integriert sind oder was die Aufnahme der Plattformen in das Quellenset kostet. In einigen Fällen ist die Integration zusätzlicher Quellen kostenpflichtig.

Die Festlegung eines bestimmten Quellensets ist in manchen Fällen durchaus sinnvoll. Denken Sie, Microsoft interessiert sich dafür, was Apple-Fans über das Betriebssystem Windows denken? Das Unternehmen konzentriert sich vorrangig auf die Bedürfnisse der eigenen Kunden.

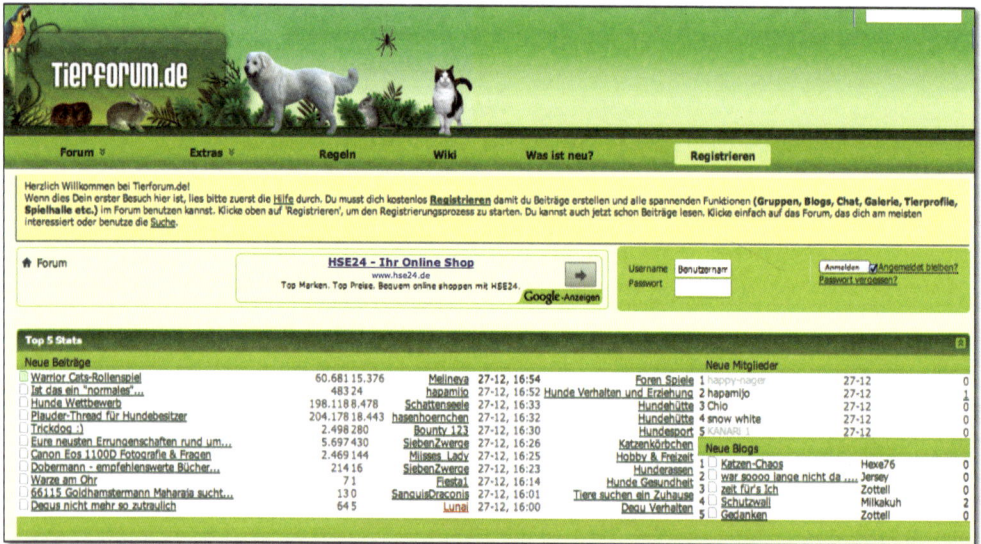

Abbildung 11.5   In Tierforen finden sich zahlreiche Beiträge über das Tier »Puma«.

Der Sportartikelhersteller Puma ist gut beraten, wenn er beim Monitoring alle Tierforen (siehe Abbildung 11.5) kategorisch ausschließt. Auf diese Weise vermeidet er eine aufwendige Modellierung der Keywords, bei denen Beiträge zur Katzenart *Puma concolor* ausgeschlossen werden müssen.

Beim Presseclipping konzentrieren sich viele Unternehmen auch auf ein Set von relevanten Zeitschriften und Zeitungen. Warum sollte das nicht auch beim Social Media Monitoring sinnvoll sein? Natürlich besteht so die Gefahr, dass Sie bestimmte kritische Artikel verpassen. Denken Sie aber noch mal an das Social-Media-Prisma. Es ist gar nicht möglich, dass Sie alle Beiträge erfassen, in denen Ihr Unternehmen erwähnt wird. Es ist aber ratsam, durch regelmäßige Screenings neue, relevante Quellen in das Monitoring zu integrieren.

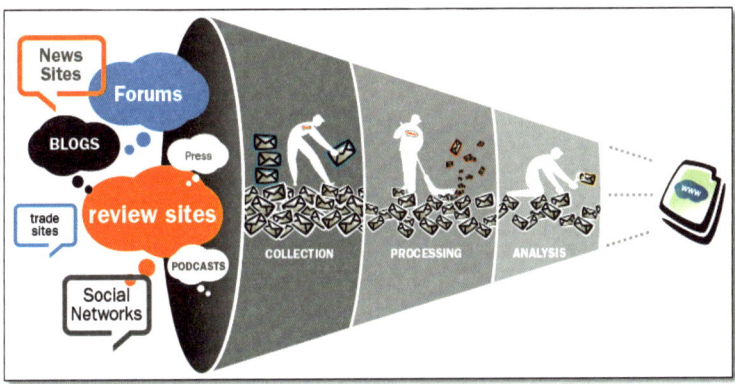

Abbildung 11.6   Der Social-Media-Monitoring-Prozess

11.3.2   Datenerhebung, -bereinigung und -aufbereitung

Im ersten Schritt müssen Sie, wie schon erwähnt, alle themenrelevanten Quellen identifizieren. Durch die Betrachtung der Beiträge haben Sie auch einen ersten Einblick, wie sich die Konsumenten über Ihr Unternehmen und Ihre Produkte austauschen. Das kann Ihnen bei der Formulierung der relevanten Suchbegriffe weiterhelfen. Einige Anbieter führen das Screening auch zu Beginn eines Monitoring-Projekts mithilfe ihrer Crawler durch. Während die Erfassung der Beiträge von Twitter und Facebook mithilfe einer API (Programmierschnittstelle) verhältnismäßig einfach ist, ist das Erfassen bestimmter Quellentypen sehr komplex. Viele Foren basieren auf der Community-Software *Bulletin*. In diesem Fall haben die Foren alle eine identische Struktur. Gerade für spezielle Foren oder Communities muss der Crawler jedoch angepasst werden.

Die Bereinigung der Beiträge von Spam und irrelevanten Beiträgen ist bei vielen Anbietern der aufwendigste Bereich. Sie haben bereits erfahren, dass es durchaus Blogger gibt, die Ihren Blog ausschließlich als Werbeplattform einsetzen. Hier müssen Sie mit Ihrem Anbieter besprechen, ob diese Treffer im Monitoring aufgelistet werden sollen. Falls nicht, ist es ebenfalls eine Herausforderung, diese Ergebnisse herauszufiltern. Die Erfassung und Verarbeitung von Inhalten aus Online-Medien, Newsportalen, Blogs und Foren stellt viele Anbieter vor eine schwere Aufgabe.

Abbildung 11.7 zeigt im orangen Bereich den oberen Teil eines Artikels auf *ZEIT ONLINE*. Der Crawler muss nun erkennen, wo der Artikel anfängt und aufhört und im Idealfall die Werbung im Text herausfiltern. Das stellt für viele Crawler eine unüberwindbare Aufgabe dar. Sie kennen das sicher auch von Google-Ergebnissen, die Sie auf irrelevante Treffer führen. Oftmals erscheint das gesuchte Keyword im Bereich »Neu im Resort« oder ist unter »Weitere Artikel« aufgelistet. Die Anbieter arbeiten voraussichtlich alle an dieser Problematik. Derzeit müssen Sie jedoch mit solchen Falschtreffern im Tool rechnen.

Abbildung 11.7   Die Inhaltsextraktion von News- und Blog-Artikeln ist gar nicht so einfach.

==Dubletten== stoßen bei den Anwendern von Social Media Monitoring Tools ebenfalls auf geteilte Meinungen. Aber was sind überhaupt Dubletten? Zählt die Pressemitteilung Ihres Unternehmens dazu, die ja auf verschiedenen Webseiten aufgegriffen werden soll? Zählen Retweets zu einem Beitrag über Ihr Unternehmen dazu? Streng genommen müssen diese Beiträge einzeln gewertet werden. Schließlich sind das alles Nennungen Ihres Unternehmens. Einige Tools ermöglichen aufgrund des Inhalts eine Bündelung der Beiträge im Tool. So wird zwar die Gesamtzahl der Treffer angezeigt, aber nicht jeder einzelne Beitrag.

Wie sieht es mit den ==Pressemitteilungen von Ihren Partnern== aus? Sollen die beim Monitoring erscheinen?

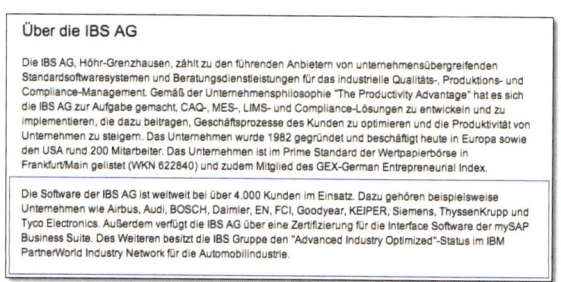

Abbildung 11.8   In Pressemitteilungen werden bei Dienstleistern oft die eigenen Kunden aufgelistet.

In zahlreichen Pressemitteilungen von Firmen findet man im »Über die Firma«-Bereich den Hinweis auf die Kunden des Unternehmens (siehe Abbildung 11.8). Da passiert es nicht selten, dass auf diese Weise ein Beitrag im Monitoring Tool erscheint, und – da es sich um eine Pressemeldung handelt – auch gleich mehrfach. Sie sehen, es gibt sicher einige Beiträge, auf die Sie gut und gerne verzichten können. Die Bereinigung der Daten kann jetzt von Ihnen durchgeführt werden. Manche Unternehmen überlassen die Bereinigung der Beiträge und die anschließende Bewertung der Tonalität einem Dienstleister.

Falls Sie hier auf einen externen Dienstleister zurückgreifen möchten, sollten Sie zwei Dinge beachten

1. Das Lesen und Kodieren der Beiträge durch den Dienstleister ist mit erheblichen Kosten verbunden.
2. Sie sollten mit Ihrem Partner dann genau besprechen, welche Beiträge erwünscht sind und welche Inhalte Sie als Spam betrachten.

Bei der Aufbereitung der Daten ist es wie beim Essen: Das Auge isst mit. Viele Anbieter setzen daher inzwischen auf eine übersichtliche Oberfläche (siehe Abbildung 11.9).

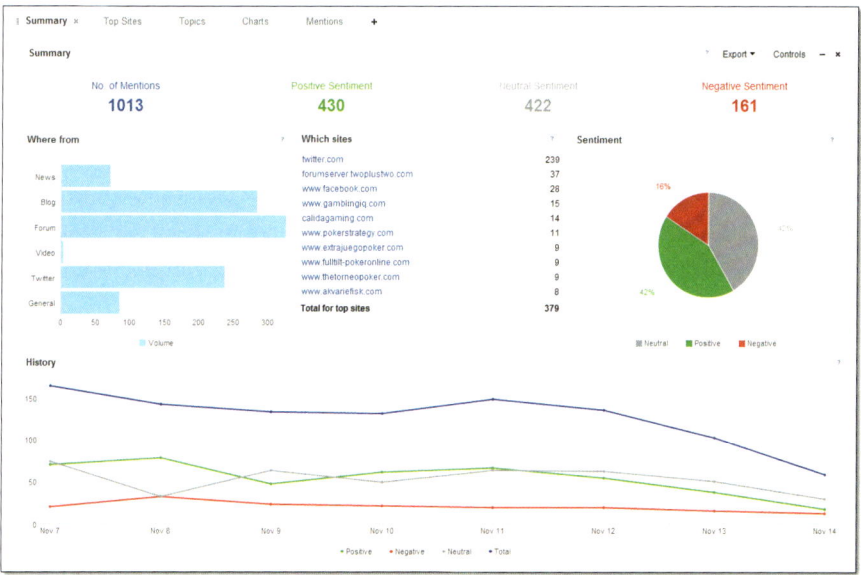

Abbildung 11.9   Ausschnitt von Brandwatch, einem professionellen Monitoring Tool

Oftmals ist Zeit Geld, und die Anwender haben nicht immer die Geduld, sich die Funktionen eines Monitoring Tools anzueignen.

Beim Abspeichern der Treffer unterscheiden sich die Tools ebenfalls. Einige Anbieter erfassen nur die Snippets der Beiträge oder speichern die Treffer nur für eine bestimmte Zeit. Eine ausführliche Social-Media-Analyse ist jedoch nur möglich, wenn Ihnen auch historische Daten zur Verfügung stehen. Werden nur Textausschnitte im Tool gespeichert, können die Beiträge nicht vollständig mit einem Textmining-System analysiert werden. Das langfristige Speichern der Inhalte befindet sich rechtlich derzeit aber in einer Grauzone. Hier wird Ihnen jeder Anbieter etwas anderes erzählen.

11.3.3   Analyse und Interpretation der Daten

Bei der Analyse der Daten wird zwischen quantitativer und qualitativer Auswertung unterschieden. Das *quantitative* Auswerten der Treffer ist die einfachere Form der Analyse. Sie zeigt die Anzahl der Beiträge und beteiligten Personen in Bezug auf das Unternehmen oder die eigenen Beiträge im Vergleich zum Wettbewerb. Der Anteil der Gesamtkommunikation zu einer bestimmten Marke oder einem bestimmten Sachverhalt wird auch als *Share of Voice* oder *Buzz* bezeichnet.

Die inhaltliche *qualitative* Auswertung in Bezug auf Meinungen zu Marken, die Identifikation von Tendenzen oder Themen gestaltet sich schon als etwas schwieriger.

In Kapitel 3, »Analyse – die richtigen Fragen stellen«, haben wir Sie bereits darauf hingewiesen, dass die Identifizierung nach Meinungsführern am besten manuell durchgeführt werden sollte. Personen mit einer hohen Reichweite können Sie auch mithilfe eines Monitoring Tools ermitteln. Viele Tools bieten eine Art Relevanzwert an, der anzeigt, welche Webseite oder welches Forum eine gewisse Reichweite besitzt. Auf diese Weise erhalten die Unternehmen eine Vorauswahl an relevanten Treffern. Dies ist vor allem für diejenigen Firmen interessant, zu denen sehr viele Beiträge pro Tag erscheinen.

Die Analyse der *Tonalität* gibt an, ob ein Beitrag im Kontext des Unternehmens eher positiv, neutral oder negativ behaftet ist. Um hier gute Ergebnisse zu erhalten, muss die Tonalität – z. B. mithilfe von Machine-Learning-Programmen – auf ein bestimmtes Unternehmen oder Produkt trainiert werden. Hierfür müssen am Anfang mindestens 1.000 Beiträge manuell kodiert werden. Dieses Verfahren lohnt sich, wenn zu Unternehmen eine sehr hohe Anzahl an Beiträgen veröffentlicht wird. Bei mehreren Tausend Beiträgen pro Tag ist eine manuelle Analyse der Beiträge nicht möglich bzw. nicht mehr bezahlbar. Wird die Tonalität auf ein bestimmtes Unternehmen oder Produkt trainiert, ist eine Trefferquote von etwa 80 % möglich. Die Technologie ist jedoch nicht in der Lage, sprachliche Nuancen, Ironie oder Dialekte zu erkennen (siehe Abbildung 11.10).

Abbildung 11.10   Für eine Software ist es gar nicht so einfach, die Tonalität zu erkennen.

Bei einem Monitoring Tool, dessen Tonalität nicht auf ein Unternehmen oder zumindest die Branche zugeschnitten ist, liegt die Trefferquote meist zwischen 40 und 60 %. In diesen Fällen ist es notwendig, die einzelnen Treffer manuell nachzubearbeiten. Sie sollten auf jeden Fall nicht auf Basis dieser Ergebnisse Schlussfolgerungen über die Beliebtheit Ihrer Produkte ziehen. Beachten Sie aber, dass eine manuelle Analyse auch keine hundertprozentige Trefferquote ermöglicht.

Suchen Sie sich einen Beitrag zu Ihrem Unternehmen, und diskutieren Sie mit einem Kollegen, ob dieser Beitrag nun positiv, neutral oder negativ ist. Sie werden sehen, dass es auch bei einer manuellen Analyse zu Abweichungen kommen kann. Falls Sie beschließen, die Inhalte manuell zu kodieren, sollten Sie mit den betroffenen Kollegen oder dem Dienstleister absprechen, wann ein Beitrag als positiv, neutral oder negativ bewertet werden soll.

Zur inhaltlichen Auswertung der Daten gehört auch das Aufzeigen von Trends. Bei der Trendanalyse werden Muster in der Kommunikation angezeigt. Auf diese Weise können Zusammenhänge zwischen Beiträgen und Themen erkannt werden, wodurch Sie ermitteln können, welche Entwicklung ein Themengebiet durchläuft

Nach der Analyse der Daten erfolgt die Interpretation und Präsentation der Ergebnisse. Aus den Resultaten können Sie konkrete Handlungsempfehlungen für Ihr Unternehmen ableiten.

11.4   Gründe für die Analyse der Social-Media-Kommunikation

Warum sollten Sie Social Media Monitoring für Ihr Unternehmen betreiben? Die gleiche Frage könnten Sie auch Personen stellen, die sich ab und zu »Ego-googlen«. Jeder Mensch hat sich schon einmal selbst gegoogelt und tut dies auch mit einer gewissen Regelmäßigkeit. Was sollte also dagegen sprechen, dass Sie das auch für Ihr Unternehmen tun sollten?

Für das Social Media Monitoring sprechen nämlich die im Folgenden aufgezählten Gründe.

11.4.1   Social-Media-Nullmessung

Bevor Sie mit einer Strategie die verschiedenen Social-Media-Maßnahmen planen, sollten Sie wissen, welche Plattformen überhaupt für Sie relevant sind. Auf welchen Plattformen befinden sich Ihre Zielgruppen, und über welche Themen wird dort gesprochen? Über was sprechen die Nutzer im Zusammenhang mit Ihren Produkten oder Ihrer Marke? Diese Informationen können Sie dann z. B. im Redaktionsplan aufgreifen. Sie ermöglichen es Ihnen, einen Status quo festzustellen. Dies können Sie mit einer Basisanalyse oder Nullmessung erfahren. Welche Analysetypen es gibt, haben Sie in Kapitel 3 erfahren.

11.4.2   Kritische Beiträge frühzeitig erkennen

Das Einsetzen von Social Media Monitoring als Frühwarnsystem ist sicher der bekannteste Grund für das Auswerten der Social-Media-Kommunikation. Wenn Sie einen kritischen Beitrag in einem Blog oder eine kritische Diskussion in einem Forum frühzeitig entdecken, können Sie mit den Personen in Kontakt treten und Ihre Fähigkeiten im Bereich Problembewältigung demonstrieren.

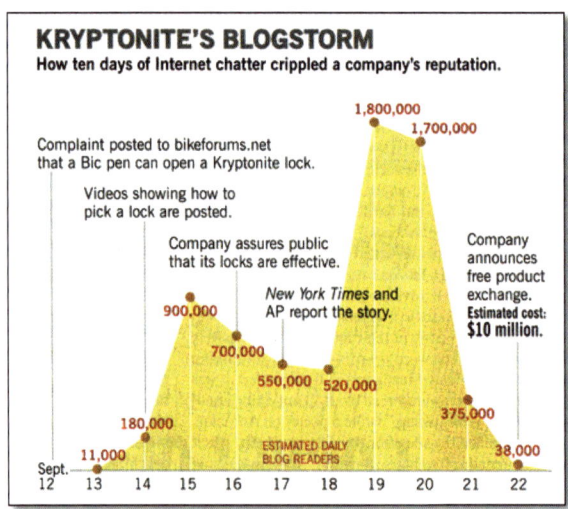

Abbildung 11.11   Kryptonite hat die Kommunikation im Social Web zum eigenen Unternehmen unterschätzt. (Quelle: http://bit.ly/ZowTlm)

Im Fall von *Kryptonite* (siehe Abbildung 11.11) hat das Unternehmen es versäumt, rechtzeitig einzuschreiten. Ob und wie schnell sich so etwas auf den verschiedenen Social-Media-Kanälen verbreitet, können Sie einem Monitoring Tool natürlich nicht entnehmen. Das Verfassen und Verbreiten eines kritischen Beitrages über Ihr Unternehmen durch einen Meinungsführer kann innerhalb weniger Stunden erfolgen. In diesen Fällen können Sie die Weiterverbreitung der Inhalte durch ein Einschreiten meist nicht mehr verhindern.

Durch das Monitoring von Social Media werden Sie in diesem Fall allerdings durch das steigendende Kommunikationsvolumen informiert. Viele Tools bieten verschiedene Möglichkeiten an, ein Alerting einzurichten. Sie können z. B. eine Benachrichtigung anfordern, wenn das Kommunikationsvolumen steigt oder wenn Ihr Unternehmen im Kontext mit bestimmten Begrifflichkeiten genannt wird. Sie sollten daher einen Alert einrichten, z. B. mit Ihren Produkten und den Begriffen »kaputt«, »schlecht«, »funktioniert nicht« oder in Bezug auf eine Dienstleistung mit »unfreundlich« oder »konnte nicht helfen«. Ein kostenloses Alerting ist beispielsweise durch *Google Alerts* oder das Tool *Mention* möglich.

Wie viele Unternehmen eine Krise durch Social Media Monitoring abwenden konnten, ist nicht bekannt. Öffentlich bekannt werden natürlich immer nur die Fälle, bei denen es nicht funktioniert hat.

11.4.3 Kunden(an)fragen finden und beantworten

Konsumenten fragen oft öffentlich um Rat, wenn sie den Kauf eines Produkts ins Auge fassen oder wenn sie ein Problem mit einem bestehenden Produkt haben. Die im vorherigen Abschnitt genannten Verfahren können Sie natürlich auch einsetzen, um Ihren Kundenservice auf das Social Web auszuweiten. Die meisten Unternehmen setzen Kundenservice in Social Media nur auf den eigenen Kanälen ein. Dabei können Sie vor allem punkten, wenn Sie auf Fragen und Probleme reagieren, die nicht direkt an Ihr Unternehmen gerichtet sind. In diesen Fällen rechnen Ihre Kunden meist nicht mit einer Antwort von Ihnen und sind dann positiv überrascht.

Abbildung 11.12 Hans Grohe reagiert auf eine Kundenfrage bei gutefrage.net.

Das Beispiel von Hans Grohe in Abbildung 11.12 zeigt, wie Unternehmen auf Bei-träge der Kunden reagieren können. In diesem Fall kam die Antwort voraussichtlich ein bisschen zu spät. Der Fragesteller hat nicht mehr auf die Antwort von Hans Grohe reagiert. Ihre Kunden sind oftmals nicht bereit, länger als 24 Stunden auf eine Antwort von Ihnen zu warten.

Durch das Beobachten der Social-Media-Kommunikation haben Sie die Möglich-keit, zeitnah auf Fragen zu Ihrem Produkt zu reagieren oder Ihre Kunden bei Pro-blemen mit Lösungsvorschlägen zu unterstützen. Sie erfahren generell aber auch sehr viel über die Qualität Ihrer Produkte oder wie Sie Ihre Dienstleistung verbes-sern können.

11.4.4   Social-Media-Kommunikation als Marktforschungstool

Zu keinem Zeitpunkt zuvor war es einfacher, an die Meinung von Kunden über die Produkte oder über die Meinung zu Wettbewerbern zu kommen. Produkt- und Dienstleistungsinnovationen sind entscheidend für jede Art von Unternehmen. Um zu wissen, welche Wünsche und Bedürfnisse die eigenen Kunden haben, ist es sinnvoll, diese zu fragen oder im Social Web zu analysieren, welche Ideen und An-sätze die Konsumenten in Bezug auf Ihre Produkte oder relevante Themenbereiche diskutieren. Sie müssen diese Verbesserungsvorschläge nur annehmen und umset-zen. Gerade in Fachforen und Communities tauschen sich die User sehr intensiv und auf einem sehr hohen Niveau über ein bestimmtes Thema aus.

Teilweise finden sich online sogar Nutzer, die Produkte von Unternehmen fast bes-ser kennen als die eigenen Mitarbeiter. Gerade wenn es um technische Produkte geht, wissen diese User oft sehr schnell, was zu tun ist, wenn Probleme auftreten. Die großen Telekommunikationsanbieter O_2 (siehe Abbildung 11.13), Vodafone und die Deutsche Telekom setzen bei ihren eigenen Foren ebenfalls auf die *Wisdom of Crowds* (die Weisheit der Vielen oder auch »die Macht der Masse«).

Hier beantworten Kunden des Unternehmens die Fragen der User. Es macht aller-dings Sinn, das Wissen der Konsumenten nicht nur im Bereich Service einsetzen. Nutzer, die sich sehr intensiv mit bestimmten Produkten oder einer Thematik aus-einandersetzen, haben oft Ideen, wie sich Produkte oder Dienstleistungen weiter-entwickeln lassen, welche Trends die Märkte derzeit bewegen und welche Bedürf-nisse Ihre Zielgruppe hat.

Die User diskutieren in den verschiedenen Communities über die ungewöhnlichs-ten Themen. Marktforscher kommen meist nicht auf die Idee, solche Punkte abzu-fragen. Ein Hersteller von Bräunungscreme hat sich beispielsweise aufgrund einer Social-Media-Analyse mit den Gesprächen von Bodybuildern auseinandergesetzt. Diese Zielgruppe hat sich in Fachforen im Rahmen von Wettkampfvorbereitungen über das Thema Körperbräune ausgetauscht (siehe Abbildung 11.14). Das größte

Problem der Bodybuilder bestand darin, das Bräunungsmittel gleichmäßig auf die Haut aufzutragen, ohne dass Flecken auf der Haut entstehen.

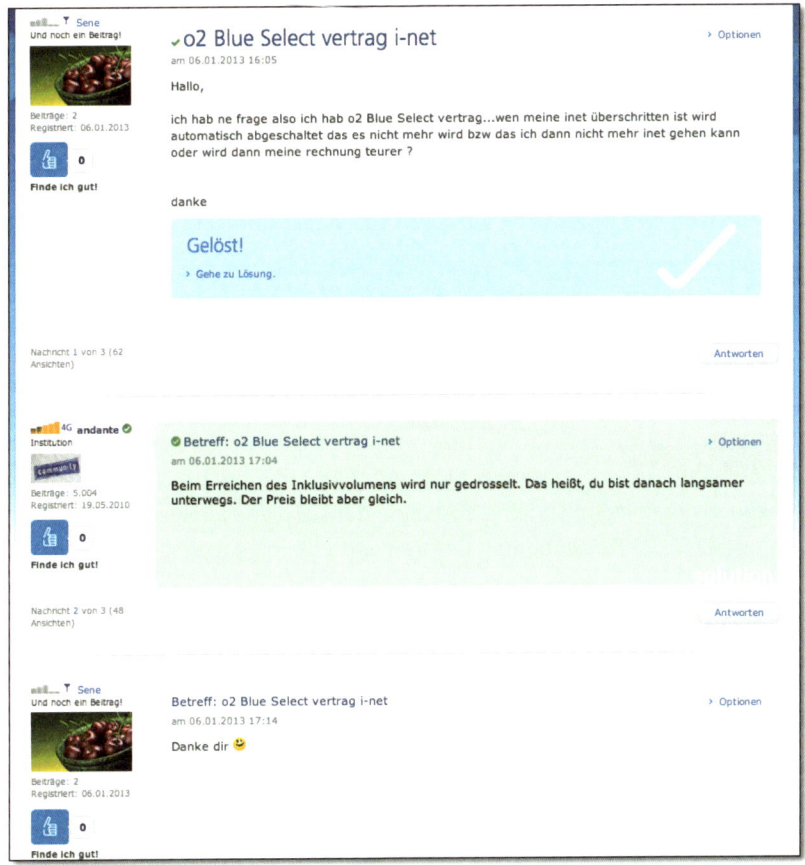

Abbildung 11.13   User helfen Usern im Forum von O₂

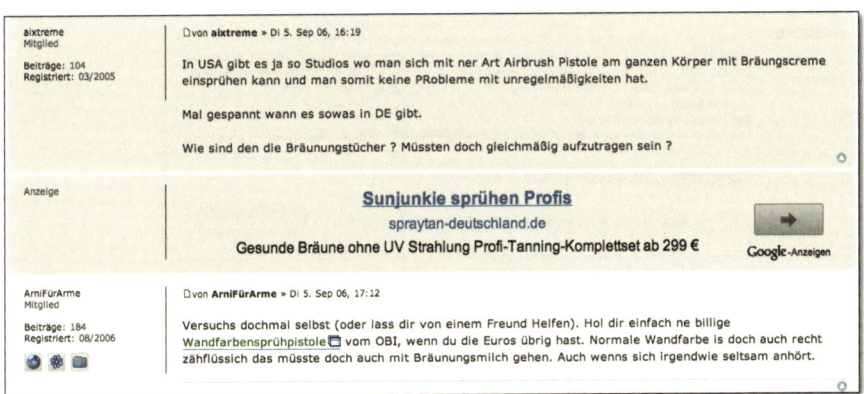

Abbildung 11.14   Was muss man bei der Verwendung von Bräungscreme beachten?

Aus diesem Grund haben einige Mitglieder Autolackier-Spritzpistolen umfunktioniert und diese zum Einsprühen der Farbe eingesetzt. Auch die Air-Brush-Pistole kommt ab und zu zum Einsatz. Hätten Sie damit gerechnet? Diese Ideen können die Produktmanager wiederum zur Verbesserung ihrer Produkte einsetzen. Das ist nur ein Beispiel dafür, wie Sie durch das Zuhören die Bedürfnisse Ihrer Zielgruppe besser verstehen und wie Sie deren Ideen für die Verbesserung Ihrer Produkten einsetzen können.

11.4.5 Erfahren Sie, was Ihre Kunden über Sie denken

Unternehmen haben meist viel Zeit und Geld investiert, um ihre Marke auf dem Markt zu etablieren. Da stellt sich die Frage, ob Ihre Marke dieselbe Bedeutung für Ihre Kunden und Interessenten hat. Zu keinem Zeitpunkt war es einfacher, die Meinung der Kunden über Ihr Unternehmen und Ihre Produkte zu erfahren. Social Media Monitoring ermöglicht es Ihnen herauszufinden, wie es um die Wahrnehmung Ihrer Marke steht. Das Monitoring hilft, der sogenannten Betriebsblindheit entgegenzuwirken, da eine einseitige Sicht auf die Marke oder das Unternehmen einschränkend wirken kann. Durch die Analyse der sozialen Netzwerke können Sie die Stimmungslage der Konsumenten erfassen und z. B. folgende Fragen beantworten:

▶ Welche Wörter werden am häufigsten mit Ihrem Unternehmen in Verbindung gebracht?

▶ Welche Personen zählen zu den Befürwortern Ihrer Marke?

Ein Monitoring zeigt die Plattformen an, auf denen Ihr Unternehmen und Ihre Produkte diskutiert werden und wo ggf. Werbeplatzierungen sinnvoll sind, um ein breites Publikum zu erreichen.

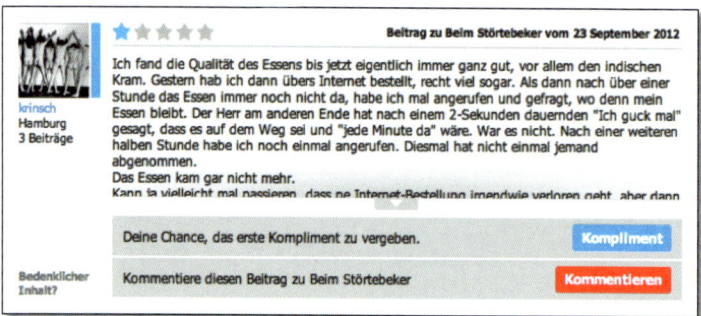

Abbildung 11.15 Bewertung eines Restaurants auf Qype

Das Restaurant *Störtebeker* lässt eine kritische Bewertung unkommentiert auf *Qype* stehen (siehe Abbildung 11.15). So etwas sorgt nicht unbedingt für eine Verbesserung Ihrer Online-Reputation.

11.4.6 Messen Sie den Erfolg Ihrer Kampagne

Das Messen des Erfolgs von Social-Media-Maßnahmen ist je nach Zielsetzung nicht trivial. Es gibt auch noch keine Einigung über allgemeingültige Kennzahlen. Dies ändert aber nichts daran, dass Sie Ihre Social-Media-Maßnahmen ohne ein Monitoring noch weniger messen können. Sie können messen, wie oft Ihr Markenname bzw. Produkt vor, während und nach der Kampagne erwähnt wird. Welche positiven oder auch negativen Wörter werden im Zusammenhang mit Ihrer Marke oder den Inhalten Ihrer Kampagne in diesem Zeitraum verwendet? Wichtig ist, dass Sie bereits bei der Planung der Kampagne festlegen, wie und was gemessen werden soll, um das definierte Ziel zu erreichen.

11.4.7 Was macht eigentlich die Konkurrenz?

Ein weiterer wichtiger Grund für Social Media Monitoring ist die Beobachtung des Wettbewerbs, sodass Sie sich direkt mit der Konkurrenz vergleichen können. Wie hoch ist der Anteil der Kommunikation über Ihre Marke im Vergleich zum Wettbewerb? Existieren zum eigenen Unternehmen mehr kritische Beiträge; werden Probleme der eigenen Produkte häufiger diskutiert? Um die Werte zum eigenen Unternehmen besser einschätzen zu können, ist es wichtig, einen Vergleichswert zu haben. *Benchmarks* sind dabei in verschiedenen thematischen Richtungen möglich:

▸ Unternehmenspositionierung im Vergleich zum Wettbewerb

▸ Postionierung der eigenen Firma im Vergleich zum Unternehmen mit dem Best Practice

▸ Benchmark mit dem Branchendurchschnitt

▸ ein interner Benchmark der einzelnen Abteilungen im Unternehmen

Die Webseite *analytics.cc* bietet einen Benchmark von Facebook-Seiten nach Branchen an. Der Screenshot zeigt einen Vergleich aller Einzelhändler im Bereich Lebensmittel. Als Nutzer dieses Tools haben Sie die Möglichkeit, die Fanpages nach der Zahl der Fans, der Anzahl der Gespräche sowie nach Aktivität zu sortieren (siehe Abbildung 11.16).

Wenn Sie die eigene Branche sowie die relevanten Keywords im Social Web beobachten, dann können Sie darüber frühzeitig neue Wettbewerber entdecken. Sie können mit potenziellen Kunden in Kontakt treten, die z. B. mit einem Produkt von einem Wettbewerber unzufrieden sind. Des Weiteren können Sie so feststellen, über was in der Branche diskutiert wird und welche Nutzer die Befürworter konkurrierender Marken sind.

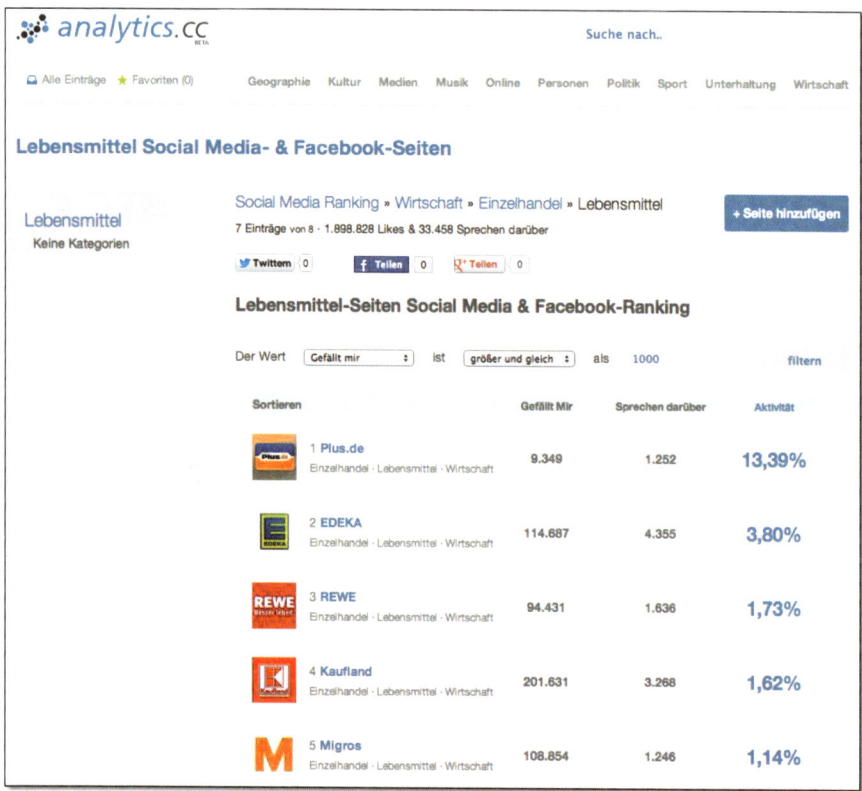

Abbildung 11.16   Verschaffen Sie sich einen Überblick über verschiedenen Fanpages.

11.4.8   Employer Branding – identifizieren Sie neue Mitarbeiter

Potenzielle Bewerber informieren sich in der heutigen Zeit schon vorher im Web über das Unternehmen. Sie sollten regelmäßig kontrollieren, welche Treffer neben der Firmenseite bei Google erscheinen. Wie ist das Image Ihres Unternehmens als Arbeitgeber?

Wissen Sie, über was die User auf den verschiedenen Social-Media-Plattformen über Ihr Unternehmen diskutieren? Was schreiben Ihre (ehemaligen) Arbeitnehmer über die Arbeitsbedingungen in Ihrem Unternehmen (siehe Abbildung 11.17)?

Umgekehrt ist es natürlich ähnlich. Bewerber werden vom Unternehmen in den sozialen Netzwerken recherchiert. Dabei müssen Sie als Unternehmen verschiedene Regeln beachten. Während die Bewerber in den beruflich geprägten Netzwerken wie LinkedIn oder XING mit einer Recherche der Unternehmen und anschließender Kontaktaufnahme durch Personaler rechnen, ist dies bei Facebook unerwünscht. Als Arbeitgeber dürfen Sie nur auf Informationen zugreifen, die Sie einer allgemein zugänglichen Quelle – etwa der Google-Suche – entnehmen können.

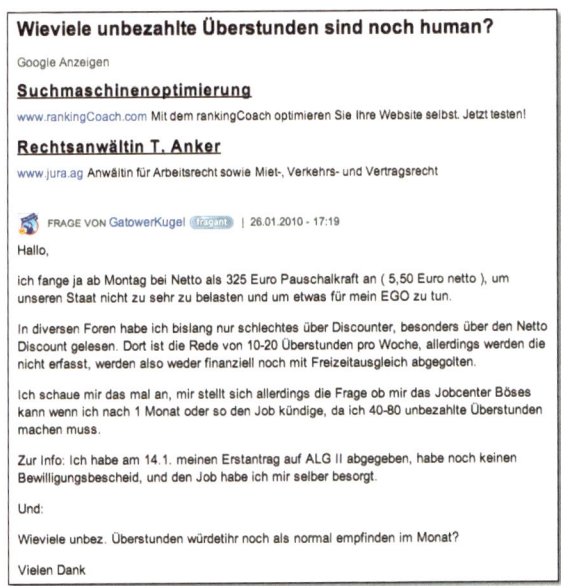

Abbildung 11.17   Diskussionen über die Verdienstmöglichkeiten bei Discountern

Wenn Sie einen Social Media Manager für Ihr Unternehmen suchen, lohnt es sich in manchen Fällen, bei Twitter oder im Rahmen der Blog-Suche zu recherchieren. Es kommt immer wieder vor, dass Personen, die sich intensiv mit Social Media beschäftigen, auf dem eigenen Blog ein Stellengesuch veröffentlichen (siehe Abbildung 11.18).

Abbildung 11.18   Blog-Artikel zur Jobsuche als Social Media Manager

Diese Personen sind alle daran interessiert, dass Sie als Unternehmen an sie herantreten. Neben dem Jobgesuch können Sie auch gleich weitere Artikel des potenziellen Arbeitnehmers lesen und auf den verschiedenen Social-Media-Kanälen analysieren, wie viel Zuspruch diese Person von anderen Nutzern im Social Web erhält.

11.4.9 Welche Personen können das Image Ihrer Marke beeinflussen?

Auf den Social-Media-Plattformen können Meinungsführer einen großen Einfluss haben. Diesen erlangen sie über die Häufigkeit ihrer Äußerungen zu einem Thema, durch die Anzahl von Menschen, die einen Kommentar verfassen, und darüber, wie aktiv sich die Besucher mit diesem Post auseinandersetzen. Das Publikum eines Multiplikators kann dabei helfen, Meinungen zu einer Marke schneller zu verbreiten und dadurch eine größere Wirkung zu erzielen. Vor allem die Beiträge von reichweitenstarken Bloggern erscheinen oft an den obersten Stellen der Google-Suchergebnisse.

Ein Unternehmen sollte daher wissen, wer diese Meinungsmacher sind und wie sie zum Unternehmen, zur Marke bzw. zum Produkt stehen. Aus diesem Grund ist es für ein Unternehmen sinnvoll, mit den sogenannten *Influencern* in Kontakt zu treten. Immer mehr Unternehmen setzen heute auf die sogenannten *Blogger Relations*. Die Kooperation mit thematisch relevanten Bloggern ist wichtig und sollte auch von Ihnen durchgeführt werden. Es wäre wünschenswert, wenn in Zukunft noch mehr Unternehmen Blogger wie Journalisten behandeln. Sie sollten aber nicht nur mit dieser Personengruppe kooperieren, sondern die Zusammenarbeit mit den für Sie relevanten Multiplikatoren forcieren. Wenn Ihre relevante Zielgruppe sich in einem Fachforum aufhält, dann prüfen Sie auch dort, wer die Influencer sind. Durch den Austausch lernen solche Multiplikatoren das Unternehmen oder die Marke besser kennen. Ein positiver Kontakt mit dieser Personengruppe kann langfristig zu einer positiven Wahrnehmung in der Zielgruppen-Community führen.

11.4.10 Trends und Themen – was interessiert und was bewegt Ihre Kunden aktuell?

Es gibt immer wieder Themen, die die sogenannte *Netzgemeinde* beschäftigen. Über diese Themenbereiche wird an vielen Stellen des Social Web sehr intensiv diskutiert. Insbesondere dann, wenn diese Themen die eigene Marke oder zumindest die eigene Branche betreffen, können Sie von diesen Diskussionen viel über Ihre Zielgruppe und deren Bedürfnisse erfahren. Prinzipiell erhalten Sie auf diese Weise ein besseres Verständnis der aktuellen Verbraucherstimmung. Bei Bedarf können Sie sich natürlich in diese Diskussionen einschalten. Einen guten Überblick über aktuelle Themen bietet *Rivva*. Diese vollautomatisierte Suchmaschine bietet einen täglichen Überblick über News und Diskussionen in vorwiegend deutschsprachigen Weblogs und Online-Medien. Eine weitere gute Seite ist *Virato* (siehe Abbildung 11.19).

Abbildung 11.19 Die Startseite von Virato

Auf dieser Seite werden die Beiträge aus Blogs und Medien aufgelistet, die am häufigsten bei Twitter, Facebook und Google+ geteilt worden sind. Sie haben zusätzlich die Möglichkeit, mithilfe von Keywords eigene Themenbereiche zu monitoren. Virato gliedert die Themen in Politik, Wirtschaft, Kultur, Sport sowie in ein jeweils aktuelles Thema. Die Betreiber veröffentlichen zudem monatlich ein Ranking von den am häufigsten besuchten Blogs.

Wenn Sie sich informieren möchten, welche Beiträge von Zeitungen und Magazinen sich auf Twitter und Facebook aktuell verbreiten bzw. in der letzten Woche oder dem letzten Monat am häufigsten geteilt worden sind, sollten Sie sich den Social-Media-Ticker der *Süddeutschen Zeitung* genauer anschauen (siehe Abbildung 11.20).

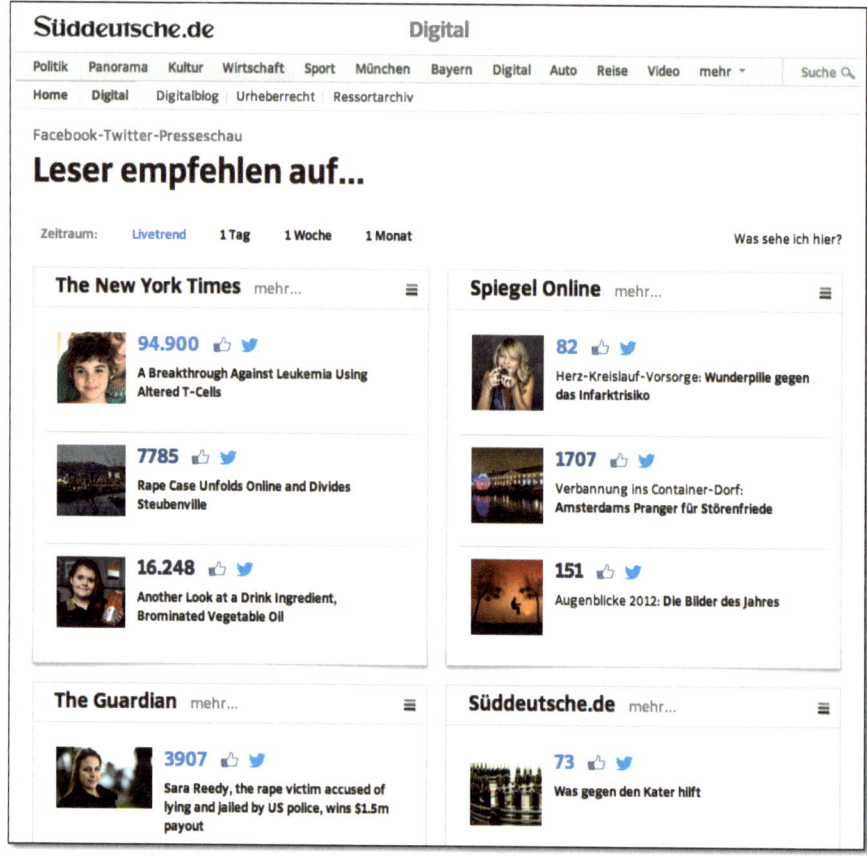

Abbildung 11.20   Welche Artikel der Online-Medien werden im Netz diskutiert?

Auf allen Angeboten wird ein bestimmter Quellenpool analysiert. Bei der Süddeutschen Zeitung sind es die größten Zeitungsseiten des Landes sowie die relevanten Nachrichtenseiten im angelsächsischen Raum. Auch Virato arbeitet mit einem festen Quellenset, ermöglicht es aber dem Besucher der Webseite, eine Quelle vorzuschlagen, die fehlt.

Des Weiteren lassen sich durch das Beobachten und Analysieren der Kommunikation Trends aufspüren. Ihr Produkt könnte z. B. häufig mit einem völlig anderen Themenkomplex in Foren diskutiert werden, ohne dass Sie wussten, dass Ihre Kunden das Produkt für diese Funktion einsetzen, da es dafür eigentlich gar nicht konzipiert wurde. Durch das ständige Beobachten der Kommunikation bekommen Sie einen Eindruck davon, was die Kunden beschäftigt. Sie erhalten dadurch die Möglichkeit, darauf zu reagieren oder diese Kenntnisse in Ihre Entwicklung einfließen zu lassen.

11.5   Was müssen Sie bei der Erstellung von Kennzahlen beachten?

Die Erstellung relevanter Kennzahlen ist weiterhin das große Thema, mit dem sich derzeit alle Unternehmen beschäftigen. Die verschiedenen Definitionen von Kennzahlen werden bereits seit Jahren von Verbänden und Interessengemeinschaften formuliert und wieder überarbeitet. Einheitliche Standards gibt es nicht.

Im ersten Schritt müssen Sie sich erst einmal fragen, was Sie überhaupt messen möchten. Sind Sie daran interessiert, die Kommunikation auf den verschiedenen Social-Media-Plattformen mit aussagekräftigen Kennzahlen zu messen, oder möchten Sie die Performance Ihrer eigenen Social-Media-Präsenzen analysieren und bewerten?

Im Anschluss müssen Sie sich folgende Fragen stellen:

▶ Welche Zahlen liefern Ihnen die einzelnen Plattformen, und welche Kennzahlen können Sie daraus ableiten?

▶ Wie möchten Sie die verschiedenen Kennzahlen gewichten?

▶ Ist beispielsweise ein Blog-Kommentar mehr wert als ein Tweet?

▶ Welche Kanäle möchten Sie überhaupt beobachten und messen?

11.5.1   Kennzahlen für die Analyse der Social-Media-Kommunikation

Für die Analyse der Social-Media-Kommunikation hat sich die *AG Social Media* mit Messpunkten und Messebenen beschäftigt und in diesem Rahmen die Kennzahlen abgeleitet, die Sie in Abbildung 11.21 sehen.

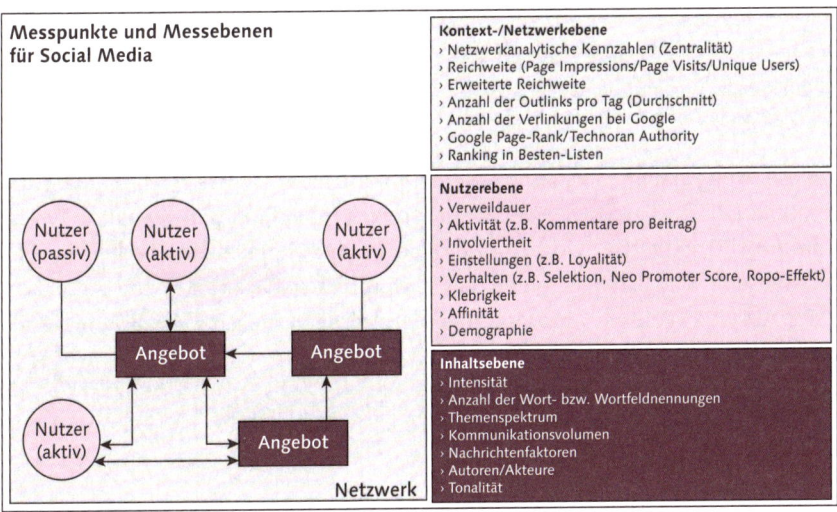

Abbildung 11.21 Messpunkte und Messebenen für Social Media
(Quelle: communicationcontrolling.de, http://goo.gl/hgEsO)

Kontext- und Netzwerkebene

Die Messgrößen auf dieser Ebene geben Aufschluss über die Sichtbarkeit von Webseiten und beantworten z. B. die Frage, welche Sichtbarkeit eine Seite im Vergleich zu anderen Webseiten hat. Die Reichweite spielt dabei natürlich eine wichtige Rolle. Als Reichweite werden je nach Social-Media-Plattform unterschiedliche Faktoren herangezogen. Die AG Social Media stellt hier die Views bei YouTube den Freunden bzw. Fans bei Facebook gegenüber, und bei Twitter werden die Follower betrachtet. Während bei YouTube also die tatsächliche Reichweite gemessen wird, betrachtet die AG Social Media bei Facebook und Twitter nur die potenzielle Reichweite (siehe http://bit.ly/x9H4J2). Als Inhaber einer Fanpage haben Sie aber z. B. die Möglichkeit, mithilfe der *Facebook Insights* für Ihre eigene Seite auch die tatsächliche Reichweite zu ermitteln.

Bei externen Blogs und Online-News ist die Reichweite (z. B. über eindeutige Besucher oder *Page Visits*) eines Artikels nur schwer messbar. Als weiteren Faktor führt die AG Social Media den *Google PageRank* an. Die Seiten Rivva, Virato und der Liveticker der Süddeutschen Zeitung berechnen die Relevanz eines Blogs oder eines Beitrags anhand anderer Kriterien. Mit dem Tool *SharedCount* (siehe Abbildung 11.22) können Sie bei jeder Seite analysieren, wie oft der Inhalt auf den verschiedenen Social-Media-Kanälen geteilt worden ist.

Abbildung 11.22   SharedCount zeigt an, wie viele Verlinkungen auf den Social-Media-Plattformen existieren.

Auf diese Weise haben Sie einen besseren Eindruck davon, wie hoch die Relevanz eines Blogs ist. Das Tool *Backtweets* zeigt Ihnen darüber hinaus die genauen Tweets an, die zur URL getwittert worden sind. Eine weitere Möglichkeit, die Relevanz für eine Webseite festzustellen, bietet das Unternehmen *Seitwert* (siehe Abbildung 11.23). Auf der Webseite des Unternehmens können Sie eine Analyse einer bestimmten Webseite kostenfrei durchführen.

Die Berechnung wird in verschiedene Bereiche untergliedert:

- Gewichtung bei Google
- Backlinks und Yahoo
- externe Wertungen

- ▶ technische Details
- ▶ Social Media
- ▶ Sonstiges

Abbildung 11.23   Analysieren Sie die Relevanz Ihrer Webseite.

Unter dem Punkt *Google-Gewichtung* finden Sie den Google PageRank der Seite. Zudem werden hier die Backlinks aufgelistet. Ein *Backlink* ist ein Link auf einer anderen Webseite, der auf die analysierte Seite verlinkt. Auch bei *Yahoo* werden Backlinks aufgelistet, und es wird angegeben, wie hoch die Platzierung der Webseite in den Suchergebnissen ist. Unter *externen Wertungen* finden Sie den *Alexa Rank*. Der Alexa Rank ist ein Wert ähnlich wie der Google PageRank, der auf Basis unterschiedlicher Faktoren die Relevanz einer Webseite im Internet berechnet. Unter *Social Media* finden Sie die Zahlen, die Sie auch bei SharedCount angezeigt bekommen.

Nutzerebene

Auf der Nutzerebene stehen die Verfasser von Beiträgen im Mittelpunkt. Was sind das für User, und wie verhalten sie sich? Bei der Nutzerebene sollen die Aktivität und Affinität der Nutzer hinsichtlich bestimmter Plattformen und Themen gemessen werden. Je nach Möglichkeit sollen hier klassische Messgrößen wie Verweildauer oder wiederkehrende Besuche eine Rolle spielen (siehe http://bit.ly/x9H4J2). Diese Zahlen können Sie auf den verschiedenen Plattformen sehr gut ermitteln. Betrachten Sie einen Blog, so können Sie sehen, in welcher Häufigkeit Blog-Artikel veröffentlicht werden. In einem Forum können Sie sich das Profil der einzelnen User anschauen und Rückschlüsse auf die Aktivität der Nutzer ziehen.

Auf *Motor-Talk* (siehe Abbildung 11.24) werden nicht alle Angaben für Nicht-Mitglieder zur Verfügung gestellt. Auch bei Facebook können die Nutzer durch Privatsphäre-Einstellungen das eigene Profil so einstellen, dass Besucher der Seite nur das Nötigste sehen. Bei Twitter können Sie die Profile und in den meisten Fällen auch die Tweets der User anschauen. Auf der Twitter-Seite können Sie sich anschauen, wann der User den letzten Tweet abgesetzt hat und mit wem er öffentliche Gespräche auf dieser Plattform führt. Es existieren jedoch zahlreiche Tools, mit denen Sie zusätzlich betrachten können, wie diese Nutzer vernetzt sind.

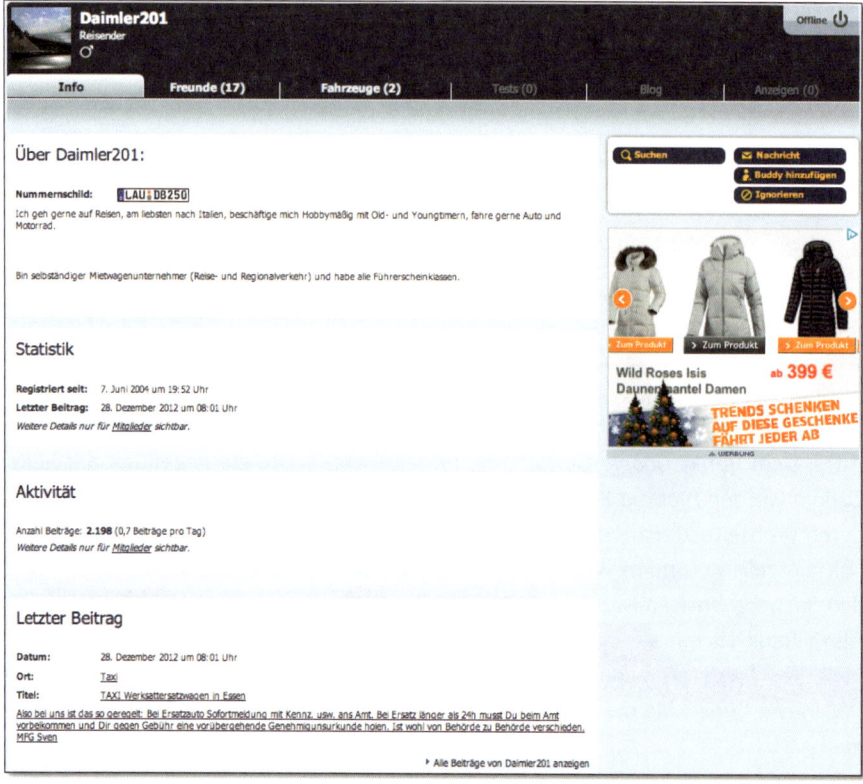

Abbildung 11.24 Profil eines Foren-Users bei Motor-Talk

Bei *Friend or Follow* (siehe Abbildung 11.25) können Sie sich anschauen, wie die einzelnen Twitter-User untereinander vernetzt sind.

Abbildung 11.25 »Friend or Follow« zeigt die Vernetzung unter den Twitter-Usern an.

Die Menüpunkte FOLLOWING und FANS listen die Personen auf, denen ausschließlich der eingetragene User folgt und umgekehrt. Unter FREUNDE sind alle Kontaktpersonen des Twitterers aufgelistet, bei denen sich beide folgen. Die direkte Aktivität bzw. das Engagement der Nutzer spielen auf dieser Messebene ebenfalls eine Rolle.

Abbildung 11.26 Auszug aus dem Favstar-Profil

Für Twitter können Sie auf der Seite *Favstar* (siehe Abbildung 11.26) analysieren, auf welche Beiträge der User viele Retweets oder Favoriten erhalten hat. Ob die ermittelten Personen auch einen direkten Bezug oder eine Affinität zu Ihrem Produkt oder zu Ihrer Branche haben, verrät Ihnen das Tool nicht. Zudem verwenden viele User bei Twitter den Favoriten-Button als Lesezeichen, um sich einen Tweet zu merken.

Auf *mentionapp* (siehe Abbildung 11.27) können Sie zumindest ermitteln, mit welchen anderen Usern ein bestimmter Twitter-Nutzer in den letzten Tagen interagiert hat und welche Begriffe in der Diskussion verwendet worden sind.

Letztendlich können diese Tools Ihnen nur verraten, wie hoch die Aktivität sowie die Vernetzung der User ist. Wenn Sie sich entschließen, mit einflussreichen Bloggern oder Meinungsführern generell zusammenzuarbeiten, sind dies jedoch gute Tools, um sich einen Einblick über die User zu verschaffen.

Inhaltsebene

Auf dieser Ebene der Messgrößen wird der Inhalt der Diskussionen ermittelt, z. B. wie viele Beiträge zu einem bestimmten Thema verfasst worden sind. Wie viele Beiträge werden zu Ihrem Unternehmen im Vergleich zum Wettbewerb von den verschiedenen Usern verfasst? Wie ist die Tonalität zu den verschiedenen Themen, und wie relevant sind diese Beiträge für Ihr Unternehmen (siehe http://bit.ly/x9H4J2)?

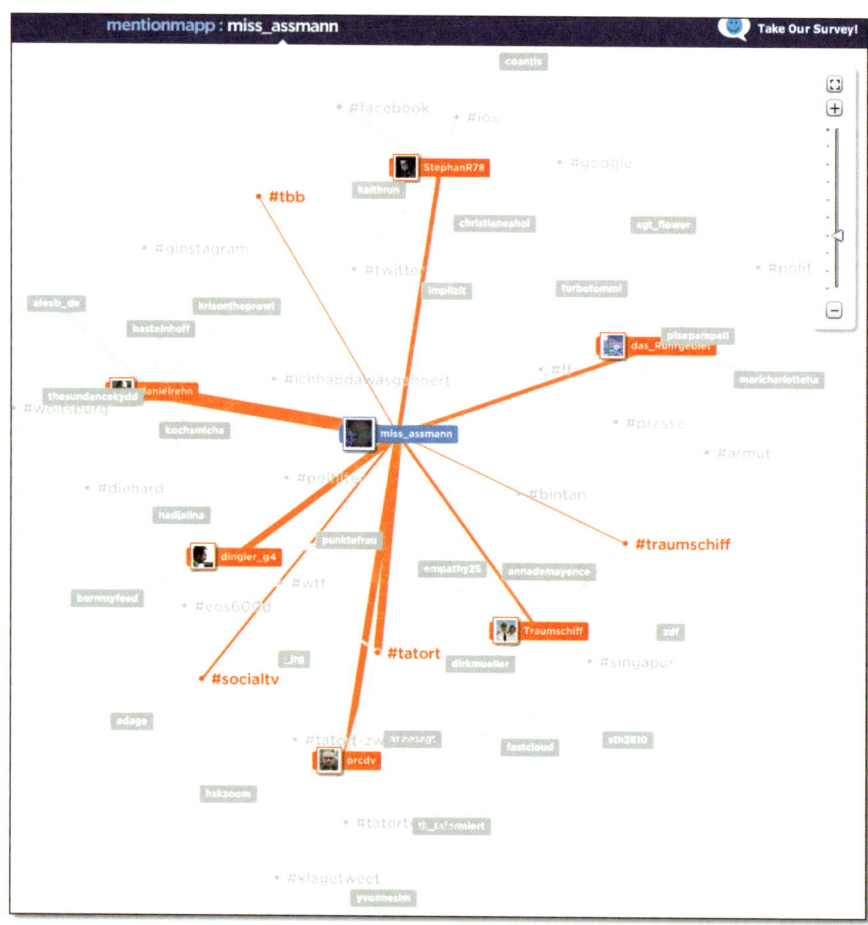

Abbildung 11.27   Darstellung von Interaktionen bei Twitter auf »mentionapp«

Um den Inhalt der Beiträge zu ermitteln, bleibt Ihnen nichts anderes übrig, als die Beiträge zu lesen. Sie können dies natürlich auch einem Dienstleister überlassen. Wenn Sie mithilfe eines Monitoring Tools verschiedene Themen modellieren, können Sie zumindest eine Aussage treffen, wie oft Ihr Unternehmen in Zusammenhang mit einem Themengebiet genannt worden ist. Den Kontext, in dem Ihr Produkt erwähnt worden ist, kennen Sie in diesem Fall aber noch nicht.

Die drei Kategorien Kontext- und Netzwerkebene, Nutzerebene sowie Inhaltsebene wurden von der AG Social Media entwickelt, um einheitliche Messgrößen zu schaffen. Aktuell ist es jedoch noch so, dass alle Anbieter unterschiedliche Kennzahlen einsetzen. Bei der Kontext- und Netzwerkebene setzen manche Anbieter auf den Alexa Rank oder den PageRank, andere geben die Anzahl der Likes und Tweets zu einem Beitrag aus. Dies macht den Vergleich der unterschiedlichen Tools sehr schwer.

Bei der Ermittlung der Meinungsführer setzen die meisten Tools auf den *Klout Score* oder bei Twitter schlicht auf die Anzahl der Follower. Die meisten automatisiert ermittelten Influencer der Monitoring Tools können Sie getrost ignorieren. Wenn Sie durch ein Monitoring Tool einen User identifizieren, der sehr viele Beiträge über Ihr Unternehmen oder Ihr Produkt verfasst, schauen Sie sich den User und seine Beiträge auf der entsprechenden Plattform an. Die wenigen Minuten an Zeit sollten Sie sich schon nehmen, um einschätzen zu können, wie relevant dieser User ist.

Welche kostenfreien und kostenpflichtigen Monitoring Tools Sie einsetzen können, erfahren Sie in Abschnitt 11.8, »Mit welchen Tools können Sie die Social-Media-Kommunikation analysieren«.

11.5.2 Welche Zahlen stehen Ihnen bei Ihren Social-Media-Kanälen zur Verfügung?

Jetzt haben Sie ein Unternehmens-Profil auf einer oder mehreren Social-Media-Plattformen. Sie müssen sich nun intern sicher für Ihr Engagement in Social Media rechtfertigen. Wie machen Sie das nun?

Um zu ermitteln, welche Kennzahlen und Messgrößen Sie für Ihre Aktivitäten in Social Media einsetzen sollten, müssen Sie auch hier schauen, welche Zahlen von den einzelnen Plattformen überhaupt zur Verfügung gestellt werden.

Facebook

Wenn Sie eine eigene Fanpage besitzen, können Sie im Administrationsbereich in den Facebook Insights (siehe Abbildung 11.28) verschiedene Statistiken über Ihre Seite abrufen.

Auf der ersten Seite der Statistiken sehen Sie verschiedene Kennzahlen wie die Anzahl der Fans, die Zahl der Gespräche oder die wöchentliche Reichweite. Im unteren Bereich der Übersichtsseite finden Sie Informationen über den Erfolg Ihrer Beiträge. Neben dem Datum und Titel sind hier für jeden veröffentlichten Beitrag folgende Werte aufgelistet:

▶ Reichweite

▶ Eingebundene Nutzer

▶ Personen, die darüber sprechen

▶ Viralität

Welche Statistiken sind nun relevant und sollten von Ihnen genauer betrachtet werden? Wir sehen vor allem die Interaktion bzw. den Dialog mit den Kunden, aber auch die Reichweite als wichtige Werte an. Insgesamt können Sie allen Werten relevante Informationen entnehmen.

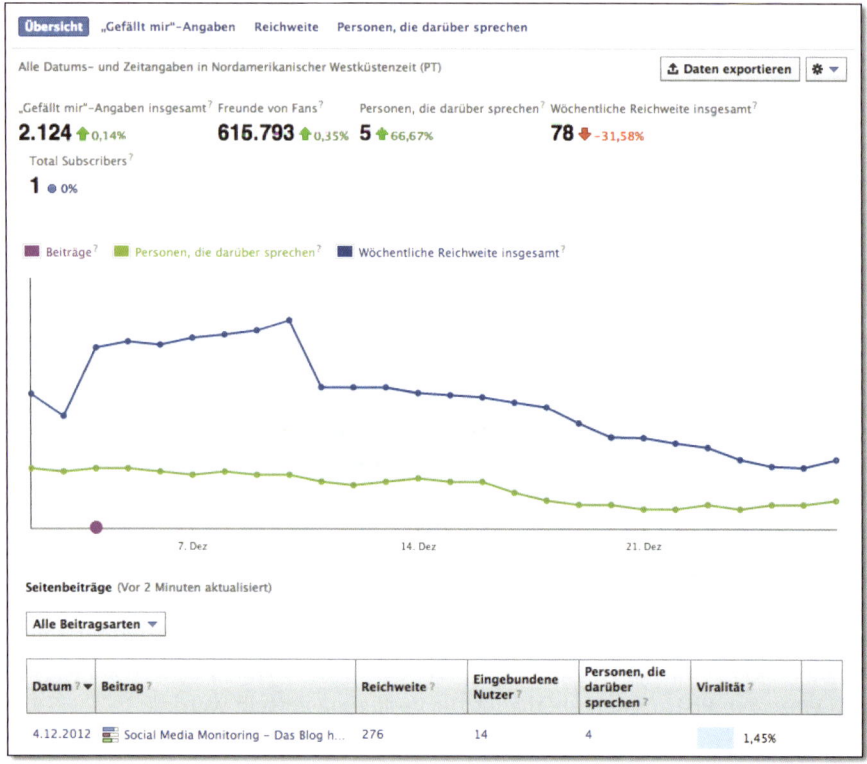

Abbildung 11.28   Die Startseite von »Facebook Insights«

Was verbirgt sich hinter diesen Begriffen?

Reichweite

Die Reichweite sagt aus, wie viele Personen den Beitrag angezeigt bekommen haben. Hier zählt die tatsächliche Reichweite, d. h., es werden auch Personen gezählt, die kein Fan Ihrer Seite sind und den Beitrag durch einen Kommentar oder ein Like eines Freundes angezeigt bekommen haben.

Eingebundene Nutzer

Die Zahl der eingebundenen Nutzer gibt an, wie viele Einzelpersonen mit dem Posting interagiert haben. Hier zählen zum einen Likes, Kommentare und geteilte Inhalte. Darüber hinaus wird hier jedoch auch festgehalten, wie viele Personen Ihren Beitrag und Links angeklickt oder Videos und Bilder angeschaut haben.

Personen, die darüber sprechen

Im Gegensatz zu den eingebundenen Nutzern wird bei den Gesprächen nur die Anzahl der Einzelpersonen gezählt, die eine Meldung zum Beitrag erstellt haben. Eine Meldung wird generiert, wenn eine Person einen Beitrag kommentiert, liked oder teilt, aber auch dann, wenn der Nutzer eine Frage der Seite beantwortet. Insgesamt kann festgehalten werden, dass hier alle sichtbaren Interaktionen eines Postings bzw. einer Seite bezogen auf einen einzelnen User angezeigt werden.

Viralität

Die Viralität gibt den prozentualen Anteil der erreichten Personen an, die ein Beitrag geliked, kommentiert oder geteilt haben – also: Wie viele Personen, die Sie mit Ihrem Posting erreicht haben, haben durch ihre Interaktionen (Likes, Kommentare, geteilter Inhalt) für eine virale Verbreitung Ihres Inhaltes gesorgt? Durch die Interaktionen wird Ihr Posting bei den Freunden der Nutzer angezeigt. Deswegen spricht man hier von Viralität.

Diese Werte zu Ihren Postings können Sie direkt im Administrationsbereich abrufen. Unter den Menüpunkten »GEFÄLLT MIR«-ANGABEN, REICHWEITE und PERSONEN, DIE DARÜBER SPRECHEN (siehe Abbildung 11.29) verbergen sich weitere Statistiken.

Abbildung 11.29   Menüpunkte bei Facebook

Im Bereich »GEFÄLLT MIR«-ANGABEN erfahren Sie, aus welchen Personen sich Ihre Fanpage zusammensetzt. Sie können also sehen, ob Ihre Fans eher weiblich oder männlich sind, welche Altersgruppen Sie erreichen oder von welchen Orten die Nutzer stammen. Wenn Sie eine bestimmte Zielgruppe erreichen möchten, können Sie hier sehen, ob Ihre Fans dieser Zielsetzung entsprechen.

Auch hier erhalten Sie im unteren Bereich wieder wichtige Informationen. Die Statistik WO DEINE »GEFÄLLT MIR«-ANGABEN HERKOMMEN verrät, wo Ihre Nutzer Ihre Seite geliked haben. Das kann zum einen durch einen Like direkt auf Ihrer Fanpage passieren oder auf Ihrer Webseite, falls Sie eine Like-Box eingebunden haben. Bei vielen Seiten nimmt zudem die Zahl der »Gefällt mir«-Angaben über das Smartphone zu. Hier sehen Sie darüber hinaus, an welchen Tagen Sie besonders viele neue Fans hinzugewonnen oder alte Fans verloren haben. Diese Informationen geben Ihnen Feedback zu den veröffentlichten Inhalten.

Unter dem Menüpunkt REICHWEITE erhalten Sie ähnliche Statistiken wie bei den »Gefällt mir«-Angaben. Im Unterschied zu Ihren Fans sehen Sie hier, welche Personen Sie mit Ihren Inhalten tatsächlich erreichen. Im mittleren Bereich können Sie sich anschauen, mit welchen Inhalten Sie diese Personen erreicht haben. Im Bereich PERSONEN, DIE DARÜBER SPRECHEN erhalten Sie weitere Informationen über die Interaktionen der User.

Darüber hinaus haben Sie jedoch die Möglichkeit, in Form einer Excel-Tabelle weitere Statistiken zu Ihrer Seite abzurufen. Das sollten Sie auch regelmäßig tun, denn hier verbergen sich weitere relevante Statistiken.

Nirgends können Sie so genau messen, wie viele Personen Sie mit den eigenen Inhalten erreichen oder erreichen könnten (siehe Abbildung 11.30).

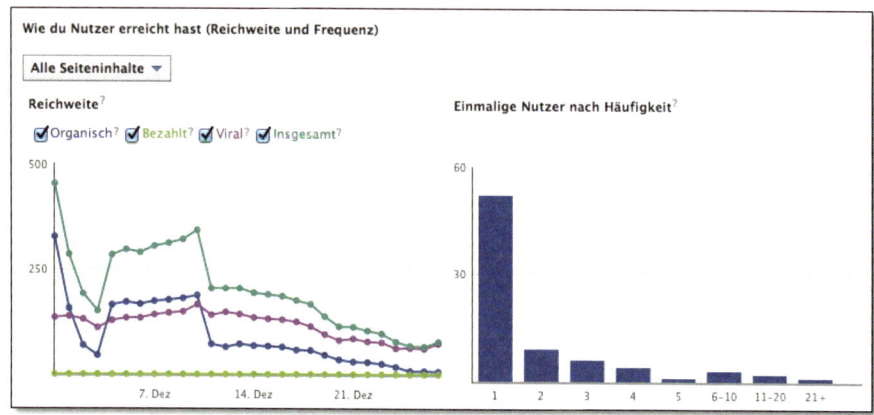

Abbildung 11.30 Auszug aus der Reichweite in den Statistiken

Die gesamte Reichweite gibt die tatsächliche Reichweite Ihrer Fanpage an. Darüber hinaus erhält sie für Ihre Fanpage auch die Zahl der Freunde von Fans, also die Zahl der Personen, die Sie mit den eigenen Beiträgen potenziell erreichen könnten. Die bezahlte Reichweite verrät Ihnen, wie viele Personen Sie durch Facebook-Werbung und Promoted Postings erreicht haben. Die virale Reichweite gibt wiederum den Wert an, wie viele Personen durch geteilte Inhalte, Likes und Kommentare von Fans erreicht worden sind.

Bei Facebook erreichen die meisten Inhalte die User im Newsstream. In den seltensten Fällen besuchen Ihre Fans Ihre Seite regelmäßig. Ob Sie Ihre Fans mit den Inhalten nerven, können Sie dem NEGATIVEN FEEDBACK entnehmen, einer Kennzahl, die Sie nur dem Excel-Export entnehmen können. Diese Zahl besagt, wie oft und wie viele User Ihre Inhalte als Spam markiert haben.

Abbildung 11.31 Export der Statistikdaten bei Facebook

Beim Export der Statistiken (siehe Abbildung 11.31) unterscheidet Facebook zwischen Statistiken zur Seite und zu den Posts. Da das Arbeiten mit der Excel-Tabelle für viele Personen umständlich ist und Sie durch Facebook nur Statistiken zur eigenen Webseite erhalten, haben sich zahlreiche Start-ups mit den Facebook-Statistiken intensiver beschäftigt und geeignete Tools erstellt.

Diese Tools eignen sich vor allem, um einen Benchmark zum Wettbewerb zu erstellen. Zu den deutschen Tools zählen hier *quintly* (ehemals *Allfacebookstats*), *Social-Bench* und *TwentyFeet*. Ein amerikanisches Tool, das solche Statistiken anbietet, ist *Socialbakers*.

Abbildung 11.32   Die Analysemöglichkeiten von quintly

Abbildung 11.32 zeigt das Auswahlmenü von *quintly*. Wie Sie sehen, haben Sie hier verschiedene Möglichkeiten, Ihre Fanpage auszuwerten. quintly ermöglicht eine kostenfreie Analyse von bis zu drei Seiten. Auf diese Weise können Sie auch die Seiten der Konkurrenz analysieren. Auch die anderen Anbieter bieten oftmals kostenlose Zugänge an.

Ein Vergleich mit anderen Facebook-Seiten ohne Anmeldung ist auf der Seite des Blogs *allfacebook.de* möglich. Hier können Sie sich unter dem Punkt PAGE TRACKING die Fanentwicklung, -veränderung und Interaktionsrate von drei Seiten anzeigen lassen.

Twitter

Im Gegensatz zu Facebook bietet Twitter keine Statistiken für die eigenen User an. Auf dem Markt existieren jedoch zahlreiche kostenfreie Tools, mit denen Sie verschiedene Kennzahlen ermitteln können. Ein sehr gutes Tool für die Analyse von Twitter ist *SocialBro* (siehe Abbildung 11.33).

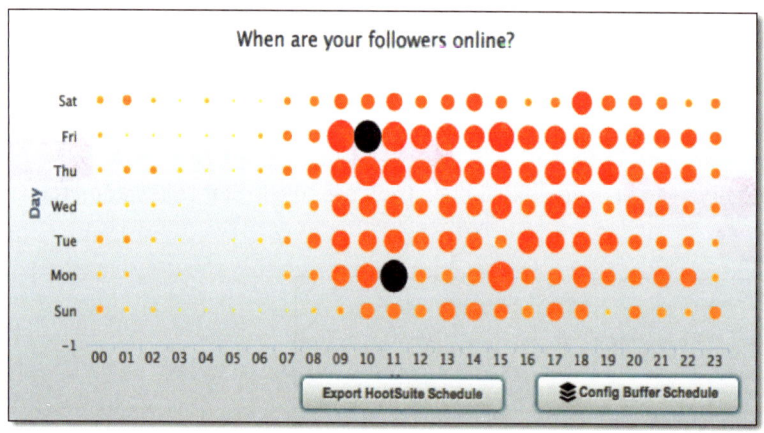

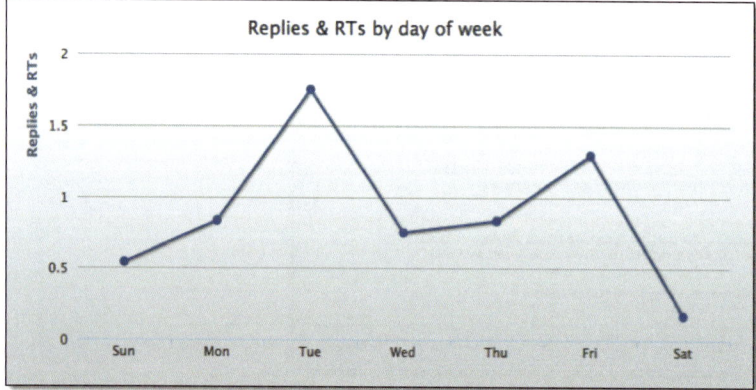

Abbildung 11.33   SocialBro zeigt Ihnen verschiedene Statistiken zu Ihrem Profil an.

Mit SocialBro erfahren Sie, wann Ihre Follower aktiv sind, welche Zeiten sich für Ihre Tweets am besten eignen und wie viele Retweets und Replies Sie erhalten haben. Außerdem ermöglicht Ihnen das Tool, Ihre eigenen Follower genau zu analysieren. Wie viele Follower haben z. B. die eigenen Follower? Sie können mit SocialBro auch analysieren, wie viele und welche User zu einem bestimmten Hashtag aktiv sind.

Prinzipiell haben Sie bei Twitter nicht so viele Analysemöglichkeiten wie bei Facebook. Sie sollten generell darauf achten, wie viele Replies und Retweets Sie erhalten. Die Zahl der Follower sollten Sie natürlich auch betrachten. Sie zeigt Ihnen die potenzielle Reichweite dieser Plattform an. Retweets können Sie dem TEILEN-Button bei Facebook gleichsetzen. Den höchsten Wert hat jedoch die REPLY-Funktion. Hier sind User bei Twitter daran interessiert, mit Ihnen in Dialog zu treten. Diese Chance sollten Sie dann auch wahrnehmen.

YouTube

Die Videoplattform YouTube bietet Ihnen wieder mehr Analysemöglichkeiten. Die Statistiken sind in die Bereiche BERICHTE ZU AUFRUFEN und BERICHTE ZUR INTERAKTION unterteilt. Im ersten Bereich erhalten Sie genauere Informationen, wie oft Ihre Videos angeschaut werden, wie sich Ihre Zuschauer demografisch zusammensetzen, wo sich die Zuschauer Ihre Videos angeschaut haben und ob die Videos vollständig geschaut worden sind.

Unter dem Punkt ZUGRIFFSQUELLEN sehen Sie, wer Ihr Video alles eingebunden hat. Es kann durchaus passieren, dass ein Blogger Ihr Video in einem Beitrag aufgreift. Die Zahl der Views verrät Ihnen etwas über die Reichweite Ihrer Videos. Ein viel wichtigerer Wert ist die Zuschauerbindung (siehe Abbildung 11.34), denn sie ist eine Art Absprungrate im zeitlichen Verlauf des Videos. Sie zeigt an, wie lange Ihre Zuschauer Ihr Video angeschaut haben und in welcher Minute sie quasi weggeschaltet haben. Somit haben Sie eine ideale Messgröße, um festzustellen, an welcher Stelle Ihre Zuschauer das Interesse verlieren.

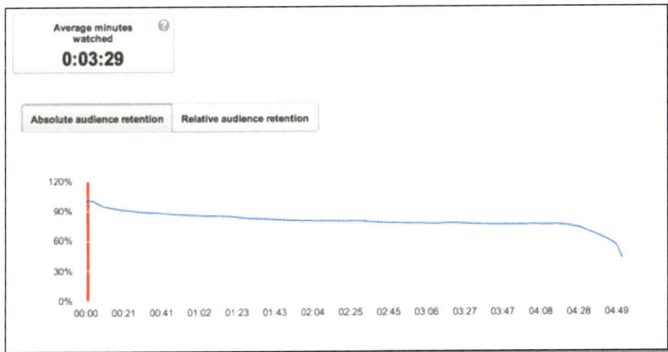

Abbildung 11.34   Zuschauerbindung bei YouTube (Quelle: http://bit.ly/Za0X4P)

Ein weiterer Indikator dafür, wie gut Ihre Videos ankommen, sind die Berichte zur Interaktion. Wie viele Abonnenten haben Sie auf Ihrem YouTube-Kanal? Dieser Wert kann den Followern bei Twitter oder den Fans bei Facebook gleichgesetzt werden. Anders als bei Facebook können bei YouTube Videos auch negativ bewertet werden, was viele User auch tun.

Das Corporate-Blog

Haben Sie eine eigene Webseite? Dann nutzen Sie doch sicher zumindest *Google Analytics*? Genau wie auf Ihrer Webseite sollten Sie natürlich auf Ihrem Corporate-Blog analysieren, wie viele Aufrufe das Blog gesamt hat und wie viele Aufrufe einzelne Artikel haben. Wie viele eindeutige Besucher lesen Beiträge auf Ihrem Blog, und wie viele Besucher kommen mehrfach auf Ihr Blog? Wie lange halten sich die verschiedenen Besucher auf Ihrem Blog auf?

Von wo kommen die Besucher, wie lange ist die Aufenthaltszeit auf dem Blog, und bei welcher Seite steigen sie aus? Sie können mithilfe von Google Analytics messen, wie viele Besucher über Facebook oder weitere Social-Media-Plattformen auf Ihre Webseite oder Ihr Blog kommen (siehe Abbildung 11.35).

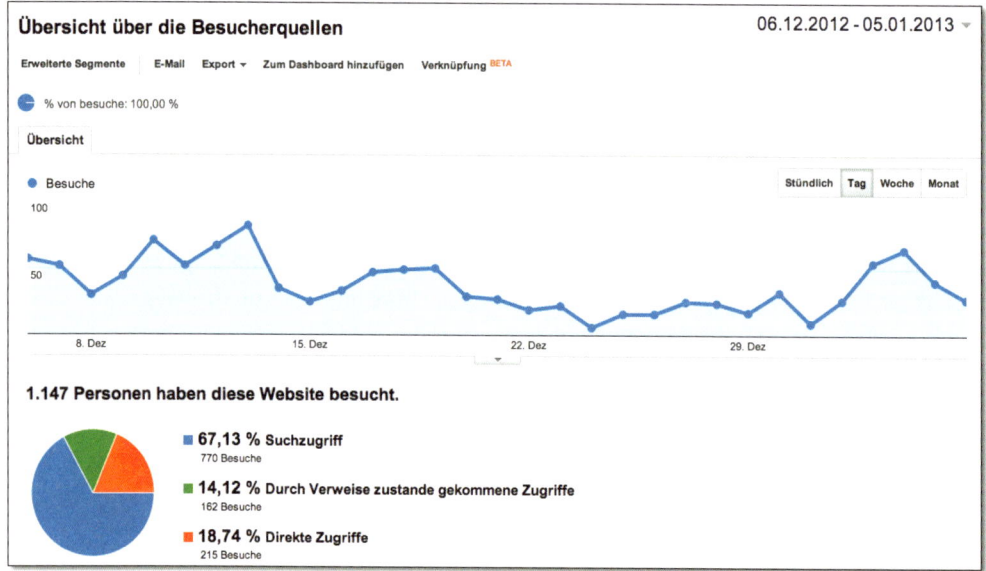

Abbildung 11.35   Analysieren Sie, wie viele Besucher von den Social-Media-Plattformen auf Ihre Webseite kommen.

11.6   Kann ich meine Ziele messen – und wenn ja, wie?

Es existieren zahlreiche Kennzahlen zur Evaluation von Social Media. Die einzelnen Social-Media-Plattformen stellen Ihnen jeweils unterschiedliche Kennzahlen zur Verfügung. Die Messgrößen, die Sie aus den klassischen Medien kennen, können Sie nicht einfach auf Social Media übertragen. Mit den Grenzen und Möglichkeiten von Kennzahlen für Social Media beschäftigen sich zahlreiche Unternehmen und Institutionen. Die Suche nach einem allumfassenden Kennzahlenset für alle Kanäle ist allerdings seit Jahren erfolglos. Wichtig ist, dass Sie Ihre Kennzahlen immer an Ihrer Zielsetzung ausrichten.

11.6.1   Brand Awareness: Bekanntheit bzw. Image steigern

In Kapitel 6, »Brand Awareness – steigern Sie Ihre Markenbekanntheit im Social Web«, haben wir uns mit der Markenwahrnehmung auseinandergesetzt. Lässt sich Ihre Markenbekanntheit oder das Image in Social Media messen, und wie können Sie es ermitteln?

Diese beiden Faktoren können Sie erfassen, wenn Sie den Umfang der Social-Media-Kommunikation und die Tonalität untersuchen. Wenn zum Start Ihrer Social-Media-Aktivitäten kaum Kommunikation zu Ihrer Marke vorhanden ist und das Kommunikationsvolumen mit der Zeit steigt, können Sie diesen Faktor auf jeden Fall einer steigenden Markenbekanntheit zuschreiben. Auch die Anzahl Ihrer Fans sollten Sie in die Betrachtung Ihrer Markenwahrnehmung mit aufnehmen. Wenn Sie Ihre Fans allerdings durch die Durchführung eines Gewinnspiels hinzugewonnen haben, ist diese Zahl nicht so viel wert. Wenn Ihre Markenbekanntheit ausschließlich auf einer hohen Zahl an negativen Beiträgen beruht, ist sie ebenfalls nicht sehr gut. Aus diesem Grund spielt die Tonalität ebenfalls eine wichtige Rolle. Wie viele positive, neutrale und negative Beiträge über Ihre Produkte oder Dienstleistungen existieren im Web innerhalb eines bestimmten Zeitraums?

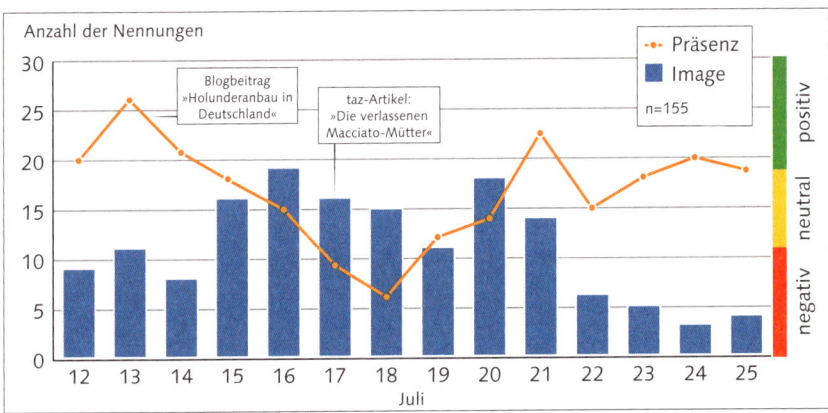

Abbildung 11.36 Kommunikationsvolumen und Image von Bionade
(Quelle: AUSSCHNITT Medienbeobachtung)

In Abschnitt 3.2.1 haben wir Ihnen im Rahmen der SWOT-Analyse zu Bionade ebenfalls aufgezeigt, dass Sie auch die Stärken und Schwächen Ihres Unternehmens durch die Analyse der Social-Media-Kommunikation ermitteln können (siehe Abbildung 11.36).

Was wird in der klassischen PR und dem klassischen Marketing gemessen? Wo finden Sie ähnliche Ansätze? Bei Anzeigenkampagnen oder TV-Werbung funktioniert die Messung meist nur über die Reichweite, und die ist nirgends besser messbar als in Social Media. Zumindest, was die eigenen Kanäle betrifft. Wie viele potenzielle Personen konnten Sie durch Ihr Engagement in Social Media erreichen? Welchen Einfluss haben Ihre Inhalte und Themen auf die Nutzer? Wie verwenden Ihre Fans und Follower den zur Verfügung gestellten Inhalt?

Neben dem Kommunikationsvolumen spielt die Interaktion Ihrer Community und die sich daraus ergebende virale Reichweite eine wichtige Rolle. Und diese Werte können Sie messen.

Setzen Sie die Reichweite in Kontext zur Interaktion. Wie viele der erreichten Personen konnten in einen Dialog oder eine Interaktion eingebunden werden? Wie oft wurden Ihre Beiträge bei Facebook geteilt, geliked und kommentiert? Welche Personen haben Ihre Videos in ihre eigenen Blogs eingebunden?

Reichweite auf den Social-Media-Plattformen

Facebook – Reichweite

Twitter – Follower

YouTube – Views

Blog – Besucher

Um zu wissen, ob die ermittelten Zahlen gut oder schlecht sind, brauchen Sie einen Vergleichswert. Betrachten Sie daher auch immer den Wettbewerb. Wie oft wird Ihr Markenname im Vergleich zum Wettbewerb in den Social-Media-Kanälen erwähnt?

11.6.2   Kundenzufriedenheit: Mit Social Media wird der Kunde zum König

Wenn Sie Kundenanfragen über Social Media beantworten oder sogar einen eigenen Supportkanal eingerichtet haben, sollten Sie den Erfolg dieser Maßnahme in jedem Fall messen.

Halten Sie fest, wie viele Kundenanfragen Sie auf Facebook, Twitter und in Foren beantwortet haben. Während das Messen der Anfragen auf den eigenen Kanälen noch verhältnismäßig einfach ist, müssen Sie die Fragen Ihrer Kunden auf den verschiedenen Social-Media-Plattformen erst einmal identifizieren.

Wie hoch ist der Anteil der Fragen, die Sie zur Zufriedenheit der Kunden beantworten konnten? Existieren Fragen, die Sie unbeantwortet lassen? Betrachten Sie die Anzahl der beantworteten Fragen im Kontext zu allen gestellten Fragen. Darüber hinaus sollten Sie festhalten, wie viel Zeit Sie zur Beantwortung der Fragen benötigt haben. Haben Ihre Kunden im Anschluss noch einmal auf Ihre Antwort reagiert und sich ggf. bedankt? Dies ist beispielsweise ein Indikator dafür, ob Ihr Kunde mit Ihrer Antwort zufrieden ist.

Langfristig sollten Sie den Kundenservice auch kanalübergreifend betrachten. Wie ist das Verhältnis der Anfragen über die verschiedenen Social-Media-Kanäle im Vergleich zu den Anfragen im Callcenter?

11.6.3 Employer Branding: Mitarbeiter finden durch Social Media

Wie wird Ihr Unternehmen in Social Media als Arbeitgeber thematisiert? Sprechen Ihre Mitarbeiter oder potenzielle Bewerber über Ihr Unternehmen? Wie ist beispielsweise die Wahrnehmung Ihrer Employer-Branding-Kampagne?

Wie Sie als Arbeitgeber dastehen, lässt sich durch eine Google-Suche einfach ermitteln. Sie können z. B. den Namen Ihres Unternehmens in Kombination mit dem Begriff »Arbeitgeber« oder »Praktikum« oder »will mich bewerben« bzw. »habe mich beworben« etc. eintragen. Im Anschluss sollten Sie auf der linken Seite die Treffer durch anhand der Quellen BLOGS oder DISKUSSIONEN sowie anhand des Zeitraums LETZTES JAHR auswählen).

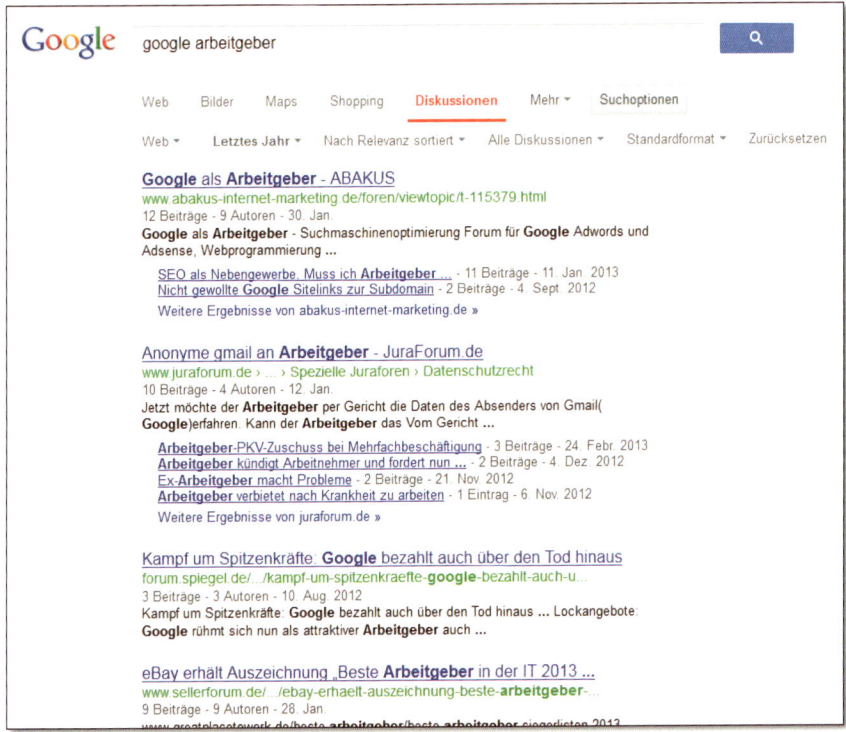

Abbildung 11.37 Suchergebnisse zum Unternehmen Google als Arbeitgeber

Mögliche Suchkombinationen sind z. B.:

▶ »Arbeitgeber ist XY«

▶ »fange bei XY an«

▶ »arbeite bei XY«

Haben Sie eine Employer-Branding-Fanpage? Dann können Sie hier anhand der Fanzahl ausmachen, wie viele Personen sich generell für Ihr Unternehmen als

Arbeitgeber interessieren. Zudem können Sie hier auch die potenziellen Kontakte (Freunde der Fans) messen, da Sie diese durch Ihre Postings auf Ihr Unternehmen als Arbeitgeber aufmerksam machen können. Wie oft und wie viele Fragen erhalten Sie von potenziellen Interessenten auf Ihren Social-Media-Kanälen (siehe Abbildung 11.38)?

Abbildung 11.38   Die Commerzbank beantwortet eine Frage eines Interessenten.

Wie viele Bewerbungen erhalten Sie durch Ihre Aktivität in Social Media, und wie viele Mitarbeiter konnten Sie auf diese Weise gewinnen? Setzen Sie diese Zahlen nach Möglichkeit ins Verhältnis zu den »normalen« Bewerbungen. Es ist natürlich schwierig, bei einer Bewerbung festzuhalten, wie der Kandidat auf Ihr Unternehmen aufmerksam geworden ist, aber spätestens im Vorstellungsgespräch können Sie diese Frage stellen.

Messen Sie auch, wie viele Personen über die Social-Media-Kanäle auf Ihre Karriereseiten gelangen. Wenn Sie eine bestimmte URL verwenden, können Sie genau betrachten, wann und wie viele Personen diesen Link angeklickt haben. Eine solche Analyse ermöglicht beispielsweise der Link-Shortener *bit.ly*.

In Abbildung 11.39 sehen Sie, dass Rewe in diesem Posting einen bit.ly-Link eingesetzt hat. Wie oft und über welchen Zeitraum dieser Link nun angeklickt worden ist, sehen Sie in der Grafik aus Abbildung 11.40.

Diese Analyse können Sie für jeden beliebigen bit.ly-Link durchführen. Sie müssen ausschließlich den Link mit einem + in das Adressfeld eintragen: »https://bit.ly/T8Lb98+«

Abbildung 11.39   Jobposting von Rewe mit bit.ly Link

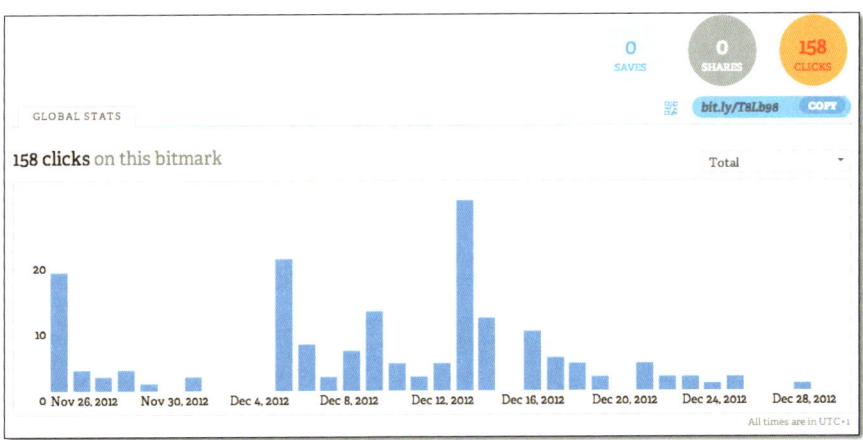

Abbildung 11.40   Auswertung der Linkaufrufe bei bit.ly zum Jobposting-Link

11.6.4   Innovation Management

Im Bereich *Innovation Management* können Sie durch Social Media Monitoring und die Analyse der Kommunikation feststellen, mit welchen Inhalten sich die Konsumenten in Zusammenhang mit Ihren Produkten auseinandersetzen. Gibt es vonseiten Ihrer Kunden ggf. Verbesserungsvorschläge für Ihr Unternehmen? Das Feedback der Nutzer zu Ihrem Unternehmen sollten Sie in jedem Fall festhalten. Wie viele von den Ideen der Konsumenten haben Sie umgesetzt?

Wenn Sie eine Crowdsourcing-Kampagne durchführen oder die Community in die Entscheidungsfindung mit einbeziehen, sollten Sie diese Zahlen auch messen. Wie viele Personen haben sich an diesen Aktionen beteiligt?

Die wichtigsten Faktoren im Bereich Innovation Management sind somit die Anzahl der erhaltenen Ideen sowie die Anzahl der beteiligten User.

11.6.5   Sales

Im Bereich *Sales* können Sie auch, wie im Bereich *Employer Branding*, mit einem bestimmten Link arbeiten und anschließend festhalten, wie viele Personen einen Link auf Ihren Social-Media-Kanälen aufgerufen haben, um in Ihren Shop zu gelangen.

Wie viele Ihrer Kunden haben an einer bestimmten Aktion teilgenommen, bei der sie ein Produkt vergünstigt erwerben konnten?

Identifizieren Sie auf den verschiedenen Social-Media-Kanälen die Befürworter Ihres Unternehmens, die aktiv Kaufempfehlungen zu Ihren Produkten geben oder den Kauf Ihrer Produkte kommunizieren. Recherchieren Sie nach »Ich habe« in Kombination mit Ihren Produkten und dem Begriff »gekauft«. Oder analysieren Sie die Kommunikation nach »Ich empfehle«, »Kauf doch« oder »Ich würde dir raten« in Kombination mit Ihrem Unternehmen (siehe Abbildung 11.41).sagt mir

Abbildung 11.41   Empfehlungskommunikation aus dem Forum »paradisi.de«

11.7   Was müssen Sie bei der Erstellung eines Reportings beachten?

Die Ergebnispräsentation ist bei der Social-Media-Analyse sehr wichtig. Wenn Sie ein Monitoring Tool verwenden, dann haben Sie dort meist die Möglichkeit, automatisierte Reports zu erstellen. Darüber hinaus bieten vor allem Social-Media-Monitoring-Dienstleister an, Ihnen die relevanten Ergebnisse in Form einer Power-Point Präsentation aufzubereiten.

Wenn Sie die Ergebnisse Ihrer Social-Media-Aktivitäten selbst im Rahmen von Reports für Ihre Kollegen aufbereiten möchten, müssen Sie verschiedene Punkte beachten.

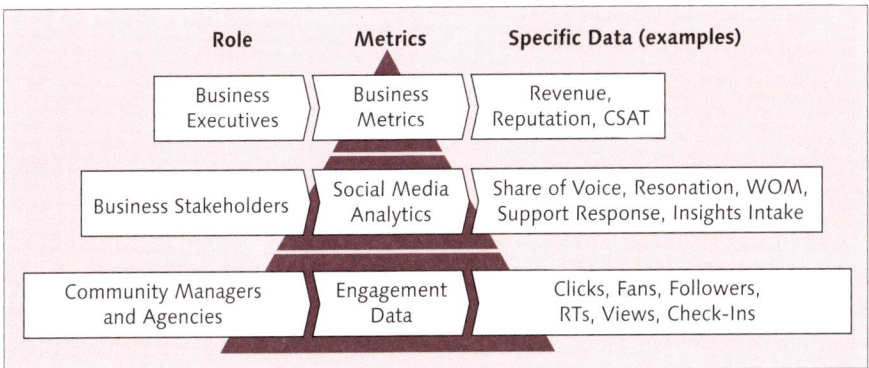

Abbildung 11.42   Die Social-Media-ROI-Pyramide von Jeremiah Owyang

Für die verschiedenen Ansprechpartner im Unternehmen müssen Sie jeweils andere Inhalte aufbereiten. Je weiter oben im Unternehmen das Reporting vorgelegt wird, umso kürzer muss der Bericht ausfallen. *Jeremiah Owyang* von der *Altimeter Group* hat aus diesem Grund die ROI-Pyramide entwickelt. Sie hält fest, welche Kennzahlen Sie welchen Personen im Unternehmen zur Verfügung stellen müssen.

Während sich nach der ROI-Pyramide ausschließlich die Community Manager mit Clicks, Fans, Retweets und Views befassen sollten, möchten die Abteilungsleiter nur noch über die Reichweite Ihrer Maßnahmen informiert oder über die Anzahl der Supportanfragen benachrichtigt werden. Ihren Geschäftsführer sollten Sie demnach nur darüber informieren, ob und in welchem Maße sich Ihre Markenwahrnehmung verbessert hat, wie viele Stellen Sie durch Ihr Engagement in Social Media besetzen und ob Sie mit der Beantwortung der Supportanfragen das Callcenter entlasten konnten.

Diese Pyramide gilt natürlich vor allem für sehr große Unternehmen. Sprechen Sie mit Ihren Kollegen darüber, welche Kennzahlen für sie interessant sind und welchen Output sie in einem Report erwarten.

Bei den Reports sollten Sie unterscheiden zwischen Reports zu Ihren eigenen Social-Media-Aktivitäten oder der Durchführung von Kampagnen und Social-Media-Analysen.

Die Performance Ihrer Social-Media-Kanäle sollten Sie wöchentlich oder zumindest monatlich auswerten. Nur so wissen Sie, wie Ihre Community Ihre eigenen Inhalte annimmt.

Welche Inhalte sollten in einen Report zur Performance Ihrer Kanäle?

▸ Anzahl und Entwicklung der Fanzahlen bzw. Reichweite, Follower, Blog-Leser etc.
▸ Anzahl und Entwicklung des Engagements (Likes, Replies, Kommentare)
▸ Performance der eigenen Inhalte (Top/Flop-Posts)
▸ Vergleich zur Vorperiode
▸ Vergleich zum Wettbewerb
▸ qualitative Einschätzung der Werte

Neben Kennzahlen wie *Anzahl der Fans* oder *Beteiligung der User* sollten Sie natürlich Ihre individuellen Kennzahlen in das Reporting integrieren, die zu Ihren festgelegten Zielsetzungen passen. Denken Sie dran, neben einer Auflistung der quantitativen Zahlen (Entwicklung Fans, Interaktion etc.) immer eine qualitative Einschätzung zu geben: Warum ist die Zahl der Interaktionen gestiegen oder gefallen? Gab es besondere Ereignisse im betrachteten Zeitraum? Wie hat sich der Wettbewerb im Vergleich zu Ihnen entwickelt? Welche Anfragen der User haben Sie auf Ihren Kanälen erreicht?

Eine ausführliche Social-Media-Analyse ist einmal im Quartal oder jedes Halbjahr ausreichend. Das heißt natürlich nicht, dass Sie das Social Web abgesehen von der Erstellung des Reports nicht betrachten sollten. Um eine Entwicklung im Bereich Markenwahrnehmung oder Kundenservice festzustellen, braucht es Zeit.

Welche Inhalte sollten Bestandteil einer Social-Media-Analyse sein?

▸ Kommunikationsverlauf
▸ Kommunikationsvolumen
▸ Tonalität
▸ Quellenverteilung der Gespräche
▸ Betrachtung im Vergleich zum Wettbewerb
▸ Betrachtung im Vergleich zur Vorperiode
▸ Welche Themen wurden diskutiert?
▸ Welche Personen waren an den Gesprächen beteiligt?

Dieses Reporting können Sie generell allen Ihren Mitarbeitern im Unternehmen zur Verfügung stellen. Stellen Sie den Report ins Intranet. Auf diese Weise erfahren auch Ihre Kollegen, wie das eigene Unternehmen im Social Web wahrgenommen wird.

Beim Kampagnen-Reporting müssen Sie die Erkenntnisse auf den eigenen Kanälen natürlich mit den Ergebnissen der Social-Media-Kommunikation kombinieren. Wie wird diese Maßnahme auf Ihrem eigenen Kanal wahrgenommen? Falls Sie eine Kampagne auf Facebook durchführen, analysieren Sie, ob auch auf anderen Kanälen über die Aktion gesprochen wird.

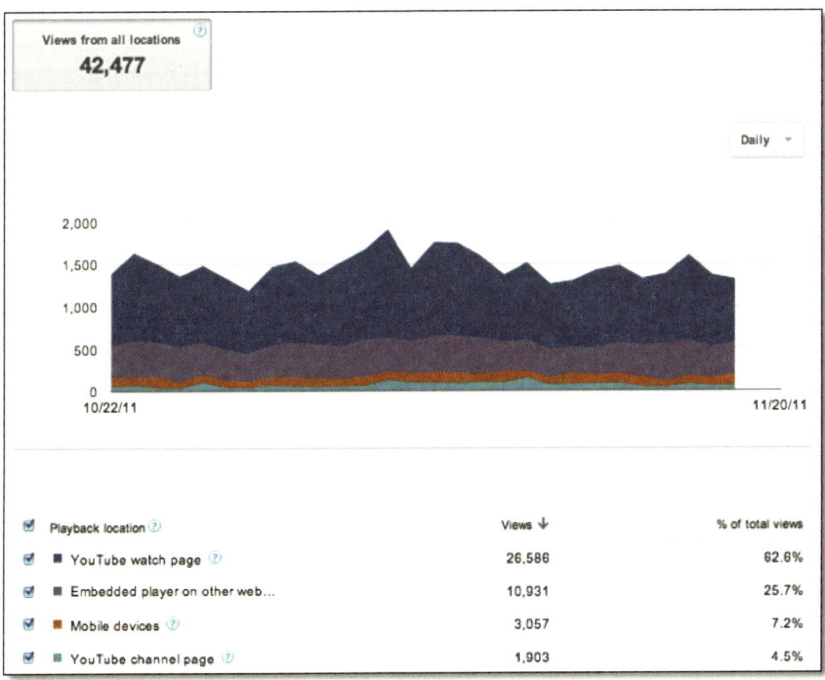

Abbildung 11.43 Woher stammen die Zugriffszahlen von Ihrem Video? (Quelle: http://bit.ly/ 10AUeSy)

Was für Feedback erhalten Sie von den Usern? Verbessert sich durch diese Maßnahmen Ihre Markenwahrnehmung? Erreichen Sie das definierte Ziel der Kampagne? Dieses Reporting sollte natürlich direkt im Anschluss an die Kampagne erstellt werden. Wenn die Kampagne eine längere Zeit in Anspruch nimmt, sollten Sie auch über ein Zwischen-Reporting nachdenken. Die Wahrnehmung und das Feedback zur Kampagne sollten Sie in jedem Fall auch während der Kampagne beobachten. Sie sollten die Kommunikation zu der Kampagne auch noch nachträglich beobachten. Dadurch können Sie feststellen ob noch über einen längeren Zeitraum hinweg die Kampagne bei den Nutzern thematisiert wird.

Wenn Sie die Möglichkeit haben, sollten Sie in den Reports darauf achten, die Social-Media-Daten mit den Werten anderer Maßnahmen zu kombinieren. Ist die Social-Media-Kampagne ein Teil einer großen Aktion, ist die Kombination der verschiedenen Erfolgszahlen hingehen ein Muss.

Die Social-Media-Monitoring-Anbieter ermöglichen oftmals neben dem normalen Export die Bereitstellung einer Schnittstelle zu internen Systemen. Eine Integration von anderen Daten, beispielsweise der Daten aus dem Callcenter oder von Presseclippings, in das Monitoring-System zu integrieren ist wünschenswert Das schafft natürlich noch ganz andere Möglichkeiten zur Auswertung der Daten.

11.8 Mit welchen Tools können Sie die Social-Media-Kommunikation analysieren?

Das Angebot an Tools und Dienstleistern zur Analyse der Social Media-Kommunikation ist sehr breit gefächert, und tagtäglich kommen neue Anbieter hinzu. Ihnen steht ein großes Angebot an kosten- freien Tools und Möglichkeiten gegenüber. Für die meisten Social-Media-Plattformen existieren eigene Suchmaschinen, die sich auf einen speziellen Kanal konzentrieren. Wir möchten Ihnen in diesem Kapitel verschiedene kostenfreie Tools an die Hand geben und Ihnen einzelne kostenpflichtige Tools und Dienstleister exemplarisch vorstellen.

Für welches Tool oder welchen Anbieter Sie sich schließlich entscheiden, hängt von verschiedenen Faktoren ab:

▸ Was möchten Sie messen?

▸ Welche Plattformen sind für Sie besonders relevant?

▸ Welche Kennzahlen gilt es zu messen?

11.8.1 Kostenlose Tools

Mithilfe von kostenlosen Social Media Monitoring Tools können Sie meist schnell und ohne finanzielle Investitionen die Social-Media-Kommunikation zu Ihrem Unternehmen analysieren. Der große Nachteil ist, dass Sie bei vielen Tools keine Gesamttrefferliste erhalten. Sie müssen alle relevanten Quellen nach den Keyword-Kombinationen absuchen und die Ergebnisse manuell in übersichtliche Reports fassen. Es existieren natürlich auch Monitoring Tools, die mehrere Quellentypen erfassen oder Ihnen beispielsweise eine Aggregation von verschiedenen Inhalten ermöglichen.

Diese Tools kosten zwar nichts, aber Suche, Verarbeitung, Aufbereitung, Analyse und Archivierung der Daten erfordert sehr viel Zeit – und das führt wiederum zu Persoanlkosten. Solche Lösungen sind nur dann sinnvoll, wenn die Trefferzahl sehr beschränkt ist oder sich ein Unternehmen lediglich vergewissern möchte, ob ein Thema überhaupt diskutiert wird.

Darüber hinaus sind diese Dienste meist englischsprachig und beziehen standardmäßig die Ergebnisse aus dem englischsprachigen Raum. Einige Tools bieten jedoch in der erweiterten Suche eine Einschränkung auf deutschsprachige Ergebnisse an.

Wer sollte kostenfreie Tools nutzen?

Jedes Unternehmen sollte sich mithilfe kostenfreier Tools einen ersten Überblick über die Social-Media-Kommunikation verschaffen, bevor es an einen kostenpflichtigen Anbieter herantritt.

Langfristig sollten kostenlose Tools von Unternehmen eingesetzt werden, zu denen nur sehr wenige Beiträge veröffentlicht werden und für die sich somit der Einsatz eines kostenpflichtigen Tools nicht rentiert, oder von Unternehmen, die sich ein kostenpflichtiges Tool nicht leisten können.

Zu Beginn möchten wir Ihnen die Tools für eine bestimmte Social-Media-Plattform vorstellen.

Tools für die Analyse von Blogs

Für die Blog-Suche gibt es zahlreiche kostenfreie Angebote. Eines der besten Tools für Analyse von Blogs ist immer noch die Google–Blog-Suche *Google blogs*.

Im Screenshot sehen Sie die Suche nach dem Unternehmen *Manomama* in Blogs. Die erweiterten Suchmöglichkeiten bieten neben einer Phrasensuche und der Einschränkung von Sprache und Zeitraum ebenfalls die Suche im Blog- bzw. Postingtitel an. Bei Manomama werden nur Artikel gezeigt, bei denen das Keyword im Titel erscheint. Angezeigt werden alle Artikel des letzten Jahres in chronologischer Reihenfolge. Die erweiterten Suchmöglichkeiten (siehe Abbildung 11.45) finden Sie auf der rechten Seite hinter dem Rädchen.

Die Ergebnisse können Sie schließlich via RSS-Feed abonnieren.

Das schwedische Suchtool *Twingly* bietet ähnliche Sucheinschränkungen wie Google. Das Besondere an Twingly ist, dass diese Blog-Suchmaschine den Anspruch hat, spamfreie Blog-Suchergebnisse zu liefern. Die indizierten Blogs werden auf Tauglichkeit bzw. Spam überprüft. Twingly kooperiert mit verschiedenen Social Media Monitoring Tools und fungiert dort als Datenlieferant.

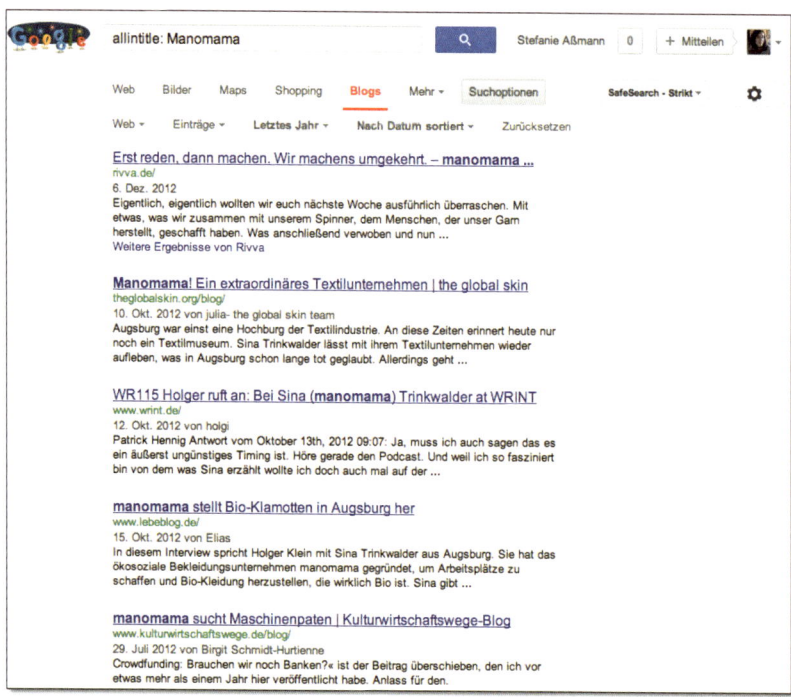

Abbildung 11.44   Suche nach Blog-Beiträgen mit dem Keyword »manomama« im Titel

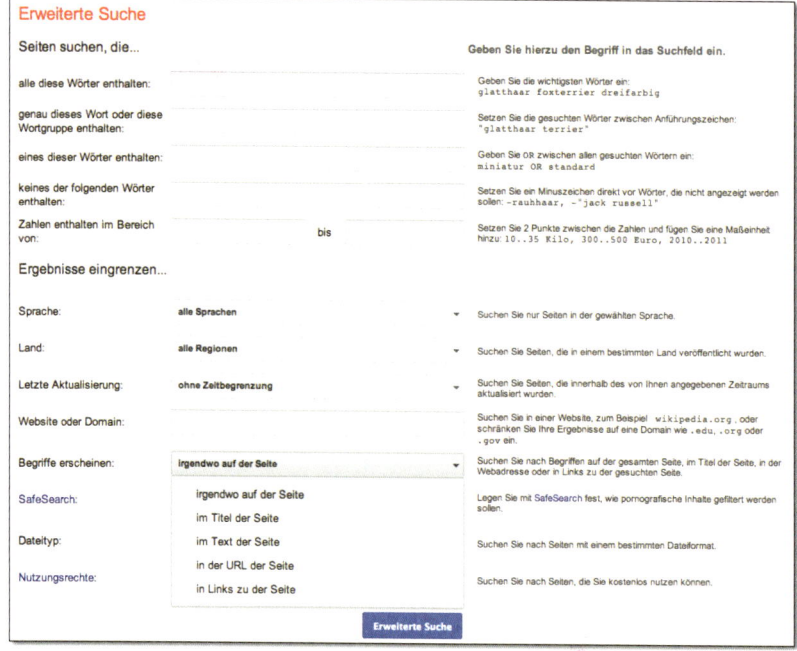

Abbildung 11.45   Erweiterte Suchmöglichkeiten bei Google

Abbildung 11.46   Die Blog-Suche von Twingly

Tools für die Analyse von Twitter

Das wohl bekannteste Twitter-Suchtool ist die *Twitter Search*, das eigene Tool des Anbieters. Die erweiterte Suche ermöglicht es Ihnen, die Ergebnisse nach zahlreichen Kriterien einzuschränken (siehe Abbildung 11.47). Dazu zählen neben einer UND- sowie ODER-Verknüpfung der Suchbegriffe eine Phrasensuche und die Möglichkeit, bestimmte Keywords auszuschließen. Darüber hinaus bietet die Twitter-Suche eine Recherche nach Personen (Tweets von einer Person, an eine Person und die Nennung einer Person) und Orten (Angabe eines Ortes und Umkreis in Kilometern).

Die Twitter-Suche ermöglicht es Ihnen, auf aktuelle Daten von Twitter zugreifen. Bei der Suche werden jedoch nur die letzten sechs bis neun Tage bzw. maximal 1.500 Tweets angezeigt. Diese Suche ist auf die Relevanz der Beiträge und nicht auf die Vollständigkeit optimiert.

Das sehen Sie auch bei der Darstellung der Ergebnisse (siehe Abbildung 11.48). Die sind auf die Anzeige der TOP TWEETS voreingestellt. Sie können hier natürlich auf die Anzeige ALL wechseln. Einen längeren Zeitraum in die Vergangenheit können Sie mithilfe von Topsy betrachten (siehe Abbildung 11.49).

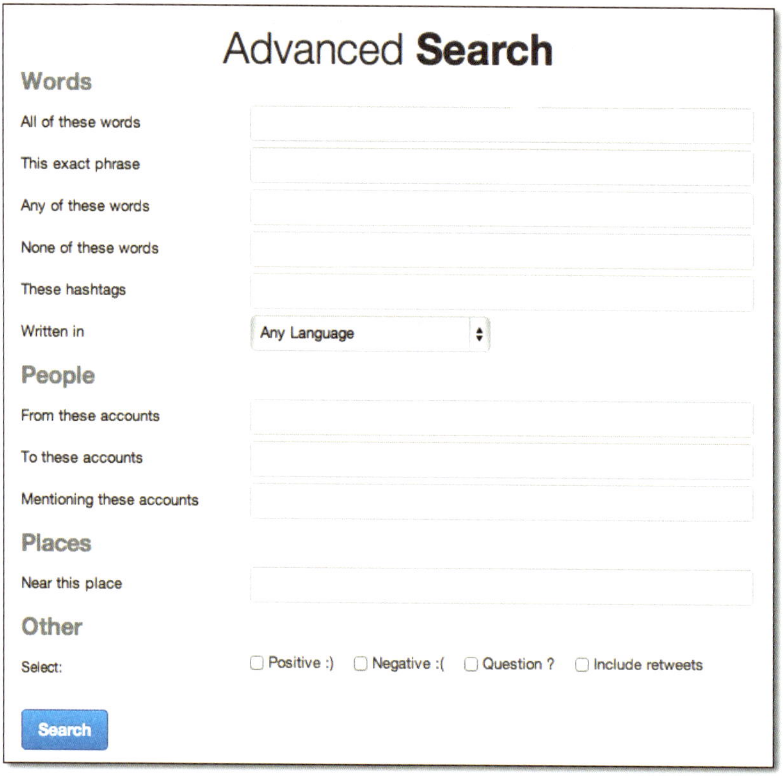

Advanced **Search**

Words

All of these words

This exact phrase

Any of these words

None of these words

These hashtags

Written in | Any Language ⇕

People

From these accounts

To these accounts

Mentioning these accounts

Places

Near this place

Other

Select: ☐ Positive :)   ☐ Negative :(☐ Question ?   ☐ Include retweets

[Search]

Abbildung 11.47 Erweiterte Sucheinschränkungen bei der Twitter-Suche

Results for **manomama**   ✿▾

Tweets Top / All / People you follow

Abbildung 11.48 Twitter zeigt standardmäßig nur die Top Tweets an.

Aber auch hier erhalten Sie keine vollständigen Daten. Sowohl Twitter als auch Topsy bieten ihre Daten Social-Media-Monitoring-Anbietern bzw. Endkunden kostenpflichtig an. Aus diesem Grund sind beide Firmen natürlich nicht daran interessiert, wenn Unternehmen ihre Angebote ausschließlich kostenfrei in Anspruch nehmen.

Wenn Sie die 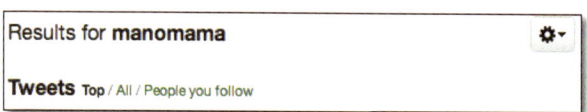 Daten zu einem bestimmten Hashtag auswerten möchten, empfiehlt sich das Tool *Tweet Archivist* (siehe Abbildung 11.50).

Hier können Sie sich anschauen, wie viele Personen sich aktuell mit einem Thema befassen und welche Hashtags neben Ihrem gesuchten Begriff noch erwähnt werden.

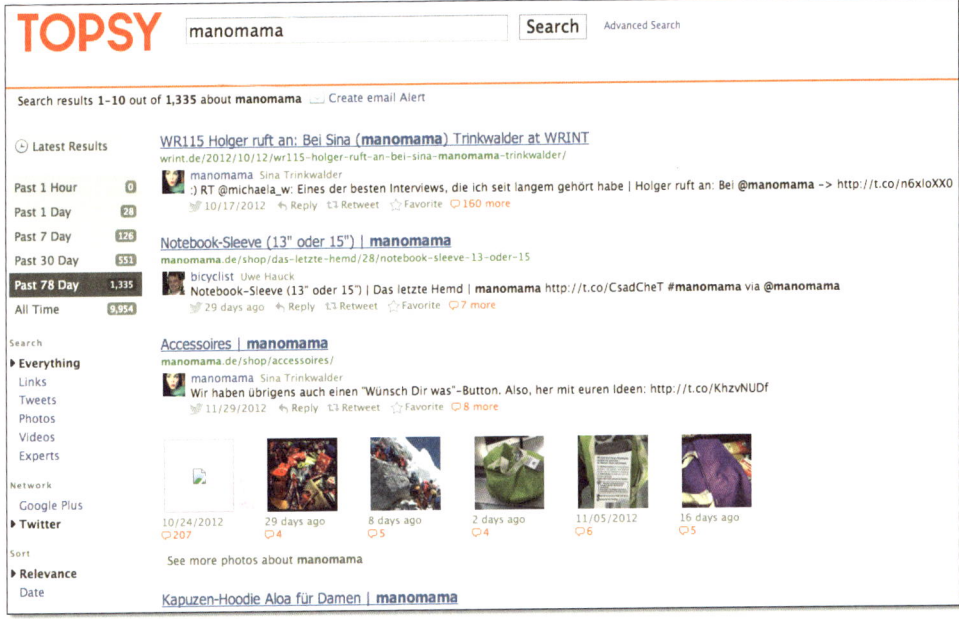

Abbildung 11.49   Topsy bietet eine Analyse von rückwirkenden Twitter-Daten an.

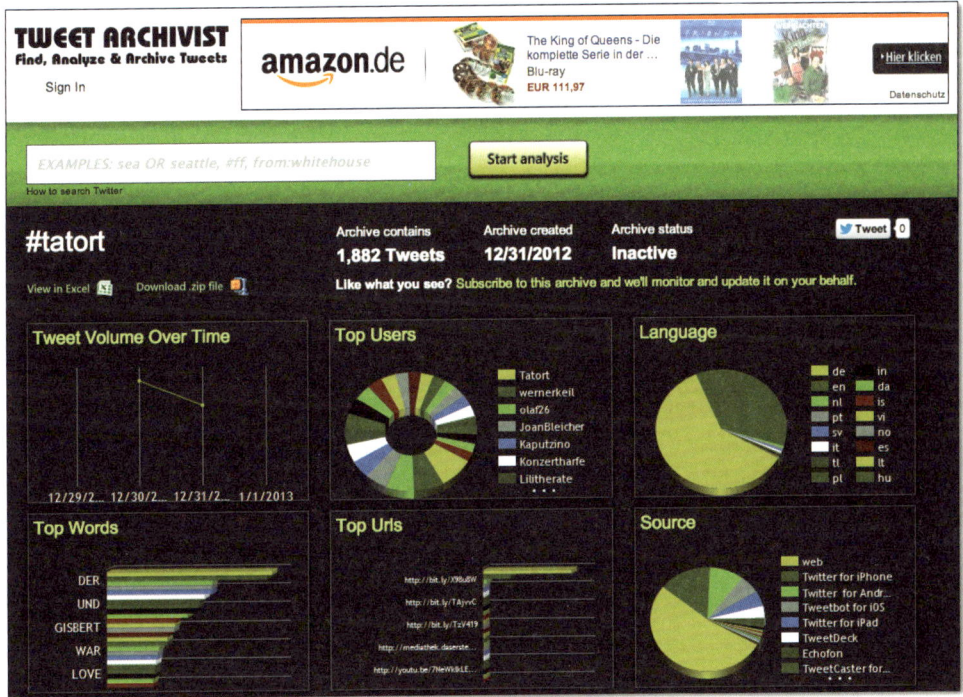

Abbildung 11.50   Tweet Archivist ermöglicht die Analyse der Tweets zu einem bestimmten Hashtag.

Tools für die Analyse von Facebook und Google+

Blog-Artikel und Tweets sind prinzipiell frei zugänglich, es sei denn, ein Nutzer stellt seinen Einstellungen so ein, dass nur seine Follower die Nachrichten lesen können. Bei Blogs und Tweets ist es daher offensichtlich, dass diese mithilfe von Software durchsucht und angezeigt werden können. Anders verhält es sich jedoch mit den Daten von geschlossenen Netzwerken wie Facebook. Bei einem geschlossenen Netzwerk hat der User, wenn er nicht angemeldet ist, fast keinen Zugriff auf Daten aus dem Netzwerk.

Im April 2010 hat Facebook eine Schnittstelle zu den Statusmeldungen der Nutzer veröffentlicht, und innerhalb kürzester Zeit gab es zahlreiche Tools, mit denen man diese Treffer recherchieren konnte. Die Tools existieren immer noch, die Inhalte, die dargestellt werden, haben sich jedoch geändert. Inzwischen werden nur noch sehr wenige Statusmeldungen von Usern und hauptsächlich Inhalte von Fanpages dargestellt. Ein Tool, das diese Suche ermöglicht, ist z. B. *Kurrently* (siehe Abbildung 11.51).

Abbildung 11.51   Anzeige von Facebook-Postings bei Kurrently

Dieses Tool bietet darüber hinaus auch die Analyse von Beiträgen in Twitter und Google+. Ein weiteres Tool, mit dem Sie die Inhalte auf Facebook recherchieren können, ist *quirk.li* (siehe Abbildung 11.52).

Bei *quirk.li* haben Sie die Möglichkeit, die Beiträge auf deutsche Treffer einzuschränken. Das funktioniert nur nicht immer einwandfrei. Die einzige Möglichkeit, die Sie nun haben, um die Statusmeldungen von Usern in Facebook zu recherchieren, ist im angemeldeten Status bei Facebook selbst.

Recherchieren Sie dazu im Eingabefeld bei Facebook, und wählen Sie anschließend auf der linken Seite den Suchfilter ÖFFENTLICHE BEITRÄGE aus. Unter BEITRÄGE IN GRUPPEN finden Sie alle Inhalte, die in öffentlichen Gruppen veröffentlicht worden sind. Diese finden Sie ebenfalls nur direkt über die Facebook-Suche (siehe Abbildung 11.53).

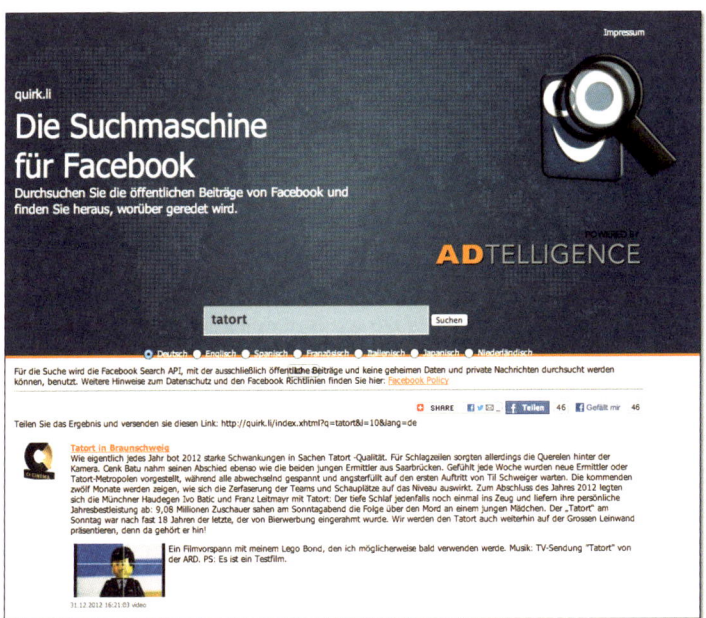

Abbildung 11.52   quirk.li ist eine Facebook–Suchmaschine.

Abbildung 11.53   Facebook-Suche nach öffentlichen Beiträgen zu »Tatort«

Tools für die Analyse von Forenbeiträgen

Im Technik-, Gaming- oder Automobilbereich sind und bleiben Foren eine wichtige Anlaufstelle für Interessierte und Experten. Foren beinhalten sehr viele Meinungen, Kritiken, Probleme und Wünsche der User und sollten daher seitens der Unternehmen beobachtet werden. In Foren findet der Austausch über Produkte meist ausführlicher statt als beispielsweise auf Twitter oder Facebook.

Für das Monitoring von Foren eignet sich die Suchmaschine *Boardreader* (siehe Abbildung 11.54). Die Suche bietet eine UND-Verknüpfung, eine Phrasensuche und das Ausschließen von Suchbegriffen. Zusätzlich kann die gewünschte Sprache und der Zeitraum (gestern, letzte Woche, letzter Monat, letzte 3 Monate, gesamt) ausgewählt werden. Darüber hinaus kann eine bestimmte Quelle durchsucht werden, und die Ergebnisse können nach Datum, Relevanz oder beidem sortiert werden.

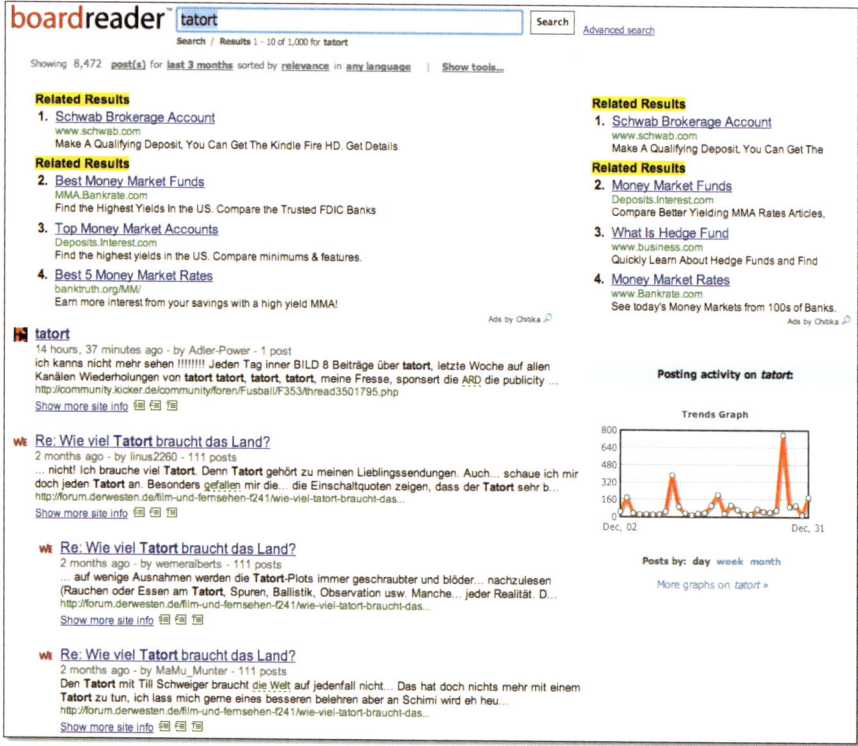

Abbildung 11.54   Suchergebnisse bei Boardreader zum Begriff »Tatort«

Eine weitere Möglichkeit, nach Beiträgen in Foren zu suchen, bietet Google. Ähnlich wie bei der Einschränkung auf Blogs können Sie nun die Treffermenge auf DISKUSSIONEN einschränken.

Neben Tools für eine bestimmte Social-Media-Plattform gibt es Suchmaschinen, die das gesamte Social Web durchsuchen.

Ein kostenpflichtiger Anbieter, der auch die Möglichkeit eines kostenfreien Monitorings bietet, ist *Netbreeze* (siehe Abbildung 11.55). Sie haben durch die sogenannten Community Reports die Möglichkeit, die Beiträge zu Ihrem gewünschten Suchbegriff kostenfrei zu erfassen. Sie können außerdem bis zu drei Suchbegriffe eintragen und die Beiträge durch erweiterte Optionen einschränken.

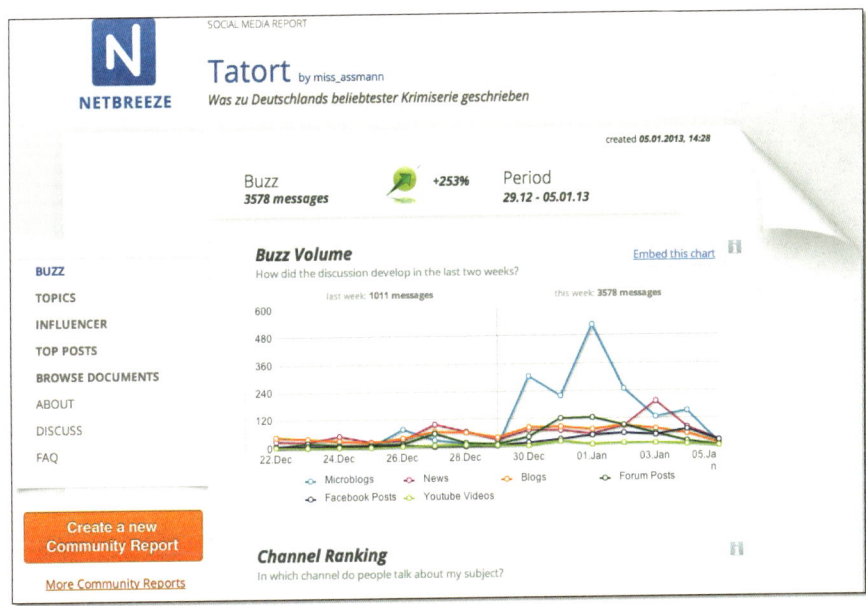

Abbildung 11.55   Community Report bei Netbreeze zum Begriff »Tatort«

Die einzige Einschränkung ist, dass die Ergebnisse für alle sichtbar sind. Ihr Wettbewerb kann somit sehen, welche Suchbegriffe Sie beobachten.

Ein weiteres kostenloses Tool, das vor allem Unternehmen mit einem eindeutigen Namen einsetzen können und sollten, ist *Mention.net* (siehe Abbildung 11.56).

In dieses Tool sind auch Bilder von Flickr und vor allem Instagram integriert, was viele kostenpflichtige Tools nicht bieten. Mention.net integriert ebenfalls Statusmeldungen von Usern bei Facebook. Die Inhalte werden nach eigenen Angaben in Bezug auf Spam gefiltert. Während es für Twitter oder Instagram auch sehr gut funktioniert, hat dieses Tool bei der Inhaltsextraktion von Blogs noch so seine Schwächen. Auch die Einteilung der Quellen in Blogs, Newsseiten und Foren funktioniert nicht einwandfrei.

Wenn die Anzahl Ihrer Treffer im Social Web jedoch begrenzt ist und Sie sich aus diesem Grund jeden einzelnen Beitrag anschauen können, ist dieses Tool definitiv die richtige Wahl. Über neue Beiträge werden Sie mithilfe von Alerts informiert. Darüber hinaus können Sie auch Ihre eigenen Social-Media-Kanäle beobachten und steuern.

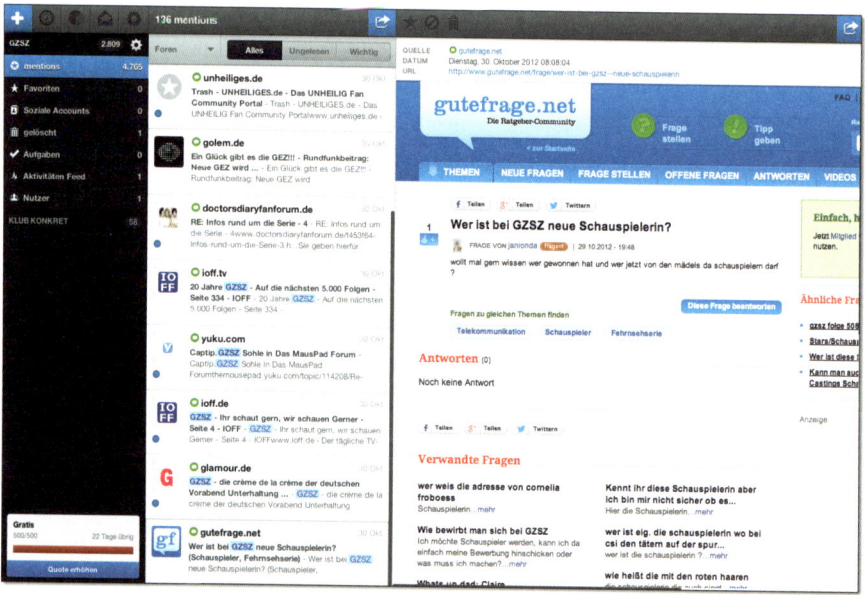

Abbildung 11.56   Forenbeiträge bei Mention.net zu GZSZ

Ein weiterer Vorteil dieses Tools ist die Möglichkeit, außer über die Webapp und eine Desktop-Version auch mobil mit dem iPhone auf die Beiträge zugreifen zu können. Die kostenfreie Version bietet 500 Beiträge pro Monat an. Sollten Sie also über 500 Beiträge im Monat kommen, müssen Sie in jedem Fall zahlen.

Wenn Sie selbst auswählen möchten, welche Quellen beobachtet werden sollten, können Sie mit *Netvibes* arbeiten (siehe Abbildung 11.57). Netvibes bietet ein kostenloses personalisierbares Dashboard. Auf der Webseite, die individuell gestaltbar ist, können Inhalte Dritter, wie RSS-Feeds oder auch Podcasts, in Form von Widgets ausgewählt und eingefügt werden. Bei einem Widget handelt es sich um ein Anwendungselement, mit dem Inhalte, insbesondere Feeds und Daten, bereitgestellt werden können. Die Widgets können hinzugefügt, gelöscht, in ihrer Größe angepasst oder neu platziert werden. Im Tool können Sie zwischen einer Ansicht der Widgets und einer Reader-Sichtweise wählen.

Um Netvibes nutzen zu können, sind Sie nicht verpflichtet, sich zu registrieren. Falls Sie allerdings von mehreren Computern auf Ihr Dashboard zugreifen möchten, ist eine Anmeldung erforderlich.

Im ersten Schritt müssen Sie einen Suchbegriff auswählen. Zu Beginn werden verschiedene Widgets standardmäßig angezeigt. Die können Sie nun behalten oder über die Einstellungen wieder löschen. Über den Bereich INHALTE HINZUFÜGEN können Sie neue Widgets integrieren. Unter dem Bereich WICHTIGSTE WIDGETS finden Sie die Suche in Facebook und Twitter sowie eine Suche nach Blogs, Bildern und Videos. Sehr vorteilhaft an Netvibes ist, dass diese Plattform die Forensuche von Boardreader integriert hat. Die Forensuche finden Sie auch unter den wichtigsten Widgets.

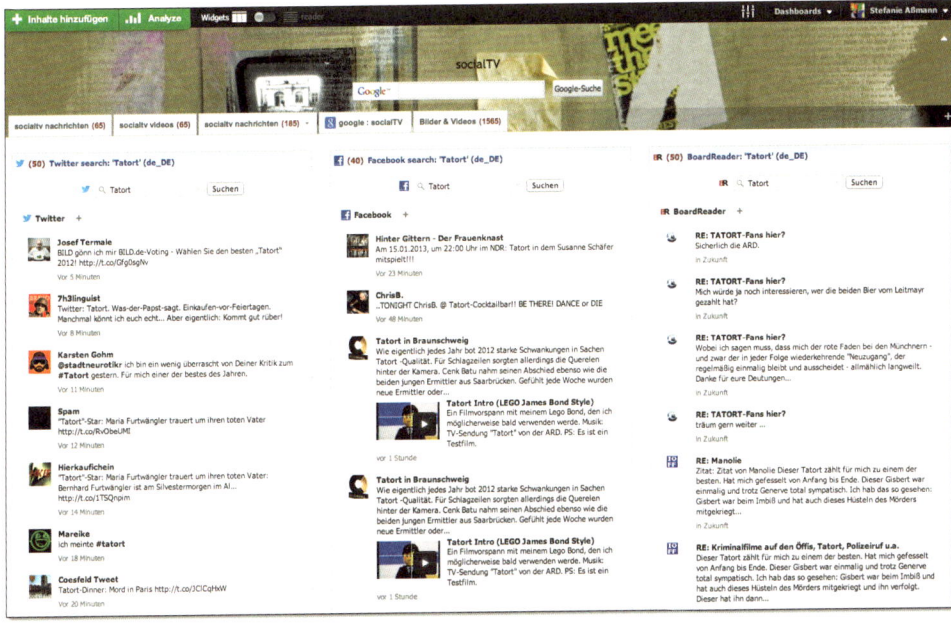

Abbildung 11.57   Dashboard von Netvibes zum Tatort

Die Anzahl ungelesener Schlagzeilen wird im Tab und links oben im jeweiligen Modul angezeigt. Während die älteren Treffer grau markiert sind, sind neue Ergebnisse darüber hinaus schwarz hervorgehoben. Durch das Anklicken der Schlagzeilen erscheint die Meldung in der Vollanzeige. Bevor Sie Änderungen vornehmen, sollten Sie hier sicherheitshalber ein Benutzerkonto eröffnen. Jetzt liegt es an Ihnen, sich das Dashboard so zusammenzustellen, dass alle für Sie relevanten Inhalte angezeigt werden.

11.8.2   Kostenpflichtige Tools

Kostenpflichtige Social Media Monitoring-Anbieter lassen sich ebenfalls in verschiedene Bereiche unterteilen. Es gibt reine Technologie-Anbieter, die ihren Kunden ein Tool zur Verfügung stellen. Die sogenannten Full-Service-Dienstleister stellen dem Kunden neben dem Dashboard-Zugang auch ausführliche Reports zur Verfügung. Darüber hinaus existieren Anbieter, die sich auf eine bestimmte Branche fokussiert haben.

Technologie-Anbieter

Technologie-Anbieter verstehen sich oftmals ausschließlich als Lieferanten von Monitoring-Technologien. Das heißt, sie stellen eine Analyse-Plattform in Form eines Dashboards zur Verfügung. Der Kunde übernimmt üblicherweise selbst die Quellenauswahl und die Definition der Keywords und Suchbegriffe. Die erhobenen Daten können über verschiedene Filterfunktionen im Dashboard (Torten- und Balkendiagramme, Zeitverläufe und Tag Clouds) analysiert und ausgewertet werden (siehe Abbildung 11.58).

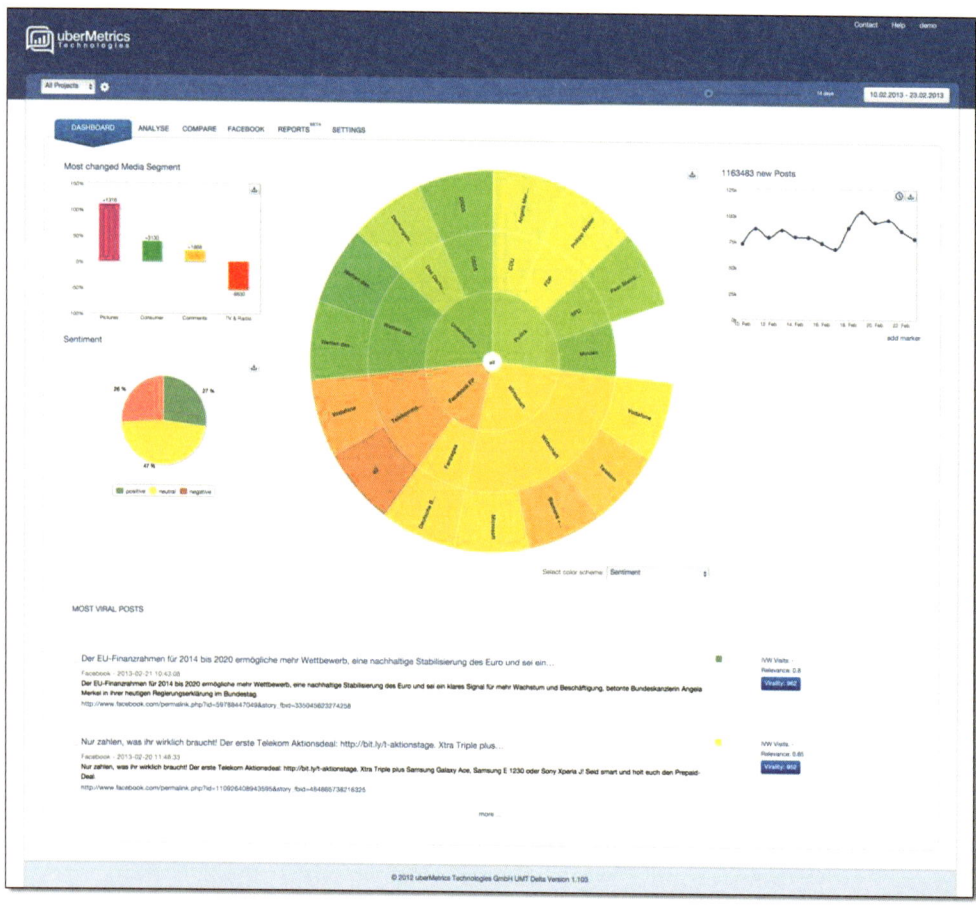

Abbildung 11.58 Darstellung des Kommunikationsverlaufs bei uberMetrics

In den meisten Fällen bieten die Tools auch eine automatisierte Auswertung der Ergebnisse in Form von Reports an. Die Datenanalyse und -interpretation ist aber meist Aufgabe des Nutzers. Um die wichtigen Beiträge aus der oftmals hohen Anzahl der Beiträge herauszufiltern, bieten viele Tools einen Relevanzwert an. Er zeigt die Beiträge an, die besonders wichtig sind oder eine hohe Reichweite haben. Erfragen Sie hier bei den verschiedenen Anbietern genau, wie dieser Wert zusammengesetzt wird.

Da die Tonalität bei der Analyse der Social-Media-Kommunikation sehr wichtig ist, bieten die Anbieter eine automatisierte Sentimentanalyse an. Hier entscheiden Textmining-Programme oder Regelwerke, ob die Beiträge positiv, negativ oder neutral sind. Da Unternehmen und Branchen jedoch sehr unterschiedlich sind, kann eine Tonalität, die nicht auf die einzelnen Firmen zugeschnitten ist, keine zufriedenstellenden Ergebnisse liefern. Mehr Informationen über die Tonalität finden Sie in Abschnitt 11.10.2.

Natürlich bieten auch einige Anbieter Beratung bei der Erstellung der Queries und der Interpretation der Daten an. Bei diesen Unternehmen ist die Beratung allerdings keine Selbstverständlichkeit, und eine weitergehende Betreuung findet im Allgemeinen nicht statt. Sie müssen in diesem Fall mit einer Einarbeitungszeit in das Tool rechnen, und auch der Aufbau der notwendigen Kompetenzen ist vergleichsweise sehr aufwendig .

Wer sollte Technologie-Anbieter nutzen?

Für den Einsatz eines Monitoring Tools eines Technologie-Anbieters gibt es mehrere Ansätze. Soll ein langfristiges Monitoring aufgebaut werden und sind Kompetenzen und vor allem Kapazität im eigenen Unternehmen vorhanden, dann lohnt es sich für Sie, sich mit den verschiedenen Tools auseinandersetzen. Sie erhalten von vielen Anbietern eine Einführung in die Software, und viele Anbieter lassen Sie bei der Modellierung auch nicht ganz allein. Viele Tools bieten aber auch die Möglichkeit, das Tool für eins bis drei Monate zu nutzen. Wenn Sie z. B. langfristig auf kostenfreie Tools setzen möchten und nur zeitweise ein professionelles Tool benötigen, ist ein Technologie-Anbieter auch oftmals die richtige Wahl.

Falls Sie mit einem Technologie-Anbieter zusammenarbeiten möchten, sollten Sie sich vorab über Inhalte und Anforderungen an das Monitoring Gedanken machen. Welche finanziellen und personellen Ressourcen stehen Ihnen zur Verfügung? Ist die Einbindungen der Daten in andere Systeme erforderlich (Stichwort: CRM)? Wie viele Personen sollen mit dem Tool arbeiten? Möchten Sie nur das eigene Unternehmen im Social Web betrachten, oder möchten Sie auch den Wettbewerb analysieren? Viele Technologie-Anbieter haben Preispakete, bei denen die Anzahl der Suchphrasen ausschlaggebend ist.

Denken Sie beim Einsatz von Technologie-Anbietern daran, dass neben den finanziellen Kosten für die bloße Nutzung des Tools auch noch die Zeit für die Modellierung der Keywords anfällt. Die Verarbeitung der Ergebnisse und die Aufbereitung der Daten in Form von Reports muss hier ebenfalls von Ihnen durchgeführt werden.

> **Technologie-Anbieter in Deutschand:**
>
> blueReport – *http://www.bluereport.net/de/*
>
> Brandwatch – *http:// http://brandwatch.de/*
>
> BuzzRank – *http:// http://buzzrank.de/*
>
> Cogia – *http://www.cogia.de/de*
>
> Netbreeze – *http://www.netbreeze.ch/*
>
> Talkwalker – *http:// http://www.talkwalker.com/de*
>
> uberMetrics Technologies – *http:// http://www.ubermetrics-technologies.com/*

Full-Service-Dienstleister

Wenn Sie den Prozess des Monitorings und der Analyse auslagern möchten, können Sie die Konzeption und Durchführung in die Hände eines Dienstleisters legen. Diese Unternehmen arbeiten entweder mit einer eigenen Software oder nutzen das Tool eines Technologie-Anbieters. Der große Vorteil im Gegensatz zu den Technologie-Anbietern und den kostenlosen Tools ist hier, dass die Quellenauswahl und die Modellierung der verschiedenen Suchbegriffe vom Anbieter übernommen werden können. Die Inhalte des Monitorings werden natürlich vorab mit dem Kunden abgesprochen.

> **Wer sollte Full-Service-Dienstleister nutzen?**
>
> Wenn Sie planen, im Social Web aktiv zu werden, und Sie auch mit der Analyse von kostenfreien Tools keinen Einblick über Ihr Unternehmen erhalten, können Sie an die verschiedenen Dienstleister herantreten und sich nach den Kosten einer Social-Media-Analyse erkundigen. Vor allem dann, wenn in Ihrem Unternehmen kein Personal mit der Analyse von Social-Media-Daten und der Modellierung von Keywords vertraut isz, sollten Sie mit diesen Anbietern sprechen. Diese Firmen können Sie in diesem Bereich zumindest sehr gut beraten, wenn sie eine langfristige Erfahrung nachweisen können.
>
> Viele Unternehmen setzen erst einmal auf die Kompetenz der Dienstleister, um mit deren Hilfe Schritt für Schritt die eigenen Kompetenzen im Unternehmen aufzubauen. Die Qualität der Ergebnisse und die daraus erstellten Handlungsempfehlungen sind die wichtigsten Gründe, sich für einen Dienstleister zu entscheiden.

Prinzipiell ist das Monitoring- und Analyseangebot in der Regel stark individualisierbar. In welchem Umfang die Kunden das Angebot nutzen, ist unterschiedlich. Die inhaltliche Analyse erfolgt durch Lektoren, die den Beitrag neben einem bestimmten Thema einer Tonalität zuordnen. Kritische Beiträge werden vonseiten der Analysten eingeschätzt, und der Kunde erhält nur einen Alert, wenn es wirklich brennt. Die Ergebnisse werden hier in unterschiedlichen Formaten aufbereitet. Zum einen können die Daten dem Kunden ebenfalls in einem Dashboardsystem aufbereitet zur Verfügung gestellt werden. Zusätzlich erstellen Full-Service-Anbieter bei Bedarf in einem vereinbarten Rhythmus ausführliche PowerPoint-Reports.

Auf Basis der Analyseergebnisse leitet der Dienstleister abschließend Handlungsempfehlungen und Strategien ab.

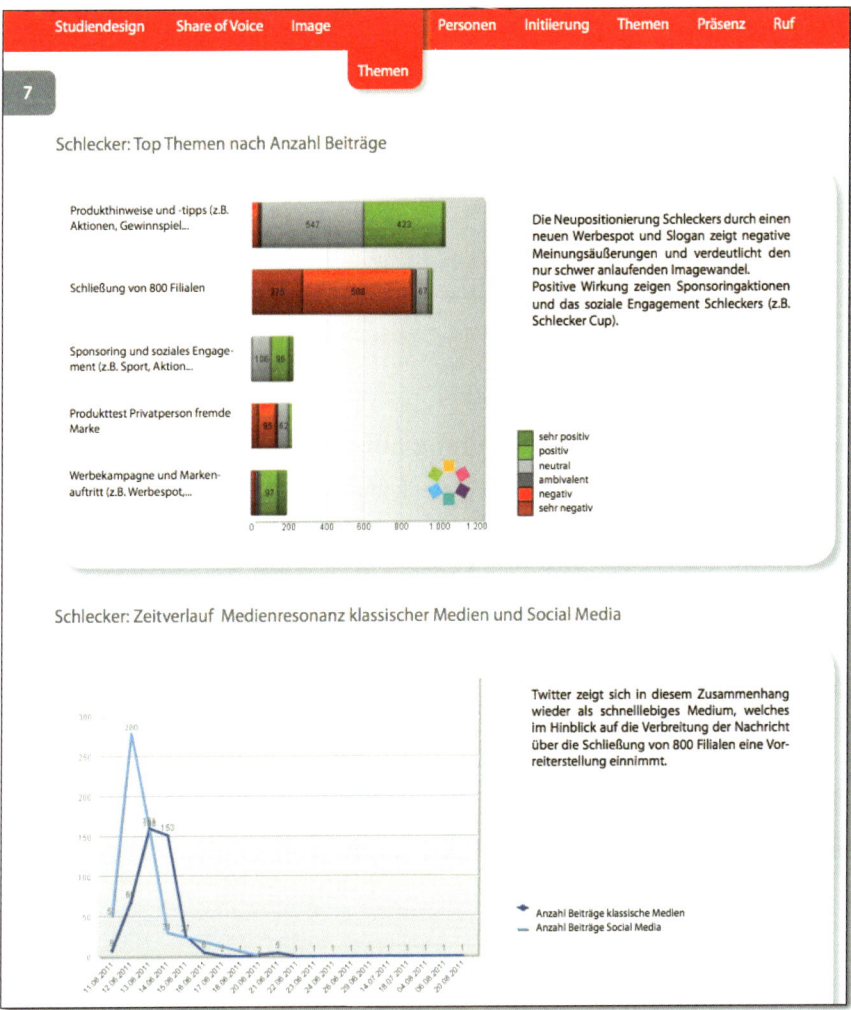

Abbildung 11.59   Analysereport von Landau Media zu Schlecker

Medienbeobachter informieren Unternehmen mittels Presseclipping bereits seit
Jahren über die Stimmung in Print, Online und TV. Durch die Integration der Social-Media-Kommunikation zählen diese Unternehmen ebenfalls zu den Full-Ser-
vice-Anbietern. Diese Anbieter ermöglichen es beispielsweise, die Inhalte auf den
verschiedenen Kanälen direkt zu vergleichen.

Eine so ausführliche Analyse und Aufbereitung der Daten ist natürlich mit erheblichen Kosten verbunden. Sie sollten auch hier Ihre Anforderungen formulieren und
verschiedene Gespräche mit den unterschiedlichen Anbietern führen.

Full-Service-Dienstleister

Altares Mediamonitoring GmbH – *http://www.mediamonitoring.de/*

AUSSCHNITT Medienbeobachtung – *http:// http://www.ausschnitt.de/*

bc.lab – *http://www.bclab.de/*

Business Intelligence Group – *http://www.big-social-media.de/*

complexium GmbH – *http://www.complexium.de/*

ethority – *http://www.ethority.de/*

infospeed – *http://www.infospeed.de/*

Landau Media AG – *http://www.landau-media.de/*

na media sonar – *http://www.newsaktuell.de/monitoring/*

VICO Research & Consulting – *http://www.vico-research.com/*

11.8.3   Anbieter mit Spezialisierung auf eine bestimmte Branche

Während die meisten Monitoring-Anbieter keinen klaren Fokus auf eine bestimmte Branche gelegt haben, konzentrieren sich einige Anbieter auf eine bestimmte Branche. So haben sich beispielsweise *TrustYou* und *Toocan* (siehe Abbildung 11.60) auf die Reisebranche spezialisiert. Gerade in der Tourismusbranche existieren zahlreiche Bewertungsplattformen.

Abbildung 11.60   Toocan analysiert relevante Bewertungsportale für Hotels.

11.8.4   Tools zur Erfolgsmessung Ihrer Social-Media-Aktivitäten

Um die Frage zu beantworten, wie sich die eigene Fanpage oder der Twitter-Account und die Kommunikation auf diesen Plattformen entwickelt haben, gibt es *Social Media Analytics Tools*. Viele Tools legen den Fokus auf Facebook, bieten hier aber die Möglichkeit, beispielsweise die Fanpage mit relevanten Wettbewerbern zu betrachten. Achten Sie bei der Gegenüberstellung mit der Konkurrenz darauf, dass Sie eine gleichwertige Seite heranziehen, bei der ein Vergleich auch Sinn macht (siehe Abbildung 11.61).

socialBench					
Computers/technology (1838 de_DE seit 18.05.2011)					☑ Listen ♠ Zur Facebook-Seite
Fans	Sprechen darüber	Beiträge am Tag	Fan Beiträge	Antwortrate	Punkte
4.463	**189**	**0,31**	**5**	**40,0%**	**9/10**
28 Tage Wachstum	Sprechen darüber / Fans	Aktivität	Interaktionen	Antwortzeit	Installierte Tabs
5,04%	**4,23%**	**0,39%**	**154**	**1:47**	**-**
Statistik Länder Beiträge socialPoints Influencer Tabs Insights Reports Wall Manager Einstellungen					

Abbildung 11.61   socialBench ermöglicht Ihnen einen Vergleich mit dem Wettbewerb auf Facebook.

Das Unternehmen *Simply Measured* bietet Unternehmen zahlreiche, kostenfreie Reports an. Die kostenlose Nutzung ist hier mit einem Tweet bei Twitter oder einem Share bei Facebook verbunden. Diese Reports für die verschiedenen Plattformen sollten Sie sich auf jeden Fall einmal genauer anschauen (siehe Abbildung 11.62). Überlegen Sie, ob und wie Sie diese Reports für Ihr Unternehmen einsetzen können.

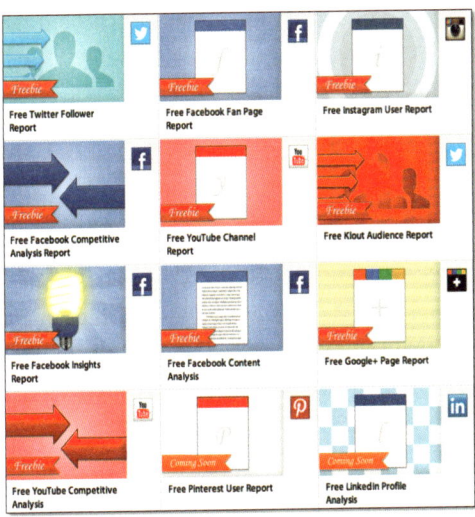

Abbildung 11.62   Die verschiedenen Möglichkeiten, Reports zu erstellen

> **Tools zur Erfolgsmessung**
>
> BuzzRank – *http://buzzrank.de/*
>
> Quint.ly – *http://www.quintly.com/*
>
> Simply Measured – *http://simplymeasured.com/*
>
> SocialBench – *http://www.socialbench.de/*
>
> Socialbakers – *http://www.socialbakers.com/*
>
> TwentyFeet – *https://www.twentyfeet.com/*

11.9 Mit welchen Kosten müssen Sie rechnen?

Es gibt verschiedene Kostentreiber bei der Analyse der Social-Media-Kommunikation. Betrachten wir zuerst die Kosten einer einmaligen Social-Media-Analyse durch einen Dienstleister. Wie Sie in Kapitel 3, »Analyse – die richtigen Fragen stellen«, gelernt haben, gibt es verschiedene Analysetypen, die durchgeführt werden können. Je nach Art und Umfang einer solchen Analyse liegen die Kosten bei einem vier- bis fünfstelligen Betrag.

Wie steht es um die Kosten für ein kontinuierliches Monitoring bei einem Technologie-Anbieter oder einem Dienstleister? Bei einem Technologie-Anbieter müssen Sie einen festen monatlichen Betrag bezahlen. Die Kosten hängen hier meist entweder von der Anzahl der Suchabfragen oder der gefundenen Treffer ab. Preislich erhalten Sie ein Monitoring im Normalfall ab 400 bis 500 Euro pro Monat.

Es gibt natürlich auch Anbieter, die unter dieser Grenze liegen. Denken Sie nur daran, dass Sie bei Fragen sicher gerne einen Kundensupport in Anspruch nehmen möchten. Diese Kosten müssen Sie indirekt mitbezahlen. Bei einem Anbieter, bei dem die monatlichen Gebühren sehr gering sind, werden Sie eher selten eine ausführliche Beratung erhalten oder manuelle Anpassungen beim Tool durchführen können.

Unterstützung bei der Modellierung der Keywords oder historische Daten lassen sich die meisten Anbieter zusätzlich bezahlen. Diese Kosten fallen somit ebenfalls an. Bei einem Dienstleister müssen Sie mit diesen Kosten im Rahmen der Implementierung eines Tools rechnen. Wenn der Anbieter die Modellierung der Inhalte und die Auswahl und Integration der relevanten Quellen für Sie übernimmt, werden Sie für diese Kosten aufkommen müssen. Einige Full-Service-Anbieter ermöglichen die Einrichtung eines automatisierte kundenspezifischen *Sentiments* oder die Entwicklung spezieller Features – auch hier entstehen weitere Kosten. Gerade um herauszufinden, ob das Tool alle erforderlichen Funktionen beinhaltet, ist es daher sehr wichtig, verschiedene Anbieter zu testen.

Die monatlichen Basiskosten liegen bei einem Dienstleister in einem ähnlichen Rahmen wie bei den Technologie-Anbietern. Zu den Preisbestandteilen zählen das Set-up (Initialkosten) plus zusätzliche variable Bestandteile. Kostentreiber sind hier vor allem:

▶ das Set-up (Einführungsworkshop, Erstellen von Zusatzfeatures, Modellierung der Keywords oder Spezifikation des Sentiments etc.)

▶ Anzahl der zu beobachtenden Produkte bzw. Anzahl der Treffer

▶ Anzahl der zu beobachtenden Ländern und Sprachen

▶ Verfügbarkeit von historischen Daten

▶ Analyse und Berichtsumfang

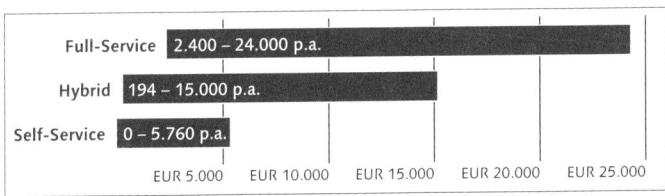

Abbildung 11.63 Kostenspektrum der Anbieter (Quelle: http://somemo.at)

Die Grafik in Abbildung 11.63 zeigt die Angaben verschiedener Anbieter zu den Jahreskosten eines Social Media Monitoring Tools oder für die Inanspruchnahme eines Monitoring-Dienstleisters. Gehen Sie hier davon aus, dass alle Anbieter Mindestpreise angegeben haben.

Für Analysen sollten Sie mit Kosten im vierstelligen Bereich rechnen. Wenn sich Unternehmen für die Einführung eines Monitorings entscheiden, an dem verschiedene Abteilungen zusammenarbeiten , liegen die Kosten oftmals im unteren fünfstelligen Bereich. Großkonzerne liegen bei der Einrichtung eines fachübergreifenden Monitorings leicht bei 100.000 Euro. Sie sehen, Social Media Monitoring ist keineswegs kostengünstig.

11.10 Alles, was Sie zur Auswahl der richtigen Tools benötigen

Wir hatten Ihnen bereits aufgezeigt, dass es sehr viele Tool-Anbieter gibt. Um die Auswahl einzugrenzen, ist es wichtig, dass Sie möglichst konkrete Anforderungen auf Basis Ihrer Ziele definiert haben. Das grenzt die Auswahl ein und verschafft Ihnen eine gute Ausgangsposition für die Auswahl des passenden Anbieters. Es hilft Ihnen auch, wenn Sie sich anschauen, welche Kernkompetenzen der Anbieter hat bzw. aus welchem Bereich er kommt. Daraus lässt sich ableiten, welche Ausprägung das Monitoring Tool hat.

11.10.1   Welche finanziellen und personellen Mittel stehen Ihnen zur Verfügung?

Grundsätzlich kann das Social Media Monitoring durch interne Ressourcen abgedeckt werden. Dies bringt neben den finanziellen Kosten jedoch einen nicht unerheblichen personellen Aufwand mit sich. Eine Auslagerung der Beobachtung und Analyse an einen externen Dienstleister ist für viele Unternehmen durchaus eine attraktive Alternative. Oftmals wird der Aufwand für Social Media Monitoring auch unterschätzt.

Wenn Sie sich entschieden haben, das Monitoring intern zu betreiben und dafür auch Personal eingeplant ist, sollten Sie sich im ersten Schritt überlegen, wo das Monitoring verortet sein soll.

Die möglichen Kosten haben wir Ihnen bereits im vorherigen Abschnitt vorgestellt. Gerade in diesem Zusammenhang macht es Sinn, wenn Sie sich mit den verschiedenen Abteilungen im Unternehmen zusammenschließen, um abteilungsübergreifend ein Tool einzuführen.

Welche personellen Kapazitäten werden nun benötigt? Kalkulieren Sie viel Zeit für die Formulierung der Anforderungen und die anschließende Auswahl der Anbieter ein. Führen Sie vorab in jedem Fall eine kleine manuelle Analyse durch, um festzustellen, was und wo die Community über Ihr Unternehmen diskutiert. Sprechen Sie mit den anderen Abteilungen. Was für Anforderungen haben Ihre Kollegen an ein Monitoring Tool? Bei der Auswahl des passenden Anbieters sollten Sie zumindest eine Testphase mit einem speziellen Keyword durchführen. Suchen Sie sich hierfür einen Begriff aus, der nicht zu komplex ist.

Wenn Sie einen passenden Anbieter gefunden haben, gilt es das Tool mit Inhalten zu befüllen (siehe Abbildung 11.64).

Die Einarbeitung in das Tool nimmt ebenfalls einige Zeit in Anspruch. Ist die Einführung in das Unternehmen erfolgt, fängt die eigentliche Arbeit erst an. Lesen und kodieren Sie Beiträge, und erstellen Sie Reports. All das erfordert einiges an Zeit.

11.10.2   Welche Anforderungen können Sie an einen Monitoring-Dienstleister formulieren?

Es gibt eine Vielzahl an Tools für das Social Media Monitoring. Nachdem Sie im Unternehmen die Ziele und Anforderungen für das Social-Media-Monitoring-System definiert haben, sollten Sie den Markt analysieren und prüfen, welche Anbieter Ihre Anforderungen erfüllen.

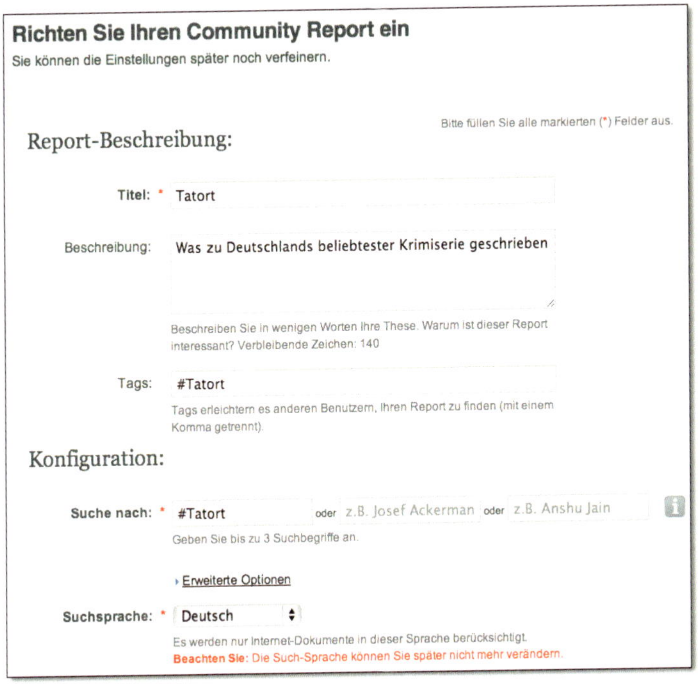

Richten Sie Ihren Community Report ein

Sie können die Einstellungen später noch verfeinern.

Report-Beschreibung:

Bitte füllen Sie alle markierten (*) Felder aus.

Titel: *   Tatort

Beschreibung: Was zu Deutschlands beliebtester Krimiserie geschrieben

Beschreiben Sie in wenigen Worten Ihre These. Warum ist dieser Report interessant? Verbleibende Zeichen: 140

Tags: #Tatort

Tags erleichtern es anderen Benutzern, Ihren Report zu finden (mit einem Komma getrennt).

Konfiguration:

Suche nach: *   #Tatort   oder z.B. Josef Ackerman oder z.B. Anshu Jain

Geben Sie bis zu 3 Suchbegriffe an.

› Erweiterte Optionen

Suchsprache: *   Deutsch ⇕

Es werden nur Internet-Dokumente in dieser Sprache berücksichtigt.
Beachten Sie: Die Such-Sprache können Sie später nicht mehr verändern.

Abbildung 11.64   Richten Sie das Monitoring ein.

Welche Anforderungen bzw. Kriterien das Social-Media-Monitoring-System abbilden können soll, hängt unmittelbar damit zusammen, wozu die Daten im Anschluss dienen sollen. Deswegen ist es so wichtig, dass Sie erst die Ziele für den Einsatz des Monitorings definieren. Denn nicht alle Tools verfügen über das Gleiche Servicelevel und sind deswegen nicht direkt untereinander vergleichbar.

Möchten Sie das Tool zukünftig als reines Marktforschungstool einsetzen? Dann sollten Sie großen Wert auf Möglichkeiten zur Kategorisierung der Beiträge und der manuellen Vergabe der Tonalität legen. Auch der Export der Daten, um die Inhalte mit Zahlen aus anderen Bereichen zu vergleichen, kann dann sehr wichtig sein.

Oder möchten Sie das Tool für das operative Geschäft nutzen und Kundenanfragen im Social Web identifizieren und beantworten? Dann ist es wichtig, dass das Tool die Beantwortung der Anfragen direkt aus dem Tool ermöglicht. Außerdem sollte der komplette Vorgang (Frage inklusive Antwort) im Monitoring Tool abgebildet sein, sodass Sie auch im Nachhinein nachverfolgen können, was passiert ist. In diesem Zusammenhang ist die Möglichkeit sehr wichtig, einzelne Beiträge zur Bearbeitung an einen Kollegen zu senden oder den Beitrag einem Mitarbeiter zuzuweisen.

Sie sehen: Die Anforderungen hängen von Zielsetzung und Einsatzgebiet ab. Folgende Kriterien können Sie aber generell von Anbietern abfragen:

- ▶ Beratungskompetenz und Support
- ▶ Quellenabdeckung
- ▶ Analyse- und Filterfunktionen
- ▶ Sentiment-Analyse
- ▶ Anzahl der Treffer vs. Spam
- ▶ Analyse-Intervall, Reporting und Datenspeicherung
- ▶ Historische Daten für nachträgliche Analysen
- ▶ Identifikation von neuen Themen
- ▶ Eingrenzung nach Ländern und Sprachen
- ▶ Preis

Beratungskompetenz und Support

Ein wichtiges Kriterium ist die Beratungskompetenz. Das gilt für die Beratung über das methodische Vorgehen ebenso wie für die Handlungsempfehlungen. Auch der Support ist ein wichtiges Thema – erst recht, wenn Sie sich mit dem Themenkomplex Social Media Monitoring noch nicht auseinandergesetzt haben. Hier sollten Sie prüfen, welche Serviceleistungen der Anbieter vor und während der Laufzeit anbietet und welche Möglichkeiten bestehen, mit dem Anbieter in Kontakt zu treten. Des Weiteren sollten Sie prüfen, ob in das System an sich Hilfestellungen und Erklärungen integriert sind.

Quellenabdeckung

Keine Suchmaschine und kein Monitoring-Tool durchsucht das gesamte Internet. Gerade aus diesem Grund sollte die Quellenabdeckung (siehe Abbildung 11.65) eines der wichtigsten Kriterien sein. Welche Quellen sollen durchsucht werden, und sind die für Sie relevanten Quellen enthalten? Fragen Sie Ihren Anbieter auch, ob er die Möglichkeit einräumt, bei Bedarf weitere Quellen hinzuzufügen. Dieser Service ist bei manchen Anbietern mit Zusatzkosten verbunden.

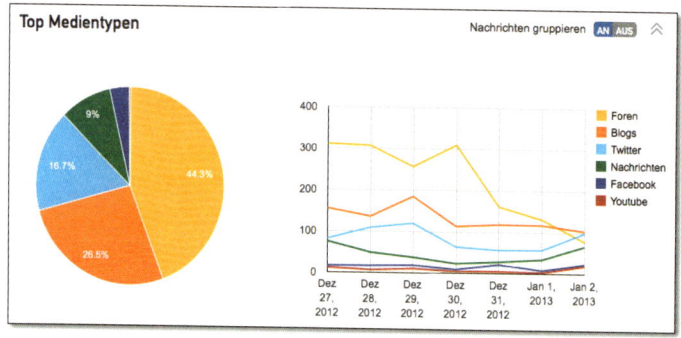

Abbildung 11.65 Quellenverteilung bei Talkwalker

Analyse- und Filterfunktionen

Verknüpfungen und Ausschlüsse sind bei der Suche im Netz unerlässlich. Aber ohne die Möglichkeit, komplexe Suchanfragen zu erstellen, kommen Sie nicht weiter. Nicht alle Monitoring-Tools bieten ausreichende Möglichkeiten zur Einschränkung der Keywords. Das führt leider zu schlecht gefilterten Suchergebnissen.

Aber auch bei der Analyse der Daten sind Filterfunktionen sehr wichtig. Welche Einstiegsmöglichkeiten haben Sie in die Social-Media-Kommunikation? Können Sie das Tool beispielsweise durch Widgets nach Ihren eigenen Wünschen gestalten, und ist es möglich, einen *Peak* (Ausschläge in der Kommunikation) im Kommunikationsverlauf anzuklicken und sich die Beiträge des Tages anschauen? Gibt es eine Tag Cloud (siehe Abbildung 11.66), und können Sie das Kommunikationsvolumen Ihres Unternehmens im Vergleich zum Wettbewerb betrachten?

Abbildung 11.66   Tag Cloud zum Tatort

Besteht generell die Möglichkeit, einen bestimmten Zeitraum einzustellen? Können Sie sich anschauen, auf welchen Quellentypen am häufigsten über Ihr Unternehmen gesprochen wird, und haben Sie im Anschluss die Chance, sich beispielsweise nur Treffer von Foren oder Twitter anzeigen zu lassen? Können Sie sich negative Beiträge anschauen, und können Sie sich hierüber mittels Alerting informieren lassen?

Auch die Identifikation von reichweitenstarken Quellen ist wichtig. Hat das Tool einen Relevanzwert, der besonders wichtige Beiträge hervorhebt? Können Sie ermitteln, von welchem User die meisten Beiträge veröffentlicht werden? Auf diese Weise finden Sie heraus, welche Nutzer Sie sich im Detail anschauen sollten, um ggf. weitere Maßnahmen umzusetzen. Können Sie auf die Rohdaten der Ergebnisse zugreifen, oder gibt es Schnittstellen zu einem internen System? Gibt es die Möglichkeit, verschiedene Zugriffsmöglichkeiten für Ihre Mitarbeiter einzurichten? Sie müssen nachher mit diesem Tool arbeiten: Testen Sie die verschiedenen Werkzeuge der Anbieter daher ausgiebig!

Sentiment-Analyse

Die Stimmungsanalyse (Sentiment-Analyse) ist eine der wichtigsten und gleichzeitig schwierigsten Bereiche bei einem Social-Media-Monitoring-System. Schauen Sie sich an, ob das Tool eine Sentiment-Analyse anbietet, und wenn ja, in welcher Form. Manche Anbieter bieten die Sentiment-Analyse ausschließlich in automatisierter Form an, andere Anbieter bearbeiten die Ergebnisse im Anschluss durch ein Analyse-Team.

Hinter einem automatisierten System stecken aufwendig zusammengestellte und komplexe Wörterbücher, in denen unterschiedliche Formulierungen gesammelt wurden, die für einen positiven oder negativen Beitrag stehen. Manche Systeme arbeiten mit einer 3-Punkte-Skala (positiv/neutral/negativ) und andere mit einer 5-Punkte-Skala (sehr positiv/positiv/neutral/negativ/sehr negativ). Je differenzierter die Bewertung erfolgt, umso wahrscheinlicher ist die Gefahr von Fehleinschätzungen, die das Ergebnis verfälschen können. In der Regel sind menschliche Analysen zum jetzigen Zeitpunkt immer noch genauer, aber dafür auch kostenintensiver. Das Ergebnis einer Sentiment-Analyse (automatisiert oder manuell) wird nie zu 100 % richtig sein.

Um Ihnen die Schwierigkeit einer Sentiment-Analyse noch einmal zu verdeutlichen, betrachten Sie einmal das Wort »leise«. Ist der Begriff Ihrer Meinung nach eher positiv oder negativ? Wenn der Lüfter Ihres Rechners leise ist, finden Sie das bestimmt gut, wenn der Fernseher oder der Kopfhörer zu leise ist, werden Sie das eher als negativ beurteilen. Ähnlich verhält es sich mit dem Begriff »trocken« (siehe Abbildung 11.67).

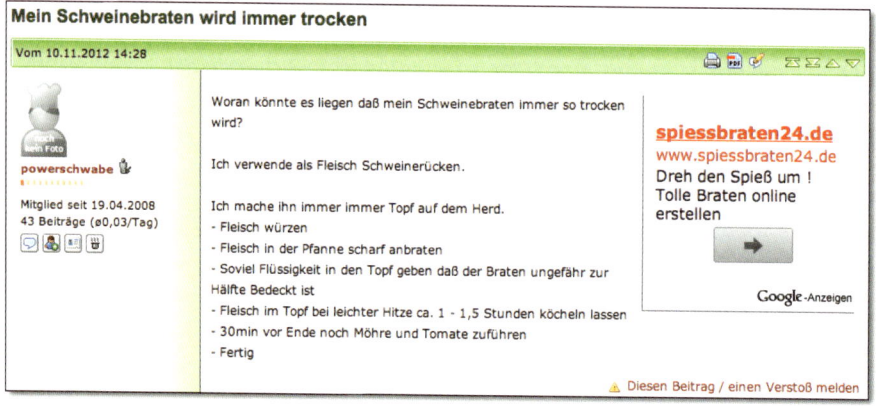

Abbildung 11.67   Bei Chefkoch.de wird das Essen als trocken bezeichnet.

Ist das Essen trocken, würden Sie den Beitrag sicher als negativ bewerten. Wenn die Windel das Kind trocken hält, ist das positiv. Bei Sekt oder Wein kann der Begriff »trocken« je nach Geschmack des Trinkenden positiv oder negativ sein.

Solche Punkte müssen Sie entweder mit dem bearbeitenden Analysten oder mit dem Tool-Anbieter besprechen, der die Tonalität auf Ihr Unternehmen hin abstimmt. Mit einem Machine-Learning-Verfahren können Sie eine Maschine darauf trainieren, die Tonalität zu bestimmten Produkten richtig zuzuordnen. Hier können Trefferquoten von bis zu 80 % erreicht werden. Denken Sie immer daran, dass auch der Mensch keine hundertprozentige Trefferquote erreicht.

Anzahl der Treffer vs. Spam

Eine hohe Anzahl von Treffern während des Monitoring-Prozesses bedeutet nicht zwangsläufig ein gutes Ergebnis. In einer hohen Anzahl von Treffern können z. B. irrelevante Treffer, Spam und doppelte Beiträge vorhanden sein.

Auf die Problematik mit Dubletten haben wir Sie in Abschnitt 11.3.2, »Datenerhebung, -bereinigung und -aufbereitung«, hingewiesen. Gibt es einen Spam-Ordner, in dem die gefilterten Inhalte angezeigt werden, und können Beiträge als »Nicht-Spam« gekennzeichnet werden? Können andererseits Treffer als Spam markiert werden? Das sind beispielsweise Fragen, die Sie einem Anbieter in Bezug auf die Analysequalität stellen können und auch im Testverlauf analysieren sollten.

Analyse-Intervall, Reporting und Datenspeicherung

Je nach Einsatzziel sollten Sie darauf achten, in welchem Intervall die Quellen durchsucht werden und in dem Dashboard angezeigt werden können. In welchen Abständen werden Sie über neue Ergebnisse informiert, und in welcher Form erfolgt das Reporting? Gibt es die Möglichkeit, dass Sie bei Krisenthemen oder starken Veränderungen per E-Mail informiert werden?

Bei den Tools, die automatisiert arbeiten und nicht mehr durch eine manuelle Bearbeitung von Analysten nachbereitet werden, erfolgt die Präsentation der Ergebnisse in der Regel schneller. Auch das Herausfiltern von Duplikaten oder Spam kann noch zusätzliche Zeit in Anspruch nehmen und den Prozess bis zur Darstellung verlängern. Wenn Sie die Daten »near Real-Time« benötigen, dann sollten Sie auf diese Punkte bei der Entscheidung achten. Des Weiteren ist es wichtig, dass die Daten in verschiedenen Formaten (*pdf*, *csv*, *xls* und Grafiken als *jpg*) exportiert werden können.

Historische Daten für nachträgliche Analysen

Um vernünftige Analysen über einen bestimmten Zeitraum zu ermöglichen, ist es wichtig, dass Sie im System auch auf historische Daten zurückgreifen können. Diese Daten können z. B. genutzt werden, um einen Einblick in die Entwicklung von Produkten bzw. einen Eindruck vom eigenen Unternehmen zu bekommen oder einen langfristigen Vergleich mit dem Konkurrenten zu ermöglichen. Wenn der Anbieter historische Daten anbietet, dann sollten Sie darauf achten, welche Daten zur Verfügung gestellt werden. Gibt es für alle Ergebnisse den vollständigen Datensatz (auch kostenpflichtige Anbieter haben nicht immer den rückwirkenden Zugriff auf Twitter), und können nachträglich Sentiment-Analysen durchgeführt werden? Achten Sie auch darauf, ob dafür zusätzliche Kosten für Sie anfallen.

Identifikation von neuen Themen

Nicht immer stimmen die vom Unternehmen definierten Keywords mit dem Sprachgebrauch der Nutzer überein. Für solche Situationen können Tag Clouds sehr nützlich sein. Tag Clouds stellen die Wörter dar, die im Zusammenhang mit dem Keyword benutzt werden. Diese Wortwolken eignen sich zum einen, um die Keywordlisten aktuell zu halten, und zum anderen lassen sich darüber auch neue Themen identifizieren.

Eingrenzung nach Ländern und Sprachen

Für viele Unternehmen ist es wichtig zu wissen, welche Herkunft die auftauchende Kommunikation im Netz hat. Vor allem dann, wenn Sie international tätig sind, möchten Sie natürlich nicht nur deutsche Treffer erhalten. Achten Sie beim Vergleich der Anbieter auf die Spracheinstellung sowie die geografischen Einschränkungen.

Eine Sprachfilterung erfolgt meist automatisch. Dabei gibt es drei Arten der Zuordnung. Basiert die Zuordnung auf Basis der Domain-Endungen, wie ».de«, ».fr«, findet die Zuordnung nur sehr grob statt, und viele wichtige Quellen wuerden im Monitoring nicht berücksichtigt. In Deutschland sind neben der »de«-Kennzeichnung auch ».com« und ».org« (die weltweit gültig sind) sehr beliebt.

Eine weitere Möglichkeit ist die Erkennung der IP-Adresse. Während die Server, auf denen die Webseiten liegen, bestimmten Ländern zugeordnet werden können, besteht hier das Problem, dass die meisten Social-Media-Plattformen sich nicht an Landesgrenzen orientieren. Twitter vermittelt durch seine IP-Adresse z. B. den Eindruck, dass alle Nutzer aus den USA stammen.

Die dritte Art der Sprachfilterung erfolgt anhand von Spracherkennungsprogrammen, die jeden einzelnen Beitrag nach dessen Sprache selektieren. Hierfür sind jedoch längere Texte erforderlich. Twitter ist hierfür beispielsweise wegen der kurzen Texte sehr ungeeignet.

Der Foursquare Check-in aus Abbildung 11.68 ist in Deutschland von einem deutschen User getätigt worden. Diese Meldungen werden jedoch meist in englischer Sprache angezeigt. Hier kommt noch hinzu, dass der User seinen Check-in auch in Englisch kommentiert.

Abbildung 11.68   Foursquare-Check-in

Der Tweet *Bätschela* aus Abbildung 11.69 wurde abgesetzt, um die Sendung »Der Bachelor« von RTL zu kommentieren. Sehr viele User bei Twitter verwenden aufgrund der beschränkten Anzahl an Zeichen zudem oftmals Abkürzungen. Das Erkennen einer Sprache ist hier für eine Software fast unmöglich.

Abbildung 11.69   Die Inhalte der Tweets enthalten oftmals eine spezielle Sprache.

Bei längeren Texten können die meisten Sprachen aber gut voneinander unterschieden werden. Fehler passieren allerdings bei Sprachähnlichkeiten, wie zwischen deutschen und skandinavischen Sprachen. Außerdem kann es passieren, dass beispielsweise englischsprachige Beiträge von deutschen Bloggern falsch eingeordnet werden.

Geografische Grenzen existieren im Internet fast gar nicht. Warum sollten nicht deutsche oder amerikanische Internetnutzer ein Forum aus England nutzen? Eine komplette Eingrenzung ist demnach nicht möglich, und die Bestimmung von Ländern und Sprachen ist für alle Monitoring-Anbieter eine große Herausforderung. Am besten ist eine Kombination aus mehreren Verfahren mit der zusätzlichen Möglichkeit, individuelle Kategorisierungen vornehmen zu können.

Preis

Gerade für kleine und mittelständische Unternehmen spielt der Preis eine entscheidende Rolle. Automatisierte Tools sind meistens kostengünstiger als die Bearbeitung durch ein Analyse-Team. Bei einigen Anbietern erfolgt die Berechnung aufgrund der Suchanfragen, Suchergebnisse oder der Anzahl der Nutzer. Viele Anbieter legen dazu auch gestaffelte Angebote vor. Wenn ein Anbieter ein benutzerdefiniertes Tool einrichtet, dann muss man auch mit einer Einrichtungsgebühr rechnen. Für eine reine Dashboard-Lösung solle man seitens des Unternehmens mit Kosten ab 400 bis 500 EUR rechnen.

Es gibt natürlich noch weitere Rahmenbedingungen, die Sie vor der Entscheidung betrachten sollten. Benötigen Sie eventuell externe Unterstützung bei der Auswahl des Systems, oder können Sie das fachliche Know-how intern abbilden? Benötigen Sie Schnittstellen, z. B. zu bestehenden CRM-Systemen, oder wollen Sie direkt aus dem Tool interagieren (z. B. direkt auf Twitter und Facebook antworten)? Welche Ressourcen und welches Budget stehen für dieses Projekt zur Verfügung? Social Media Monitoring ist ein Prozess, den man immer wieder anpassen und optimieren sollte, um die für Sie relevanten Informationen zu bekommen.

Das sollten Sie die Anbieter immer fragen

▸ Wie lange ist der Anbieter bereits am Markt?

▸ Kann der Anbieter Ihnen Referenzen nennen?

▸ Ist der Anbieter nur national oder auch international tätig? (nur für internationale Projekte relevant)

▸ Wie viele Projekte hat der Anbieter bereits realisiert?

11.10.3   Führen Sie immer eine Testphase durch

Bevor Sie eine endgültige Entscheidung treffen, sollten Sie sich von den möglichen Tool-Anbietern einen Test-Zugang einrichten lassen und die Ergebnisse der Anbieter vergleichen. Sie sollten dabei auch die kostenfreien Tools nutzen, um zu überprüfen, ob Ihre gefundenen Beiträge auch in den Ergebnissen der Anbieter zu finden sind.

Ein weiterer Vorteil der Testphase ist, dass Sie einen ersten Einblick in den damit verbundenen Aufwand bekommen werden.

Welche Arbeitsschritte müssen Sie bei einer Testphase beachten?

▸ Erstellen Sie einen Kriterienkatalog.

▸ Formulieren Sie ein Testszenario.

▸ Erstellen Sie eine Liste mit Anbietern.

- Treten Sie an die Anbieter heran, und besprechen Sie mit Ihnen den Kriterienkatalog.
- Starten Sie die Testphase, und richtigen Sie die Keywords bei den Tools ein.
- Betrachten Sie die Funktionalitäten der Tools, und testen Sie die Features in Bezug auf Ihre Kriterienliste.
- Erstellen Sie einen Report auf Basis der Ergebnisse.
- Überprüfen Sie die Qualität der Ergebnisse.

11.11 Von der Auswahl zur sicheren Einführung in das Unternehmen

Social Media Monitoring sollte nicht als einmaliges Projekt gesehen werden, dafür sind die Erkenntnisse, die Sie durch die Analyse der Social-Media-Kommunikation erwerben können, zu wertvoll. Beobachten und werten Sie die Beiträge in den sozialen Medien kontinuierlich aus. Sie müssen das Monitoring als fortlaufenden Prozess verstehen, auf dessen Basis Sie wichtige Entscheidungen im Unternehmen treffen können.

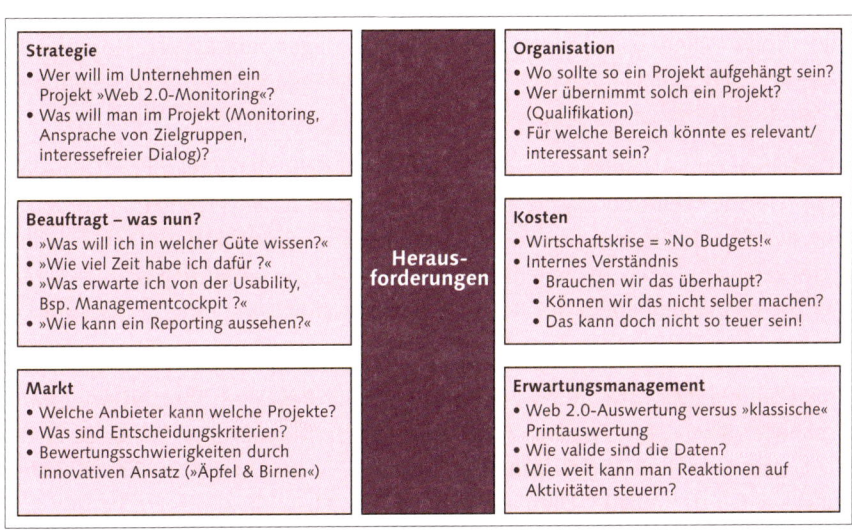

Abbildung 11.70 Einführung des Monitoring bei Daimler

Abbildung 11.70 zeigt die Arbeitsschritte, die Daimler bei der Einführung von Social Media Monitoring im Unternehmen durchgeführt hat (siehe *http://bit.ly/ ZoybNM*). Vor der Einführung eines Social Media Monitoring Tools sollten Sie mit den Ansprechpartnern der unterschiedlichen Abteilungen sprechen, um deren Bedarf zu berücksichtigen und bestenfalls eine abteilungsübergreifende Lösung einzuführen. Aufgrund der unterschiedlichen Anforderungen der einzelnen Abteilungen ist es oftmals von Vorteil, wenn das Dashboard individualisierbar ist. So können die einzelnen Abteilungen im Idealfall das Dashboard nach ihren eigenen Wünschen gestalten.

Um beim Social Media Monitoring qualitativ brauchbare Ergebnisse zu erhalten, bedarf es einer gründlichen Vorbereitung. Auf Basis der Ziele werden der Inhalt, der Umfang und die Kriterien für das Monitoring festgelegt. Ausgehend von diesen Punkten sollten Sie einen Anforderungskatalog formulieren und damit an die Anbieter herantreten.

Wenn Sie die Kriterien im vorherigen Abschnitt beachtet haben und einen geeigneten Anbieter gefunden haben, können Sie mit der Einführung des Social Media Monitoring Tools in Ihr Unternehmen beginnen.

11.11.1   Modellierung der Suchbegriffe

Im ersten Schritt müssen Sie die richtigen Suchbegriffe in Form von Schlagworten (Keywords) erstellen. Es gibt zahlreiche Möglichkeiten, die für eine Analyse der Social-Media-Kommunikation infrage kommen. Dazu zählen der Name des Unternehmens, Produktnamen, Wettbewerber, Kampagnen oder branchenrelevante Themen. Welche Inhalte im Rahmen des Monitorings beobachtet werden sollten, richtet sich vor allem danach, was Sie und Ihre Kollegen interessiert. Notieren Sie alle relevanten Möglichkeiten an Suchbegriffen, und ergänzen Sie die Liste um gängige Falschschreibungen und Synonyme.

Die Definition und Abgrenzung der Suchbegriffe ist sicherlich die größte Herausforderung. Gerade wenn der Name Ihres Unternehmens oder Produkts mehrdeutig ist, werden Sie am Anfang mit einer großen Anzahl an Falschtreffern rechnen müssen. Um keinen hohen personellen Aufwand in die Nachbearbeitung zu investieren, sollten Sie die Modellierung der Keywords so ausführlich wie möglich gestalten.

Sie haben bei der Modellierung der Keywords zwei Möglichkeiten: Entweder verknüpfen Sie die Keywords mit weiteren relevanten Begriffen (VerUNDung), oder Sie schließen irrelevante Treffer durch Ausschlusskritierien aus. Am Beispiel der *OTTO Group* wäre eine VerUNDung beispielsweise »Otto AND (Kleidung OR Versandhandel OR bestellen)«. Die Eingrenzung über Ausschlusskriterien könnte z. B. so aussehen: »Otto AND NOT (Fußball OR »Otto Rehagel«). Beide Verfahren sind nicht perfekt (siehe Abbildung 11.71).

Bei einer VerUNDung schließen Sie alle Beiträge aus, die die verwendeten Suchbegriffe nicht enthalten. Dafür erhalten Sie eine qualitativ hochwertige Datenbasis. Beim Ausschlussverfahren werden Sie immer wieder neue Beiträge erhalten, die nicht passen. In diesem Fall ist es daher erforderlich, die Liste kontinuierlich zu erweitern.

Welche Möglichkeiten haben Sie nun, um die Treffermenge zu verringern? Durch boolesche Operatoren können Sie die Suchergebnisse eingrenzen. Zu Beginn sollten Sie verschiedene Varianten ausprobieren, um festzustellen, welche Ergebnisse Sie erhalten. Da das Social Media Monitoring ein Prozess ist, sollten aber auch nach der Anfangsphase die Keywords und Suchanfragen in regelmäßigen Abständen betrachtet und ggf. optimiert werden.

In Kapitel 3, »Analyse – die richtigen Fragen stellen«, haben wir Ihnen bereits verschiedene boolesche Operatoren kurz vorgestellt. Die Operatoren AND, OR und NOT sind mittlerweile vielen Nutzern bekannt. Darüber hinaus existieren aber noch weitere Suchoperatoren, um die Suche zu optimieren.

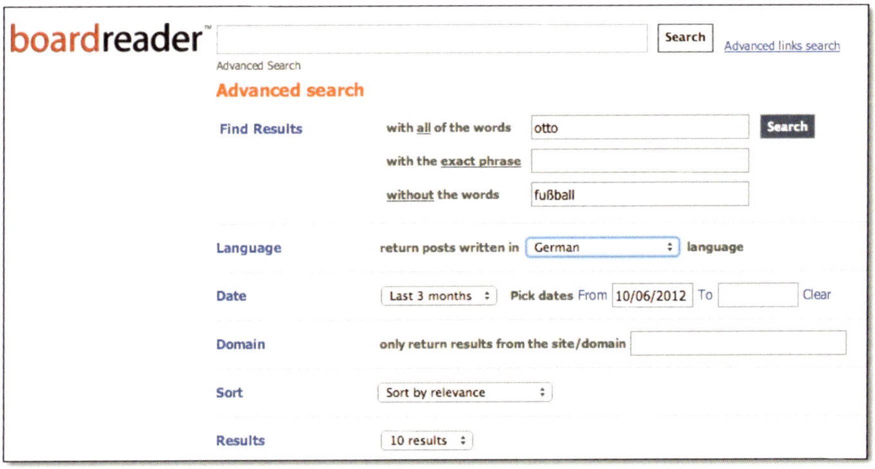

Abbildung 11.71   Suchmaske bei Boardreader mit Einsatz von Ausschlusskriterien

AND-Operator

Bei der UND-Verknüpfung mit AND geht es darum, verschiedene Suchbegriffe miteinander zu kombinieren. Das heißt, alle Begriffe müssen in den Beiträgen vorhanden sein. »Pelikan AND Füller« findet alle Beiträge, in denen sowohl der Begriff »Pelikan« als auch das Wort »Füller« enthalten ist.

AND NOT-Operator

Hier werden bestimmte Begriffe ausgegrenzt. Dieser Operator ist sinnvoll, wenn Sie bestimmte Keywords ausgrenzen möchten. Bei Pelikan wären dies z. B. Wörter, die in Zusammenhang mit dem Vogel Pelikan vorkommen könnten.

»Pelikan AND NOT Vogel« findet beispielsweise alle Beiträge, in denen zwar »Pelikan«, aber nicht »Vogel« genannt wird.

OR-Operator

Wenn Sie einen OR-Operator einsetzen, bedeutet dies, dass mindestens einer der Begriffe in einem Text enthalten sein muss. Suchen Sie also nach »Pelikan OR Füller«, werden alle Beiträge gefunden, in denen entweder das Wort »Pelikan« oder der Begriff »Füller« enthalten ist.

Phrasensuche

Bei der Phrasensuche gilt es, eine exakte Zeichenfolge zu finden. Hierfür müssen Sie den relevanten Text in Anführungszeichen setzen (siehe Abbildung 11.72).

Abbildung 11.72   Phrasensuche bei Google

Wie Sie dem Screenshot entnehmen können, finden Sie bei der Phrasensuche nur Ergebnisse, in denen die genannten Wörter in der exakten Reihenfolge genannt sind. »Employer Branding« liefert Ihnen alle Ergebnisse, in denen diese Begriffe genau in dieser Reihenfolge zu finden sind.

Wildcard-Operator

Um die Begriffe zu Pelikan sinnvoll einzuschränken, sollte der Name des Unternehmens beispielsweise mit den Begriffen »Schule« und »schreiben« kombiniert werden. Aber auch »Schulbedarf« oder »Schreibtisch« sind relevante Begriffe im Zusammenhang mit Pelikan. Wie können Sie jetzt alle diese Begriffe in Ihre Suche integrieren, ohne diese Wörter alle ausformulieren zu müssen? Hierfür gibt es den

Wildcard-Operator *. Das Sternchen steht für eine beliebige Anzahl an Zeichen und kann immer nur am Ende eines Wortes gesetzt werden.

»Pelikan AND (schul* OR schreib*)«

Das Fragezeichen

Das Fragezeichen hat eine ähnliche Funktion wie der Wildcard-Operator. Im Gegensatz zum Sternchen ersetzt das Fragezeichen immer genau ein Zeichen. Die Suche »Hau?« findet beispielsweise alle Beiträge, die z. B. das Wort »Haus« oder den Begriff »Haut« enthalten. Das Fragezeichen können Sie aber auch in die Mitte eines Begriffes setzen. Bei der Suche nach »Ha?en« werden Beiträge zu »Hafen« oder »Hasen« gefunden.

Der Plus–Operator +

Für Unternehmen wie L'oreal oder 1&1 ist die Suche nach relevanten Treffern besonders schwierig. Durch den +-Operator haben Sie die Möglichkeit, nach einer bestimmten Schreibweise zu recherchieren (siehe Abbildung 11.73). Um nur Treffer zu erhalten, in denen eine bestimmte Schreibweise verwendet wird, müssen Sie ein + direkt vor das Wort setzen. »+Straße« findet alle Beiträge, in denen das Wort »Straße« enthalten ist, aber keine Treffer mit der Schreibweise »Strasse«. Im Normalfall zeigt Ihnen Google beide Varianten an, egal welchen Begriff Sie suchen. Der +-Operator berücksichtigt im Normalfall Groß- und Kleinschreibung sowie Punktation.

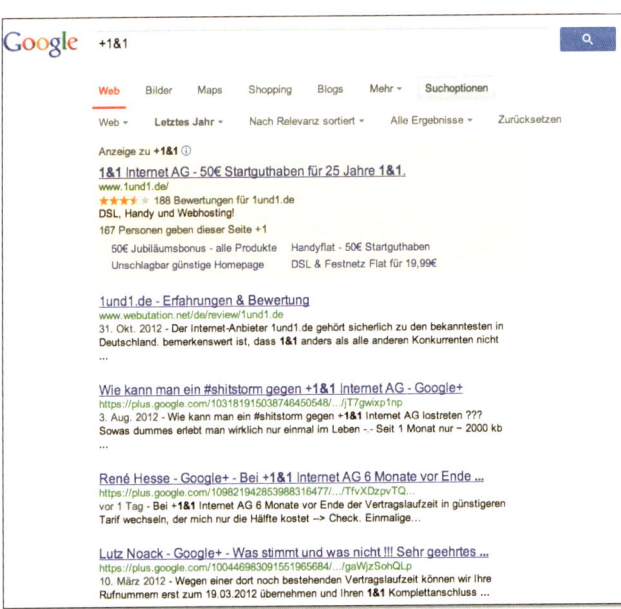

Abbildung 11.73 Google-Suche nach 1&1

Die Tilde bzw. der NEAR-Operator

Der letzte sinnvolle Suchoperator, den wir Ihnen vorstellen möchten, ist die Tilde ~. Dieser Operator legt fest, in welcher Entfernung zwei Begriffe in einem Text aufgeführt werden sollen. Wenn Sie nach »Drucker HP"~5« suchen, finden Sie den Treffer mit dem Text »Ich habe einen Drucker von HP«, aber nicht »Für meinen Drucker habe ich nach günstigeren Patronen gesucht und mir schließlich doch wieder eine von HP gekauft«. In diesem Fall hätten Sie anstatt nach ~5 nach ~15 suchen müssen. Diesen Operator können Sie nicht mit dem Wildcard-Operator kombinieren.

Der NEAR-Operator hat die identische Funktion und ist mit dem Wildcard-Operator kombinierbar. Formulieren Sie Ihre Suchanfrage z. B. folgendermaßen: »(HP OR "Hewlett Packard") NEAR/5 (druck* OR patrone*)«

Nicht alle Monitoring Tools bieten diese Operatoren zur Einschränkung der Suche an. Bei den kostenfreien Tools werden oftmals ebenfalls nur die Operatoren AND, OR und NOT angeboten.

Überlegen Sie daher gut, welche Operatoren für Sie sinnvoll und relevant sind, und erweitern Sie Ihren Kriterienkatalog um diese Punkte.

Tipps zur Einführung eines Monitoring Tools

▸ Sparen Sie nicht am Aufwand für die Keyword-Modellierung der Suchabfragen. Gerade bei komplexen oder sehr generischen Themen ist es wichtig, die Suchabfragen vernünftig zu modellieren. Wenn Sie dies nicht tun, dann kann es passieren, dass die Ergebnisse qualitativ nicht sehr hochwertig sind.

▸ Das Monitoring kann den Analyse-Prozess zwar stark vereinfachen, aber unterschätzen Sie nicht den Aufwand für die qualitative Analyse der Kommunikation. Je nach Thema, Marke, Produkt usw. kann sich die Anzahl der Beiträge schnell erhöhen. Um diese Kommunikation nicht nur quantitativ, sondern auch qualitativ zu analysieren, benötigen Sie auch die dafür benötigten Ressourcen.

▸ Ziehen Sie keine falschen Schlüsse. Nicht jeder negative Beitrag ist ein kritischer Beitrag. Beziehen Sie den Kontext der Informationen in die Betrachtung mit ein. Auf welchem Netzwerk und in welchem Zusammenhang wurde dieser Beitrag verfasst, wie waren die Reaktionen darauf, und wie hoch ist die Reichweite?

11.11.2   Vorstellung im Unternehmen

Wenn Sie ein Monitoring Tool intern im Einsatz haben, möchten Sie sicher auch, dass Ihre Kollegen dieses Tool nutzen.

Analysieren Sie die Social-Media-Kommunikation, und achten Sie darauf, welche Inhalte gegebenenfalls für einen Kollegen oder eine andere Abteilung interessant sein könnten. Wenn Sie z. B. einen Beitrag finden, der eine Frage zu einem Berufsbild in Ihrem Unternehmen hat, leiten Sie diesen Beitrag an die Personalabteilung weiter. Das Gleiche sollten Sie tun, wenn Sie auf einen Beitrag zur Verbesserung eines bestimmten Produktes stoßen. Das kann ggf. für die Produktentwicklung relevant sein.

Stellen Sie Ihre Reports ins Intranet, oder verschicken Sie diese per E-Mail an relevante Kollegen. Sie können auch kurze Reports an das Personalmarketing oder die Produktentwicklung schicken, in denen Sie neben Beiträgen aus Social Media konkrete Handlungsempfehlungen formulieren. Bieten Sie aktiv im Unternehmen Schulungen an, in denen Sie eine Einführung in das Monitoring Tool geben.

Überblick über Tool-Anbieter

▶ *Medienbewachen.de* – Auf dieser Seite können sich die Anbieter selbst vorstellen. Sie erhalten hier somit einen guten Überblick über den Markt, müssen jedoch bei den einzelnen Vorstellungen mit Marketingsprech rechnen.

▶ *Somemo.at* – Bei Somemo gibt es einen Bewertungs- und Vergleichsansatz. Die Anbieter hatten aber auch hier die Möglichkeit, sich selbst einzustufen. Ob die Angaben zu den einzelnen Tools korrekt sind, wurde nur vereinzelt überprüft.

11.12   Fazit

In diesem Kapitel haben Sie erfahren, dass Social Media Monitoring sehr komplex ist. Die Zahl der kostenfreien und kostenpflichtigen Anbieter ist sehr hoch und steigt täglich. Da verliert man leicht den Überblick. Damit Sie sich nicht ziellos mit dieser Thematik beschäftigen, ist es erforderlich, sich in diesem Bereich Grundkenntnisse zu verschaffen und Anforderungen zu definieren. Wir haben Ihnen bereits einige Punkte mit auf den Weg gegeben, auf die Sie achten sollten.

Sie haben in diesem Kapitel erfahren, dass bei der Erfassung der Daten unterschiedliche Aspekte zu beachten sind. Nicht alles kann erfasst werden, wir haben Ihnen daher die Möglichkeiten und Grenzen von Social Media Monitoring erklärt. In diesem Zusammenhang haben wir Ihnen gezeigt, dass der Mut zur Lücke manchmal sehr sinnvoll und nützlich sein kann. Bei der Bereinigung der Daten sind ebenfalls sehr viele Punkte zu beachten. Welche Quellen sind wichtig für Sie, und welche Inhalte sind für Sie relevant? Falls Sie mit einem Dienstleister zusammenarbeiten, sollten Sie diese Punkte unbedingt abstimmen.

Vor allem bei der Analyse ist schließlich der Mensch gefragt. Bestimmte Schlussfolgerungen kann Ihnen keine Maschine liefern. In Bezug auf die Analyse der Tonalität haben wir Ihnen jedoch erklärt, dass auch der Mensch keine perfekten Ergebnisse liefern muss. Insgesamt betrachtet, liefert die automatisierte Sentimentanalyse nur bedingt sinnvolle Ergebnisse. Eine gute Analyse der Daten kostet in jedem Fall

Geld. Machen Sie sich unbedingt Gedanken darüber, was Sie analysieren möchten. Ein Social Media Monitoring, nur um Daten zu erfassen, ist verschenktes Geld. Was möchten Sie durch die Analyse der Social-Media-Kommunikation erfahren, und wie möchten Sie diese Erkenntnisse in Ihr Tagesgeschäft integrieren?

Wir haben Ihnen in diesem Kapitel verschiedene Gründe für das Social Media Monitoring vorgestellt. Sie haben ebenfalls gelernt, was Sie bei der Definition von Kennzahlen beachten müssen und welche Messgrößen Ihnen überhaupt zur Verfügung stehen. Damit Sie die Kommunikation über Ihr Unternehmen messen können, haben wir Ihnen verschiedene Tools genannt. Wenn Sie mit einem Anbieter zusammenarbeiten, hinterfragen Sie bitte immer kritisch, was Ihnen der Anbieter erzählt. Monitoring ist ein kontinuierlicher Prozess. Verbessern Sie die Ziele, wenn Sie merken, dass diese nicht messbar sind. Passen Sie Ihre Suchanfragen an, wenn Sie zu viele Treffer erhalten oder relevante Ergebnisse fehlen. Die Modellierung ist eine der schwierigsten Aufgaben; wir haben Ihnen ein paar Operatoren genannt, wie Sie die Suchergebnisse einschränken können.

Verlassen Sie sich nicht ausschließlich auf ein Tool. Selbst wenn Sie mit einem professionellen Dienstleister zusammenarbeiten, sollten Sie immer wieder auf die Google-Suche oder andere kostenfreie Tools zurückgreifen und überprüfen, ob Sie wirklich die für Sie relevanten Treffer erhalten oder ob Ihnen wichtige Beiträge fehlen. Auch wenn das jetzt eine Menge Punkte sind, die Sie beachten sollten, scheuen Sie sich nicht, sich mit Social Media Monitoring zu befassen. Fangen Sie klein an – niemand beherrscht diesen Bereich von Anfang an perfekt.

12 Ausblick

Wir können zwar nicht in die Zukunft schauen, aber trotzdem wollen wir in diesem Kapitel aufzeigen, was in den kommenden Monaten im Bereich von Social Media eine größere Relevanz bekommen könnte.

Das Social Web wächst rasant, ständig gibt es Änderungen zu beobachten. Neue Plattformen kommen hinzu, andere verschwinden wieder, bestehende Plattformen verändern oder ergänzen Funktionsweisen. Aufgrund der Schnelllebigkeit von Social Media, ist es nicht leicht vorherzusagen, welche Trends wichtig sind oder sich durchsetzen werden. Wir haben für Sie fünf Themenfelder herausgesucht, bei denen wir der Meinung sind, dass sie in Zukunft eine hohe Relevanz bekommen werden. Müssen Sie sich deswegen unmittelbar mit diesen Themen auseinandersetzen? Nein, das müssen Sie nicht. Aber es ist vielleicht hilfreich, wenn Sie das ein oder andere Thema im Auge behalten.

12.1 Mobile (SoLoMo)

Hinter dem Kürzel SoLoMo verbergen sich die drei Schlagwörter Social, Local und Mobile. An sich sind diese Begriffe nichts Neues, jedoch liegt bei SoLoMo der Fokus auf dem Zusammenwachsen bzw. Zusammenwirken dieser drei Gebiete.

Das Smartphone ist der tägliche Begleiter der Menschen. Die technischen Möglichkeiten führen dazu, dass die Menschen ihre mobilen Endgeräte immer und überall einsetzen. Die Anzahl der Geräte und die mobile Nutzung des Internet steigen kontinuierlich. Neben dem Smartphone gewinnt auch das Tablet an Bedeutung. Aber nicht nur unterwegs, auch zu Hause kommen diese Endgeräte zum Einsatz. Die Grenzen zwischen mobilem und festem Internetzugang verschwimmen. Während die Nutzung von mobilen Endgeräten steigt, sinkt der Absatz von reinen Desktop-Geräten.

Durch die hohe Nutzung von mobilen Endgeräten spielt die Gestaltung der Website eine immer wichtigere Rolle. Das responsive Webdesign – die Webseite passt sich an den Bildschirm des mobilen Endgerätes an – hat bereits 2012 zahlreiche Unternehmen beschäftigt und wird zunehmend eine Grundvoraussetzung für die mobile Nutzung.

Bei der mobilen Nutzung gewinnt die lokale Suche an Bedeutung. Wo ist die nächste Tankstelle oder der nächste Geldautomat? Google passt die Suchergebnisse immer stärker an die Nutzer an und arbeitet daran, die Fragen der Nutzer zu beantworten, bevor diese formuliert und fertig eingetippt sind. Darüber hinaus bietet Google durch «Local"-Pages Unternehmen die Möglichkeit, sich mit einem Profil in der lokalen Google-Suche zu positionieren. Aber auch Facebook schafft mit der Einführung der Graph Search völlig neue Möglichkeiten für lokale Unternehmen. Darüber hinaus gewinnen Location Based Services und Gutschein-Angebote weiterhin an Bedeutung. Dass in dem Markt noch einiges an Potenzial steckt, zeigt die Übernahme von *Qype* durch *Yelp*. Bei der mobilen Suche wird das Thema lokale Werbung zukünftig ebenfalls eine wichtige Rolle spielen.

Während 2012 die mobile Fotografie durch Dienste wie Instagram salonfähig wurde, kommen die Mobilfunkgeräte bei immer mehr Alltagssituationen zum Einsatz. Mobile Commerce und Mobile Payment sind im Kommen. Konsumenten vergleichen das Produkt und die Preise im Laden direkt online und schließen teilweise direkt den Kaufprozess mit dem Smartphone ab. Aber auch das bargeldlose Einkaufen mit dem Smartphone ist aktuell schon möglich. Da sind das mobile Ticket der Deutschen Bahn oder die Bezahlung der Taxifahrt mit der myTaxi-App erst der Anfang.

Auch das Internet der Dinge ist ein weiteres Thema. In absehbarer Zeit ist die Steuerung von Stromschaltern oder Kühlschränken keine Zukunftsmusik mehr, sondern Alltag in deutschen Haushalten. Der Einsatz von Mobilfunkgeräten wird auch hier 2013 an Bedeutung gewinnen.

12.2 SocialTV

Neben der Print- und Musikindustrie befindet sich aktuell auch die Fernsehlandschaft im Umbruch. Fernsehen ist schon lange nicht mehr nur das Konsumieren linearer TV-Inhalte. Neben dem linearen Konsum können die Inhalte auch über Mediatheken, Videoportale und Online-Videotheken abgerufen werden. Durch die mobile Nutzung der Konsumenten und die mobile Verfügbarkeit von Bewegtbildinhalten steigt der Konsum von Fernsehformaten via Smartphone oder Tablet.

Die Zuschauer geben sich aber nicht mehr nur damit zufrieden, Inhalte der Fernsehsender zu konsumieren, sondern ergreifen die Initiative und entwickeln eigene Formate. Die Webvideos der Konsumenten werden dabei immer professioneller und erreichen ein immer größeres Publikum. Aber nicht nur der Zuschauer, auch die Sender entdecken YouTube & Co. ARD und das ZDF sind mit eigenen Kanälen auf YouTube vertreten, jedoch mit überschaubaren Abrufzahlen. Ob YouTube-Stars im Fernsehen genauso erfolgreich wären, ist aber genauso fraglich. Anfang 2013 hat der Fernsehkoch Jamie Oliver ein YouTube-Sendeformat geschaffen, um mit den Zuschauern näher in Kontakt zu treten.

Inzwischen starten alle Sender erste Versuche, mit dem Zuschauer in Kontakt zu treten. Sie beginnen zu begreifen, dass die Zuschauer Dialog- und Kommunikationspartner sind und nicht nur Konsumenten von Fernsehinhalten. Die Social-Media-Kanäle werden zur Story-Verlängerung, aber auch als Feedback-Kanal eingesetzt. Dem Zuschauer dienen sie, um sich über die einzelnen Programme auszutauschen und die Formate zu bewerten und ggf. den Freunden weiterzuempfehlen. Das Smartphone wird aber auch genutzt, um Zusatzinformationen beispielsweise über den Schauspieler in der Wikipedia abzurufen.

Bisher gibt es noch kein Erfolgsgeheimnis für die Verknüpfung von Fernsehen und Social Media. Für die Sender bedeutet dies eine Trial-and-Error-Phase. Nicht jedes Format eignet sich für eine Verlängerung ins Netz. Bisher ist auch der Anteil der Nutzer im Vergleich zur Quote noch sehr gering. Neben der steigenden Zahl an mobilen Endgeräten sind die schnelle Internetverbindung und ein heimisches W-LAN Voraussetzung für die Nutzung von Social TV.

Der Markt bietet jedoch sehr viel Potenzial. Die Sender versprechen sich von Social TV Tune-In-Effekte und die Möglichkeit, den Zuschauer an das Format zu binden. Aber auch zu Werbeangeboten gibt es bereits erste vielversprechende Geschäftsmodelle.

Die Konkurrenz schaut jedoch auch nicht unbeteiligt zu. In Deutschland existieren zahlreiche Video-on-Demand-Anbieter, die sich mit attraktiven Tarifen und interessanten Filmen und Serien positionieren. Aber auch Verlage und die Telekommunikationsanbieter befassen sich mit dieser Thematik.

12.3 Content (visuellerContent)

2013 werden wir sehen, wie immer mehr Unternehmen vermehrt auf visuelle Inhalte setzen. Dies hat verschiedene Gründe. Zum einen gibt es immer mehr Netzwerke, die dazu übergegangen sind, visuellen Content »prominent« darzustellen. Wenn man möchte, dann kann man sagen, dass Pinterest einen großen Schritt dazu beigetragen hat. Die Fokussierung auf die Darstellung von visuellem Content haben bereits unzählige andere Webseiten in ihre Designs übernommen. Auch Google+ ist darauf ausgelegt, visuelle Inhalte besser darzustellen. Facebook geht sogar noch einen Schritt weiter und belohnt visuelle Inhalte mit einer höheren Sichtbarkeit.

Ein weiterer Punkt ist, dass Content Marketing nicht mehr nur ein »Trend« ist. 2013 werden Unternehmen die Stellen und Budgets in diesem Bereich stark ausbauen. Die Unternehmen haben gemerkt, wie wichtig die Produktion von eigenen exklusiven und hochwertigen Inhalten ist, um eine authentische Markenkommunikation zu gewährleisten. Bei den großen Marken konnte man dies bereits 2012 sehen. Gerade RedBull und Coca Cola zeigen, wie Marken Medien einsetzen. Das Unternehmen Coca Cola setzt dazu eine magazinartige Website ein, um seine Content- und Medienstrategie umzusetzen. Coca Cola nutzt dazu visuell geprägte Artikel, um die Nähe der Marke zu den Kunden aufzubauen.

Wir leben in einer Zeit, in der die Nutzer mit stetig wachsenden Informationsmengen konfrontiert sind. Um bei all diesen Informationen, die den Nutzern zu Verfügung stehen, genug Aufmerksamkeit zu erzeugen, um wahrgenommen zu werden, bieten sich ebenfalls visuelle Inhalte an. Wir gehen davon aus, dass 2013 Unternehmen visuelle Inhalte ganz bewusst einsetzen werden. Sei es, um die Sichtbarkeit bei Facebook zu erhöhen, sei es durch das Veröffentlichen einer Infografik oder durch den Einsatz eines Hashtags bei einer Instagram-Kampagne.

Wenn Sie jetzt auch vermehrt visuelle Inhalte einsetzen möchten, dann achten Sie darauf, dass Sie mit diesen Inhalten eine Geschichte erzählen. Zeigen Sie Ihr Unternehmen, Ihre Branche, Ihre Produkte, und teilen Sie die Inhalte, die für Ihre Kunden und Zielgruppen interessant und/oder unterhaltsam sein könnten.

12.4 Facebook

Facebook wird weiterhin das größte und reichweitenstärkste soziale Netzwerk sein. Facebook hat in den letzten Monaten sehr deutlich gezeigt, dass das Unternehmen verstanden hat, wie wichtig Mobile ist. Gleichzeitig hat Facebook diese Entwicklung für das Netzwerk stark vorangetrieben. Auch das lokale Marketing wird auf Facebook immer wichtiger werden. Facebook hat dazu die »In der Nähe«-Funktion entwickelt, und wir gehen davon aus, dass diese auch kontinuierlich weiterentwickelt werden wird. Bisher konnten Unternehmen von den Ortsseiten durch die Check-Ins der Nutzer und durch die Empfehlungsfunktion profitieren. Erweitert wurde dies durch ein Bewertungssystem und durch eine Suchfunktion. Bei der Suchfunktion können die Nutzer gezielt nach Geschäften oder Restaurants in der Nähe suchen.

Wir haben Ihnen bereits in dem vorherigen Abschnitt verdeutlicht, wie wichtig die eigenen Inhalte sind. Dies gilt auch für Facebook, aber hier haben Sie durch die Option der zielgerichteten Verbreitung einen weiteren Vorteil. Facebook erlaubt es Ihnen, Inhalte nur für bestimmte Nutzergruppen zu veröffentlichen. Durch den Einsatz dieser Funktion können Sie genau die Nutzer erreichen, für die diese Inhalte bestimmt sind. Mit dem stetigen Wachstum von »Fanzahlen« wird es in 2013 noch wichtiger sein, Inhalte für die unterschiedlichen Zielgruppen zu produzieren und diesen zur Verfügung zu stellen.

Auch die neue Facebook-Suche *Graph Search* kann für Unternehmen Vorteile mit sich bringen. Die Graph Search wird die alte Suche in Facebook ablösen. Sie basiert auf einem personalisierten Suchansatz, der die zugänglichen Daten viel intensiver nutzt als die alte Suchmaschine. Dadurch verspricht Facebook, dass Kunden in Zukunft die Unternehmen viel leichter und besser finden können. Dafür ist es aber wichtig, dass alle Daten Ihres Unternehmens eingetragen und aktuell sind. Wie gut die neue Suche tatsächlich funktionieren wird, bleibt abzuwarten. Vielleicht sehen wir in 2013 auch einen stark wachsenden Bereich bei der Suchmaschinenoptimierung – das Facebook SEO.

12.5 Big Data und Datenjournalismus

Tagtäglich werden riesige Datenmengen produziert. Das Sammeln und Verarbeiten dieser Informationen über jeden Aspekt des täglichen Lebens wird unter dem Stichwort *Big Data* zusammengefasst. Heutzutage bietet die Analyse von Twitter-Nachrichten, Wetter- oder GPS-Daten sowie die Auswertung der Kreditkarten in Hinblick auf das Einkaufsverhalten zahlreiche Möglichkeiten. Auf Basis dieser Daten können nun Entscheidungen getroffen werden, und diesen Aspekt machen sich immer mehr Unternehmen zunutze. Big Data war eines der Schlagwörter 2012, aber das Thema wird auch 2013 weiter an Bedeutung gewinnen.

Auch der Journalismus hat die Möglichkeiten der Datenanalyse und -aufbereitung erkannt. Unter dem Begriff *Datenjournalismus* wurden im Jahr 2012 bereits zahlreiche Ereignisse für den Leser aufbereitet. Neue Tools, Methoden und Visualisierungsformen schaffen immer neue Möglichkeiten für diese Art von Journalismus. Die Aufbereitung der Informationen im digitalen Raum bietet ganz neue Darstellungsformen und hat zudem den positiven Nebeneffekt, dass komplexe Sachverhalte auf einfache und verständliche Art und Weise präsentiert werden können.

Auch bei Facebook stehen zahlreiche Daten zur Verfügung – in diesem Fall über Standort, Alter, Geschlecht und Interessen der Nutzer. Mithilfe dieser Daten haben die Unternehmen die Möglichkeit, ihre Zielgruppe sehr genau anzusprechen. Die Form des Targetings war und ist bisher bei Facebook einzigartig. Im Online-Marketing gibt es keine vergleichbare Möglichkeit, seine Zielgruppe so genau und ohne große Streuverluste zu adressieren. Für Unternehmen bieten sich damit ganz neue Werbemöglichkeiten.

12.6 Ein paar Worte zum Schluss

Wir hoffen Ihnen mit diesem Buch einen umfassenden Einblick in den strategischen und planerischen Umgang mit Social Media gegeben zu haben. Das Social Web und im speziellen die sozialen Netzwerke verändern sich teilweise sehr schnell. Einerseits kann dies bedeuten, dass neue Plattformen in kurzer Zeit an Relevanz gewinnen oder verlieren. Andererseits kann es passieren, dass sich die Art und Weise der

Nutzung aufgrund von Funktionsänderungen schnell verändern kann. Dass diese Schnelllebigkeit in einem Buch nicht zu 100 % dargestellt werden kann, ist uns vollkommen bewusst. Aus diesem Grund haben wir uns dazu entschlossen, dass das Buch nicht mit dem Ende dieser Seite abgeschlossen ist. Unter *www.social-media-im-unternehmen.de* haben wir für Sie ein Blog eingerichtet. Dort möchten wir Sie nicht nur über aktuelle Ereignisse und Veränderungen informieren, sondern auch mit Ihnen das Gespräch suchen.

Wir freuen uns auf Ihr Feedback und konstruktive Gespräche zu diesem Buch. Natürlich können Sie uns auch gerne über die verschiedenen Social-Media-Plattformen kontaktieren.

Index

■ Von der Planung bis zum
Monitoring und Reputation
Management

■ Kundenbeziehungen stärken und
Empfehlungsmarketing nutzen

■ Inkl. Google+, Social Commerce
und vielen Fallbeispielen aus
D/A/CH

Anne Grabs, Karim-Patrick Bannour

Follow me!

**Erfolgreiches Social Media Marketing mit Facebook,
Twitter und Co.**

Für Unternehmen jeder Branche und jeder Größe ist es interessant, in Social
Media aktiv zu werden. Folgen Sie der Erfolgsstrategie: Was ist Social Media?
Wie gehen Sie damit um? Welche Schritte müssen in welcher Reihenfolge
erfolgen? Welche Gefahren drohen und wie können Sie diese Gefahren
minimieren? Inkl. Strategien zum mobilen Marketing, Empfehlungsmarketing,
Crowdsourcing, Social Commerce, Google+, Rechtstipps u.v.m.

538 S., 2. Auflage 2012, komplett in Farbe, 29,90 Euro
ISBN 978-3-8362-1862-7
www.galileocomputing.de/3028

- Texte, Podcasts, Videos, Gewinnspiele, Spiele, Umfragen und interaktive Anwendungen

- Best Practices für Launch- und Relaunch-Projekte, Blogs

- Einsatz von Social Media, Einbindung in SEO-Maßnahmen, Texten fürs Web

Miriam Löffler

Think Content!

Grundlagen und Strategien für erfolgreiches Content-Marketing

Content-Marketing ist eines der großen Zukunftsthemen der Branche. Lernen Sie, wie Sie erfolgreiche Content-Strategien für Ihr Online-Unternehmen entwickeln, Content-Strategien für Webseiten erfolgreich planen und umsetzen und erhalten Sie Ideen und Anregungen für effizientes Content-Marketing und spannende Umsetzungen - mit Lösungen für B2B und B2C. Dabei kommt auch das notwendige Rüstzeug nicht zu kurz. Unser Buch wird Ihnen helfen, qualitativ hochwertige Webtexte zu erstellen und Sie erfahren zudem, was ein guter Webtexter leisten muss und wie Sie den wirtschaftlichen Wert guter Text erkennen können.

480 S., 29,90 Euro
ISBN 978-3-8362-2006-4, Juni 2013
www.galileocomputing.de/3251

Galileo Press

■ Grundlagen der Facebook-Anwendungsentwicklung

■ Autorisierungen, Graph API, FQL, Facebook JavaScript SDK

■ Externe Websites anbinden, Open Graph Protocol und Social Plugins, Fortgeschrittene Konzepte, Legacy APIs

Michael Kamleitner

Facebook-Programmierung

Entwicklung von Social Apps & Websites

Michael Kamleitner von der Agentur „Die Socialisten" führt Sie Schritt für Schritt in die (auch fortgeschrittenen) Konzepte der Facebook-Anwendungs-Entwicklung mit vielen Praxisbeispielen ein. Die offene Architektur von Facebook bietet viele Möglichkeiten der Individualisierung sowie eigene Webanwendungen zu integrieren. Aktuell zu Timeline!

552 S., 2012, mit DVD, 39,90 Euro
ISBN 978-3-8362-1843-6
www.galileocomputing.de/2991

■ Marketing-Strategien entwickeln, die funktionieren

■ Vom Redaktionsplan bis zur Erfolgskontrolle

■ Zahlreiche Best Practices, Facebook Integration, Facebook-Anwendungen u.v.m.

Lukas Adda

Face to Face

Erfolgreiches Facebook-Marketing

Face to Face bietet einen umfassenden Überblick zum Einsatz von Facebook als Marketing-Instrument. Inkl. Definition von Zielen, Strategien und zahlreichen Best Practices. Lukas Adda stellt Ihnen auf unterhaltsame Weise Facebook vor und gibt Ihnen erprobte Strategien und kreative Denkanstöße an die Hand, um selbstständig erfolgreiche Social-Media-Kampagnen auf Facebook zu planen oder Dritte (z. B. eine Agentur) effektiv briefen zu können.

433 S., 2012, komplett in Farbe, 29,90 Euro
ISBN 978-3-8362-1842-9
www.galileocomputing.de/2992

■ Schritt für Schritt zum besseren Ranking

■ SEO-Analyse, Onsite- und Offsite-Optimierung

■ Tools, Tricks, Erfolgskontrolle

Kim Weinand

Top-Rankings bei Google und Co.

Zieht Ihre Internetseite zu wenige Besucher an? Die Lösung dieses Problems liegt meist klar auf der Hand: Die Website wird im Internet nicht gefunden. Maßgeblich für den Erfolg eines Unternehmens ist, dass der Internetauftritt auf der ersten Seite bei Google & Co. erscheint.
Kim Weinand vermittelt in seinem Einsteigerbuch aktuelles Praxiswissen und Erfahrungswerte zu den Trends der Suchmaschinen-Optimierung. Hier erfahren Sie alles, wie Sie erfolgreicher im Netz auftreten können.

407 S., 24,90 Euro
ISBN 978-3-8362-1961-7
www.galileocomputing.de/3184

- Die Grundlagen digitaler PR-Arbeit mit zahlreichen Best Practices

- Social Media sinnvoll nutzen und Projekte erfolgreich umsetzen

- Der Praxisguide für Unternehmen, Verbände, Vereine und NGOs

Rebecca Belvederesi-Kochs

Erfolgreiche PR im Social Web

Das praktische Handbuch

Facebook, Twitter und Co. haben als neue Leitmedien die Pressearbeit von Unternehmen, Verbänden und NGOs grundlegend verändert. Nutzen Sie die Möglichkeiten der sozialen Medien für Ihre Öffentlichkeitsarbeit. Unsere Autorin gibt Ihnen einen umfassenden Überblick über PR im Social Web und erklärt Ihnen Social-Media-Kampagnen von der Idee bis zur Realisierung. Inkl. Sozialmarketing, Kulturmarketing, Eventpromotion, Human Relations, Erfolgsmessung und Krisenmanagement

460 S., komplett in Farbe, 29,90 Euro
ISBN 978-3-8362-2011-8, Mai 2013
www.galileocomputing.de/3260

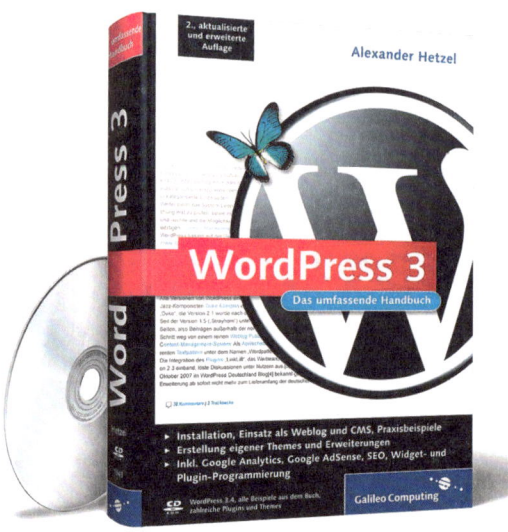

- Installation, Anwendung, Administration

- Erstellung eigener Themes und Erweiterungen

- Inkl. Google Analytics, Google AdSense, Google Maps, SEO, Widget- und Plugin-Programmierung

Alexander Hetzel

WordPress 3

Das umfassende Handbuch

Das Buch zeigt Ihnen den richtigen Umgang mit WordPress. Angefangen bei der Installation bis hin zur Anpassung und Konfiguration Ihrer Website oder Ihres Blogs. Dazu zählt auch die Darstellung der komplexen Entwicklung von eigenen Design-Vorlagen und Erweiterungen. Inkl. Einbindung von Social-Media-Diensten und SEO

707 S., 2. Auflage 2012, mit CD, 29,90 Euro
ISBN 978-3-8362-1943-3
www.galileocomputing.de/3152

»Das Buch kann man als Standardwerk für Einsteiger, Blogger und solche, die es werden wollen, sowie Entwickler und Redakteure bezeichnen.«
CHIP

In unserem Webshop finden Sie unser aktuelles
Programm mit ausführlichen Informationen,
umfassenden Leseproben, kostenlosen Video-Lektionen –
und dazu die Möglichkeit der Volltextsuche in allen Büchern.

www.galileocomputing.de

Galileo Computing

Wissen, wie's geht.